랑데뷰★수학

기출과 변형

수학 I

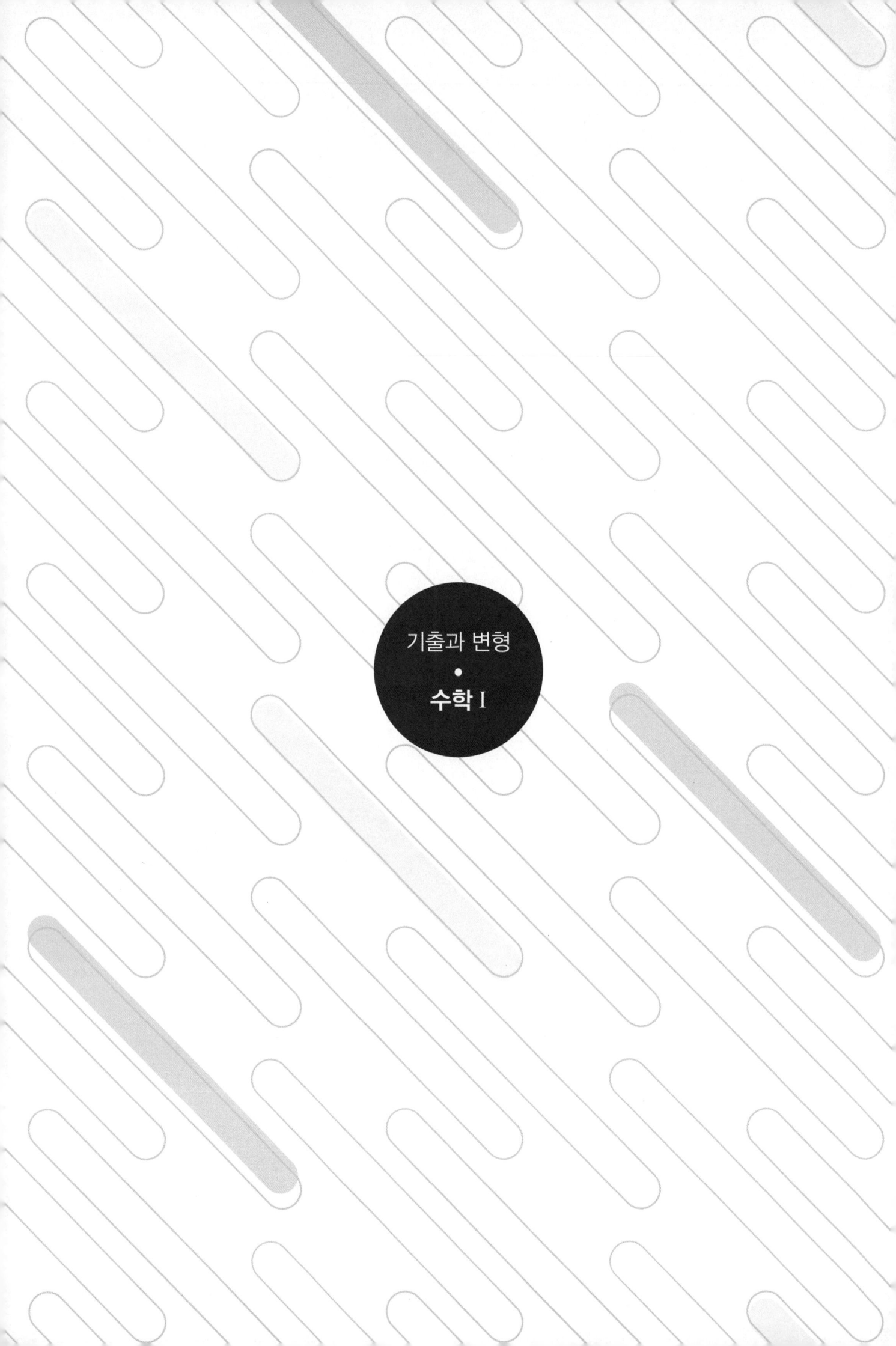

기출과 변형

•

수학 I

빠른 정답

1 지수 로그 함수

Level 1

유형 1 거듭제곱근의 뜻과 성질

01	①	02	10	03	3	04	②

유형 2 지수의 확장과 지수법칙

05	⑤	06	②	07	②	08	④	09	30
10	④	11	⑤						

유형 3 지수의 활용

12	②	13	⑤	14	③	15	④	16	①
17	②	18	20	19	24	20	2	21	⑤
22	9	23	320	24	①	25	9	26	⑤

유형 4 로그의 뜻과 성질

27	3	28	①	29	6	30	①	31	25
32	①	33	①	34	③	35	18	36	63
37	⑤								

유형 5 로그의 여러 가지 성질

38	①	39	①	40	④	41	③	42	②
43	④	44	20	45	②	46	4	47	②
48	⑤	49	②	50	61	51	3	52	④
53	②								

유형 6 상용로그

54	④	55	43	56	31	57	③	58	72
59	40								

유형 7 지수함수와 그래프

60	④	61	④	62	②	63	18	64	③
65	①	66	①	67	17	68	①	69	①
70	③	71	⑤	72	⑤	73	①	74	30
75	15	76	258	77	①	78	②	79	3
80	⑤	81	①	82	④				

유형 8 지수함수의 활용

83	2	84	3	85	⑤	86	④	87	①
88	65	89	25	90	128	91	②	92	13
93	6	94	①	95	②	96	3	97	⑤
98	①								

유형 9 로그함수와 그 그래프

99	③	100	③	101	25	102	②	103	②
104	16	105	②	106	16	107	③	108	①
109	④	110	①	111	⑤	112	⑤	113	③
114	④	115	③	116	③	117	③	118	8
119	①								

유형 10 로그함수의 활용

120	6	121	7	122	12	123	1	124	16
125	15	126	12	127	②	128	27	129	4
130	③	131	15	132	80	133	①	134	②
135	④	136	②	137	①	138	15	139	1
140	9	141	100	142	④	143	1	144	③
145	5	146	22						

유형 11 지수함수와 로그함수의 관계

147	③	148	①	149	②	150	①	151	④
152	27	153	③	154	①				

유형 12 지수함수와 로그함수의 최댓값과 최솟값

155	③	156	④	157	③	158	①	159	⑤
160	32	161	5	162	②	163	①		

유형 13 지수함수와 로그함수의 실생활 문제

164	②	165	③

Level 2

166	36	167	3	168	⑤	169	②	170	③
171	③	172	④	173	①	174	10	175	10
176	②	177	①	178	④	179	③	180	③
181	④	182	220	183	9	184	②	185	④
186	426	187	56	188	①	189	②	190	④
191	64	192	②	193	⑤	194	②	195	④
196	⑤	197	④	198	24	199	6	200	75
201	40	202	15	203	22	204	②	205	④
206	103	207	③	208	④	209	③	210	36
211	③	212	③	213	④				

Level 3

214	110	215	111	216	33	217	79	218	192
219	3	220	⑤	221	④	222	39	223	43
224	78	225	39						

2 삼각 함수

Level 1

유형 1   부채꼴의 호의 길이와 넓이

226	4	227	④	228	2	229	⑤	230	③

유형 2   삼각함수의 정의와 삼각함수 사이의 관계

231	⑤	232	②	233	①	234	④	235	②
236	②	237	⑤	238	②	239	③	240	①
241	①	242	①	243	④	244	①	245	④
246	10	247	④	248	11	249	①	250	②
251	③	252	3	253	①	254	30	255	②

유형 3   삼각함수의 그래프

256	32	257	8	258	④	259	6	260	②
261	①	262	13	263	9				

유형 4   삼각함수의 최댓값과 최솟값

264	①	265	④	266	6	267	③	268	④
269	③								

유형 5   삼각함수의 성질

270	③	271	②

유형 6   삼각함수의 활용

272	②	273	④	274	②	275	④	276	④
277	7	278	③	279	④	280	③	281	⑤
282	④	283	④	284	⑤	285	①	286	3
287	④	288	2	289	③	290	②	291	④
292	9	293	③						

유형 7   사인법칙

294	21	295	③	296	8	297	6	298	⑤
299	⑤	300	2	301	2				

유형 8   코사인법칙

302	41	303	13	304	②	305	①	306	⑤

유형 9   사인법칙과 코사인법칙

307	②	308	⑤	309	27	310	8	311	③

유형 10   삼각형의 넓이

312	15	313	②	314	12	315	①	316	56
317	2	318	④						

Level 2

319	③	320	②	321	④	322	⑤	323	①
324	①	325	15	326	③	327	⑤	328	⑤
329	24	330	14	331	①	332	①	333	①
334	④	335	③	336	④	337	98	338	16
339	①	340	③	341	④	342	①	343	⑤
344	②	345	④	346	②	347	③	348	①
349	③	350	③	351	④	352	①	353	②
354	②	355	③	356	①	357	21	358	21
359	①	360	③						

Level 3

361	②	362	②	363	②	364	③	365	26
366	106	367	②	368	③				

3 수열

Level 1

유형 1 등차수열의 뜻과 일반항

369	③	370	⑤	371	③	372	②	373	①
374	⑤	375	80	376	4	377	⑤	378	4

유형 2 등차수열의 합

379	②	380	④	381	②	382	②	383	①
384	51	385	20	386	8				

유형 3 등비수열의 뜻과 일반항

387	⑤	388	①	389	④	390	⑤	391	①
392	③	393	4	394	⑤	395	36	396	64
397	35	398	30	399	32	400	④	401	32
402	④								

유형 4 등비수열의 합

403	64	404	63	405	③	406	③	407	25
408	8	409	⑤	410	①	411	③		

유형 5 등차중항과 등비중항

412	③	413	⑤	414	10	415	②	416	①
417	①	418	①						

유형 6 수열의 합과 일반항 사이의 관계

419	35	420	196	421	256	422	②	423	①
424	②	425	47	426	①	427	②		

유형 7 수열의 합 $\sum$의 뜻과 성질

428	96	429	29	430	②	431	24	432	9
433	22	434	12	435	9	436	⑤	437	80
438	④	439	④	440	14	441	①	442	①
443	68	444	④	445	⑤	446	①	447	①
448	③								

유형 8 자연수의 거듭제곱의 합

449	2	450	3	451	160	452	①	453	91
454	④	455	150	456	92	457	⑤		

유형 9 여러 가지 수열의 합

458	④	459	⑤	460	④	461	②	462	47
463	29	464	①	465	④	466	⑤	467	④
468	②	469	②	470	⑤	471	116	472	④
473	128	474	185	475	②	476	②	477	307

유형 10 여러 가지 수열의 규칙성 찾기

478	①	479	33	480	④	481	8	482	④
483	②	484	①	485	256	486	①	487	①
488	⑤	489	①	490	46	491	⑤	492	④
493	③	494	①	495	③	496	①	497	②
498	④	499	12	500	②	501	5	502	110
503	72	504	⑤	505	40	506	5	507	④

유형 11 수학적 귀납법

508	④	509	⑤	510	②

Level 2

511	①	512	③	513	②	514	⑤	515	①
516	②	517	①	518	②	519	⑤	520	④
521	①	522	②	523	19	524	32	525	③
526	⑤	527	678	528	568	529	②	530	②
531	③	532	④	533	①	534	595	535	⑤
536	②	537	④	538	⑤	539	③	540	①
541	58	542	24	543	7	544	11	545	①
546	⑤	547	9	548	116	549	162	550	③
551	14	552	10	553	①	554	③	555	④
556	8	557	⑤	558	⑤	559	①	560	③
561	21	562	31	563	11	564	④		

Level 3

565	64	566	135	567	8	568	12	569	231
570	22	571	③	572	②	573	②	574	①
575	⑤	576	③	577	③	578	②	579	②
580	④	581	①	582	④	583	③	584	①
585	②	586	⑤	587	②	588	①	589	④
590	⑤	591	④	592	③	593	④	594	3
595	117	596	210	597	8	598	60	599	86
600	③	601	392	602	514	603	27	604	34
605	13	606	7						

기출과 변형
·
수학 I

상세 해설

지수 로그 함수
Level 1

유형 **1** 거듭제곱근의 뜻과 성질

001 정답 ①

(i) n이 홀수 일 때,

$x^n = -n^2 + 9n - 18$에서

$x = \sqrt[n]{-n^2 + 9n - 18}$의 값이 음의 실수가 되기 위해서는

$-n^2 + 9n - 18 < 0$이면 된다.

$n^2 - 9n + 18 > 0$

$(n-3)(n-6) > 0$

$n < 3$ 또는 $n > 6$

에서 만족하는 홀수는 7, 9, 11이다.

(ii) n이 짝수 일 때,

$x^n = -n^2 + 9n - 18$에서

$x = \pm \sqrt[n]{-n^2 + 9n - 18}$의 값이 존재하기 위해서는

$-n^2 + 9n - 18 > 0$이면 된다.

$n^2 - 9n + 18 < 0$

$(n-3)(n-6) < 0$

$3 < n < 6$

에서 만족하는 짝수는 4이다.

(i), (ii)에서 만족하는 모든 n의 합은

$4 + 7 + 9 + 11 = 31$이다.

002 정답 10

$\sqrt{25} + \sqrt{\sqrt{81}} + \sqrt{\sqrt{\sqrt{256}}}$

$= \sqrt{5^2} + \sqrt[4]{3^4} + \sqrt[8]{2^8} = 5 + 3 + 2 = 10$

003 정답 3

-25의 세제곱근 중 실수인 것은

$x^3 = -25$에서 $x = \sqrt[3]{-25}$으로 1개다.

따라서 $a = 1$

$\sqrt{23}$의 네제곱근 중 실수인 것은

$x^4 = \sqrt{23}$에서 $x = \pm \sqrt[8]{23}$으로 2개다.

따라서 $b = 2$

$a + b = 3$

004 정답 ②

4의 네제곱근 중 양의 실수인 것은 $\sqrt[4]{4}$이므로

$a = \sqrt[4]{4}$

k의 여섯제곱근 중 양의 실수인 것은 $\sqrt[6]{k}$이므로

$b = \sqrt[6]{k}$

7의 세제곱근 중 실수인 것은 $\sqrt[3]{7}$이므로

$c = \sqrt[3]{7}$

3, 4, 6의 최소공배수는 12이고 $a > 0$이므로

$a < b < c$가 성립하려면 $a^{12} < b^{12} < c^{12}$

$(\sqrt[4]{4})^{12} < (\sqrt[6]{k})^{12} < (\sqrt[3]{7})^{12}$에서

$4^3 < k^2 < 7^4$

즉, $64 < k^2 < (49)^2 \Rightarrow 8^2 < k^2 < (49)^2$

조건을 만족시키는 자연수 k의 개수는

9, 10, $\cdots$, 48의 40개이다.

유형 **2** 지수의 확장과 지수법칙

005 정답 ⑤

$\left(\dfrac{4}{2^{\sqrt{2}}}\right)^{2+\sqrt{2}} = (2^2 \div 2^{\sqrt{2}})^{2+\sqrt{2}} = (2^{2-\sqrt{2}})^{2+\sqrt{2}}$

$= 2^{(2-\sqrt{2})(2+\sqrt{2})} = 2^2 = 4$

006 정답 ②

$\sqrt[3]{2} \times 2^{\frac{2}{3}} = 2^{\frac{1}{3}} \times 2^{\frac{2}{3}}$

$= 2^{\frac{1}{3}+\frac{2}{3}}$

$= 2^1$

$= 2$

[다른 풀이]

$\sqrt[3]{2} \times 2^{\frac{2}{3}} = \sqrt[3]{2} \times \sqrt[3]{2^2}$

$= \sqrt[3]{2^3}$

$= 2$

007 정답 ②

$(\sqrt{2\sqrt[3]{4}})^3 = \left(\sqrt{2 \cdot 2^{\frac{2}{3}}}\right)^3 = \left(2^{\frac{5}{6}}\right)^3 = \sqrt{32}$

이때, $5 = \sqrt{25} < \sqrt{32} < \sqrt{36} = 6$이므로

$(\sqrt{2\sqrt[3]{4}})^3$보다 큰 자연수 중 가장 작은 것은 6이다.

008 정답 ④

$\sqrt[3]{n^m} = n^{\frac{m}{3}}$ 에서 $n^{\frac{m}{3}}$ 이 자연수가 되는 경우는

$n=1$ 인 경우에 $m=1,2,3$

$2 \le n \le 7$인 경우에 $m=3$

$n=8$인 경우에 $m=1,2,3$

따라서 순서쌍 (m,n)의 개수는

$3+6+3=12$

009 정답 30

$a^6=3$에서 $a=3^{\frac{1}{6}}$

$b^5=7$에서 $b=7^{\frac{1}{5}}$

$c^2=11$에서 $c=11^{\frac{1}{2}}$

이므로

$(abc)^n = \left(3^{\frac{1}{6}} \cdot 7^{\frac{1}{5}} \cdot 11^{\frac{1}{2}}\right)^n$

이 때, $\left(3^{\frac{1}{6}} \cdot 7^{\frac{1}{5}} \cdot 11^{\frac{1}{2}}\right)^n$ 이 자연수가 되도록 하는 최소의 자연수 n은 $6,5,2$의 최소공배수이므로 30이다.

010 정답 ④

$\sqrt[3]{125} \times 27^{\frac{1}{3}} \times \sqrt[5]{32} = 5 \times 3 \times 2 = 30$

011 정답 ⑤

$\left(\dfrac{2^{\sqrt{5}}}{4}\right)^{\sqrt{5}+2}$

$= \left(2^{\sqrt{5}-2}\right)^{\sqrt{5}+2}$

$= 2^{(\sqrt{5}-2)(\sqrt{5}+2)}$

$= 2^{5-4} = 2$

 유형 3 지수의 활용

012 정답 ②

$\dfrac{2^a+2^{-a}}{2^a-2^{-a}} = -2$ 에서 분모, 분자에 2^a를 곱하면

$\dfrac{2^{2a}+1}{2^{2a}-1} = -2$ 정리하면 $2^{2a} = \dfrac{1}{3}$

$4^a = \dfrac{1}{3}$ $4^{-a} = 3$

$\therefore \ 4^a + 4^{-a} = \dfrac{10}{3}$

013 정답 ⑤

$(a*b) = a^b \times b^{-\frac{a}{2}}$ 에서

$(2*4)*x = 2^4 \times 4^{-\frac{2}{2}} = 4*x = 4^x \times x^{-\frac{4}{2}} = 8x^{-2}$

$\therefore \ 4^x = 8$이므로 $2^{2x} = 2^3$이므로 $x = \dfrac{3}{2}$이다.

014 정답 ③

$3^{\frac{x}{2}} = 2$

$2^{\frac{4}{x}} = 3^{\frac{x}{2} \times \frac{4}{x}} = 3^2 = 9$

015 정답 ④

$27^x + 8^{-y} = (3^x+2^{-y})^3 - 3 \times 3^x \times 2^{-y}(3^x+2^{-y})$

$48 = 64 - 12 \times 3^x \times 2^{-y}$

따라서 $3^x \times 2^{-y} = \dfrac{4}{3}$

$9^x + 4^{-y} = (3^x+2^{-y})^2 - 2 \times 3^x \times 2^{-y}$

$\qquad\qquad = 16 - \dfrac{8}{3} = \dfrac{40}{3}$

016 정답 ①

$x^2-6x+3=0$의 두 근이 α, β이므로 $\alpha+\beta=6$이다.

$\left(\sqrt[3]{2^\alpha} - \dfrac{3}{\sqrt[3]{2^\beta}}\right)\left(\sqrt[3]{2^\beta} + \dfrac{2}{\sqrt[3]{2^\alpha}}\right)$

$= \sqrt[3]{2^{\alpha+\beta}} + 2 - 3 - \dfrac{6}{\sqrt[3]{2^{\alpha+\beta}}}$

$= \sqrt[3]{2^6} - 1 - \dfrac{6}{\sqrt[3]{2^6}}$

$= 4 - 1 - \dfrac{3}{2} = \dfrac{3}{2}$

017 정답 ②

$(x+y)^{-2} = \dfrac{1}{9}$에서 $(x+y)^{-1} = \dfrac{1}{3}$이므로 $x+y=3$이다.

$x^{-1}+y^{-1}=-\dfrac{3}{4}$, $\dfrac{1}{x}+\dfrac{1}{y}=-\dfrac{3}{4}$, $\dfrac{x+y}{xy}=-\dfrac{3}{4}$

따라서 $xy=-4$

$x^3+y^3=(x+y)^3-3xy(x+y)=27-3\times(-4)\times 3=63$

018 정답 20

$(5-x^{\frac{2}{3}})(5-x^{-\frac{2}{3}})=26-5\left(x^{\frac{2}{3}}+x^{-\frac{2}{3}}\right)$

$(x^{\frac{1}{3}}-x^{-\frac{1}{3}})^2=x^{\frac{2}{3}}+x^{-\frac{2}{3}}-2$

따라서

$(5-x^{\frac{2}{3}})(5-x^{-\frac{2}{3}})+(x^{\frac{1}{3}}-x^{-\frac{1}{3}})^2=24-4\left(x^{\frac{2}{3}}+x^{-\frac{2}{3}}\right)$

한편, $x^{\frac{1}{3}}+x^{-\frac{1}{3}}=\sqrt{3}$ 의 양변을 제곱하면

$x^{\frac{2}{3}}+x^{-\frac{2}{3}}+2=3$

$\therefore x^{\frac{2}{3}}+x^{-\frac{2}{3}}=1$

따라서 $24-4=20$

019 정답 24

$(\sqrt{\sqrt[3]{2}\sqrt[4]{8}})^n=\left(\sqrt{2^{\frac{1}{3}}\times 2^{\frac{3}{4}}}\right)^n=\left\{\left(2^{\frac{1}{3}}\times 2^{\frac{3}{4}}\right)^{\frac{1}{2}}\right\}^n$

$=\left\{\left(2^{\frac{1}{3}+\frac{3}{4}}\right)^{\frac{1}{2}}\right\}^n=\left\{\left(2^{\frac{13}{12}}\right)^{\frac{1}{2}}\right\}^n=2^{\frac{13}{24}n}$

$\dfrac{13}{24}n$이 0 또는 자연수일 때, $(\sqrt{\sqrt[3]{2}\sqrt[4]{8}})^n$이 자연수가 된다.

n은 자연수이므로 n이 24의 배수일 때, $\dfrac{13}{24}n$이 자연수가 되므로 n의 최솟값은 24이다.

020 정답 2

$18^a=9$에서 $18^{ab}=9^b=2$

$18^{ab}=2^{ab}\times 3^{2ab}=2^{ab}\times(9^b)^a=2^{ab}\times 2^a=2^{ab+a}$

$\therefore 2^{a(1+b)}=2^{ab+a}=18^{ab}=2$

021 정답 ⑤

$3ab-3a-b=0\Rightarrow 3a(b-1)-(b-1)=1$

$\Rightarrow(3a-1)(b-1)=1$

$\Rightarrow b-1=\dfrac{1}{3a-1}$ $\therefore b=\dfrac{3a}{3a-1}$

따라서 $2^a=3^b\Rightarrow 2^a=3^{\frac{3a}{3a-1}}\Rightarrow 2=3^{\frac{3}{3a-1}}$

$\Rightarrow 2^{3a-1}=27\Rightarrow 2^{3a}=54$

따라서 $16^a\times\left(\dfrac{1}{3}\right)^b=2^{4a}\times 2^{-a}=2^{3a}=54$

[다른 풀이]

$3ab-3a-b=0$, $3ab=3a+b$, $3a=3\dfrac{a}{b}+1$

$2^a=3^b\Rightarrow 2^{\frac{a}{b}}=3$

$2^{3a}=2^{3\frac{a}{b}+1}=2^{3\frac{a}{b}}\times 2=\left(2^{\frac{a}{b}}\right)^3\times 2=3^3\times 2=54$

$16^a\times\left(\dfrac{1}{3}\right)^b=2^{4a}\times 2^{-a}=2^{3a}=54$

022 정답 9

$3^{a-1}=5$에서 $3^a=15$

$7=15^{2b}=\left(3^a\right)^{2b}=3^{2ab}$

따라서 $7^{\frac{1}{ab}}=\left(3^{2ab}\right)^{\frac{1}{ab}}=3^2=9$

023 정답 320

$a=\sqrt[4]{b^3}\Rightarrow a=b^{\frac{3}{4}}$에서 a, b가 자연수이려면

$b=n^4$, $a=n^3$ (n은 자연수)꼴이어야 한다.

이 때 $a<100<b$이므로 $n=4$이다.

$\therefore a=64$, $b=256$

$\therefore a+b=320$

024 정답 ①

$\dfrac{2^{a+1}-2^{-a}}{2^{a+1}+2^{-a}}$의 분자, 분모에 각각 2^a를 곱하면

$\dfrac{(2^{a+1}-2^{-a})\times 2^a}{(2^{a+1}+2^{-a})\times 2^a}$

$=\dfrac{2\times 4^a-1}{2\times 4^a+1}=\dfrac{10-1}{10+1}=\dfrac{9}{11}$

025 정답 9

$3^{\frac{1}{3}}=a$라고 하면 $x=\dfrac{1}{2}(a-a^{-1})$

따라서 $1+x^2=1+\dfrac{1}{4}(a-a^{-1})^2=\dfrac{1}{4}(a+a^{-1})^2$에서

$\sqrt{1+x^2}=\dfrac{1}{2}(a+a^{-1})$이므로

$x+\sqrt{1+x^2}=\dfrac{1}{2}(a-a^{-1})+\dfrac{1}{2}(a+a^{-1})=a$

$\therefore (x+\sqrt{1+x^2})^6=a^6=(3^{\frac{1}{3}})^6=9$

026 정답 ⑤

$2ab - 2a - b = 0 \Rightarrow 2a(b-1) - (b-1) = 1$
$\Rightarrow (2a-1)(b-1) = 1$

$\Rightarrow b - 1 = \dfrac{1}{2a-1}$

$\therefore b = \dfrac{2a}{2a-1}$

따라서 $3^a = 2^b \Rightarrow 3^a = 2^{\frac{2a}{2a-1}}$

$\Rightarrow 3 = 2^{\frac{2}{2a-1}} \Rightarrow 3^{2a-1} = 4 \Rightarrow 3^{2a} = 12$

따라서

$81^a \times \left(\dfrac{1}{4}\right)^b = 3^{4a} \times 2^{-2b} = 3^{4a} \times 3^{-2a} = 3^{2a} = 12$

유형 4 로그의 뜻과 성질

027 정답 3

$\log_2 120 - \dfrac{1}{\log_{15} 2}$

$= \log_2 120 - \log_2 15$

$= \log_2 8$

$= 3$

028 정답 ①

주어진 식

$\log_a b = \dfrac{\log_b c}{2} = \dfrac{\log_c a}{4} = k$라 두면

$\log_a b = k,\ \log_b c = 2k,\ \log_c a = 4k$

라 두고 세 식을 모두 곱하면 $1 = 8k^3$

$\therefore k = \dfrac{1}{2}$ (단, a, b, c는 1보다 큰 실수)

$\log_a b + \log_b c + \log_c a = 7k = \dfrac{7}{2}$

029 정답 6

$a = 8^2 = 2^6$이므로 $\log_2 a = \log_2 2^6 = 6$

030 정답 ①

두 점 $(1, \log_2 5)$, $(2, \log_2 10)$을 지나는 직선의 기울기는

$\dfrac{\log_2 10 - \log_2 5}{2 - 1} = \log_2 2 = 1$ 이다.

031 정답 25

$3^{a+b} = 4$에서 $a + b = \log_3 4$ ⋯ ㉠

$2^{a-b} = 5$에서 $a - b = \log_2 5$ ⋯ ㉡

㉠, ㉡의 각 변끼리 각각 곱하면

$(a+b)(a-b) = \log_3 4 \times \log_2 5$

$= \dfrac{\log 4}{\log 3} \times \dfrac{\log 5}{\log 2} = 2 \times \dfrac{\log 5}{\log 3} = 2\log_3 5 = \log_3 5^2 = \log_3 25$

$\therefore a^2 - b^2 = \log_3 25$

따라서 로그의 정의에 의해 $3^{a^2 - b^2} = 25$

032 정답 ①

밑의 조건에서 $a - 1 > 0$이고 $a - 1 \neq 1$

$\therefore 1 < a < 2$ 또는 $a > 2$ ⋯ ㉠

진수 조건에서 모든 실수 x에 대하여

$x^2 - 2ax + 2a + 8 > 0$이어야 하므로

이차방정식 $x^2 - 2ax + 2a + 8 = 0$의 판별식을

D라 하면

$\dfrac{D}{4} = a^2 - 2a - 8 < 0$

$(a+2)(a-4) < 0$

$\therefore -2 < a < 4$ ⋯ ㉡

㉠, ㉡의 공통범위는 $1 < a < 2$ 또는 $2 < a < 4$

따라서 정수 a는 3이다.

033 정답 ①

$\log_2 l + \log_2 m = n$에서

$\log_2 lm = n$

$2^n = lm$ ⋯ ㉠

㉠을 만족시키는 두 자연수 l, m의 순서쌍 (l, m)은 $(1, 2^n)$, $(2, 2^{n-1})$, $(2^2, 2^{n-2})$, ⋯, $(2^n, 1)$의 $(n+1)$개다.

$a_n = n + 1$

$a_{10} - a_2 = 11 - 3 = 8$

034 정답 ③

$f(x) = \log_2\{x^2 - 2(k-1)x + k + 5\}$가 모든 실수 x

에 대해 정의되기 위해서는 모든 실수 x에 대해

$x^2 - 2(k-1)x + k + 5 > 0$ 이어야 한다.

따라서 $D < 0$ 이어야 한다.

즉, $D/4 = (k-1)^2 - (k+5) < 0$ 에서

$k^2 - 3k - 4 < 0$ $\therefore -1 < k < 4$

따라서, k의 값이 될 수 있는 정수는 $0, 1, 2, 3$

이므로 4개다.

035 정답 18

$\log_2 8 < \log_2 12 < \log_2 16$ 이므로

$\log_2 12$ 의 정수부분은 3이다.

따라서 $a=3$

소수부분은 $\log_2 12 - 3 = \log_2\left(\dfrac{12}{8}\right)$에서 $b=\log_2\left(\dfrac{3}{2}\right)$이다.

따라서

$2^a \times 4^b = 2^3 \times 4^{\log_2\left(\frac{3}{2}\right)} = 8 \times \left(\dfrac{3}{2}\right)^{\log_2 4} = 8 \times \left(\dfrac{3}{2}\right)^2$

$\qquad\qquad = 8 \times \dfrac{9}{4} = 18$

036 정답 63

주어진 식의 양변에 $\left(1-\dfrac{1}{2}\right)$을 곱하여 정리하면

$\left(1-\dfrac{1}{2}\right)A = 1 - \dfrac{1}{2^{64}}$

$A = 2 - \dfrac{1}{2^{63}}$

$2 - A = \dfrac{1}{2^{63}}$

$\therefore \ \log_2 \dfrac{1}{2-A} = \log_2 2^{63} = 63$

037 정답 ⑤

$a = \log_3(\sqrt{2}+1)$에서 $3^a = \sqrt{2}+1$

$b = \log_3(\sqrt{2}-1)$에서 $3^b = \sqrt{2}-1$

$9^a + \dfrac{1}{9^b}$

$= (\sqrt{2}+1)^2 + \dfrac{1}{(\sqrt{2}-1)^2}$

$= 2(\sqrt{2}+1)^2$

$= 2(3+2\sqrt{2}) = 6 + 4\sqrt{2}$

 유형 5 로그의 여러 가지 성질

038 정답 ①

$a = 2\log \dfrac{1}{\sqrt{10}} + \log_2 20$

$= 2 \times \left(-\dfrac{1}{2}\right)\log 10 + \log_2 2 + \log_2 10$

$= -1 + 1 + \log_2 10 = \log_2 10$

$a \times b = \log_2 10 \times \log 2 = 1$

039 정답 ①

[검토자 : 백상민T]

두 수 $\log_2 a$, $\log_a 8$의 합이 4이므로

$\log_2 a + \log_a 8 = 4$에서

$\log_2 a + 3\log_a 2 = 4$

$\log_2 a + \dfrac{3}{\log_2 a} = 4$ ⋯⋯㉠

$\log_2 a = X$라 하면 $a > 2$이므로 $X > 1$

㉠에서

$X + \dfrac{3}{X} = 4$

$X^2 - 4X + 3 = 0,\ (X-1)(X-3) = 0$

$X > 1$이므로 $X = 3$

즉, $\log_2 a = 3$에서 $a = 2^3 = 8$

한편, 두 수 $\log_2 a$, $\log_a 8$의 곱이 k이므로

$k = \log_2 a \times \log_a 8 = \log_2 a \times 3\log_a 2$

$\quad = \log_2 a \times \dfrac{3}{\log_2 a} = 3$

따라서 $a + k = 8 + 3 = 11$

040 정답 ④

$3a + 2b = \log_3 32$, $ab = \log_9 2$이므로

$\dfrac{1}{3a} + \dfrac{1}{2b} = \dfrac{3a+2b}{6ab}$

$= \dfrac{\log_3 32}{6 \times \log_9 2}$

$= \dfrac{\log_3 2^5}{6 \times \log_{3^2} 2}$

$= \dfrac{5\log_3 2}{3\log_3 2}$

$= \dfrac{5}{3}$

041 정답 ③

$(2, \log_4 a)$, $(3, \log_2 b)$ 두 점을 지나는 직선의 기울기는

$\dfrac{\log_2 b - \log_4 a}{3-2} = \log_2 \dfrac{b}{\sqrt{a}}$이고

이 직선이 원점을 지나므로 직선의 방정식은

$y = \log_2 \dfrac{b}{\sqrt{a}} x$이다.

$(2, \log_4 a)$이 이 직선 위의 점이므로

$\log_4 a = 2\log_2 \dfrac{b}{\sqrt{a}}$

$\sqrt{a} = \dfrac{b^2}{a}$

$a^{\frac{3}{2}} = b^2$

에서 $b = a^{\frac{3}{4}}$ 이다.

$\log_a b = \log_a b^{\frac{3}{4}} = \dfrac{3}{4}$

042 정답 ②

$\log_2 5 = \dfrac{1}{\log_5 2}$ 이므로 $\log_5 2 = \dfrac{1}{a}$

$\log_5 12 = \log_5 (2^2 \times 3)$

$= \log_5 2^2 + \log_5 3$

$= 2\log_5 2 + \log_5 3$

$= 2 \times \dfrac{1}{a} + b$

$= \dfrac{2}{a} + b$

043 정답 ④

$\dfrac{1}{a} - \dfrac{1}{b} = \dfrac{b-a}{ab} = \dfrac{\log_2 5}{\log_3 5} = \dfrac{\log_5 3}{\log_5 2} = \log_2 3$

044 정답 20

$\dfrac{3a}{\log_a b} = \dfrac{b}{2\log_b a} = \dfrac{3a+b}{3} = k$ 로 놓으면

$3a = k\log_a b$, $b = 2k\log_b a$, $3a + b = 3k$

$\therefore k\log_a b + 2k\log_b a = 3k$

$\log_a b + 2\log_b a = 3$

$\log_a b = t$ 로 놓으면 $\log_b a = \dfrac{1}{t}$ 이므로

$t + \dfrac{2}{t} = 3$, $t^2 - 3t + 2 = 0$

$(t-1)(t-2) = 0$

$t \neq 1$ 이므로 $t = 2$

$\therefore 10\log_a b = 10 \cdot 2 = 20$

045 정답 ②

$\left(3^{-\frac{1}{2}}\right)^4 \times 3^{\log_3 4} = \dfrac{1}{9} \times 4 = \dfrac{4}{9}$

046 정답 4

$a = 3^4$ 이므로 $\log_3 a = \log_3 3^4 = 4$

047 정답 ②

밑의 변환 공식에 의하여

$\dfrac{1}{\log_4 54} + \dfrac{3}{\log_9 54} = \log_{54} 4 + 3\log_{54} 9$

$= \log_{54} 2^2 + 3\log_{54} 3^2$

$= \log_{54} (2^2 \times 3^6) = \log_{54} (2 \times 3^3)^2$

$= \log_{54} 54^2 = 2\log_{54} 54 = 2$

048 정답 ⑤

$5^{\log_3 6} \times \left(\dfrac{1}{5}\right)^{\log_3 2}$

$= 5^{\log_3 6} \times 5^{-\log_3 2}$

$= 5^{\log_3 6 - \log_3 2}$

$= 5^{\log_3 \frac{6}{2}} = 5$

049 정답 ②

등식의 양변에 $(2-1)$을 곱하면

$(2-1)(2+1)(2^2+1)(2^4+1)(2^8+1)\cdots\left(2^{2^{2018}}+1\right)$

$= (2-1)(2^a - 1)$

$2^{2^{2019}} - 1 = 2^a - 1$, $a = 2^{2019}$

$\therefore \log_2 2^{2019} = 2019$

050 정답 61

$f(1)f(2)f(3)\cdots f(n)$

$= (\log_2 3)(\log_3 4)(\log_4 5)\cdots\{\log_{n+1}(n+2)\}$

$= \dfrac{\log(n+2)}{\log 2} < 6$

에서 $\log(n+2) < 6\log 2$

따라서 $n+2 < 2^6$

$n < 62$ 이므로 자연수 n의 최댓값은 61이다.

051 정답 3

이차방정식의 근과 계수의 관계에 의하여

$\log a + \log b = 5$, $\log a \times \log b = 5$ 이므로

$\log_a b + \log_b a$

$= \dfrac{\log b}{\log a} + \dfrac{\log a}{\log b} = \dfrac{(\log b)^2 + (\log a)^2}{\log a \times \log b}$

$= \dfrac{(\log a + \log b)^2 - 2\log a \times \log b}{\log a \times \log b}$

$= \dfrac{5^2 - 2 \times 5}{5} = 3$

052 정답 ④

$\log_x 54 = 4 \to x^4 = 54 \to x^4 = 2 \times 3^3$

$\log_{24} y = \frac{1}{4} \to 24^{\frac{1}{4}} = y \to y^4 = 2^3 \times 3$

따라서 $x^4 y^4 = 2^4 \times 3^4 \to xy = 6$

$\log_{xy} 216 = \log_6 6^3 = 3$

053 정답 ②

이차방정식 $x^2 - 4x + k = 0$의 두 근이 α, β이므로 근과 계수의 관계에 의하여 $\alpha + \beta = 4$, $\alpha\beta = k$

$\log_{(\alpha+\beta)}\beta + \frac{1}{\log_\alpha(\alpha+\beta)} = \log_{(\alpha+\beta)}\beta + \log_{(\alpha+\beta)}\alpha =$

$\log_{(\alpha+\beta)}\alpha\beta = \log_4 k = \frac{1}{4}$

이므로 $k = 4^{\frac{1}{4}} = \sqrt{2}$

유형 6 상용로그

054 정답 ④

$1 \leq \log n < 3$에서 $10 \leq n < 10^3$

$\log_2 10 \leq \log_2 n < \log_2 10^3$

따라서, $\log_2 n$의 정수값은 4에서 9까지의 자연수이므로 만족하는 것은 6개다.

055 정답 43

$\log_2 4 < \log_2 7 < \log_2 8$이므로 $\log_2 7$의 정수부분은 2,

소수부분은 $\log_2 7 - 2 = \log_2 7 - \log_2 4 = \log_2 \frac{7}{4}$이므로

$a = 2$, $b = \log_2 \frac{7}{4}$

$\therefore\ 3^a + 2^b = 3^2 + 2^{\log_2 \frac{7}{4}} = 9 + \frac{7}{4}$

따라서 $k = \frac{43}{4}$

$4k = 43$

056 정답 31

$\log_2 a$의 정수부분이 4이므로 $4 \leq \log_2 a < 5$

$\therefore\ 16 \leq a < 32 \ \cdots \bigcirc$

$\log_3 a$의 정수부분이 3이므로 $3 \leq \log_3 a < 4$

$\therefore\ 27 \leq a < 81 \ \cdots \bigcirc$

$\bigcirc, \bigcirc$에서 $27 \leq a < 32$

따라서, 자연수 a의 최댓값은 31이다.

057 정답 ③

$\log 2300 = \log(1000 \times 2.3)$
$= \log 1000 + \log 2.3$
$= 3 + a$

058 정답 72

$\log\left(1 + \frac{1}{a}\right) + \log\left(1 + \frac{1}{a+1}\right) + \cdots + \log\left(1 + \frac{1}{a+b}\right)$

$= \log\left(\frac{a+1}{a}\right) + \log\left(\frac{a+2}{a+1}\right) + \cdots + \log\left(\frac{a+b+1}{a+b}\right)$

$= \log\left\{\left(\frac{a+1}{a}\right)\left(\frac{a+2}{a+1}\right)\cdots\left(\frac{a+b+1}{a+b}\right)\right\}$

$= \log\left(\frac{a+b+1}{a}\right) = \log\left(\frac{b}{4}\right)$

따라서 $\frac{a+b+1}{a} = \frac{b}{4}$

$4a + 4b + 4 - ab = 0$

$a(4-b) - 4(4-b) + 20 = 0$

$(a-4)(b-4) = 20$

(a, b)를 구해보면 $a > b$이므로

$(24, 5)$, $(14, 6)$, $(9, 8)$뿐이다.

$ab = 120$, 84, 72로 ab의 최솟값은 72이다.

059 정답 40

(가)에서

$k^a = 2^b = 5^c = t$라 하면 $(t > 0)$

$a = \log_k t$, $b = \log_2 t$, $c = \log_5 t \cdots \bigcirc$이다.

(나)에서

$\log a = \log\left(\frac{bc}{b+3c}\right) \to a = \frac{bc}{b+3c} \to \frac{1}{a} = \frac{1}{c} + \frac{3}{b}$

$\bigcirc$에서

$\frac{1}{a} = \log_t k$, $\frac{1}{b} = \log_t 2$, $\frac{1}{c} = \log_t 5$이므로

$\log_t k = \log_t 5 + 3\log_t 2$

따라서 $k = 5 \times 2^3$이다.

$\therefore\ k = 40$

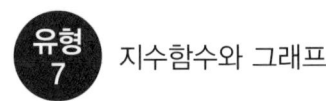
060 정답 ④

점 A에서 선분 BD에 수선의 발 H를 내리면
△ABH는 직각이등변삼각형이므로 $\overline{AH} = \overline{BH} = 6$

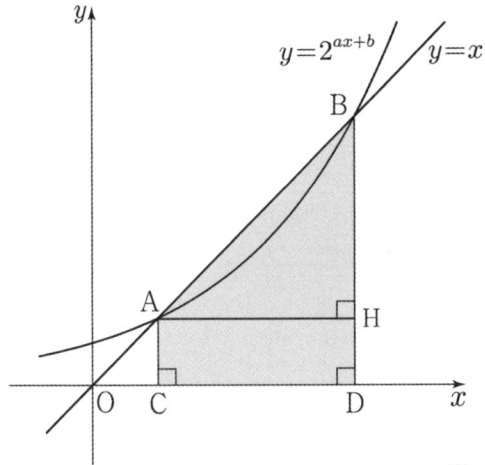

점 C의 x좌표를 m이라 하면 점 A, H, B, D의
좌표는 각각 A$(m,\ m)$, H$(m+6,\ m)$,
B$(m+6,\ m+6)$, D$(m+6,\ 0)$이므로 사각형 ACDB의
넓이는

$\dfrac{1}{2} \times (\overline{AC} + \overline{BD}) \times \overline{CD} = \dfrac{1}{2} \times \{m + (m+6)\} \times 6$

$= 6(m+3)$

$= 30$

$\therefore\ m = 2$

그러므로 두 점 A, B의 좌표는 A$(2,\ 2)$, B$(8,\ 8)$이다.
이때 두 점 A, B가 곡선 $y = 2^{ax+b}$ 위의 점이므로 대입하면
$2^{2a+b} = 2$, $2^{8a+b} = 8$ $\cdots$ ㉠
이고, 위 식에서
$2^{2a+b} = 2 \Rightarrow 2a+b = 1$ $\cdots$ ㉡
㉠에서 좌변은 좌변끼리, 우변은 우변끼리 나누면

$\qquad 2^{6a} = 4 = 2^2$

$\qquad 6a = 2$ $\therefore\ a = \dfrac{1}{3}$

이를 ㉡에 대입하면

$\qquad \dfrac{2}{3} + b = 1$ $\therefore\ b = \dfrac{1}{3}$

$\qquad \therefore\ a + b = \dfrac{1}{3} + \dfrac{1}{3} = \dfrac{2}{3}$

[다른 풀이]—서영만T
점 A에서 선분 BD에 수선의 발 H를 내리면
△ABH는 직각이등변삼각형이므로 $\overline{AH} = \overline{BH} = 6$

$\qquad △ABH = \dfrac{1}{2} \times 6 \times 6 = 18$

$\square ACDH = 30 - 18 = 12$

$\qquad \Rightarrow \overline{AC} \times \overline{AH} = 12$, $\overline{AC} = 2$

그러므로 두 점 A, B의 좌표는 A$(2,\ 2)$, B$(8,\ 8)$이다.
이하 동일

061 정답 ④

$f(x)$는 증가함수이므로 $f(x)$가 제2사분면을 지나지 않으려면
$f(0) \le 0$ 이어야 한다.
$f(0) = -2^4 + k \le 0$
$k \le 16$
k의 최댓값은 16

062 정답 ②

$y = 25 \cdot 5^{2x} + 2 = 5^2 \cdot 5^{2x} + 2 = 5^{2(x+1)} + 2$

이므로 $y = 5^{2x}$의 그래프를 x축의 방향으로 -1만큼 y축의
방향으로 2만큼 평행이동시키면
$y = 25 \cdot 5^{2x} + 2$이다. $\therefore\ m = -1$, $n = 2$

$\therefore\ m + n = 1$

063 정답 18

함수 $y = 2^x$의 그래프를 x축의 방향으로 m만큼 y축의
방향으로 n만큼 평행이동 시키면
$y = 2^{x-m} + n$ 이다. 이 함수의 그래프가 두 점 $(-1,\ 1)$,
$(0, 5)$를 지나므로
$2^{-1-m} + n = 1 \cdots$ ㉠
$2^{-m} + n = 5 \cdots$ ㉡
㉡$-$㉠을 하면
$2^{-m} - 2^{-1-m} = 4$

$2^{-m}\left(1 - \dfrac{1}{2}\right) = 4$

$2^{-m} = 8 = 2^3$
$\therefore\ m = -3$
이것을 ㉡에 대입하면
$n = -3$
$\therefore\ m^2 + n^2 = 18$

064 정답 ③

$y = a^{x-m}$과 역함수의 교점은
$y = a^{x-m}$과 $y = x$의 교점이므로 $a^{x-m} = x$
$a^{1-m} = 1$ $\therefore\ 1 - m = 0$ $\therefore\ m = 1$
$a^{3-1} = 3$ $\therefore\ a^2 = 3$ $\therefore\ a = \sqrt{3}$
$\therefore\ a + m = 1 + \sqrt{3}$

065 정답 ①

조건에서 $g(x)=2^{x-m}+n$이다.

점 $A(1, 2)$를 x축으로 m만큼, y축으로 n만큼 이동하면

$A'(1+m, 2+n)$이므로 $1+m=3$

$\therefore m=2$

또한, $y=g(x)$가 점 $(0, 1)$을 지나므로

$g(0)=2^{-m}+n=1$, $2^{-2}+n=1$

$\therefore n=\dfrac{3}{4}$

$\therefore m+n=2+\dfrac{3}{4}=\dfrac{11}{4}$

066 정답 ①

y축 위의 점은 x좌표가 0이므로

$y=3^{x+m}$이 y축과 만나는 점은 $A(0, 3^m)$

$y=3^{-x}$이 y축과 만나는 점은 $B(0, 1)$

$\overline{AB}=|3^m-1|=8$에서 $m=2$

067 정답 17

$f(2a)f(b)=4$, $f(a-b)=2$에서

$2^{-2a}\cdot 2^{-b}=2^2$, $2^{-(a-b)}=2^1$이므로

$\therefore 2a+b=-2$

$\quad a-b=-1$

$\therefore 3a=-3$ $\therefore a=-1$ $\quad b=0$

$\therefore 2^{3a}+2^{3b}=\dfrac{1}{8}+1=\dfrac{9}{8}$

$\therefore p+q=17$

068 정답 ①

$y=a^x$를 y축 대칭시키면 $y=a^{-x}$ 이다.

이것을 다시 x축으로 3 , y축으로 2만큼 평행이동하면

$y=a^{-(x-3)}+2$

dl 그래프가 $(1, 4)$를 지나므로

$4=a^{-(1-3)}+2$

$\therefore a^2=2$

$\therefore a=\sqrt{2}$ $(\because a>0)$

069 정답 ①

두 점 P, Q의 x좌표를 각각 α, β $(\alpha<\beta)$라 하면

y좌표가 모두 7이므로 $4^\alpha=7, 2^\beta=7$

로그의 정의에 의해

$\alpha=\log_4 7=\dfrac{1}{2}\log_2 7$, $\beta=\log_2 7$

따라서 선분 PQ의 길이는

$\beta-\alpha=\log_2 7-\dfrac{1}{2}\log_2 7=\dfrac{1}{2}\log_2 7$

070 정답 ③

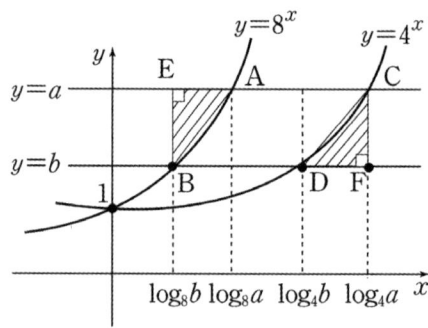

$\triangle AEB=\dfrac{1}{2}(a-b)(\log_8 a-\log_8 b)=\dfrac{1}{2}(a-b)\cdot\dfrac{1}{3}\log_2 ab$

$\triangle CDF=\dfrac{1}{2}(a-b)(\log_4 a-\log_4 b)=\dfrac{1}{2}(a-b)\cdot\dfrac{1}{2}\log_2 ab$

$\therefore \triangle CDF=\dfrac{3}{2}\triangle AEB=30$

[다른 풀이]-서영만T

$\triangle AEB$ 와 $\triangle CDF$는 높이가 같은 삼각형이므로

두 삼각형의 넓이의 비는 밑변의 길이비와 같다.

$\overline{AE}=\log_8\left(\dfrac{a}{b}\right)=\dfrac{1}{3}\log_2\left(\dfrac{a}{b}\right)$

$\overline{DF}=\log_4\left(\dfrac{a}{b}\right)=\dfrac{1}{2}\log_2\left(\dfrac{a}{b}\right)$

$\overline{AE}:\overline{DF}=2:3$

따라서 $\triangle CDF=\dfrac{3}{2}\triangle AEB=30$

071 정답 ⑤

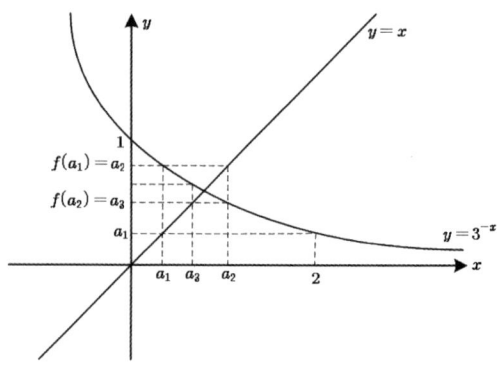

위의 그림에서 $a_{n+1}=f(a_n)$이다.

$a_2=f(a_1)$

$a_3=f(a_2)=f(f(a_1))$

$a_4=f(a_3)=f(f(a_2))=f(f(f(a_1)))$이므로

위의 그림에서 y축 상의 a_2, a_3, a_4 사이의 대소관계는 $a_2 > a_4 > a_3$ 이다.

072 정답 ⑤

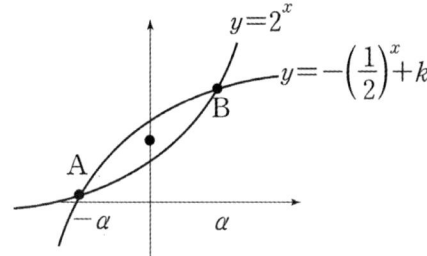

$2^x = -\left(\dfrac{1}{2}\right)^x + k$ 의 두 근을 α, β $(\beta < 0 < \alpha)$라 하면

$\dfrac{\alpha+\beta}{2} = 0$ 에서 $\beta = -\alpha$

$\Rightarrow \ \mathrm{A}\left(-\alpha, \, 2^{-\alpha}\right), \ \mathrm{B}\left(\alpha, \, -\left(\dfrac{1}{2}\right)^\alpha + k\right)$

선분 AB의 중점의 y 좌표가 $\dfrac{5}{4}$ 이므로

$\dfrac{2^\alpha - \left(\dfrac{1}{2}\right)^\beta + k}{2} = \dfrac{5}{4}$

$\dfrac{k}{2} = \dfrac{5}{4} \ (\because \ \beta = -\alpha)$

$\therefore \ k = \dfrac{5}{2}$

073 정답 ①

$f(x) = a^{bx-1}$ 의 그래프와 $g(x) = a^{1-bx}$ 의 그래프는 직선 $x = 2$ 에 대하여 대칭이므로 $f(2) = g(2)$ 가 성립한다.

따라서, $a^{2b-1} = a^{1-2b}$ 에서 $2b-1 = 1-2b$, $4b = 2$

$\therefore \ b = \dfrac{1}{2}$

$f(4) = g(0)$, $g(4) = f(0)$ 이므로

$f(4) + g(4) = g(0) + f(0) = \dfrac{5}{2}$

$a + a^{-1} = \dfrac{5}{2}$

$2a^2 - 5a + 2 = 0$, $(a-2)(2a-1) = 0$

$0 < a < 1$ 이므로 $a = \dfrac{1}{2}$

$\therefore \ a + b = \dfrac{1}{2} + \dfrac{1}{2} = 1$

074 정답 30

$y = a \times 3^x$ 이라 하자.

두 점 $(1, 9)$, $(2, b)$가 곡선 $y = f(x)$ 위의 점이므로

$f(1) = a \times 3^1 = 9$

$\therefore \ a = 3$

$f(2) = 3 \times 3^2 = b$

$\therefore \ b = 27$

$\therefore \ a + b = 30$

075 정답 15

함수 $f(x) = \left(\dfrac{1}{2}\right)^{x-1} - 6$ 의 그래프의 점근선은

$y = -6$ 이므로 곡선 $y = |f(x)|$ 의 점근선은 $y = 6$ 이다. 따라서 함수 $y = |f(x)|$ 의 그래프는 다음 그림과 같다.

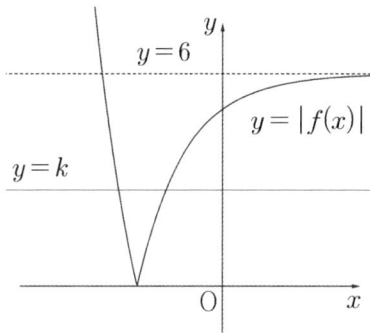

따라서 직선 $y = k$ 가 곡선 $y = |f(x)|$ 와 서로 다른 두 점에서 만나려면 $0 < k < 6$ 이어야 하므로 구하는 모든 자연수 k 의 값의 합은 $1 + 2 + 3 + 4 + 5 = 15$

076 정답 258

점 $\mathrm{P}(0, k)$을 지나고 x축에 평행한 직선 $y = k$가 두 함수 $y = 2^x$, $y = a^x$ $(1 < a < 2)$의 그래프와 만나는 점이 각각 A, B이고 삼각형 OPB의 넓이가 삼각형 OPA의 넓이가 2배이므로

$\overline{\mathrm{PB}} = 2\overline{\mathrm{PA}}$

$\overline{\mathrm{AB}} = \overline{\mathrm{PA}} = 4$ 이므로 $\overline{\mathrm{PB}} = 2\overline{\mathrm{PA}} = 2\overline{\mathrm{AB}} = 8$

따라서 $\mathrm{A}(4, k)$, $\mathrm{B}(8, k)$

점 A가 $y = 2^x$ 위의 점이므로 $k = 2^4 = 16$

또한 점 $\mathrm{B}(8, 16)$가 $y = a^x$ 위의 점이므로

$a^8 = 16 \ \Rightarrow \ a^2 = 2$

$1 < a < 2$ 이므로 $a = \sqrt{2}$

$a^2 + k^2 = 2 + 256 = 258$

077 정답 ①

$y = a^x$, $y = b^x$ 와 직선 $x = 1$ 이 만나는 두 점의 좌표를 각각

구하면 두 점 A_1, B_1의 좌표는 각각 $(1, a)$, $(1, b)$

$y = a^x$, $y = b^x$와 직선 $x = 2$이 만나는 두 점의 좌표를 각각

구하면 두 점 A_2, B_2의 좌표는 각각 $(2, a^2)$, $(2, b^2)$

$\overline{A_1B_1} = 1 = b - a$

선분 A_1B_1의 중점의 좌표가 $(1, 2)$이므로

$\dfrac{a+b}{2} = 2$, $a + b = 4$

따라서 $\overline{A_2B_2} = b^2 - a^2 = (b-a)(b+a) = 1 \times 4 = 4$

078 정답 ②

$A(0, 1)$, $B(\log_2 k, k)$, $C(-\log_2 k, k)$ 이므로

삼각형 ABC의 무게중심의 좌표는 $\left(0, \dfrac{2k+1}{3}\right)$

$\dfrac{2k+1}{3} = 3 \Rightarrow k = 4$

따라서 $B(2, 4)$, $C(-2, 4)$ 이므로

삼각형 ABC의 넓이는 $\dfrac{1}{2} \times 4 \times (4-1) = 6$

079 정답 3

함수 $y = 3^x$의 치역은 $\{y | y > 0\}$이므로 함수 $y = 3^x$의

그래프를 x축의 방향으로 $-a$만큼, y축의 방향으로 b만큼

평행이동한 함수 $y = 3^{x+a} + b$의 치역은 $\{y | y > b\}$이다.

따라서 $b = 1$

함수 $y = 3^{x+a} + 1$의 그래프가 점 $(0, 10)$을 지나므로

$3^{0+a} + 1 = 10$

$3^a = 9 = 3^2$

$a = 2$

따라서 $a + b = 2 + 1 = 3$

080 정답 ⑤

직사각형 A의 x축과 겹치는 선분 위의 꼭짓점의 좌표를 각각

$(a, 0)$, $(a+4, 0)$이라고 하면

직사각형 A의 넓이는 $\left(\dfrac{3}{2}\right)^a \times 4$

또한 직사각형 B의 세로의 길이가 $\left(\dfrac{3}{2}\right)^{a+4}$이므로 직사각형

B의 가로의 길이를 α라 하면

직사각형 B의 넓이는 $\alpha \times \left(\dfrac{3}{2}\right)^{a+4}$이다.

$\left(\dfrac{3}{2}\right)^a \times 4 = 4 \times \alpha \times \left(\dfrac{3}{2}\right)^{a+4} \Rightarrow \alpha = \left(\dfrac{2}{3}\right)^4 = \dfrac{16}{81}$

081 정답 ①

$y = a^{x+3}$와 $y = -2x + 5$의 교점을 $(s, -2s+5)$라 하고

$y = a^x + b$와 $y = -2x + 5$의 교점을

$(t, -2t+5)$라 하자.

교점 사이 거리는 $\sqrt{(t-s)^2 + 4(t-s)^2} = |t-s|\sqrt{5}$이고

$b < 0$이므로 $t > s$이다.

따라서 $t - s = 3$

$\therefore t = s + 3$

한편, $a^{s+3} = -2s + 5$, $a^t + b = -2t + 5$이고

$a^{s+3} + b = -2(s+3) + 5$

$= (-2s+5) - 6 = a^{s+3} - 6$

에서 $b = -6$이다.

082 정답 ④

$t > 0$인 t에 대하여 점 A의 좌표를 t라 두면 (가)조건에 의해 점

B의 x좌표는 $-t$이다.

따라서 $A(t, a^t)$, $B(-t, a^{-t})$이다.

(나)에서 $\dfrac{a^t}{t} \times \dfrac{a^{-t}}{-t} = -1$이므로 $t^2 = 1$이다.

따라서 $t = 1$

$A(1, a)$, $B\left(-1, \dfrac{1}{a}\right)$

$\overline{AB} = \sqrt{2^2 + \left(a - \dfrac{1}{a}\right)^2} = \dfrac{5}{2}$에서

$\left(a - \dfrac{1}{a}\right)^2 = \dfrac{9}{4}$이다.

$a > 1$이므로 $a - \dfrac{1}{a} = \dfrac{3}{2}$이다.

$2a^2 - 3a - 2 = 0$, $(a-2)(2a+1) = 0$

$a = 2$ $(\because a > 1)$이다.

유형 8 지수함수의 활용

083 정답 2

$3^{x-8} = \left(\dfrac{1}{27}\right)^x$에서 $3^{x-8} = (3^{-3})^x$, $3^{x-8} = 3^{-3x}$

$x - 8 = -3x$, $4x = 8$

$\therefore x = 2$

084 정답 3

$\left(\dfrac{1}{4}\right)^x = (2^{-2})^x = 2^{-2x}$이므로 주어진 부등식은

$2^{x-6} \leq 2^{-2x}$

양변의 밑 2가 1보다 크므로

$x - 6 \leq -2x$

$3x \leq 6$

$x \leq 2$

따라서 모든 자연수 x의 합은

$1 + 2 = 3$

085 정답 ⑤

$\left(\dfrac{1}{9}\right)^x < 3^{21-4x}$

$3^{-2x} < 3^{21-4x}$

밑이 1보다 크므로

$-2x < 21 - 4x$, $x < \dfrac{21}{2}$

따라서 자연수 x의 개수는 10개

086 정답 ④

$\dfrac{27}{9^x} \geq 3^{x-9}$를 정리하면

$3^x \times 3^{2x} \leq 3^3 \times 3^9$이므로

$3x \leq 12$이다.

$x \leq 4$인 자연수는 $x = 1,\ 2,\ 3,\ 4$이다.

따라서 x의 개수는 4개다.

087 정답 ①

$2^{x^2} < 4 \cdot 2^x = 2^{x+2}$에서

$x^2 < x + 2$, $x^2 - x - 2 < 0$

$\therefore -1 < x < 2$

$\therefore \alpha + \beta = -1 + 2 = 1$

088 정답 65

$9^x - 3^{x+2} + 8 = 0$에서 $3^x = t$ $(t > 0)$이라 놓으면

$t^2 - 9t + 8 = 0$

$(t-1)(t-8) = 0$

$\therefore t = 1, 8$ 이므로

$3^x = 1 \Rightarrow 3^\alpha = 1$

$3^x = 8 \Rightarrow 3^\beta = 1$

따라서, $3^{2\alpha} + 3^{2\beta} = 1^2 + 8^2 = 65$

089 정답 25

$4^x - 7 \cdot 2^x + 12 = 0$에서 $(2^x - 3)(2^x - 4) = 0$

따라서 $2^\alpha = 3$, $2^\beta = 4$로 놓을 수 있다.

$\therefore 2^{2\alpha} + 2^{2\beta} = \left(2^\alpha\right)^2 + \left(2^\beta\right)^2 = 9 + 16 = 25$

090 정답 128

$a^x = t$라 하면 주어진 방정식은

$t^2 - t - 2 = 0$, $(t+1)(t-2) = 0$

$\therefore t = 2$ $(\because t > 0)$

$a^{\frac{1}{7}} = 2$

$\therefore a = 2^7 = 128$

091 정답 ②

$2^x + 2^{5-x} = 33$에서 양변에 2^x을 곱하고 식을 정리하면

$(2^x)^2 - 33 \cdot 2^x + 32 = 0$

$(2^x - 1)(2^x - 32) = 0$

따라서 $2^x = 1$ 또는 $2^x = 32$ 이므로

$x = 0$ 또는 $x = 5$ 이다.

따라서 모든 실근의 합은 5이다.

092 정답 13

$2^x = X$, $3^y = Y$라고 하면 주어진 식은

$\begin{cases} 3X - 2Y = 6 \\ \dfrac{1}{4}X - \dfrac{1}{3}Y = -1 \end{cases}$ 이므로

두 식을 연립하여 X, Y를 구하면

$X = 8$, $Y = 9$

즉 $2^x = 8$, $3^y = 9$이므로

$\alpha = 3$, $\beta = 2$

$\therefore \alpha^2 + \beta^2 = 3^2 + 2^2 = 13$

093 정답 6

$\left(\dfrac{1}{2}\right)^{x-5} \geq \left(\dfrac{1}{2}\right)^{-2}$

$x - 5 \leq -2$

$x \leq 3$

모든 자연수 x의 값은 1,2,3이므로

그 합은 $1 + 2 + 3 = 6$이다.

094 정답 ①

주어진 조건에서 $a \neq 1$, $b \neq 1$이다.

자연수 n에 대하여 $a^n < b^n$이므로 $a < b$이다.

(i) $0 < a < b < 1$일 경우

$m > n$이면 $a^m > a^n$, $b^m > b^n$이다.

(ii) $1 < a < b$일 경우

$m<n$이면 $a^m<a^n$, $b^m<b^n$이다.

그런데, (i), (ii)는 모두 주어진 조건에 모순이다.

$\therefore\ 0<a<1<b$

주어진 조건에서 $b^n<b^m$이므로 $n<m$이어야 하고,

이때 $a^m<a^n$이 성립한다.

$\therefore\ n<m$

이상에서 $0<a<1<b$, $m>n$이다.

095 정답 ②

$\left(\dfrac{1}{3}\right)^{2x-1}<3\cdot\sqrt[3]{9}<\left(\dfrac{1}{9}\right)^{x-2}$ 에서

$\left(3^{-1}\right)^{2x-1}<3\cdot\sqrt[3]{3^2}<\left(3^{-2}\right)^{x-2}$

$3^{-2x+1}<3^{\frac{5}{3}}<3^{-2x+4}$

밑이 1 보다 큰 수이므로

$-2x+1<\dfrac{5}{3}<-2x+4$

즉, $-2x+1<\dfrac{5}{3}$ 이고 $\dfrac{5}{3}<-2x+4$

$x>-\dfrac{1}{3}$, $x<\dfrac{7}{6}$

$\therefore\ -\dfrac{1}{3}<x<\dfrac{7}{6}$

따라서 구하는 정수 x 의 개수는 $0, 1$ 로 2 개다.

096 정답 3

양변의 밑을 5로 같게 하면

$5^{2x-7}\leq5^{-x+2}$

$2x-7\leq-x+2$에서 $x\leq3$

주어진 부등식을 만족시키는 자연수 x는

$1, 2, 3$

따라서 자연수 x의 개수는 3

097 정답 ⑤

$2^x=t\ (t>0)$ 로 치환하여 $g(t)=t^2-at+a+3$ 이라 하자.

방정식 $4^x-a\times2^x+a+3=0$ 이 서로 다른 두 실근을 가지려면

방정식 $g(t)=0$ 의 판별식을 D라 하면

$D=a^2-4(a+3)=a^2-4a-12=(a-6)(a+2)>0$

$\therefore\ a<-2$ 또는 $a>6$ $\cdots$ ㉠

서로 다른 두 양의 실근을 α, β 라 하면 $\alpha>0$, $\beta>0$이므로

이차방정식의 근과 계수의 관계에 의하여

$\alpha+\beta=a>0$이므로 $a>0$ $\cdots$ ㉡

$\alpha\beta=a+3>0$이므로 $a>-3$ $\cdots$ ㉢

㉠, ㉡, ㉢에서 구하는 실수 a 의 값의 범위는 $a>6$

098 정답 ①

점 A의 좌표를 $(t, 2)$라 하면

$a^t=2$이고 점 B의 좌표는 $\overline{AB}=2$이므로

$B(t+2, 2)$이다.

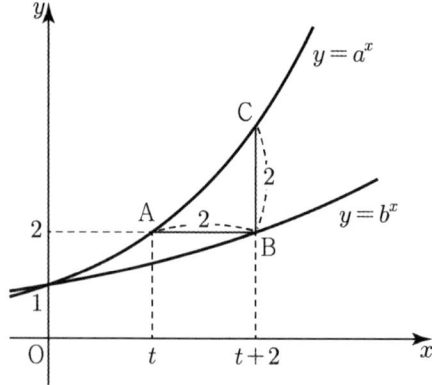

따라서 $b^{t+2}=2$

점 C의 좌표는 $(t+2, a^{t+2})$

$\overline{BC}=2$에서 $a^{t+2}=4\to a^2\times a^t=4$에서 $a^2=2$이다.

즉, $a=\sqrt{2}\ (a>1)$

한편 $a^t=2$이므로 $t=2$이다.

$b^4=2$

따라서 $a^2+b^4=4$

유형 9 로그함수와 그 그래프

099 정답 ③

함수 $y=\log_2(x-a)$의 그래프의 점근선은 직선 $x=a$이다.

곡선 $y=\log_2\dfrac{x}{4}$ 와 직선 $x=a$가 만나는

점 A의 좌표는

$\left(a,\ \log_2\dfrac{a}{4}\right)$

곡선 $y=\log_{\frac{1}{2}}x$와 직선 $x=a$가 만나는

점 B의 좌표는

$\left(a,\ \log_{\frac{1}{2}}a\right)$

한편, $a>2$에서

$\log_2\dfrac{a}{4}>\log_2\dfrac{2}{4}=-1$,

$\log_{\frac{1}{2}}a<\log_{\frac{1}{2}}2=-1$

이므로

$\log_2\dfrac{a}{4}>\log_{\frac{1}{2}}a$

이때,

$$\overline{AB} = \log_2 \frac{a}{4} - \log_{\frac{1}{2}} a$$
$$= (\log_2 a - 2) + \log_2 a$$
$$= 2\log_2 a - 2$$
이고,
$$\overline{AB} = 4$$
이므로
$$2\log_2 a - 2 = 4$$
$$\log_2 a = 3$$
따라서 $a = 2^3 = 8$

100 정답 ③

$\log_a x = 1$에서 $x = a$이고 $\log_{4a} x = 1$에서 $x = 4a$이다.

또, $\log_a x = -1$에서 $x = \frac{1}{a}$이고 $\log_{4a} x = -1$에서

$x = \frac{1}{4a}$이므로

네 점 $A(a, 1)$, $B(4a, 1)$, $C\left(\frac{1}{a}, -1\right)$,

$D\left(\frac{1}{4a}, -1\right)$이다.

ㄱ. 선분 AB를 $1:4$로 외분한 점은 $(0, 1)$이다. (참)

ㄴ. 사각형 ABCD가 직사각형이면 A와 D, B와 C의 x값이

각각 같다. 그러므로 $a = \frac{1}{4a}$에서 $a = \frac{1}{2}$이다. (참)

ㄷ. $\overline{AB} = 4a - a = 3a$ 이고 $\overline{CD} = \frac{1}{a} - \frac{1}{4a} = \frac{3}{4a}$이므로

$\overline{AB} < \overline{CD}$에서

$$3a < \frac{3}{4a}$$
$$4a^2 < 1 \ (\because \ a > 0)$$
$$(2a-1)(2a+1) < 0$$
$$-\frac{1}{2} < a < \frac{1}{2}$$

이때 $\frac{1}{4} < a < 1$이므로

$\therefore \frac{1}{4} < a < \frac{1}{2}$ (거짓)

따라서 참인 것은 ㄱ, ㄴ이다.

101 정답 25

로그의 진수조건에 의해
$y = \log_2(x+5)$는 $x > -5$ 에서 정의되므로
점근선의 방정식은 $x = -5$이다.
$\therefore k = -5$
$\therefore k^2 = 25$

102 정답 ②

주어진 함수 $y = \log_2(ax + b)$가

점 $(-1, 0)$과 $(0, 2)$를 지나므로,
$$0 = \log_2(-a+b)$$
$$2 = \log_2(0+b)$$를 만족한다.

따라서 $a = 3$, $b = 4$이고 $a + b = 7$

103 정답 ②

$y = \log(10 - x^2)$에서 $10 - x^2 > 0$, $x^2 < 10$
$$-\sqrt{10} < x < \sqrt{10}$$
$\therefore A = \{x \mid -\sqrt{10} < x < \sqrt{10}\}$
$y = \log(\log x)$에서 $\log x > 0$이므로 $x > 1$
$\therefore B = \{x \mid x > 1\}$
$\therefore A \cap B = \{x \mid 1 < x < \sqrt{10}\}$
따라서, 집합 $A \cap B$의 원소 중 정수인 것은 $2, 3$의 2개이다.

104 정답 16

$(g \circ f)(x) = x$를 만족하는 함수 $g(x)$는 $f(x)$의 역함수이다.
$y = 1 + 3\log_2 x$에서 x, y를 서로 바꾸면
$$x = 1 + 3\log_2 y, \quad \frac{x-1}{3} = \log_2 y$$
$$\therefore y = 2^{\frac{x-1}{3}}$$
따라서 $g(x) = 2^{\frac{x-1}{3}}$이므로
$$g(13) = 2^{\frac{13-1}{3}} = 2^4 = 16$$
[다른 풀이]
$f(x) = 13$을 만족하는 x의 값을 구하면
$1 + 3\log_2 x = 13$에서 $\log_2 x = 4$
$\therefore x = 2^4 = 16$
$\therefore g(f(16)) = g(13) = 16$

105 정답 ②

$$y = \log_2 \frac{2}{x-1} = 1 - \log_2(x-1) = \log_{\frac{1}{2}}(x-1) + 1$$
이므로 함수 $y = \log_2 \frac{2}{x-1}$의 그래프는

$y = \log_{\frac{1}{2}} x$의 그래프를 x축의 방향으로 1만큼, y축의 방향으로

만큼 평행이동한 것이다.

따라서 $y = \log_2 \frac{2}{x-1}$의 그래프의 개형은 ②이다.

106 정답 16

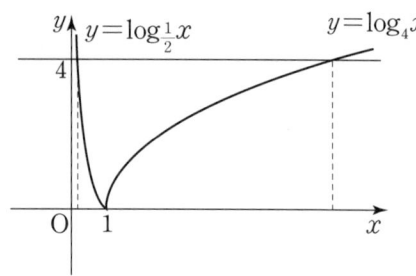

(i) $0 < x < 1$일 때

$f(x) = \log_{\frac{1}{2}} x = 4$에서 로그의 정의에 의하여

$x = \left(\dfrac{1}{2}\right)^4$

(ii) $x \geq 1$일 때

$f(x) = \log_4 x = 4$에서 로그의 정의에 의하여

$x = 4^4$

$\therefore \left(\dfrac{1}{2}\right)^4 \times 4^4 = \left(\dfrac{4}{2}\right)^4 = 16$

107 정답 ③

함수 $y = 2^x + 2$를 x축의 방향으로 m만큼 평행이동하면

$y = 2^{x-m} + 2$ $\cdots$ ㉠

함수 $y = \log_2 8x$ 즉, $y = \log_2 x + 3$를 x축의 방향으로 2만큼 평행이동하면

$y = \log_2 (x-2) + 3$ $\cdots$ ㉡

㉠, ㉡은 $y = x$에 대하여 대칭이므로 역함수 관계이다.

따라서 ㉠의 역함수를 구하면

$x = 2^{y-m} + 2$

$y - m = \log_2 (x-2)$

$y = \log_2 (x-2) + m$

이고 ㉡과 같아야 하므로 $m = 3$

108 정답 ①

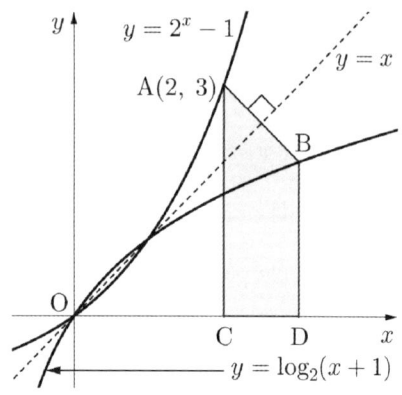

$y = 2^x - 1$ 과 $y = \log_2 (x+1)$는 서로 역함수 관계이므로 두 함수는 $y = x$에 대칭이다.

$A(2, 3)$을 기울기가 -1인 직선이 $y = \log_2 (x+1)$와 만나는 점은 $A(2,3)$를 $y = x$에 대칭이동한 점이 된다.

그러므로 $B(3, 2)$가 된다.

따라서 사각형 ACDB의 넓이는 $\dfrac{1}{2} \times (2+3) \times 1 = \dfrac{5}{2}$ 이다.

109 정답 ④

ㄱ. $f(2) = 2^2 - \log_2 2 = 4 - 1 = 3$ (참)

ㄴ. $f(8) = 2^8 - \log_2 8 = 256 - 3 = 253$,

$f(\log_2 8) = f(3) = 2^3 - \log_2 3$

$\therefore f(8) \neq -f(\log_2 8)$ (거짓)

ㄷ. (좌변) $= f(2^n) + n = 2^{2^n} - \log_2 2^n + n$

$\qquad = 2^{2^n} - n + n = 2^{2^n}$

$f(2^{n-1}) = 2^{2^{n-1}} - \log_2 2^{n-1} = 2^{2^{n-1}} - (n-1)$ 이므로

(우변) $= \left(2^{2^{n-1}}\right)^2 = 2^{2^n}$

$\therefore f(2^n) + n = \{f(2^{n-1}) + n - 1\}^2$ (참)

110 정답 ①

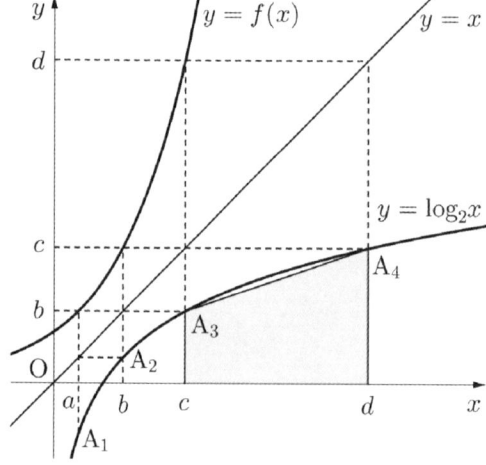

$y = \log_2 x$의 역함수는 $y = 2^x$ 이므로 위 그림에서

$f(a) = 2^a = b$

$f(b) = 2^b = c = f(f(a)) = (f \circ f)(a)$

$f(c) = 2^c = d = f(f(b)) = (f \circ f)(b)$

위 그림의 사다리꼴의 넓이는

$\dfrac{1}{2}(b+c)(d-c) =$

$\dfrac{1}{2}\{f(b) + f(a)\}\{(f \circ f)(b) - (f \circ f)(a)\}$

111 정답 ⑤

$A(1, 0)$이고, $\log_2(x+1) - 1 = 1$에서 $x + 1 = 4$,

즉 $x = 3$이므로 $C(3, 1)$

또, $B(0, -1)$이고 $3^{x+1} - 2 = -1$에서 $x + 1 = 0$,

즉 $x = -1$이므로 $D(-1, -1)$

따라서 $\overline{AC} = 3$, $\overline{DB} = 1$, $\overline{AB} = 2$이므로 사다리꼴

ABCD의 넓이는

$\dfrac{1}{2} \times (3 + 1) \times 2 = 4$

112 정답 ⑤

점 F의 y좌표가 16이고 곡선 $y = 2^x$ 위의 점이므로 $F(4, 16)$

점 E의 x좌표가 4이고 곡선 $y = \log_2 x$위의 점이므로 $E(4, 2)$

$A(2^n, 0)$이고 $D(2^n, n)$이므로 선분 AD를 $2 : 3$으로

내분하는 점을 P라고 하면 $P\left(2^n, \dfrac{2}{5}n\right)$

점 P의 y좌표와 점 E의 y좌표가 같으므로

$2 = \dfrac{2}{5}n$에서 $n = 5$이고 $D(32, 5)$

따라서 직선 DF의 기울기는 $\dfrac{5 - 16}{32 - 4} = -\dfrac{11}{28}$

113 정답 ③

$A(1, 0)$, $B(3, 0)$, $P(k, \log_2 k)$, $Q(k, \log_2(k-2))$ 로부터

점 Q가 선분 PR의 중점이므로

$2 \times \log_2(k-2) = \log_2 k \Leftrightarrow (k-2)^2 = k$

$\therefore k = 4$ $(\because k > 3)$

$\square ABQP = \triangle ARP - \triangle BRQ = \dfrac{1}{2} \times 3 \times 2 - \dfrac{1}{2} \times 1 \times 1$

$= \dfrac{5}{2}$

114 정답 ④

$y = \log_{\frac{1}{2}}(2 - x) + 1$의 점근선은 $x = 2$이므로

$y = 2 + 4 = 6$에서

$a = 2$, $b = 6$이다. $a + b = 8$

115 정답 ③

$y = \log_2(x + 4)$ 의 점근선은 $x = -4$이다.

따라서 $f(x) = 2^{-x} + 3$ 라 할 때, $f(-4) = 2^4 + 3 = 19$

따라서 교점의 y좌표는 19이다.

116 정답 ③

$f(x)$는 증가함수이므로 $f(x)$가 제 4사분면을 지나지 않으려면

$f(0) \geq 0$이어야 한다.

$f(0) = -3 + k \geq 0$

$k \geq 3$

k의 최솟값은 3

117 정답 ③

함수 $y = -\log_2(x + a) + 2$의 그래프의 점근선의 방정식은

$x = -a$이므로 $a = -3$

이 그래프가 점 $(4, k)$를 지나므로

$k = \log_2(4 - 3) + 2 = 0 + 2 = 2$

$k = 2$ $\therefore a + k = -1$

118 정답 8

점 A_2, B_2의 좌표를 각각 $(0, m)$, $(0, n)$이라 할 때

m은 $x = a$일 때 함숫값이므로 $m = \log_2 a$

n은 $x = b$일 때 함숫값이므로 $n = \log_2 b$

$\therefore \overline{A_2 B_2} = n - m = \log_2 b - \log_2 a = 3$

$\log_2 \dfrac{b}{a} = 3$, $\dfrac{b}{a} = 2^3 = 8$

$\therefore \dfrac{b}{a} = 8$

119 정답 ①

$\overrightarrow{AP} + \overrightarrow{BQ} = \overrightarrow{CR}$이므로

$\log_p a + \log_p 2 = \log_p b$ $\therefore b = 2a$

$a + \dfrac{4}{b} = a + \dfrac{2}{a} \geq 2\sqrt{2}$

따라서 $a + \dfrac{4}{b}$의 최솟값은 $2\sqrt{2}$ 이다.

[$a = \sqrt{2}$, $b = 2\sqrt{2}$일 때 등호성립]

유형 10 로그함수의 활용

120 정답 6

로그의 진수 조건에 의하여

$x - 1 > 0$에서 $x > 1$ ····· ㉠

$13 + 2x > 0$에서 $x > -\dfrac{13}{2}$ ····· ㉡

㉠, ㉡에서 $x > 1$

$\log_2(x-1) = \log_4(13+2x)$에서

$\log_2(x-1) = \dfrac{1}{2}log_2(13+2x)$

$2\log_2(x-1) = \log_2(13+2x)$

$\log_2(x-1)^2 = \log_2(13+2x)$

$(x-1)^2 = 13+2x$

$x^2 - 4x - 12 = 0$

$(x+2)(x-6) = 0$

$x > 1$이므로 $x = 6$

121 정답 7

$\log_3(x-4) = \log_9(x+2)$에서 진수 조건은 $x > 4$,

$x > -2$이다.

따라서 $x > 4$

로그의 성질에 의하여 $\log_3(x-4) = \log_{3^2}(x-4)^2$이고

$\log_3(x-4) = \log_9(x+2)$이므로

$(x-4)^2 = (x+2)$

$x^2 - 9x + 14 = 0$

$(x-2)(x-7) = 0$

따라서 $x = 7$ ($\because x > 4$)

122 정답 12

진수 조건에 의하여

$x > 0$이고 $2x - 3 > 0$이므로 $x > \dfrac{3}{2}$

$\log_2 x = 1 + \log_4(2x-3)$에서

$$\log_4 x^2 = \log_4 4(2x-3)$$

$$x^2 = 4(2x-3)$$

$$x^2 - 8x + 12 = 0$$

$$(x-2)(x-6) = 0$$

따라서 $x = 2$ 또는 6

실수 x의 값의 곱은 $2 \times 6 = 12$

123 정답 1

$2\log_{2^2}(5\alpha+1) = 1$

$\log_2(5\alpha+1) = 1$

$5\alpha + 1 = 2$

$\therefore \alpha = \dfrac{1}{5}$

$\log_5 \dfrac{1}{\alpha} = \log_5 5 = 1$

124 정답 16

$\log_4(\log_2 x) = 1$

$\log_2 x = 4^1 = 4$

$x = 2^4 = 16$

125 정답 15

$\log_3(x-3) + \log_3(x+1) < 1 + \log_3 4$

$\log_3(x-3)(x+1) < \log_3 3 + \log_3 4$

$(x-3)(x+1) < 12$

$x^2 - 2x - 15 < 0$, $(x+3)(x-5) < 0$

$\therefore -3 < x < 5$

그런데, 진수 조건에서 $x > 3$이어야 하므로

$3 < x < 5$

$\therefore a = 3$, $b = 5$

$\therefore ab = 15$

126 정답 12

$\log_3(x-4) = \log_{3^2}(5x+4)$

$\log_3(x-4) = \dfrac{1}{2}log_3(5x+4)$

$2\log_3(x-4) = \log_3(5x+4)$

$\log_3(x-4)^2 = \log_3(5x+4)$

$(x-4)^2 = 5x+4$, $x^2 - 13x + 12 = 0$

$(x-1)(x-12) = 0$

$\therefore x = 1$ 또는 $x = 12$

이때 진수조건에 의하여 $x > 4$이므로

$\alpha = 12$

127 정답 ②

주어진 식의 진수 조건에 의해 $-4 < x < 4$이다.

$\log_2(4+x) + \log_2(4-x) = 3$

$\Leftrightarrow \log_2(16-x^2) = \log_2 8$

따라서 $x^2 = 8$

$x = \pm 2\sqrt{2}$ 이고

두 근 모두 진수조건의 범위 안에 들어가므로

따라서, 두 근의 곱은 -8

128 정답 27

$(\log_3 x)^2 - 6\log_3 \sqrt{x} + 2 = 0$이므로

$(\log_3 x)^2 - 3\log_3 x + 2 = 0$

공통부분인 $\log_3 x = t$로 치환하면

$t^2 - 3t + 2 = 0$의 두 근은 $\log_3 \alpha$, $\log_3 \beta$이므로

근과 계수와의 관계를 이용하면

$\log_3\alpha + \log_3\beta = 3$이므로

$\log_3\alpha\beta = 3$에서

$\therefore \alpha\beta = 27$

129 정답 4

방정식 $x^{\log_2 x} = 8x^2$의 양변에 2를 밑으로 하는 로그를 취하면

$(\log_2 x)^2 = 3 + 2\log_2 x$이다.

방정식 $(\log_2 x)^2 - 2(\log_2 x) - 3 = 0$의 두 실근이 α, β이므로,

$\log_2 x = t$라고 치환하면

$t^2 - 2t - 3 = 0$의 두 실근은 $\log_2\alpha, \log_2\beta$이다.

근과 계수와의 관계에 의해서

$\log_2\alpha + \log_2\beta = \log_2\alpha\beta = 2$이다. $\therefore \alpha\beta = 4$

130 정답 ③

진수 조건에서 $x - 1 > 0$으로부터 $x > 1$이고,

$\log_3(x-1) < 2$

$x - 1 < 3^2$, $x < 10$

$\therefore 1 < x < 10$

이를 만족하는 정수 x는 2, 3, 4, $\cdots$, 9로 모두 8개이다

131 정답 15

$\log_{\frac{1}{3}}(x-3) + \log_{\frac{1}{3}}(x+1) < -1 + \log_{\frac{1}{3}} 4$

$\log_{\frac{1}{3}}(x-3)(x+1) < \log_{\frac{1}{3}} 3 + \log_3 4$

$(x-3)(x+1) > 12$

$x^2 - 2x - 15 > 0$, $(x+3)(x-5) > 0$

$\therefore x < -3$ or $x > 5$

그런데, 진수 조건에서 $x > 3$이어야 하므로

$x > 5$이다.

$\therefore a = 5$

$3a = 15$

132 정답 80

(진수) > 0에서 $x > 2$, $x \neq 3$ $\cdots$ ㉠

$\log_3 |x-3| < 4$에서 $|x-3| < 3^4$

$\therefore -78 < x < 84$ $\cdots$ ㉡

$\log_2 x + \log_2(x-2) \geq 3$에서 $\log_2 x(x-2) \geq 3$

$x(x-2) \geq 8$, $(x-4)(x+2) \geq 0$

$\therefore x \geq 4$, $x \leq -2$ $\cdots$ ㉢

㉠, ㉡, ㉢을 동시에 만족하는 정수인 x는

$x = 4, 5, 6, \cdots, 83$

따라서 80개다.

133 정답 ①

$2^{x+3} > 4 = 2^2$에서 밑이 1보다 크므로 $x + 3 > 2$

$\therefore x > -1$ $\cdots$ ㉠

$2\log(x+3) < \log(5x+15)$에서 밑이 1보다 크므로

$(x+3)^2 < 5x + 15$

$x^2 + x - 6 < 0$

$(x+3)(x-2) < 0$

$\therefore -3 < x < 2$ $\cdots$ ㉡

㉠과 ㉡의 공통범위는 $-1 < x < 2$

따라서 구하는 정수 x의 개수는 0, 1의 2개 이다.

134 정답 ②

$|a - \log_2 x| \leq 1 \Leftrightarrow -1 \leq a - \log_2 x \leq 1$

$a + 1 \geq \log_2 x \geq a - 1 \Leftrightarrow 2^{a+1} \geq x \geq 2^{a-1}$

최댓값과 최솟값의 차는 $2^a\left(2 - \dfrac{1}{2}\right) = \dfrac{3}{2} \cdot 2^a = 18$

$\therefore 2^a = 18 \cdot \dfrac{2}{3} = 12$

135 정답 ④

진수의 조건에 의해 $x^2 + x - 2 > 0$, $-2x + 2 > 0$

$x^2 + x - 2 > 0 \Leftrightarrow x > 1$ 또는 $x < -2$

$-2x + 2 > 0 \Leftrightarrow x < 1$

두 조건을 모두 만족시키는 범위는

$x < -2$ $\cdots$ ㉠

$\log_2(x^2 + x - 2) < \log_2(-2x + 2)$

$\Leftrightarrow x^2 + x - 2 < -2x + 2$

$\Leftrightarrow x^2 + 3x - 4 < 0$

부등식을 풀면 $-4 < x < 1$ $\cdots$ ㉡

㉠, ㉡를 동시에 만족하는 범위는 $-4 < x < -2$이다.

$\alpha = -4$, $\beta = -2$이므로 $\alpha\beta = 8$

136 정답 ②

주어진 식을 정리하면

$\log_2 |x-1| \leq 1$이다.

$|x-1| \leq 2$

$-2 \leq x - 1 \leq 2$

$-1 \leq x \leq 3$이므로

정수 x는 $-1, 0, 1, 2, 3$이다.

진수조건에 의하여 $|x-1| \neq 0$이므로 $x \neq 1$이다.

따라서 정수 x의 개수는 4개이다.

orbi.kr

137 정답 ①

진수조건에서 $x-1>0$, $\frac{1}{2}x+k>0$

이므로 $x>1$ $\cdots$ ㉠

$\log_5(x-1)\le\log_5\left(\frac{1}{2}x+k\right)$에서

$x-1\le\frac{1}{2}x+k$, $\frac{1}{2}x\le k+1$

$\therefore x\le 2(k+1)$ $\cdots$ ㉡

㉠, ㉡에서 $1<x\le 2(k+1)$이고 모든 정수 x의 개수가 3이므로

$2(k+1)-1=2k+1=3$

$\therefore k=1$

138 정답 15

$\log_3 f(x)+\log_{\frac{1}{3}}(x-1)\le 0$에서

$\log_3 f(x)-\log_3(x-1)\le 0$

$\log_3 f(x)\le\log_3(x-1)$

따라서 $f(x)\le x-1$, $f(x)>0$, $x-1>0$ $\cdots$ ㉠이므로

㉠을 만족시키는 자연수 x는 4, 5, 6이고 그 합은

$4+5+6=15$

139 정답 1

$3\log_8(6x-1)=1$

$\log_8(6\alpha-1)=\frac{1}{3}$

$6\alpha-1=8^{\frac{1}{3}}\Rightarrow 6\alpha-1=2$

$\therefore \alpha=\frac{1}{2}$

$\log_2\frac{1}{\alpha}=\log_2 2=1$

140 정답 9

진수 조건에서 $\log_2 x>0$ $\therefore x>1$ $\cdots$ ㉠

$\log_2(\log_2 x)\le 1$에서 $\log_2(\log_2 x)\le\log_2 2$

밑 2가 1보다 크므로 $\log_2 x\le 2^1=2$

$\log_2 x\le\log_2 2^2$

$\therefore x\le 2^2=4$ $\cdots$ ㉡

㉠, ㉡에서 $1<x\le 4$

따라서 주어진 부등식을 만족하는 정수 x는 2, 3, 4 이므로 $2+3+4=9$이다.

141 정답 100

$2^{\log x}=t$ $(t>0)$라 두면 $2^{\log x}=x^{\log 2}$이므로

$t^2-2t-8=0$

$(t-4)(t+2)=0$에서

$t=4$

따라서 $2^{\log x}=4$에서

$\log x=2$이다.

$\therefore x=100$

142 정답 ④

주어진 방정식은 $(\log_3 x)^2-3\log_3 x-18=0$이므로

$(\log_3 x-6)(\log_3 x+3)=0$

$\therefore \log_3 x=6$또는 $\log_3 x=-3$

$\therefore x=3^6$ 또는 $x=3^{-3}$

따라서 구하는 두 근의 곱은

$3^6\times 3^{-3}=3^3=27$

143 정답 1

진수의 조건에서

$x+2>0$, $x-5>0$, $14-x>0$

$\therefore 5<x<14$ $\cdots$ ㉠

주어진 부등식에서

$\log(x+2)(x-5)\le\log(14-x)$

$x^2-3x-10\le 14-x$

$x^2-2x-24\le 0$

$(x+4)(x-6)\le 0$

$\therefore -4\le x\le 6$ $\cdots$ ㉡

㉠, ㉡에서 $5<x\le 6$

따라서 주어진 부등식을 만족시키는 정수 x는 6뿐이므로 개수는 1이다.

144 정답 ③

모든 실수 x에 대하여

부등식 $x^2+2x\log_2 a+4\log_2 a>0$이 성립하려면 이차방정식

$x^2+2x\log_2 a+4\log_2 a=0$의 판별식을 D라 할 때,

$D/4=(\log_2 a)^2-4\log_2 a<0$이어야 한다.

$(\log_2 a)(\log_2 a-4)<0$

$0<\log_2 a<4$

$2^0<a<2^4$

즉, $1<a<16$

따라서 구하는 자연수 a의 개수는 14이다.

145 정답 5

$2\log_2 |x-1| \leq \log_2(5+x)$ 에서

$\log_2(x-1)^2 \leq \log_2(5+x)$ 이므로

$(x-1)^2 \leq 5+x$

$x^2 - 3x - 4 \leq 0$

$(x+1)(x-4) \leq 0$

$\therefore -1 \leq x \leq 4 \cdots \bigcirc$

$|x-1| > 0$, $5+x > 0$ 에서

$x \neq 1$, $x > -5 \cdots \bigcirc$

$\bigcirc$, $\bigcirc$에서 $-1 \leq x < 1$, $1 < x \leq 4$

이므로 만족시키는 정수 x는 $-1, 0, 2, 3, 4$로 5개다.

146 정답 22

로그가 정의되기 위한 x범위는

$f(x) > 0 \Rightarrow x < 0$, $x > 2$

$8 - x > 0 \Rightarrow x < 8$

따라서 $x < 0$ 또는 $2 < x < 8 \cdots \bigcirc$

$\log_2 f(x) + \log_{\frac{1}{2}}(8-x)$

$= \log_2 f(x) - \log_2(8-x)$

$= \log_2 \dfrac{f(x)}{8-x} \geq 0$

따라서 $\dfrac{f(x)}{8-x} \geq 1 \Rightarrow \dfrac{f(x)}{x-8} \leq 1$

$\bigcirc$에서 $f(x) \geq x - 8$

따라서 만족하는 자연수 x는 $4, 5, 6, 7$

$4 + 5 + 6 + 7 = 22$

유형 11 지수함수와 로그함수의 관계

147 정답 ③

ㄱ. $f(x)$의 역함수를 구하면 $x = 2^{y-2} + 1$에서

$2^{y-2} = x - 1$

$y - 2 = \log_2(x-1)$

$\therefore y = \log_2(x-1) + 2$

따라서, $f^{-1}(x) = \log_2(x-1) + 2$이고

$g(x) = f^{-1}(x)$

ㄱ. $f^{-1}(5) = \log_2(5-1) + 2 = 4$이므로

$f^{-1}(5)\{g(5)+1\} = f^{-1}(5)\{f^{-1}(5)+1\}$

$= 4(4+1) = 20$ (참)

ㄴ. $f(x)$의 역함수가 $g(x)$이므로 $y = f(x)$의 그래프와

$y = g(x)$의 그래프는 직선 $y = x$에 대하여 대칭이다. (참)

ㄷ. $y = f(x)$의 그래프는 $y = 2^x$의 그래프를 x축의 방향으로

2만큼, y축의 방향으로 1만큼 평행이동한 것이다. 그러므로

$y = 2^x$의 그래프 위의 점 $(0, 1)$은 $y = f(x)$의 그래프위의 점

$(2, 2)$로 평행이동한다.

이때, 점 $(2, 2)$는 직선 $y = x$위의 점이므로 $y = f(x)$의

그래프와 $y = x$의 그래프는 만난다.

그러므로 $y = f(x)$의 그래프와 역함수 $y = g(x)$의 그래프는

만난다. (거짓)

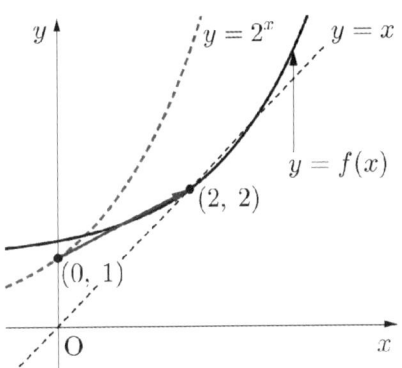

148 정답 ①

$g(2) = 4$이므로 $(f \circ g)(2) = f(4) = 2^4 = 16$,

$h(2) = 1$이므로 $(g \circ h)(2) = g(1) = 1$

$\therefore (f \circ g)(2) + (g \circ h)(2) = 16 + 1 = 17$

149 정답 ②

A, B 의 좌표는 각각 A$(-2, 1)$, B$(a+2, 1)$이므로

$\overline{AB} = a + 2 - (-2) = a + 4 = 8$

$\therefore a = 4$

150 정답 ①

곡선 $y = \log_a x$을 직선 $y = x$에 대하여 대칭이동한 곡선은

$y = a^x$이고 이 곡선이 점 $(2, 3)$을 지나므로 $x = 2$, $y = 3$을

대입하면 $3 = a^2$

따라서 $a = \sqrt{3}$

151 정답 ④

두 함수 $y = \log_2 \dfrac{k}{x}$, $y = 2^{2-x}$의 그래프가

직선 $y = x$에 대하여 대칭이므로 함수 $y = \log_2 \dfrac{k}{x}$와 함수

$y = 2^{2-x}$이 서로 역함수이다. $y = 2^{2-x}$에서 로그의 정의에

의하여 $2 - x = \log_2 y$

$x = -\log_2 y + 2$ x와 y를 서로 바꾸면

$y = -\log_2 x + 2 = -\log_2 x + \log_2 2^2 = \log_2 \dfrac{4}{x}$

따라서 $k = 4$

152 정답 27

함수 $f(x) = \log_3 x$의 역함수는 $g(x) = 3^x$이므로
$g(1) = 3$
$g(1) = f(a) + f(b) - f(c)$에서
$3 = \log_3 a + \log_3 b - \log_3 c$
$\quad = \log_3 ab - \log_3 c$
$\quad = \log_3 \dfrac{ab}{c}$
따라서 $\dfrac{ab}{c} = 3^3 = 27$

153 정답 ③

함수 $y = 2^x - n$의 그래프를 x축의 방향으로 m만큼
평행이동한 그래프를 나타내는 함수는
$y = 2^{x-m} - n \cdots$ ㉠
함수 $y = \log_2 16x$의 그래프를 x축의 방향으로 -3만큼
평행이동한 그래프를 나타내는 함수는
$y = \log_2 16(x+3) \cdots$ ㉡
㉡을 직선 $y = x$에 대하여 대칭이동한 그래프를 나타내는
함수는
$x = \log_2 16(y+3) = 4 + \log_2(y+3)$에서
$y = 2^{x-4} - 3 \cdots$ ㉢
㉠과 ㉢이 일치해야하고 m, n은 자연수이므로
$m = 4$, $n = 3$이다.
$m + n = 7$

154 정답 ①

함수 $y = 2^x$의 그래프를 x축의 방향으로 m만큼 평행이동한
그래프를 나타내는 함수는 $f(x) = 2^{x-m}$이다.
함수 $y = f(x)$의 그래프와 그 역함수의 그래프의 교점은 직선
$y = x$ 위에 있고, 교점 중 한 점의 x좌표가 16이므로 그 교점의
좌표는 $(16, 16)$이다.
$f(16) = 2^{16-m} = 16$이므로 $16 - m = 12$
따라서 $m = 12$

155 정답 ③

$-1 \leq x \leq 3$에서
$0 \leq |x| \leq 3$이므로
$1 \leq 2^{|x|} \leq 8$이다.
따라서 최댓값은 8이고 최솟값은 1이므로 합은 9이다.

156 정답 ④

함수 $f(x)$는 밑이 $\dfrac{1}{2}$이므로 감소함수이다. 따라서 $x = 0$에서
최댓값 -4, $x = 12$에서 최솟값 m을 갖는다.
$f(0) = 2\log_{\frac{1}{2}} k = -4$
$\log_2 k = 2$
$k = 2^2 = 4$이다.
$f(x) = 2\log_{\frac{1}{2}}(x+4)$에서
$f(12) = -2\log_2 16 = -2 \times 4 = -8$이다.
따라서 $k + m = 4 + (-8) = -4$

157 정답 ③

$f(x) = x^2 - 4x + 31$로 놓으면
$f(x) = (x-2)^2 + 27$에서
$f(x)$의 최솟값이 27이므로
$y = 3 + \log_3(x^2 - 4x + 3)$의 최솟값은
$3 + \log_3 27 = 3 + 3 = 6$

158 정답 ①

$f(x)$는 밑>1이므로 증가함수이다.
따라서 $x = 3$일 때 최댓값 $4^3 = 64$를 갖는다.
$M = 64$
$g(x)$는 $0 <$ 밑 < 1이므로 감소함수이다.
따라서 $x = 3$일 때 최솟값 $\left(\dfrac{1}{2}\right)^3 = \dfrac{1}{8}$을 갖는다.
$m = \dfrac{1}{8}$
$\therefore Mm = 64 \times \dfrac{1}{8} = 8$

159 정답 ⑤

$0 < a < 1$이므로 $f(x) = a^x$는 감소함수이다.
따라서 구간 $[-2, 1]$에서의 최솟값은

$f(1) = a = \dfrac{5}{6}$ 이다.

$M = f(-2) = a^{-2} = \left(\dfrac{5}{6}\right)^{-2} = \dfrac{36}{25}$

$\therefore a \times M = \dfrac{5}{6} \times \dfrac{36}{25} = \dfrac{6}{5}$

160 정답 32

지수함수 $f(x)$는 증가함수이고, 지수함수 $g(x)$는
감소함수이므로 닫힌구간 $[-1,3]$에서 각각
$f(3), g(-1)$이 최댓값을 갖는다.
따라서 $ab = 8 \times 4 = 32$이다.

161 정답 5

$2^x = X$라 치환하면
$f(x) = X^2 - 4X + a = (X-2)^2 + a - 4 = g(X)$ 이다.
그런데 닫힌구간 $[0,\ 2]$ 이므로 $1 \le X = 2^x \le 4$ 이므로
최솟값은 $g(2)$ 이고 최댓값은 $g(4)$ 이다.
$g(2) = a - 4 = 1$에서 $a = 5$이고 $g(4) = a = 5$이다.

162 정답 ②

$f(x) = \log_{\frac{1}{2}} \dfrac{2}{x}, \ g(x) = x^2 - 2x + 9$에서

$(f \circ g)(x) = f(g(x))$

$= \log_{\frac{1}{2}} 2 - \log_{\frac{1}{2}}(x^2 - 2x + 9)$

$= -1 + \log_2(x^2 - 2x + 9)$

$\log_2(x^2 - 2x + 9)$에서 밑이 1보다 크므로

$x^2 - 2x + 9$ 이 최소일 때 $(f \circ g)(x)$는 최소이다.

즉, $x^2 - 2x + 9 = (x-1)^2 + 8 \ge 8$ 이므로

$(f \circ g)(x)$ 는 $x = 1$일 때 최소이다.

따라서 구하는 최솟값은

$(f \circ g)(1) = -1 + \log_2 8 = -1 + 3 = 2$

163 정답 ①

$0 < a < 1$ 이므로 $f(x) = \log_a x$ 는 감소함수이다.

따라서 구간 $[2,\,8]$ 에서의 최솟값은

$f(8) = 3\log_a 2 = -3$ 이다.

따라서 $a = \dfrac{1}{2}$

$M = f(2) = \log_{2^{-1}} 2 = -1$

$\therefore a - M = \dfrac{1}{2} - (-1) = \dfrac{3}{2}$

 유형 13 지수함수와 로그함수의 실생활 문제

164 정답 ②

$\dfrac{W}{W_0} = \dfrac{1}{2} \times 10^{at}(1 + 10^{at})$

$3 = \dfrac{1}{2} \times 10^{15a}(1 + 10^{15a})$ 에서

$(10^{15a})^2 + 10^{15a} - 6 = 0$

$(10^{15a} + 3)(10^{15a} - 2) = 0$

$10^{15a} > 0$이므로 $10^{15a} = 2$

$\therefore k = \dfrac{1}{2} \times 10^{30a}(1 + 10^{30a})$

$= \dfrac{1}{2} \times 4 \times (1 + 4) = 10$

165 정답 ③

$P_A = 20\log 255 - 10\log E_A \ \cdots \ \textcircled{\footnotesize ㉠}$

$P_B = 20\log 255 - 10\log E_B \ \cdots \ \textcircled{\footnotesize ㉡}$

㉠-㉡하면

$P_A - P_B = 10\log E_B - 10\log E_A$

$= 10\log 100 E_A - 10\log E_A \ (\because E_B = 100 E_A)$

$= 10(\log 100 + \log E_A) - 10\log E_A$

$= 10 \times 2 = 20$

Level 2

지수 로그 함수

166 정답 36

곡선 $y=\left(\dfrac{1}{5}\right)^{x-3}$ 과 직선 $y=x$는 다음 그림과 같다.

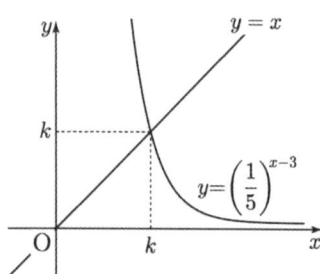

$x>k$인 모든 실수 x에 대하여

$$f(f(x))=3x \qquad \cdots\cdots \text{㉠}$$

곡선 $y=\left(\dfrac{1}{5}\right)^{x-3}$ 과 직선 $y=x$가 만나는 점의 x좌표가 k이므로

$$\left(\dfrac{1}{5}\right)^{k-3}=k$$

즉, $\left(\dfrac{1}{5}\right)^{k}\times\left(\dfrac{1}{5}\right)^{-3}=k$에서

$$k\times 5^k=5^3$$

그러므로 구하는 값은 다음과 같다.

$$f\left(\dfrac{1}{k^3\times 5^{3k}}\right)=f\left(\left(\dfrac{1}{k\times 5^k}\right)^3\right)$$

$$=f\left(\left(\dfrac{1}{5^3}\right)^3\right)=f\left(\dfrac{1}{5^9}\right) \qquad \cdots\cdots \text{㉡}$$

한편, $x>k$에서 $f(x)=\left(\dfrac{1}{5}\right)^{x-3}$ 이므로 k보다 작은 임의의 두 양수 y_1, $y_2\,(y_1<y_2)$에 대하여

$$f(x_1)=\left(\dfrac{1}{5}\right)^{x_1-3}=y_1$$

$$f(x_2)=\left(\dfrac{1}{5}\right)^{x_2-3}=y_2$$

인 x_1, $x_2\,(k<x_2<x_1)$이 존재한다.

㉠에서

$$f(f(x_1))=3x_1,\ f(f(x_2))=3x_2$$

이므로

$$f(f(x_1))>f(f(x_2))$$

즉, $f(y_1)>f(y_2)$이므로 함수 $f(x)$는 $x<k$에서 감소한다.

$x>k$에서 $f(x)=\left(\dfrac{1}{5}\right)^{x-3}$ 이므로

함수 $f(x)$는 실수 전체의 집합에서 감소한다.

그러므로 ㉡에서

$$f(\alpha)=\dfrac{1}{5^9}$$

인 실수 $\alpha\,(\alpha>k)$가 존재한다.

이때 $f(\alpha)=\left(\dfrac{1}{5}\right)^{\alpha-3}=\dfrac{1}{5^9}$에서

$\alpha-3=9$, 즉 $\alpha=12$

따라서 ㉠에 의해 구하는 값은

$$f\left(\dfrac{1}{k^3\times 5^{3k}}\right)=f\left(\dfrac{1}{5^9}\right)=f(f(\alpha))$$

$$=3\alpha=3\times 12=36$$

167 정답 3

[검토자 : 서영만T]

곡선 $y=4-\log_2(x+2)$과 직선 $y=2x$가 만나는 점의 x좌표를 k이므로

$$2k=4-\log_2(k+2)$$

$$\dfrac{k}{2}=1-\dfrac{\log_2(k+2)}{4}$$

따라서

$$f\left(\dfrac{k}{2}+\log_{16}(k+2)\right)=f\left(1-\dfrac{\log_2(k+2)}{4}+\dfrac{\log_2(k+2)}{4}\right)=f(1)$$

이다.

$$4-\log_2(x+2)=1$$

$$\log_2(x+2)=3$$

$$x+2=8$$

$$\therefore\ x=6$$

즉, $x>k$일 때, $f(6)=1$이다.

따라서 $f(f(x))=\dfrac{x}{2}$의 양변에 $x=6$을 대입하면

$$f(f(6))=3 \rightarrow f(1)=3$$

168 정답 ⑤

두 점 A_n, B_n의 좌표를 각각

$$A_n(a_n,\ 2^{a_n}),\ B_n(b_n,\ 2^{b_n})\ (a_n<b_n)$$

이라 하면 조건 (가)에 의하여

$$\dfrac{2^{b_n}-2^{a_n}}{b_n-a_n}=3 \qquad \cdots\cdots \text{㉠}$$

조건 (나)에 의하여

$$(b_n-a_n)^2+(2^{b_n}-2^{a_n})^2=10n^2 \quad \cdots\cdots \text{㉡}$$

㉠에서 $2^{b_n}-2^{a_n}=3(b_n-a_n)$이므로

이것을 ㉡에 대입하여 정리하면

$(b_n - a_n)^2 = n^2$

$b_n - a_n = n$, 즉 $a_n = b_n - n$

이것을 ㉠에 대입하여 정리하면

$2^{b_n} - 2^{b_n - n} = 3n$ 이므로

$2^{b_n}\left(1 - \dfrac{1}{2^n}\right) = 3n$

$2^{b_n} = 3n \times \dfrac{2^n}{2^n - 1}$

한편, 곡선 $y = 2^x$과 곡선 $y = \log_2 x$는 직선 $y = x$에 대하여 대칭이므로 x_n은 점 B_n의 y좌표와 같다.

따라서

$x_n = 2^{b_n} = 3n \times \dfrac{2^n}{2^n - 1}$

이므로

$x_1 + x_2 + x_3 = 6 + 8 + \dfrac{72}{7} = \dfrac{170}{7}$

169 정답 ②

[그림 : 도정영T]

그림과 같이 점 A_n의 x좌표가 점 B_n의 x좌표보다 작다고 하자.

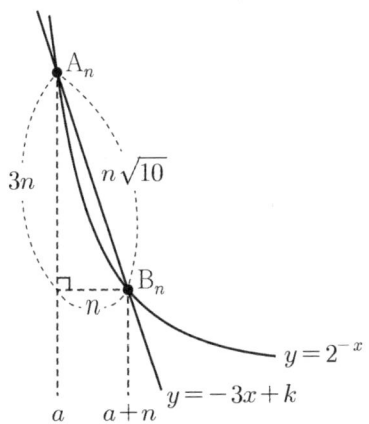

$\overline{A_n B_n} = n \times \sqrt{10}$ 이므로 점 A_n의 x좌표를 a라 하면 점 B_n의 x좌표는 $a + n$이다.

따라서

$A_n(a,\ 2^{-a})$, $B_n(a+n,\ 2^{-a-n})$

$2^{-a} - 2^{-a-n} = 3n$

$2^{-a}(1 - 2^{-n}) = 3n$

$2^{-a}\left(\dfrac{2^n - 1}{2^n}\right) = 3n$

$2^{-a} = \dfrac{3n \times 2^n}{2^n - 1}$

한편, 원 $(x-t)^2 + (y-t)^2 = r^2$은 중심이 (t, t)로 직선 $y = x$ 위의 점이므로 $y = x$에 대칭이다. 이 원과 역함수 관계인 두 함수 $y = 2^{-x}$, $y = -\log_2 x = \log_2 \dfrac{1}{x}$가 만나는 점은 $y = x$에

대칭이다.

따라서 두 점 A_n, B_n 중 y좌표가 작은 점 B_n의 y좌표가 x_n이다.

$x_n = 2^{-a-n}$

$\quad = 2^{-a} \times 2^{-n}$

$\quad = \dfrac{3n \times 2^n}{2^n - 1} \times 2^{-n}$

$\quad = \dfrac{3n}{2^n - 1}$

$x_4 = \dfrac{3 \times 4}{2^4 - 1} = \dfrac{4}{5}$, $x_6 = \dfrac{3 \times 6}{2^6 - 1} = \dfrac{2}{7}$

따라서 $x_4 + x_6 = \dfrac{4}{5} + \dfrac{2}{7} = \dfrac{38}{35}$ 이다.

170 정답 ③

두 점 A, B의 x좌표를 a라 하면

$A(a,\ 1 - 2^{-a})$, $B(a,\ 2^a)$이므로

$\overline{AB} = 2^a - (1 - 2^{-a}) = 2^a + 2^{-a} - 1$

두 점 C, D의 x좌표를 c라 하면

$C(c,\ 2^c)$, $D(c,\ 1 - 2^{-c})$이므로

$\overline{CD} = 2^c - (1 - 2^{-c}) = 2^c + 2^{-c} - 1$

이때 두 점 A, C의 y좌표가 같으므로

$2^c = 1 - 2^{-a}$

즉,

$\overline{CD} = (1 - 2^{-a}) + \dfrac{1}{1 - 2^{-a}} - 1$

$= -2^{-a} + \dfrac{2^a}{2^a - 1}$

주어진 조건에 의하여 $\overline{AB} = 2\overline{CD}$이므로

$2^a + 2^{-a} - 1 = -2^{-a+1} + \dfrac{2^{a+1}}{2^a - 1}$

여기서 $2^a = t$로 놓으면

$t + \dfrac{1}{t} - 1 = -\dfrac{2}{t} + \dfrac{2t}{t-1}$

양변에 $t(t-1)$을 곱하여 정리하면

$t^3 - 4t^2 + 4t - 3 = 0$, $(t-3)(t^2 - t + 1) = 0$

t는 실수이므로 $t = 3$

즉, $2^a = 3$이므로 $a = \log_2 3$

이때

$2^c = 1 - 2^{-a} = 1 - \dfrac{1}{3} = \dfrac{2}{3}$

이므로

$c = \log_2 \dfrac{2}{3} = 1 - \log_2 3$

따라서 조건을 만족시키는 사각형 ABCD의 넓이는

$\dfrac{1}{2} \times (a - c) \times (2^a - 1 + 2^c)$

$$= \frac{1}{2} \times (2\log_2 3 - 1) \times \left(3 - 1 + \frac{3}{2}\right)$$

$$= \frac{7}{4}(2\log_2 3 - 1)$$

$$= \frac{7}{2}\log_2 3 - \frac{7}{4}$$

171 정답 ③

[출제자 : 김종렬T]

[그림 : 최성훈T]

두 곡선 $y = 2^{x+a}$ 이 $y = 2^{-x}$ 와 만나는 점 P 의 x 좌표를 p 라

하면 $2^{p+a} = 2^{-p}$ 을 만족한

다. 양변에 2^p 을 곱하면 $2^p \cdot 2^{p+a} = 2^p \cdot 2^{-p}$,

$2^{2p+a} = 1$ ...... ㉠

또, 두 곡선 $y = 2^{x+a}$ 과 $y = 13 - 2^{x+3}$ 이 만나는 점 Q의

x 좌표가 q 라고 하면

$2^{q+a} = 13 - 2^{q+3}$ 이고 이때, $\overline{QR} = 2\overline{QP}$ 을 만족하려면

$q = 2p$ 이므로 $2^{2p+a} = 13 - 2^{2p+3}$ 이

다. ㉠에 의해 $1 = 13 - 2^{2p+3}$, $8 \times 2^{2p} = 12$, $2^{2p} = \frac{12}{8} = \frac{3}{2}$

$$2p = \log_2 \frac{3}{2}$$

$$p = \log_2 \sqrt{\frac{3}{2}}$$

$$\therefore p = \log_2 \frac{\sqrt{6}}{2}$$

따라서 $A(0, 1)$, $P(p, 2^{-p})$, $Q(2p, 13 - 2^{2p+3})$ 에서

$P\left(\log_2 \frac{\sqrt{6}}{2}, \frac{\sqrt{6}}{3}\right)$, $Q\left(\log_2 \frac{3}{2}, 1\right)$

이므로 삼각형 APQ 의 넓이는

$$\frac{1}{2} \times \log_2 \frac{3}{2} \times \left(1 - \frac{\sqrt{6}}{3}\right) = \left(1 - \frac{\sqrt{6}}{3}\right)\log_2 \frac{\sqrt{6}}{2}$$ 이다.

172 정답 ④

$\log_2 \sqrt{-n^2 + 10n + 75}$ 에서 진수 조건에 의하여

$\sqrt{-n^2 + 10n + 75} > 0$

즉, $-n^2 + 10n + 75 > 0$에서

$n^2 - 10n - 75 < 0$, $(n+5)(n-15) < 0$

$-5 < n < 15$

이때 n이 자연수이므로

$1 \leq n < 15$ ......㉠

또 $\log_4(75 - kn)$에서 진수 조건에 의하여

$75 - kn > 0$

즉, $n < \frac{75}{k}$ ......㉡

한편,

$\log_2 \sqrt{-n^2 + 10n + 75} - \log_4(75 - kn)$ 의 값이 양수이므로

$\log_2 \sqrt{-n^2 + 10n + 75} - \log_4(75 - kn) > 0$

$\log_4(-n^2 + 10n + 75) - \log_4(75 - kn) > 0$

$\log_4(-n^2 + 10n + 75) > \log_4(75 - kn)$

이때 밑 4가 1보다 크므로

$-n^2 + 10n + 75 > 75 - kn$

$n(n - 10 - k) < 0$

k가 자연수이므로

$0 < n < 10 + k$ ......㉢

주어진 조건을 만족시키는 자연수 n의 개수가 12이므로 ㉠,

㉢에서

$10 + k > 12$이어야 한다.

즉, $k > 2$이어야 한다.

(i) $k = 3$일 때

㉠, ㉡, ㉢에서 $1 \leq n < 13$

따라서 자연수 n의 개수가 12이므로

주어진 조건을 만족시킨다.

(ii) $k = 4$일 때

㉠, ㉡, ㉢에서 $1 \leq n < 14$

따라서 자연수 n의 개수가 13이므로

주어진 조건을 만족시키지 못한다.

(iii) $k = 5$일 때

㉠, ㉡, ㉢에서 $1 \leq n < 15$

따라서 자연수 n의 개수가 14이므로

주어진 조건을 만족시키지 못한다.

(iv) $k = 6$일 때

㉠, ㉡, ㉢에서 $1 \leq n < \frac{25}{2}$

따라서 자연수 n의 개수가 12이므로

주어진 조건을 만족시킨다.

(v) $k \geq 7$일 때

주어진 조건을 만족시키지 못한다.

(i)~(v)에서

$k = 3$ 또는 $k = 6$

따라서 모든 자연수 k의 값의 합은

$3 + 6 = 9$

173 정답 ①

[출제자 : 황보성호T]

[검토자 : 서영만T]

로그가 정의되기 위해서는 진수가 양수이어야 한다.

즉, $-n + 16 > 0$, $64 - kn > 0$에서 $n < 16$, $n < \frac{64}{k}$

① $k > 4$이면 공통 범위는 $n < \frac{64}{k}$

② $k \leq 4$이면 공통 범위는 $n < 16$

이다.

또한, $\log_2 \sqrt{-n + 16} + \log_4(64 - kn) < 5$에서 로그의 성질에

의하여

$\log_4(-n+16)(64-kn)<5$

$kn^2-(16k+64)n+1024<4^5=1024$

$kn^2-(16k+64)n<0$, $n(kn-16k-64)<0$

$0<n<\dfrac{16k+64}{k}=16+\dfrac{64}{k}$

k는 자연수이므로 $16+\dfrac{64}{k}>16$ …… ㉠

즉, ①, ②, ㉠에 의하여 자연수 n의 범위는

$1\le n<\dfrac{64}{k}\,(k>4)$ 또는 $1\le n<16\,(k\le 4)$

이 성립한다.

조건을 만족하는 자연수 n의 개수가 10이므로

$1\le n<16\,(k\le 4)$는 불가능하고,

$1\le n<\dfrac{64}{k}\,(k>4)$에서 $10<\dfrac{64}{k}\le 11$일 때 가능하다.

즉, $(5.\text{XXX})=\dfrac{64}{11}\le k<\dfrac{64}{10}(=6.4)$이므로

자연수 k의 값은 6이다.

174 정답 10

$f(x)$의 그래프가 닫힌구간 $[t-1,\ t+1]$에서의 최댓값 $g(t)$는

$g(t)=\begin{cases} f(t+1) & (t\le 2) \\ f(3) & (2<t\le 4) \\ f(t-1) & (4<t\le 6) \\ f(t+1) & (6<t) \end{cases}$ 의 형태를 갖게 되면 $g(t)$의

최솟값이 5가 되므로 $p(x)=-x^2+6x$, $q(x)=a\log_4(x-5)$라

하면 범위의 길이가 2이므로 $p(5)=q(7)$이 되면 성립하기에

$q(7)=f(7)=a\log_4 2=5$이므로 $a=10$

175 정답 10

[출제자 : 최성훈T]

함수 $f(x)$는 $\lim\limits_{x\to 1-}f(x)=5$, $\lim\limits_{x\to 1+}f(x)=0$이므로 $x=1$에서

불연속이다.

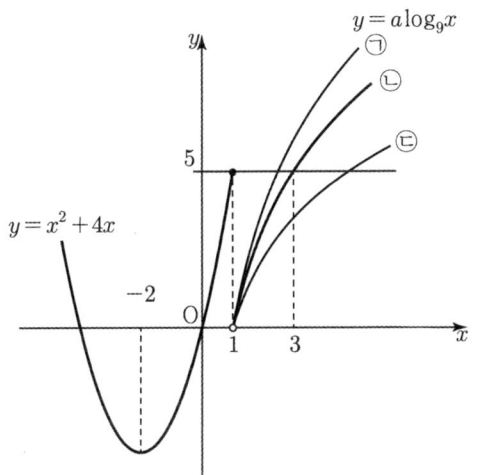

$g(x)=a\log_9 x$ 라 하면

㉠, ㉡에서 $g(\alpha)=5\,(1<\alpha\le 3)$라 하면,

$\lim\limits_{t\to\alpha-1-}g(t)=\lim\limits_{t\to\alpha-1+}g(t)=5$이므로 $t=\alpha-1$에서 연속이다.

즉 $g(t)=\begin{cases} t^2+4t & (-1\le t<0) \\ 5 & (0\le t<\alpha) \\ a\log_9 x & (t\ge\alpha) \end{cases}$ 가 되어 실수 전체에서

연속이다.

㉢에서 $g(3)<5$이면

$\lim\limits_{t\to 2-}g(t)=5$, $\lim\limits_{t\to 2+}g(t)=a\log_9 3<5$이므로 $t=2$에서

불연속이 된다.

따라서 실수 전체에서 연속이 되기 위해서는

$g(3)=a\log_9 3\ge 5$을 만족해야 한다.

$\therefore a\ge 10$이므로 a의 최솟값은 10

176 정답 ②

[그림 : 이정배T]

$A=\{f(x)\mid x\le k\}$라 하자.

$x\le -8$과 $x>-8$에서 함수 $y=f(x)$의 그래프는 각각 그림과

같다.

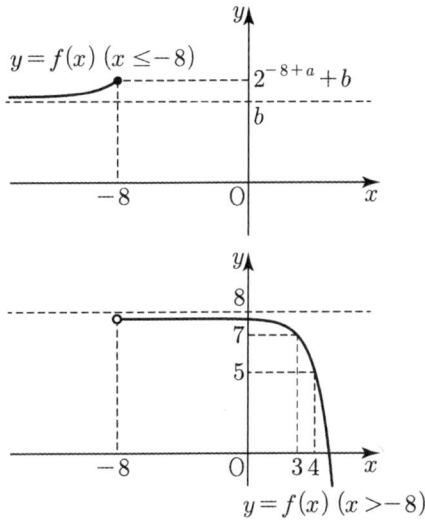

또한 주어진 조건에서 $3\le k<4$이므로

$k=3$일 때, $x\le 3$에서 점 $(3,7)$이 곡선 $y=-3^{x-3}+8$에

포함되므로 $7\in A$이다.

즉, $-8<x\le 3$에서 집합 A의 원소 중 정수는 7뿐이다.

따라서 $x\le -8$에서 집합 A의 원소 중 정수는 6뿐이어야

한다. …… ㉠

만약 $x\le -8$에서 집합 A의 원소 중 정수가 6외에 7도

포함된다면 그림과 같이 $-8<c<3$인 실수 c에 대하여

$x\le c$인 범위에서도 집합 A의 원소 중 정수의 개수는 2가 되어

모순이다.

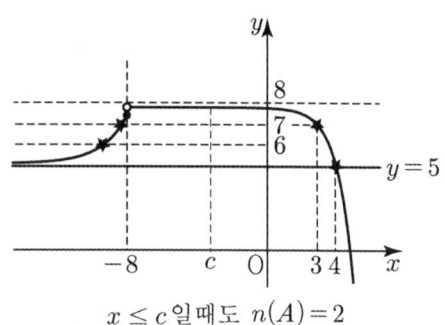

$x \le c$ 일때도 $n(A) = 2$

따라서 ㉠을 만족시키기 위해서는 $x \le -8$에서 $y = f(x)$의 점근선 $y = b$는 b가 자연수이므로 $b = 5$이고 곡선 $y = f(x)$위의 $(-8, 2^{-8+a} + 5)$에서 $6 \le 2^{-8+a} + 5 < 7$이어야 한다.

따라서 $1 \le 2^{-8+a} < 2$

$0 \le -8 + a < 1$

$8 \le a < 9$

이때 a는 자연수이므로 $a = 8$

따라서 $a + b = 8 + 5 = 13$

177 정답 ①

[출제자 : 이호진T]

$\dfrac{2x+6}{x+1} = \dfrac{4}{x+1} + 2$ 이므로 $x \ge 0$에서 감소함수이고,

$f(0) = 6$, $f(1) = 4$이다. 따라서

$B = \{f(x) \mid x < 0\}$이라 하였을 때, $4, 6 \notin B$, $5 \in B$를 만족하여야 하므로, 점근선 $b = 4$이고

$5 < 2^{0+a} + 4 \le 6$을 만족시켜야 한다.

따라서 가능한 $a = 1$이므로 $a + b = 5$이다.

178 정답 ④

선분 PQ를 $m : (1-m)$으로 내분하는 점의 좌표는

$$\dfrac{m \log_5 12 + (1-m) \log_5 3}{m + (1-m)} = 1$$

이므로

$m(\log_5 12 - \log_5 3) + \log_5 3 = 1$

$m = \dfrac{1 - \log_5 3}{\log_5 \dfrac{12}{3}}$

$= \dfrac{\log_5 \dfrac{5}{3}}{\log_5 4}$

$= \log_4 \dfrac{5}{3}$

$4^m = 4^{\log_4 \frac{5}{3}} = \dfrac{5}{3}$

179 정답 ③

[출제자 : 김 수T]

선분 $\overline{PQ}$를 $m : (m-1)$로 외분하는 점의 좌표가 1이므로

$$\dfrac{m \log_3 30 - (m-1) \log_3 5}{m - (m-1)} = 1$$

$m(\log_3 30 - \log_3 5) + \log_3 5 = 1$

$m \log_3 6 + \log_3 5 = 1$,

$\log_3 (6^m \times 5) = 1$

$6^m \times 5 = 3$이므로

$6^m = \dfrac{3}{5}$

180 정답 ③

m^{12}의 n제곱근은 x에 대한 방정식

$x^n = m^{12}$ ……㉠

의 근이다.

이때 m의 값에 따라 ㉠의 방정식이 정수근을 갖도록 하는 2 이상의 자연수 n의 개수를 구하면 다음과 같다.

(i) $m = 2$일 때,

㉠의 방정식은 $x^n = 2^{12}$

이 방정식의 근 중 정수가 존재하기 위한 n의 값은 2, 3, 4, 6, 12이므로

$f(2) = 5$

(ii) $m = 3$일 때,

㉠의 방정식은 $x^n = 3^{12}$

이 방정식의 근 중 정수가 존재하기 위한 n의 값은 2, 3, 4, 6, 12이므로

$f(3) = 5$

(iii) $m = 4$일 때,

㉠의 방정식은

$x^n = 4^{12}$, 즉 $x^n = 2^{24}$

이 방정식의 근 중 정수가 존재하기 위한 n의 값은 2, 3, 4, 6, 8, 12, 24이므로

$f(4) = 7$

(iv) $m = 5$일 때,

㉠의 방정식은 $x^n = 5^{12}$

이 방정식의 근 중 정수가 존재하기 위한 n의 값은 2, 3, 4, 6, 12이므로

$f(5) = 5$

(v) $m = 6$일 때,

㉠의 방정식은 $x^n = 6^{12}$

이 방정식의 근 중 정수가 존재하기 위한 n의 값은 2, 3, 4, 6, 12이므로

$f(6) = 5$

(vi) $m = 7$일 때,

㉠의 방정식은 $x^n = 7^{12}$

이 방정식의 근 중 정수가 존재하기 위한 n의 값은 2, 3, 4, 6,

12이므로

$f(7)=5$

(vii) $m=8$일 때,

㉠의 방정식은 $x^n=8^{12}$, 즉 $x^n=2^{36}$

이 방정식의 근 중 정수가 존재하기 위한 n의 값은 2, 3, 4, 6, 9, 12, 18, 36이므로

$f(8)=8$

(viii) $m=9$일 때,

㉠의 방정식은

$x^n=9^{12}$, 즉 $x^n=3^{24}$

이 방정식의 근 중 정수가 존재하기 위한 n의 값은 2, 3, 4, 6, 8, 12, 24이므로

$f(9)=7$

따라서

$$\sum_{m=2}^{9} f(m)=f(2)+f(3)+\cdots+f(9)$$

$$=5+5+7+5+5+5+8+7$$

$$=47$$

181 정답 ④

[출제자 : 정일권T]

(i) a의 b제곱근 중 음의 실수가 존재하려면

b가 짝수일 때, $a>0$

b가 홀수일 때, $a<0$이어야 하므로

따라서 b가 짝수일 때 4가지, a는 2가지이고

b가 홀수일 때 4가지, a는 2가지이므로 합이 16가지의 순서쌍이 존재한다.

(ii) $\sqrt[b]{a}$ 가 실수이려면

b가 짝수일 때, $a \geq 0$

b가 홀수일 때 모든 실수 a값에 대해 만족하므로

따라서 b가 짝수일 때 4가지, a는 3가지

b가 홀수일 때 4가지, a는 5가지이므로 합이 32가지의 순서쌍이 존재한다

(i), (ii)에서 $m=16$, $n=32$이므로

$m+n=16+32=48$

182 정답 220

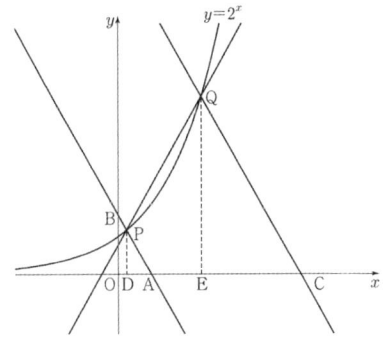

위 그림과 같이 두 점 P, Q에서 x축에 내린 수선의 발을 각각 D, E라 하자.

$\overline{PB}=k$라 하면

$\overline{AP}=\overline{AB}-\overline{PB}=4\overline{PB}-\overline{PB}=3\overline{PB}=3k$

이고,

$\overline{CQ}=3\overline{AB}=3 \times 4\overline{PB}=12\overline{PB}=12k$

이므로 $\overline{AP}:\overline{CQ}=3k:12k=1:4$

이때 $\triangle PDA \backsim \triangle QEC$이므로

$\overline{PD}:\overline{QE}=\overline{AP}:\overline{CQ}=1:4$

즉, $2^a:2^b=1:4$이므로

$2^b=4 \times 2^a=2^{a+2}$

에서 $b=a+2$

즉,

$$m=\frac{2^n-2^a}{b-a}=\frac{2^{a+2}-2^a}{(a+2)-a}$$

$$=\frac{3 \times 2^a}{2}=3 \times 2^{a-1}$$

이므로 직선 AB의 방정식은

$y-2^a=-3 \times 2^{a-1}(x-a)$ ······㉠

㉠에 $y=0$을 대입하면

$0-2^a=-3 \times 2^{a-1}(x-a)$

$x-a=\dfrac{2}{3}$, $x=a+\dfrac{2}{3}$

즉, 점 A의 x좌표가 $a+\dfrac{2}{3}$이다.

이때 원점 O에 대하여 $\triangle APD \backsim \triangle ABO$이므로

$\overline{AO}:\overline{DO}=\overline{AB}:\overline{PB}=4:1$

즉, $\left(a+\dfrac{2}{3}\right):a=4:1$

$a+\dfrac{2}{3}=4a$, $a=\dfrac{2}{9}$

$b=a+2=\dfrac{2}{9}+2=\dfrac{20}{9}$

따라서

$90 \times (a+b)=90 \times \left(\dfrac{2}{9}+\dfrac{20}{9}\right)=90 \times \dfrac{22}{9}=220$

[다른 풀이]

두 점 P, Q를 지나고 기울기가 m인 직선의 x절편을 R 라 하면 삼각형 PRA와 삼각형 QRC는 이등변삼각형이다.

두 점 P, Q에서 x축에 내린 수선의 발을 각각 D, E라 하자.

$\overline{AD}=3\overline{OD}$에서 D$(a, 0)$이므로 A$(4a, 0)$

$\overline{RE}=4\overline{RD}=12a$이므로 E$(10a, 0)$

$\therefore$ $b=10a$

$\overline{QE}=4\overline{PD}$에서 $2^{10a}=4 \times 2^a$

$10a=a+2$

$a=\dfrac{2}{9}$, $b=\dfrac{20}{9}$

183 정답 9

[그림 : 이호진T]

양수 m, n에 대하여 점 B의 좌표를 $(0, m)$이라 하고 점 D의 좌표를 $(-n, 0)$이라 하자.

점 A에서 y축에 내린 수선의 발을 E라 하면 직선 AB가 기울기가 -1인 직선이므로 삼각형 ABE는 직각이등변삼각형이다. (다)에서 삼각형 OAB가 직각이등변삼각형이고 점 A의 y좌표가 $\dfrac{m}{2}$이므로

$A\left(\dfrac{m}{2}, \dfrac{m}{2}\right)$이다.

마찬가지로 점 C에서 x축에 내린 수선의 발을 F라 하면 직선 CD가 기울기가 1인 직선이므로 삼각형 CDF는 직각이등변삼각형이다. 점 C의 x좌표가 $-\dfrac{n}{2}$이므로

$C\left(-\dfrac{n}{2}, \dfrac{n}{2}\right)$이다.

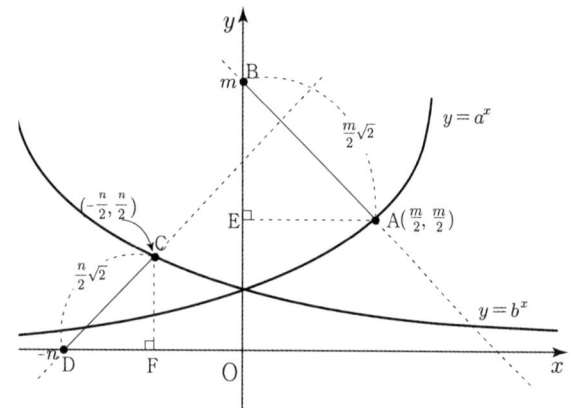

$\overline{OB} = m$, $\overline{AB} = \dfrac{m}{2}\sqrt{2}$, $\overline{CD} = \dfrac{n}{2}\sqrt{2}$이므로

(가)에서 $2m - \sqrt{2}\left(\dfrac{m}{2}\sqrt{2} + \dfrac{n}{2}\sqrt{2}\right) = 1$

$\therefore m - n = 1 \cdots \bigcirc$

(나)에서 $\dfrac{m}{2} + \dfrac{n}{2} = \dfrac{7}{2}$이다.

$\therefore m + n = 7 \cdots \bigcirc\!\!\bigcirc$

$\bigcirc$, $\bigcirc\!\!\bigcirc$의 두 식을 연립하면 $m = 4$, $n = 3$이다.

따라서 $A(2, 2)$, $C\left(-\dfrac{3}{2}, \dfrac{3}{2}\right)$이고 두 점이 각각 두 곡선

$y = a^x$와 $y = b^x$ 위의 점이므로 $a^2 = 2$, $b^{-\frac{3}{2}} = \dfrac{3}{2}$에서 $a = \sqrt{2}$, $b = \left(\dfrac{2}{3}\right)^{\frac{2}{3}}$이다.

$\dfrac{a^4}{b^3} = 4 \times \dfrac{9}{4} = 9$

184 정답 ②

$\sqrt{3}^{f(n)} > 0$이므로 $\sqrt{3}^{f(n)}$의 네제곱근 중 실수인 것은

$\sqrt[4]{\sqrt{3}^{f(n)}} = 3^{\frac{f(n)}{8}}$, $-\sqrt[4]{\sqrt{3}^{f(n)}} = 3^{\frac{f(n)}{8}}$이다.

조건에 의하면 실수인 것의 곱이 -9이므로

$3^{\frac{f(n)}{8}} \times \left(-3^{\frac{f(n)}{8}}\right) = -9$, 즉 $-3^{\frac{f(n)}{4}} = -9$이다.

따라서 $f(n) = 8$이다.

함수 $f(x) = -(x-2)^2 + k$에 대하여 $f(n) = 8$을 만족하는 자연수 n의 개수가 2개라 하였는데 함수 $f(x)$의 대칭축이 $x = 2$이므로 만족하는 자연수 n은 1, 3이다.

즉, $f(1) = 8$, $f(3) = 8$이므로 $-1 + k = 8$이다.

$\therefore k = 9$

185 정답 ④

$2^{f(\sqrt{n})} > 0$이므로 $2^{f(\sqrt{n})}$의 여섯제곱근을 X라 하면

$X^6 = 2^{f(\sqrt{n})}$

$2^{f(\sqrt{n})} > 0$이므로 X의 값은 2개이고 곱이 -4이므로 $X = 2$ 또는 $X = -2$이다.

따라서

$2^6 = (-2)^6 = 2^{f(\sqrt{n})}$에서 $f(\sqrt{n}) = 6$이다.

함수 $f(x)$의 대칭축이 $x = 2$이므로 $f(1) = 6$, $f(3) = 6$일 때 조건을 만족시킨다.

$f(1) = 1 - 4 + k = 6$에서 $k = 9$

$n_1 < n_2$라 할 때,

$\sqrt{n_1} = 1$에서 $n_1 = 1$

$\sqrt{n_2} = 3$에서 $n_2 = 9$

그러므로 $n_1 + n_2 + k = 1 + 9 + 9 = 19$

186 정답 426

$4\log_{64}\left(\dfrac{3}{4n+16}\right) = \dfrac{2}{3}\log_2\left(\dfrac{3}{4n+16}\right) = k$ (k는 정수) 이다.

$\dfrac{3}{4n+16} = 2^{\frac{3}{2}k}$ (k는 정수)

따라서 $4n + 16 = 3 \times 2^{-\frac{3}{2}k}$ (k은 정수) 이다.

$n = 3 \times 2^{-\frac{3}{2}k - 2} - 4$ 이다. n이 자연수이므로 이를 만족하도록 k에 정수를 대입하면

$k = -2$이면 $n = 2$

$k = -4$이면 $n = 44$

$k = -6$이면 $n = 380$ ($\because 1 \leq n \leq 1000$) 이다.

따라서 모든 n의 값의 합은 $2 + 44 + 380 = 426$이다.

187 정답 56

$2\log_{27}\left(\dfrac{2}{3k+18}\right)$

$$= \frac{2}{3} log_3 \left(\frac{2}{3k+18} \right)$$

$$= log_3 \left(\frac{2}{3k+18} \right)^{\frac{2}{3}}$$ 가 정수가 되기 위해서는

자연수 a에 대하여 $3k+18 = 2 \times (3^a)^{\frac{3}{2}}$ 꼴이면 된다.

$$3k = 2 \times (3^a)^{\frac{3}{2}} - 18$$

$$k = 2 \times 3^{\frac{3}{2}a-1} - 6$$

$a=2$일 때, $a_1 = 2 \times 3^2 - 6 = 12$

$a=4$일 때, $a_2 = 2 \times 3^5 - 6 = 480$

$$\vdots \qquad \vdots$$

$$\therefore a_n = 2 \times 3^{3n-1} - 6$$

$$a_{20} - a_{19}$$

$$= (2 \times 3^{59} - 6) - (2 \times 3^{56} - 6)$$

$$= 2 \times 3^{56} \times (3^3 - 1)$$

$$= 52 \times 3^{56}$$

따라서

$$log_3(a_{20} - a_{19}) - log_3 52$$

$$= log_3 \left(\frac{52 \times 3^{56}}{52} \right) = 56$$

188 정답 ①

$A(64, 2^{64})$에서 x축에 평행하게 $y = 16^x$과 만나는 점인 P_1의 좌표는 $P_1(16, 2^{64})$이고 y축에 평행하게 내린 Q_1의 좌표는 $Q_1(16, 2^{16})$이다.

이와 같은 방식으로 유추해 나가면 Q_1의 x좌표인 x_n은 초항이 16이고 공비가 $\frac{1}{4}$인 등비수열을 이룬다.

이 때, $x_5 = \frac{1}{16}$, $x_6 = \frac{1}{64}$ 이므로, $x_n < \frac{1}{k}$ 를 만족하는 n의 최솟값이 6이 되기 위해서는 자연수 k가 $\frac{1}{64} < \frac{1}{k} \le \frac{1}{16}$ 을 만족해야만 한다.

따라서 가능한 k값의 범위는 $16 \le k < 64$ 이고, k값의 개수는 48이다.

189 정답 ②

P_1의 x좌표는 x_1이고 P_1의 y좌표와 A의 y좌표가 같으므로 $a^{3x_1} = a^{243}$에서 $x_1 = 81$이다.

따라서 $P_1(81, a^{243})$이고 $Q_1(81, a^{81})$이다.

같은 방법으로 $3x_2 = 81$에서 $x_2 = 27$

따라서 $x_n = 81 \times \left(\frac{1}{3} \right)^{n-1} = 3^{5-n}$

$x_n > \frac{1}{k}$ 에서 $3^{5-n} > \frac{1}{k}$ 을 만족시키는 n의 최댓값이 7이므로

$n=7$일 때, $3^{5-7} > \frac{1}{k}$, $k > 9$

$n=8$일 때, $3^{5-8} \le \frac{1}{k}$, $k \le 27$

$$\therefore 9 < k \le 27$$

k의 개수는 18이다.

[랑데뷰팁]－서영만T

$3^{5-n} > \frac{1}{k}$에서

$n < 5 + log_3 k$

n의 최댓값이 7이므로

$7 < 5 + log_3 k \le 8$이다.

$2 < log_3 k \le 3$

$$\therefore 9 < k \le 27$$

---

190 정답 ④

$\overline{PQ} = \sqrt{5}$이며 P, Q를 지나는 직선의 기울기가 2이므로 P에서 x축으로 1, y축으로 2만큼 평행이동 한 점이 Q이다.

따라서 $P(a, b)$라 하면 $Q(a+1, b+2)$이다.

P, Q를 각각의 점이 지나는 함수의 식에 각각 대입하면

$$b = \left(\frac{2}{3} \right)^{a+3} + 1, \quad b+2 = \left(\frac{2}{3} \right)^{a+2} + \frac{8}{3}$$에서

$$b-1 = \frac{2}{3} \times \left(\frac{2}{3} \right)^{a+2}, \quad b - \frac{2}{3} = \left(\frac{2}{3} \right)^{a+2}$$이므로

$$\frac{3}{2} \times (b-1) = b - \frac{2}{3}$$이다.

$3b-3 = 2b - \frac{4}{3}$에서 $b = \frac{5}{3}$이다.

$b = \left(\frac{2}{3} \right)^{a+3} + 1$에 $b = \frac{5}{3}$를 대입하면

$$\frac{2}{3} = \left(\frac{2}{3} \right)^{a+3}$$이므로 $a+3 = 1$이어야 한다.

따라서 $a = -2$이다.

즉, $P\left(-2, \frac{5}{3} \right)$이므로 이를 $y = 2x + k$에 대입하면

$$\frac{5}{3} = -4 + k$$에서 $k = \frac{17}{3}$이다.

191 정답 64

점 A의 x좌표를 t라 두면 $\overline{AB} = 4\sqrt{2}$에서 점 B의 x좌표는 $t+4$이다.

따라서

점 A의 y좌표는

$$k \times 2^t = -t + m \quad \cdots \text{㉠}$$

점 B의 y좌표는

$$4^{t+4} = -t - 4 + m \quad \cdots \text{㉡}$$

㉠, ㉡에서

$$k \times 2^t - 4^{t+4} = 4$$
$$k \times 2^t = 4^{t+4} + 4$$
$$k = 16^2 \times 2^t + \frac{4}{2^t}$$
$$\geq 2\sqrt{16^2 \times 2^2} = 64 \ (\text{산술 기하 평균})$$

따라서 k의 최솟값은 64이다.

[다른 풀이]

$k \times 2^t - 4^{t+4} = 4$에서 $2^t = x \ (x > 0)$라고 두면

$2^8 x^2 - kx + 4 = 0$ 이 $x > 0$ 인 범위에서 해가 존재하면 된다. 이차함수의 y절편이 양수이므로 근이 존재하기 위해서는 축이 0보다 커야 한다. 따라서 k는 양수이고 근이 존재하기 위해서는 $D \geq 0$ 이어야 하므로 $D = k^2 - 4 \times 2^8 \times 4 \geq 0$에서 $k \geq 2^6 = 64$이고 k의 최솟값은 64이다.

192 정답 ②

$(a, \log_2 a)$, $(b, \log_2 b)$를 지나는 직선의 방정식은
$$y = \frac{\log_2 b - \log_2 a}{b - a}(x - a) + \log_2 a$$
이고

$x = 0$을 대입하면 y절편은
$$\frac{-a(\log_2 b - \log_2 a) + (b-a)\log_2 a}{b-a} = \frac{b \log_2 a - a \log_2 b}{b-a}$$

같은 식으로 계산하면

$(a, \log_4 a)$, $(b, \log_4 b)$를 지나는 직선의 y절편은
$$\frac{b \log_4 a - a \log_4 b}{b-a} = \frac{1}{2} \times \frac{b \log_2 a - a \log_2 b}{b-a}$$

두 값이 같으므로

$b \log_2 a - a \log_2 b = 0$이고 $a^b = b^a$이다.

$f(x) = a^{bx} + b^{ax}$에서 $f(1) = a^b + b^a = 40$이므로

$a^b = b^a = 20$

따라서
$$f(2) = a^{2b} + b^{2a} = (a^b)^2 + (b^a)^2 = 20^2 + 20^2 = 800$$

193 정답 ⑤

$y = b$와 $f(x) = a^{2x}$, $g(x) = a^x$가 만나는 점의 x좌표는

$a^{2x} = b$에서 $2x = \log_a b$, $x = \dfrac{\log_a b}{2}$

$a^x = b$에서 $x = \log_a b$

즉, $A\left(\dfrac{\log_a b}{2}, b\right)$, $B(\log_a b, b)$이다.

$y = c$와 $f(x) = a^{2x}$, $g(x) = a^x$가 만나는 점의 x좌표는

$a^{2x} = c$에서 $2x = \log_a c$, $x = \dfrac{\log_a c}{2}$

$a^x = c$에서 $x = \log_a c$

즉, $C\left(\dfrac{\log_a c}{2}, c\right)$, $D(\log_a c, c)$이다.

따라서

네 점 A, B, C, D를 직선 $y = x$에 대칭이동한 점을 각각 A′, B′, C′, D′의 좌표는
$$A'\left(b, \frac{\log_a b}{2}\right), \ B'(b, \log_a b), \ C'\left(c, \frac{\log_a c}{2}\right), \ D'(c, \log_a c)$$

두 직선 A′C′와 B′D′의 교점을 $(0, d)$라 하면

직선 A′C′의 기울기는
$$\frac{\frac{1}{2}\log_a b - d}{b} = \frac{\frac{1}{2}\log_a c - d}{c} \Rightarrow$$
$$\frac{1}{2}\log_a b^c - cd = \frac{1}{2}\log_a c^b - bd \cdots ㉠$$

직선 B′D′의 기울기는
$$\frac{\log_a b - d}{b} = \frac{\log_a c - d}{c} \Rightarrow \log_a b^c - cd = \log_a c^b - bd \cdots ㉡$$

㉠, ㉡에서 변변 빼면
$$\frac{1}{2}\log_a b^c = \frac{1}{2}\log_a c^b$$

$\therefore b^c = c^b$이다.

$b^c + c^b = 10$이므로 $b^c = c^b = 5$이다.

$$\frac{f(b^c)}{g(c^b)} = \frac{f(5)}{g(5)} = \frac{a^{10}}{a^5} = a^5 = 10$$

그러므로 $a^{10} = 100$이다.

194 정답 ②

$y = \log_n x$은 증가함수이고 $y = -\log_n(x+3) + 1$은 감소함수이다.

두 그래프의 교점의 x좌표가 1보다 크기 위해서는 $y = \log_n x$와 $y = -\log_n(x+3) + 1$의 $x = 1$일 때의 y좌표가 각각 y_1, y_2라 할 때, $y_1 < y_2$이어야 한다.

따라서 $y_1 = \log_n 1 = 0$, $y_2 = -\log_n 4 + 1$

$-\log_n 4 + 1 > 0$

$\log_n 4 < 1$

$\therefore 4 < n$

두 그래프의 교점의 x좌표가 2보다 작기 위해서는 $y = \log_n x$와 $y = -\log_n(x+3) + 1$의 $x = 2$일 때의 y좌표가 각각 y_3, y_4라 할 때, $y_3 > y_4$이어야 한다.

따라서 $y_3 = \log_n 2$, $y_4 = -\log_n 5 + 1$

$\log_n 2 > -\log_n 5 + 1$

$\log_n 10 > 1$

$\therefore n < 10$

따라서 $4 < n < 10$

$n = 5, 6, 7, 8, 9$

따라서, n의 값의 합은 $5 + 6 + 7 + 8 + 9 = 35$

[다른 풀이]

x값의 범위는 진수 조건에 의하여 $x > 0$, $x > -3$ 의 공통범위 $x > 0$ 이다.

$y = \log_n x$, $y = -\log_n(x+3) + 1$를 연립하면

$\log_n x = -\log_n(x+3) + 1$

$\log_n x + \log_n(x+3) = 1$

$\log_n x(x+3) = 1$

$x(x+3) = n$

$f(x) = x(x+3)$ $(x > 0)$과 $y = n$의 교점의 x좌표가 1보다 크고 2보다 작도록 만족하면 되므로

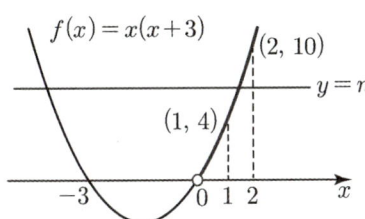

$f(1) = 4$, $f(2) = 10$

$4 < n < 10$

$n = 5$, 6, 7, 8, 9

따라서, n의 값의 합은 $5+6+7+8+9 = 35$

195 정답 ④

(i) 직선 $y = 3$과 두 곡선 $y = n^x$와 $y = n^{1-x} - 2$의 교점의 x좌표를 구해 보자.

$n^x = 3 \Rightarrow x = \log_n 3$

$n^{1-x} - 2 = 3 \Rightarrow x = \log_n \dfrac{n}{5}$

$\log_n \dfrac{n}{5} < \log_n 3$

$n < 15$

(i) 직선 $y = 2$와 두 곡선 $y = n^x$와 $y = n^{1-x} - 2$의 교점의 x좌표를 구해 보자.

$n^x = 2 \Rightarrow x = \log_n 2$

$n^{1-x} - 2 = 2 \Rightarrow x = \log_n \dfrac{n}{4}$

$\log_n \dfrac{n}{4} > \log_n 2$

$n > 8$

(i), (ii)에서 $8 < n < 15$이므로 자연수 n의 개수는 6

[다른 풀이]

$y = n^x$은 지수함수이고 $n > 1$이므로 증가함수이다.

$y = n^{1-x} - 2$은 지수함수로 $n > 1$이므로 감소함수이다. 두 함수 모두 역함수가 존재한다.

두 함수 $y = n^x$, $y = n^{1-x} - 2$이 만나는 점의 y좌표가 2보다 크고 3보다 작으므로 두 함수의 역함수의 교점의 x좌표가 2보다 크고 3보다 작다.

따라서 $y = \log_n x$, $y = -\log_n(x+2) + 1$의 교점의 x좌표가 2보다 크고 3보다 작다.

그러므로 방정식 $\log_n x = -\log_n(x+2) + 1$의 해가 2보다 크고 3보다 작다.

$\log_n x + \log_n(x+2) - 1 = 0$

$\log_n \dfrac{x(x+2)}{n} = 0$

$f(x) = \log_n \dfrac{x(x+2)}{n}$라 할 때, 함수 $f(x)$가 증가함수이므로

$f(2) < 0$, $f(3) > 0$이다.

$\log_n 1 = 0$이므로 $\dfrac{2(2+2)}{n} < 1$이고 $1 < \dfrac{3(3+2)}{n}$이다.

$8 < n < 15$

따라서 가능한 자연수 n의 개수는 6이다.

196 정답 ⑤

$k = 1$일 때, $f(\sqrt{k}) = 1$

$k = 2$, 3일 때, $f(\sqrt{k}) = 3$

$k = 4$일 때, $f(\sqrt{k}) = 1$

$k = 5$, 6, 7, 8일 때, $f(\sqrt{k}) = 3$

$k = 9$일 때, $f(\sqrt{k}) = 1$

$k = 10$, 11, 12, 13, 14, 15일 때, $f(\sqrt{k}) = 3$

$k = 16$일 때, $f(\sqrt{k}) = 1$

$k = 17$, 18, 19, 20일 때, $f(\sqrt{k}) = 3$

$$\sum_{k=1}^{20} \frac{k \times f(\sqrt{k})}{3} = \frac{1}{3} \sum_{k=1}^{20} \{k \times f(\sqrt{k})\}$$

$$= \frac{1}{3}\{1 \times 1 + 3 \times (2+3) + 4 \times 1 + 3 \times (5+6+7+8) + \cdots \}$$

$$= \frac{1+4+9+16}{3} + 2+3+5+6+7+8+10+\cdots+20$$

$$= \sum_{k=1}^{20} k - 20 = \frac{20 \times 21}{2} - 20 = 190$$

197 정답 ④

$f(x) = \begin{cases} \dfrac{1}{2} & (0 < x < 1) \\ 1 & (x = 1) \end{cases}$, $f(x) = f(x+1)$

에서 $f(정수) = 1$, $f(정수가 아닌수) = \dfrac{1}{2}$이다.

$k = 2$일 때, $f(\log_2 2) = f(1) = 1$

$k = 2^2 = 4$, $f(\log_2 4) = f(2) = 1$

$k = 2^3 = 8$, $f(\log_2 8) = f(3) = 1$

$k = 2^4 = 16$, $f(\log_2 16) = f(4) = 1$

$k = 2^5 = 32$, $f(\log_2 32) = f(5) = 1$

따라서 $k \in \{2, 4, 8, 16, 32\}$일 때, $2kf(\log_2 k) = 2k$이다.

k가 2^n꼴이 아닌 수 일 때는 $f(\log_2 k) = \dfrac{1}{2}$이므로

$2kf(\log_2 k) = k$이다.

그러므로

$$\sum_{k=2}^{32} 2kf(\log_2 k)$$

$$=\sum_{k=2}^{32} k+(2+4+8+16+32)$$

$$=\frac{32\times 33}{2}-1+62$$

$$=528+61$$

$$=589$$

198 정답 24

[그림 : 배용제T]

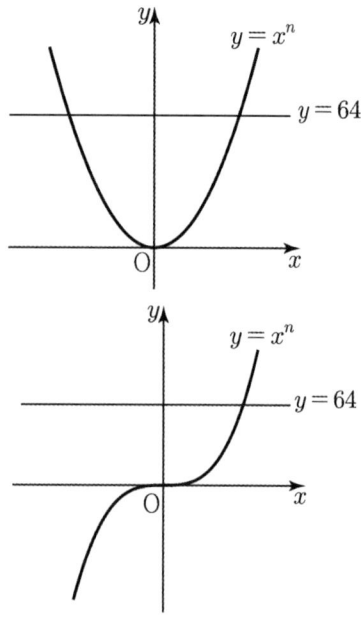

$x^n - 64 = 0$의 실근은 $y=x^n$과 $y=64$의 교점의 x좌표이다.
n이 홀수일때는 조건 (가)를 만족하지 못한다.
$x^n - 64 = 0$와 $f(x) = 0$은 두 개의 공통근을 가져야 하므로
$y=f(x)$의 그래프는 아래와 같다. (단, z는 양의 정수)

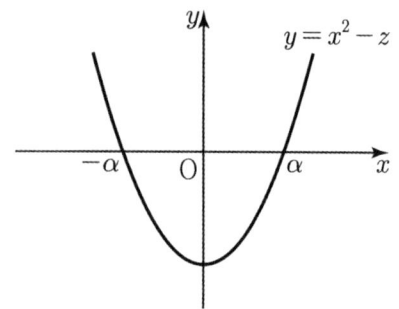

$f(x)=0$의 두 실근을 $-\alpha$, α라고 하면, $\alpha^2 = z$
$\alpha^n = 64$에서 $\alpha^{2n} = 2^{12}$이므로 $z^n = 2^{12}$을 만족하고 n은
짝수이므로,
$\alpha^2 = z$(단, z는 정수)인 자연수 n을 찾으면,
2, 4, 6, 12이다.
따라서, 모든 자연수 n의 값의 합은
$2+4+6+12 = 24$이다.

199 정답 6

[그림 : 이정배T]

$x^n - 81 = 0$의 실근은 $y=x^n$과 $y=81$의 교점의 x좌표이다.
따라서 조건을 만족하는 경우는 n의 값이 홀수, 짝수에 따라
$y=x^n$과, $y=81$, $y=f(x)$는 다음과 같다.
(i) n이 홀수일 때,
$\alpha^n = 81$을 만족하는 α에 대하여 최고차항의 계수가 1인
삼차함수 $f(x)$가 $f(0)$의 값이 음수이고 α, $-\alpha$만을 근으로
갖기 위해서는 $f(x) = (x+\alpha)^2(x-\alpha)$이다.
따라서 다음 그림과 같다.

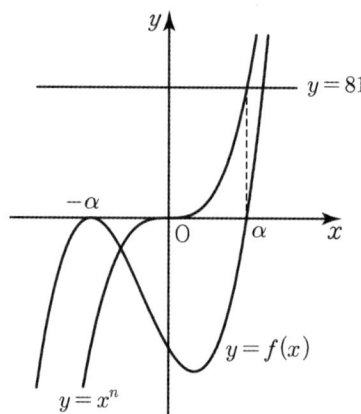

(나)에서 $f(0) = -\alpha^3$가 음의 정수이므로 α^3은 자연수이다.
$\alpha^n = 81 = 3^4$
$\alpha = 3^{\frac{4}{n}}$
$\alpha^3 = 3^{\frac{12}{n}}$
$3^{\frac{12}{n}}$이 자연수가 되기 위해서는 n은 12의 약수이고 n이
홀수이므로 n은 1, 3이다.
(ii) n이 짝수일 때,
$\alpha^n = 81$을 만족하는 α에 대하여 최고차항의 계수가 1인
삼차함수 $f(x)$가 $f(0)$의 값이 음수이고 α, $-\alpha$만을 근으로
갖기 위해서는 $f(x) = (x+\alpha)^2(x-\alpha)$이다.
따라서 다음 그림과 같다.

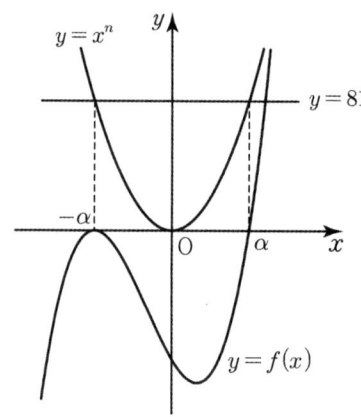

(나)에서 $f(0) = -\alpha^3$가 음의 정수이므로 α^3은 자연수이다.
$\alpha^n = 81 = 3^4$

$\alpha = 3^{\frac{4}{n}}$

$\alpha^3 = 3^{\frac{12}{n}}$

$3^{\frac{12}{n}}$ 이 자연수가 되기 위해서는 n은 12의 약수이고 n이 짝수이므로 n은 $2, 4\ 6,\ 12$이다.

(i), (ii)에서 n은 12의 약수이다.

따라서 n의 개수는 6이다.

200 정답 75

(가)에서

$3^a = 5^b = k^c = t$라 하면 $(t > 0)$

$a = \log_3 t,\ b = \log_5 t,\ c = \log_k t \cdots \bigcirc$이다.

(나)에서

$\log c = \log\left(\dfrac{2ab}{2a+b}\right) \rightarrow c = \dfrac{2ab}{2a+b} \rightarrow \dfrac{1}{c} = \dfrac{1}{b} + \dfrac{1}{2a}$

$\bigcirc$에서

$\dfrac{1}{a} = \log_t 3,\ \dfrac{1}{b} = \log_t 5,\ \dfrac{1}{c} = \log_t k$이므로

$\log_t k = \log_t 5 + \dfrac{1}{2}\log_t 3$

따라서 $k = 5 \times \sqrt{3}$ 이다.

$\therefore\ k^2 = 75$

201 정답 40

(가)에서

$k^a = 2^b = 5^c = t$라 하면 $(t > 0)$

$a = \log_k t,\ b = \log_2 t,\ c = \log_5 t \cdots \bigcirc$이다.

(나)에서

$\log a = \log\left(\dfrac{bc}{b+3c}\right) \rightarrow a = \dfrac{bc}{b+3c} \rightarrow \dfrac{1}{a} = \dfrac{1}{c} + \dfrac{3}{b}$

$\bigcirc$에서

$\dfrac{1}{a} = \log_t k,\ \dfrac{1}{b} = \log_t 2,\ \dfrac{1}{c} = \log_t 5$이므로

$\log_t k = \log_t 5 + 3\log_t 2$

따라서 $k = 5 \times 2^3$이다.

$\therefore\ k = 40$

202 정답 15

$\log_3 f(x) + \log_{\frac{1}{3}}(x-1) \leq 0$에서

$\log_3 f(x) - \log_3(x-1) \leq 0$

$\log_3 f(x) \leq \log_3(x-1)$

따라서 $f(x) \leq x-1,\ f(x) > 0,\ x-1 > 0 \cdots \bigcirc$

이므로 $\bigcirc$을 만족시키는 자연수 x는 $4,\ 5,\ 6$이고

그 합은 $4+5+6 = 15$

203 정답 22

로그가 정의되기 위한 x범위는

$f(x) > 0 \Rightarrow x < 0,\ x > 2$

$8 - x > 0 \Rightarrow x < 8$

따라서 $x < 0$ 또는 $2 < x < 8 \cdots \bigcirc$

$\log_2 f(x) + \log_{\frac{1}{2}}(8-x) \geq 0$

$\log_2 f(x) - \log_2(8-x) \geq 0$

$f(x) \geq 8-x$

$\bigcirc$에서 $f(x) \geq x-8$

따라서 만족하는 자연수 x는 $4, 5, 6, 7$

$4+5+6+7 = 22$

204 정답 ②

$a^x = \sqrt{3}$ 에서

$x = \log_a \sqrt{3}$이므로

점 A의 좌표는 $\left(\log_a \sqrt{3},\ \sqrt{3}\right)$이다.

직선 OA의 기울기는 $\dfrac{\sqrt{3}}{\log_a \sqrt{3}}$

직선 AB의 기울기는 $\dfrac{\sqrt{3}}{\log_a \sqrt{3} - 4}$

직선 OA와 직선 AB가 서로 수직이므로

$\dfrac{\sqrt{3}}{\log_a \sqrt{3}} \times \dfrac{\sqrt{3}}{\log_a \sqrt{3} - 4} = -1$

이어야 한다. 즉,

$\left(\log_a \sqrt{3}\right)^2 - 4\log_a \sqrt{3} + 3 = 0$에서

$\log_a \sqrt{3} = 1$ 또는 $\log_a \sqrt{3} = 3$

$a = \sqrt{3}$ 또는 $a^3 = \sqrt{3}$

따라서 $a = 3^{\frac{1}{2}}$ 또는 $a = 3^{\frac{1}{6}}$이므로

모든 a의 값의 곱은

$3^{\frac{1}{2}} \times 3^{\frac{1}{6}} = 3^{\frac{1}{2}+\frac{1}{6}} = 3^{\frac{2}{3}}$

205 정답 ④

점 A의 좌표는 $\left(2,\ \log_a 2\right)$이다.

직선 OA의 기울기는 $\dfrac{\log_a 2}{2}$

직선 AB의 기울기는 $\dfrac{\log_a 2 - 5}{2}$

직선 OA와 직선 AB가 서로 수직이므로

$\dfrac{\log_a 2}{2} \times \dfrac{\log_a 2 - 5}{2} = -1$이어야 한다.

즉, $\left(\log_a 2\right)^2 - 5\log_a 2 + 4 = 0$에서

$\left(\log_a 2 - 1\right)\left(\log_a 2 - 4\right) = 0$이므로

$\log_a 2 = 1$ 또는 $\log_a 2 = 4$

$a = 2$ 또는 $a^4 = 2$

따라서 $a = 2$ 또는 $a = 2^{\frac{1}{4}}$ 이므로

모든 a의 값의 곱은

$2 \times 2^{\frac{1}{4}} = 2^{1+\frac{1}{4}} = 2^{\frac{5}{4}}$

206 정답 103

$(2^k)^2 - (2^n + 4^n)2^k + 8^n = (2^k - 2^n)(2^k - 2^{2n}) \leq 1$

$\therefore n \leq k \leq 2n$

$\sum_{k=1}^{2n} k - \sum_{k=1}^{n-1} k = \frac{2n(2n+1)}{2} - \frac{(n-1)n}{2} = \frac{3}{2}n(n+1) = a_n$

$\sum_{n=1}^{20} \frac{1}{a} = \frac{2}{3} \sum_{n=1}^{20} \frac{1}{n(n+1)} = \frac{2}{3} \sum_{n=1}^{20} \left(\frac{1}{n} - \frac{1}{n-1} \right) = \frac{40}{63}$

$\therefore 103$

207 정답 ③

$9^k - 3^{n+k} - 3^{3n+k} + 81^n - 1 \leq 0$

$\Rightarrow 9^k - \left(3^n + 3^{3n} \right) 3^k + 3^{4n} \leq 1$

$(3^k - 3^n)(3^k - 3^{3n}) \leq 1$

$\therefore n \leq k \leq 3n$

따라서 집합 A의 원소의 개수는 $2n+1$이므로

$a_n = 2n + 1$이다.

$\sum_{n=10}^{20} a_n = \sum_{n=1}^{20} (2n+1) - \sum_{n=1}^{9} (2n+1)$

$= \frac{20 \times (3+41)}{2} - \frac{9 \times (3+19)}{2}$

$= 440 - 99 = 341$

[랑데뷰팁]
① 정수 a, b에 대하여 $3^k - 3^n = a$와 $3^k - 3^{3n} = b$라 할 때,

$ab \leq 1$인 경우는

$a = 1$, $b = 1$ 또는 $a = -1$ 또는 $b = -1$ 이거나···㉠

a, b의 부호가 다를 때이다.

㉠은 성립할 수 없으므로 $3^n \leq 3^k \leq 3^{3n}$인 경우만 성립할 수 있다.

따라서 $n \leq k \leq 3n$

② $\sum_{n=10}^{20} (2n+1) = \frac{11 \times (21+41)}{2} = 11 \times 31 = 341$

208 정답 ④

$\overline{AB} = a - k = a - (-a + \log_2 15) = 2a - \log_2 15$

$1 < \overline{AB} < 100$에서 $1 < 2a - \log_2 15 < 100$

$1 + \log_2 15 < 2a < 100 + \log_2 15$

$3 < \log_2 15 < 4$이므로 $4.\cdots < 2a < 103.\cdots$

$2.\cdots < a < 51.\cdots$

따라서, $a = 3$, 4, 5, $\cdots$, 51 즉, 49개다.

209 정답 ③

[그림 : 이호진T]

두 함수 그래프 $y = \log_2 x$와 $y = \log_2 \left(\frac{19}{x} \right)$의 그래프의 교점의 x좌표를 k라 하자.

$A(a, \log_2 a)$, $B\left(a, \log_2 \left(\frac{19}{a} \right) \right)$에서

(i) $a < k$일 때,

$\overline{AB} = \log_2 \left(\frac{19}{a} \right) - \log_2 a = \log_2 \left(\frac{19}{a^2} \right)$

$1 < \overline{AB} < 5$에서

$1 < \log_2 \left(\frac{19}{a^2} \right) < 5$

$2 < \frac{19}{a^2} < 32$

$\frac{1}{32} < \frac{a^2}{19} < \frac{1}{2}$

$\frac{19}{32} < a^2 < \frac{19}{2}$

따라서 만족하는 2이상의 자연수 a는 2, 3이다.

(ii) $a > k$일 때,

$\overline{AB} = \log_2 a - \log_2 \left(\frac{19}{a} \right) = \log_2 \left(\frac{a^2}{19} \right)$

$1 < \overline{AB} < 5$에서

$1 < \log_2 \left(\frac{a^2}{19} \right) < 10$

$2 < \frac{a^2}{19} < 32$

$38 < a^2 < 608$

따라서 만족하는 2이상의 자연수 a는 7, 8, $\cdots$, 24이고 개수는 18이다.

(i), (ii) 에서 2이상의 자연수 a의 개수는 $2 + 18 = 20$이다.

210 정답 36

$2^x - 2^{-x} = t$ 라 하면

(x 가 실수일 때, t 도 범위의 제한이 없는 실수이다.)

$4^x + 4^{-x} = t^2 + 2$ 이다.

주어진 지수방정식이 실근을 가지려면

$t^2 + at + 9 = 0$ 의 근도 실근이어야 한다.

따라서 $D = a^2 - 36 \geq 0$

양수 a 의 범위는 $a \geq 6$, 최솟값은 $m = 6$

$\therefore m^2 = 36$

211 정답 ③

$a^x + a^{-x} = t$ 라 하면 $a^x + a^{-x} \geq 2$에서 $t \geq 2$이고
$a^{2x} + a^{-2x} = t^2 - 2$ 이다.

따라서 주어진 지수방정식이 서로 다른 두 실근을 가지려면
$t^2 + pt + q - 2 = 0$ 의 2보다 큰 근을 한 개 가져야 한다. ($\because$
2보다 큰 근을 r라 할 때, $a^x + a^{-x} = r$을 만족하는 x의 값은
2개이다.)

$f(t) = t^2 + pt + q - 2$라 할 때, $f(2) < 0$이면 된다.

$f(2) = 2p + q + 2 < 0$

$q < -2p - 2$

$p = 4 - q$이므로

$q < -2(4 - q) - 2$

$-q < -10$

$q > 10$

따라서 자연수 q의 최솟값은 11이다.

212 정답 ③

[그림 : 최성훈T]

선분 AC가 y축에 평행하므로
두 점 A, C의 좌표를 각각
$A(t, \log_2 4t)$, $C(t, \log_2 t)$ $(t > 1)$라고 하면

$\overline{AC} = \log_2 4t - \log_2 t = \log_2 \dfrac{4t}{t} = 2$

선분 AC의 중점을 M이라 하면 삼각형 ABC가
정삼각형이므로

$\overline{BM} = \dfrac{\sqrt{3}}{2} \times 2 = \sqrt{3}$

따라서 점 B의 좌표는
$B\left(t - \sqrt{3}, \log_2 4(t - \sqrt{3})\right)$ 이고

$\overline{AB} = \sqrt{(t - \sqrt{3} - t)^2 + \left\{\log_2 4(t - \sqrt{3}) - \log_2 4t\right\}^2}$

$\quad = \sqrt{3 + \left\{\log_2 \dfrac{(t - \sqrt{3})}{t}\right\}^2} = 2$

이므로 $\log_2 \dfrac{(t - \sqrt{3})}{t} = \pm 1$이다.

그런데 $t > 1$이므로 $\dfrac{t - \sqrt{3}}{t} < 1$

따라서 $\log_2 \dfrac{(t - \sqrt{3})}{t} = -1$ 이고

$\dfrac{(t - \sqrt{3})}{t} = \dfrac{1}{2}$, $2(t - \sqrt{3}) = t$

$\therefore t = 2\sqrt{3}$

이때, 점 B의 좌표는 $B\left(\sqrt{3}, \log_2 4\sqrt{3}\right)$이므로

$p = \sqrt{3}$, $q = \log_2 4\sqrt{3}$

$\therefore p^2 \times 2^q = (\sqrt{3})^2 \times 2^{\log_2 4\sqrt{3}} = 3 \times 4\sqrt{3} = 12\sqrt{3}$

[다른 풀이] - 서영만T

$\overline{AC}$의 중점을 M이라 하면

$\overline{BM} = \sqrt{3}$이고 $\overline{CM} = 1$이다.

따라서 $C(p + \sqrt{3}, q - 1)$이다.

점 B는 $y = \log_2 4x$위의 점이므로

$q = \log_2 4p \cdots \text{㉠}$

점 C는 $y = \log_2 x$위의 점이므로

$q - 1 = \log_2 (p + \sqrt{3}) \cdots \text{㉡}$

㉠, ㉡에서 $p = \sqrt{3}$, $q = \log_2 4\sqrt{3}$

$\therefore p^2 \times 2^q = (\sqrt{3})^2 \times 2^{\log_2 4\sqrt{3}} = 3 \times 4\sqrt{3} = 12\sqrt{3}$

213 정답 ④

[그림 : 최성훈T]

점 A의 x좌표를 $x = t$라 두면 $A(t, 2^{t+2})$이고 선분 AB가
x축에 평행하고 $y = 2^{x+2}$는 $y = 2^x$의 그래프를 x축의 방향으로
-2만큼 평행이동한 그래프이므로 $\overline{AB} = 2$이다.

따라서 $B(t+2, 2^{t+2})$이다.

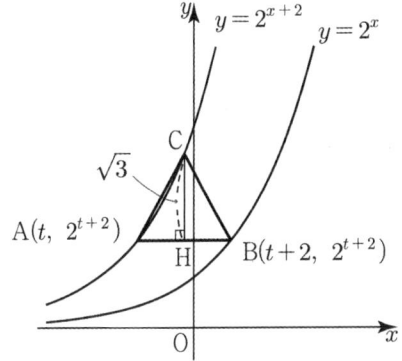

꼭짓점 C에서 선분 AB에 내린 수선의 발을 H라 하면 점 H의
x좌표가 $x = t + 1$이므로 $H(t+1, 2^{t+2})$이다.

따라서 $\overline{CH} = \dfrac{\sqrt{3}}{2} \times 2 = \sqrt{3}$이므로

$C(t+1, 2^{t+2} + \sqrt{3})$이다.

점 C는 $y = 2^{x+2}$위의 점이므로 $C(t+1, 2^{t+3})$에서

$2^{t+3} = 2^{t+2} + \sqrt{3}$

$8 \times 2^t - 4 \times 2^t = \sqrt{3}$

$2^t = \dfrac{\sqrt{3}}{4}$

$\therefore t = \log_2\left(\dfrac{\sqrt{3}}{4}\right)$

$C(t+1, 2^{t+3}) = C\left(\log_2\left(\dfrac{\sqrt{3}}{2}\right), 2\sqrt{3}\right)$

따라서 $a = \log_2\left(\dfrac{\sqrt{3}}{2}\right)$, $b = 2\sqrt{3}$

그러므로 $2^a \times b = \dfrac{\sqrt{3}}{2} \times 2\sqrt{3} = 3$

Level 3
지수 로그 함수

214 정답 110

ㄱ. 곡선 $y=t-\log_2 x$는 곡선 $y=\log_2 x$를 x축에 대하여 대칭이동한 후 y축의 방향으로 t만큼 평행이동한 것이므로 x의 값이 증가하면 y의 값은 감소한다.

또, 곡선 $y=2^{x-t}$은 곡선 $y=2^x$을 x축의 방향으로 t만큼 평행이동한 것이므로 x의 값이 증가하면 y의 값도 증가한다.

그러므로 두 곡선 $y=t-\log_2 x$, $y=2^{x-t}$은 한 점에서 만난다.

$t=1$일 때, 곡선 $y=1-\log_2 x$은 $x=1$일 때 $y=1$이므로 점 $(1,\ 1)$을 지난다.

또, 곡선 $y=2^{x-1}$은 $x=1$일 때 $y=1$이므로 점 $(1,\ 1)$을 지난다. 그러므로 $f(1)=1$

$t=2$일 때, 곡선 $y=2-\log_2 x$는 $x=2$일 때, $y=1$이므로 점 $(2,\ 1)$을 지난다.

또, 곡선 $y=2^{x-2}$은 $x=2$일 때 $y=1$이므로 점 $(2,\ 1)$을 지난다. 그러므로 $f(2)=2$

이 명제가 참이므로 $A=100$

ㄴ. 곡선 $y=t-\log_2 x$는 곡선 $y=-\log_2 x$를 y축의 방향으로 t만큼 평행이동한 것이다. 이때 t의 값이 증가하면 두 곡선 $y=t-\log_2 x$, $y=2^x$의 교점의 x좌표는 증가한다.

이때 곡선 $y=2^{x-t}$은 곡선 $y=2^x$을 x축의 방향으로 t만큼 평행이동한 것이므로 t의 값이 증가하면 두 곡선 $y=t-\log_2 x$, $y=2^{x-t}$의 교점의 x좌표보다 커진다.

그러므로 t의 값이 증가하면 $f(t)$의 값도 증가한다.

이 명제가 참이므로 $B=10$

ㄷ. $g(x)=t-\log_2 x$, $h(x)=2^{x-t}$이라 하면 함수 $y=g(x)$는 감소함수이고, 함수 $y=h(x)$는 증가함수이므로 $f(t)\ge t$이기 위해서는 $g(t)\ge h(t)$ 이어야 한다. 즉, $t-\log_2 t\ge 2^{t-t}$

$t-1\ge \log_2 t$ ...... ㉠

이때 두 함수 $y=\log_2 t$, $y=t-1$의 그래프는 두 점 $(1,\ 0)$, $(2,\ 1)$에서 만나고 다음 그림과 같다.

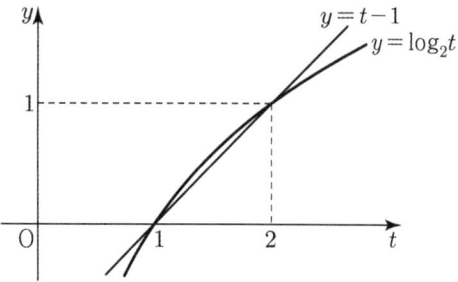

위에서 $1<t<2$일 때는 함수 $y=\log_2 t$의 그래프가 직선

$y=t-1$보다 위쪽에 있으므로 ㉠을 만족시키지 못한다.

즉, $1<t<2$일 때는 부등식 $f(t)\ge t$ 를 만족시키지 못한다.

이 명제가 거짓이므로 $C=0$

이상에서 $A=100$, $B=10$, $C=0$이므로

$A+B+C=100+10+0=110$

215 정답 111

[그림 : 최성훈T]

두 곡선 $y=2^x-t$와 $y=\log_2(t-x)$가 만나는 점의 x좌표가 $f(t)$이므로 방정식 $2^x-t=\log_2(t-x)$의 해가 $x=f(t)$이다.

즉, $2^x=\log_2(t-x)+t$에서

$y=\log_2(t-x)+t$는 $y=\log_2(-x)$을 x축의 방향으로 t만큼, y축의 방향으로 t만큼 평행이동한 그래프이다.

$t=0$일 때, 곡선 $y=\log_2(-x)$위의 점 $(-1,\ 0)$을 x축의 방향으로 t만큼, y축의 방향으로 t만큼 평행이동한 점이 $y=\log_2(t-x)+t$위의 점이므로 점 $(-1,\ 0)$은 $y=x+1$위를 따라 움직인다고 생각할 수 있다.

즉, t의 값은 직선 $y=x+1$과 곡선 $y=\log_2(t-x)+t$의 교점의 x좌표와 -1과의 차이다.

다음 그림과 같이 $y=2^x$와 $y=x+1$은 $(0,\ 1)$, $(1,\ 2)$에서 만난다.

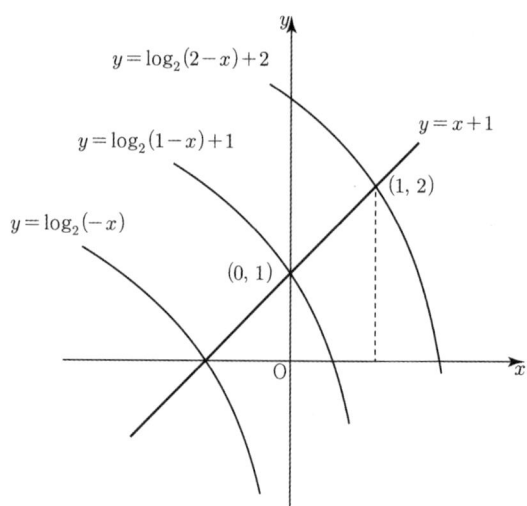

따라서 $f(1)=0$, $f(2)=1$이므로 $f(1)+f(2)=1$이다.

$\therefore A=100$

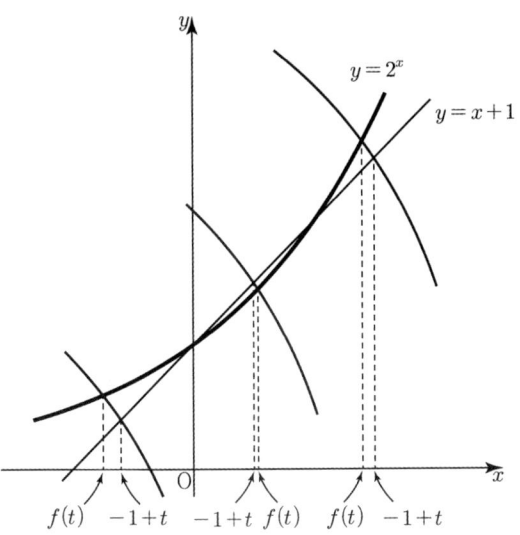

또한 그림에서 t의 값이 증가하면 $f(t)$의 값도 증가한다.

$\therefore B = 10$

$t - f(t) < 1 \Rightarrow -1 + t < f(t)$을 만족시키는 x의 범위는 $0 < x < 1$이고 이때, t의 범위는 $0 < -1 + t < 1$이다. 즉, $1 < t < 2$

$\therefore C = 1$

그러므로 $A + B + C = 111$이다.

216 정답 33

함수 $y = 3^{x+2} - n$의 그래프는 함수 $y = 3^x$의 그래프를 x축의 방향으로 -2만큼, y축의 방향으로 $-n$만큼 평행이동한 그래프이다.

함수 $y = |3^{x+2} - n|$의 그래프는 점 $(0, |9-n|)$을 지나고 점근선의 방정식은 $y = n$이다.

$x < 0$일 때, 자연수 n의 값에 따른 함수 $y = |3^{x+2} - n|$의 그래프는 다음과 같다.

$1 \le n < 9$일 때,

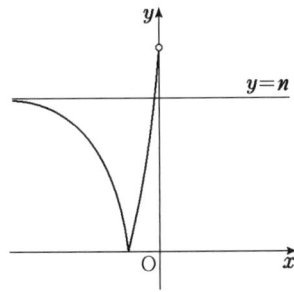

$n = 9$일 때,

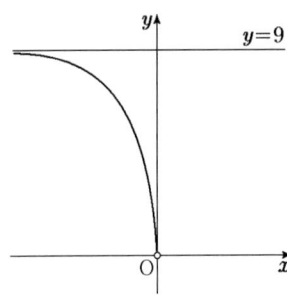

$n > 9$일 때,

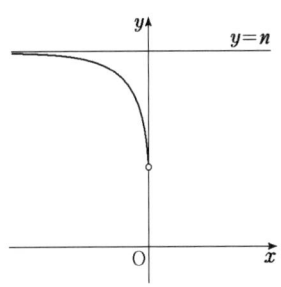

또, 함수 $y = \log_2(x+4) - n$의 그래프는 함수 $y = \log_2 x$의 그래프를 x축의 방향으로 -4만큼, y축의 방향으로 $-n$만큼 평행이동한 그래프이다.

함수 $y = |\log_2(x+4) - n|$의 그래프는 점 $(0, |2-n|)$을 지나고 점근선의 방정식은 $x = -4$이다.

$x \ge 0$일 때, 자연수 n에 대한 함수 $y = |\log_2(x+4) - n|$의 그래프는 다음과 같다.

$n = 1$일 때,

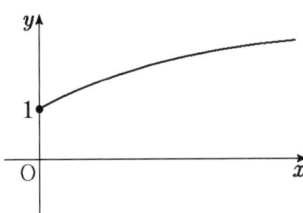

$n = 2$일 때,

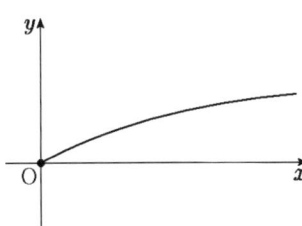

$n > 2$일 때,

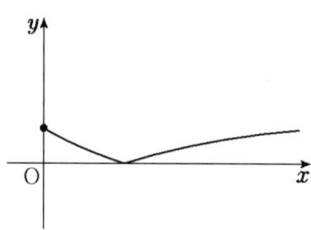

x에 대한 방정식 $f(x) = t$의 서로 다른 실근의 개수 $g(t)$는 함수 $y = f(x)$의 그래프와 직선 $y = t$가 만나는 점의 개수와 같다.

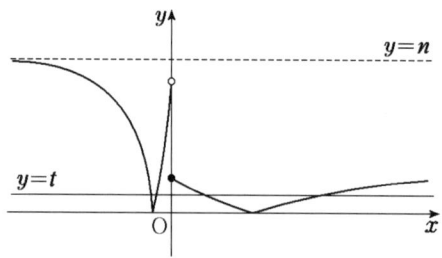

함수 $g(t)$의 최댓값이 4이므로
$9 - n > 0$이고 $2 - n < 0$이어야 한다.
즉, $2 < n < 9$이다.
따라서 자연수 n의 값은 $3, 4, 5, 6, 7, 8$이고,
그 합은 $3 + 4 + 5 + 6 + 7 + 8 = 33$이다.

217 정답 79

[그림 : 이정배T]

$|p - q| = |q - p|$이므로 $f(x) = \begin{cases} |2^{x+5} - a| & (x < 0) \\ |2^{5-x} - a| & (x \geq 0) \end{cases}$ 이다.

$y = 2^{x+5} - a$와 $y = 2^{5-x} - a$는 y축에 대칭이다.
$f(0) = 32 - a \; (0 < a < 32)$으로 함수 $f(x)$의 그래프는 다음 그림과 같다.

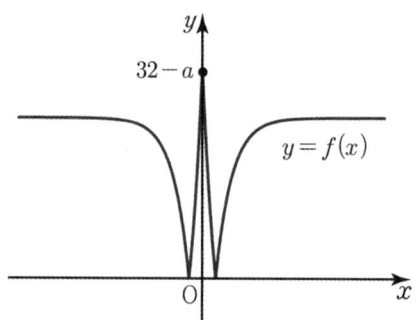

따라서
$\alpha(n) = 2$이려면 함수 $f(x)$의 그래프와 직선 $y = n$이 제1사분면에서 한 점에서만 만나고 제2사분면에서 한 점에서만 만나야 된다.
그러므로 $\alpha(n) = 2$이려면 $x \geq 0$에서 곡선 $y = |2^{5-x} - a|$와 직선 $y = n$이 제1사분면에서 한 점에서 만나도록 하면 된다.

$g(x) = |2^{5-x} - a|$라 하면 곡선 $y = g(x)$의 점근선은
$y = a \; (\because a > 0)$이고, $g(0) = |2^5 - a| = |32 - a|$이므로 함수 $y = g(x)$의 그래프는 a의 값의 범위에 따라 다음과 같다.
(i) $32 - a > a$, 즉 $a < 16$일 때

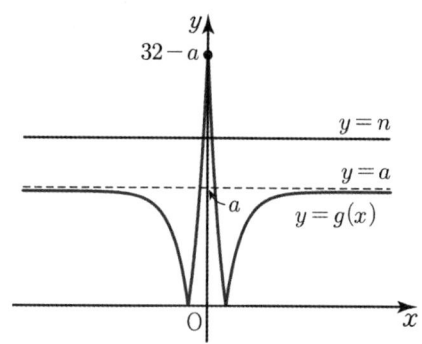

$\alpha(n) = 2$인 n의 개수가 2이상이고 6이하 이려면
$2 \leq (32 - a) - a \leq 6$이어야 한다.
$2 \leq 32 - 2a \leq 6$
$26 \leq 2a \leq 30$
$13 \leq a \leq 15$
따라서 $a = 13, a = 14, a = 15$
(ii) $32 - a = a$, 즉 $a = 16$일 때

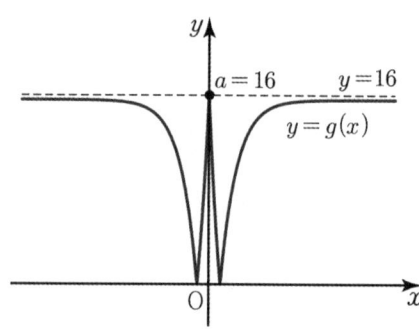

위의 그림과 같이 $\alpha(n) = 2$인 자연수 n은 존재하지 않는다.
(iii) $32 - a < a$, 즉 $a > 16$일 때
(y축 대칭이므로 $x \geq 0$인 부분만 관찰하면 되겠다.)

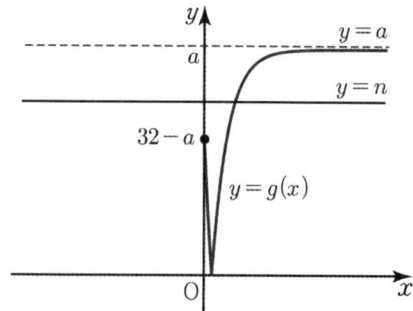

$\alpha(n) = 2$인 n의 개수가 2이상이고 6이하이려면
$2 \leq a - 1 - (32 - a) \leq 6$이어야 한다.
$2 \leq 2a - 33 \leq 6$
$35 \leq 2a \leq 39$
$\therefore 17.5 \leq a \leq 19.5$
따라서 $a = 18, a = 19$
(i), (ii), (iii)에서 a의 값의 범위는

$a=13$, $a=14$, $a=15$, $a=18$, $a=19$
따라서 구하는 자연수 a의 값의 합은
$(13+19)+(14+18)+15$
$=32 \times 2+15=79$

218 정답 192

두 그래프 $y=a^{x-1}$와 $y=\log_a(x-1)$는 $y=x-1$에
대칭이므로
점 $A(k, a^{k-1})$이라 하면 점 $B(a^{k-1}+1, k-1)$이다.
$\overline{AB}=\sqrt{2(a^{k-1}-k+1)^2}=2\sqrt{2}$
$a^{k-1}-k+1=2$
$\therefore a^{k-1}-k=1 \cdots \text{㉠}$
한편 점 A는 $y=-x+4$위에 있으므로
$a^{k-1}=-k+4$에서
$\therefore a^{k-1}+k=4 \cdots \text{㉡}$
㉠, ㉡에서
$2k=3$, $k=\dfrac{3}{2}$이다.
$a^{\frac{1}{2}}=\dfrac{5}{2}$에서 $a=\dfrac{25}{4}$

점 $C\left(0, \dfrac{1}{a}\right)$에서 직선 $y=-x+4$까지 거리는 $\dfrac{4-\dfrac{1}{a}}{\sqrt{2}}$이므로

삼각형 ABC의 넓이 S는

$S=\dfrac{1}{2} \times 2\sqrt{2} \times \dfrac{4-\dfrac{1}{a}}{\sqrt{2}}$

$=4-\dfrac{1}{a}=4-\dfrac{4}{25}$이다.

$50 \times S=200-8=192$

219 정답 3

[그림 : 이정배T]

곡선 $y=a^x$을 $y=x$에 대하여 대칭이동한 후 x축의 방향으로
1, y축의 방향으로 -1만큼 평행이동하면 곡선
$y=\log_a(x-1)-1$가 된다. 따라서 두 곡선 $y=a^x$와
$y=\log_a(x-1)-1$는 직선 $y=x-1$에 대하여 대칭이다. $\cdots \text{㉠}$

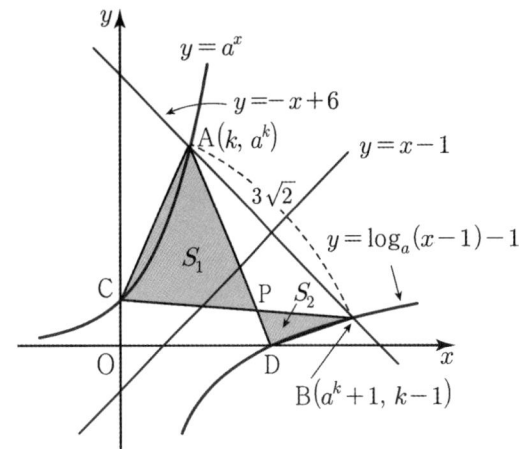

따라서 점 A의 좌표를 $A(k, a^k)$라 두면 점 $B(a^k+1, k-1)$이
된다.
$\overline{AB}=\sqrt{2(a^k+1-k)^2}=3\sqrt{2}$
$\therefore a^k-k=2$
점 $B(a^k+1, k-1)$가 $y=-x+6$위에 있으므로
$k-1=-a^k-1+6$
$\therefore a^k+k=6$
두 식을 연립하면 $2k=4$에서 $k=2$이다.
$a^2-2=2$에서 $a=2$이다.
삼각형 ABC의 넓이에서 삼각형 ABD의 넓이를 뺀 값이
S_1-S_2와 같다.
삼각형 ABC에서 $C(0, 1)$이므로 점 C에서 $x+y-6=0$까지
거리는 $\dfrac{5}{\sqrt{2}}$이다.
그러므로 삼각형 ABC의 넓이는
$\dfrac{1}{2} \times 3\sqrt{2} \times \dfrac{5}{\sqrt{2}}=\dfrac{15}{2}$
삼각형 ABD에서 $D(3, 0)$이므로 점 D에서
$x+y-6=0$까지 거리는 $\dfrac{3}{\sqrt{2}}$이다.
그러므로 삼각형 ABD의 넓이는
$\dfrac{1}{2} \times 3\sqrt{2} \times \dfrac{3}{\sqrt{2}}=\dfrac{9}{2}$
따라서 $\dfrac{15}{2}-\dfrac{9}{2}=\dfrac{6}{2}=3$

① $y=a^{x-1}$과 $y=\log_a(x-1)$은 $y=x-1$에 대칭이다.
$y=a^{x-1}$을 x축의 방향으로 -1만큼 옮긴 $y=a^x$와
$y=\log_a(x-1)$을 y축의 방향으로 -1만큼 옮긴
$y=\log_a(x-1)-1$은 기존의 대칭축인 $y=x-1$에
대칭이다.

② $y=a^x$의 그래프는 a의 값에 관계없이 $(0,1)$을 지난다.
$y=\log_a(x-1)-1$은 a의 값에 관계없이 $(2,-1)$을
지난다. 두 점의 중점은 $(1,0)$이고 이점은 $y=x-1$위에
있다. 따라서 두 함수는 $y=x-1$에 대칭이다.

[다른 풀이]

두 점 A, B는 기울기가 -1인 직선 $y=-x+6$위의 점이고
$\overline{AB}=3\sqrt{2}$이므로

점 A의 x좌표가 t이면 점 B의 x좌표는 $t+3$이다.

점 A가 $y=a^x$위의 점이므로 A(t,a^t)라 두면 점 A는
$y=-x+6$위의 점이므로

$a^t+t=6 \cdots ㉠$

점 B가 $y=\log_a(x-1)-1$위의 점이므로
B$(t+3,\log_a(t+2)-1)$라 두면 점 B는 $y=-x+6$위의
점이므로

$\log_a(t+2)-1=-t+3$

$\log_a(t+2)=-t+4$

$t+2=a^{-t+4}$

$a^{-t+4}-t=2 \cdots ㉡$

㉠, ㉡에서 변변 더하면

$a^t+a^{-t+4}=8$

$a^{2t}-8a^t+a^4=0$이다. $\cdots ㉢$

이때, $y=a^x$의 역함수 $y=\log_a x$을 평행이동하여 얻은
그래프와 고정된 직선 $y=-x+6$의 교점 사이 거리가 $3\sqrt{2}$로
일정할 때는 특수한 상황 한가지 일 때 발생한다.

즉, ㉢이 $a^t=s$라 할 때, $s^2-8s+a^4=0$의 해가 양의 중근을
가져야 한다.

$D=(-4)^2-a^4=0$

$\therefore a=2$

이하 동일

---

220 정답 ⑤

ㄱ.

$f(x)=2^x$, $g(x)=-2x^2+2$라 하자.

$f\left(\dfrac{1}{2}\right)=2^{\frac{1}{2}}=\sqrt{2}$, $g\left(\dfrac{1}{2}\right)=-2\times\dfrac{1}{4}+2=\dfrac{3}{2}$

$f\left(\dfrac{1}{2}\right)<g\left(\dfrac{1}{2}\right)$이므로 $f(x_2)=g(x_2)$인 $x_2>\dfrac{1}{2}$이다. (참)

ㄴ.

교점의 위치를 나타내면 다음 그림과 같다.

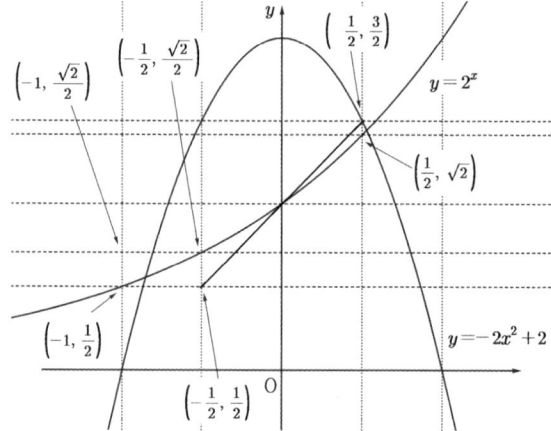

$-1<x_1<-\dfrac{1}{2}$, $\dfrac{1}{2}<y_1<\dfrac{\sqrt{2}}{2}\cdots㉠$

$\dfrac{1}{2}<x_2<1$, $\sqrt{2}<y_2<\dfrac{3}{2}\cdots㉡$

두 점 $\left(-\dfrac{1}{2},\dfrac{1}{2}\right)$와 $\left(\dfrac{1}{2},\dfrac{3}{2}\right)$을 지나는 직선의 기울기가 1이므로
두 교점 (x_1,y_1), (x_2,y_2)을 지나는 직선의 기울기는 1보다
작다.

즉, $\dfrac{y_2-y_1}{x_2-x_1}<1$이므로 $y_2-y_1<x_2-x_1$이다. (참)

ㄷ.

㉠, ㉡에서

$\dfrac{\sqrt{2}}{2}<y_1 y_2<\dfrac{3\sqrt{2}}{4}\cdots㉢$이고

$x_1+x_2<0$이므로 $2^{x_1+x_2}<1$이다.
따라서 $y_1 y_2<1\cdots㉣$

㉢, ㉣에서 $\dfrac{\sqrt{2}}{2}<y_1 y_2<1$ (참)

221 정답 ④

ㄱ.

$f(x) = \log_2(x+1)$, $g(x) = 2(x-1)^2$이라 하면

$f\left(\dfrac{1}{2}\right) = \log_2\dfrac{3}{2}$, $g\left(\dfrac{1}{2}\right) = \dfrac{1}{2} = \log_2\sqrt{2}$ 이고

$\dfrac{3}{2} > \sqrt{2}$ 이므로 $f\left(\dfrac{1}{2}\right) > g\left(\dfrac{1}{2}\right)$ 이다.

즉, $x_1 < \dfrac{1}{2}$ 이어야 한다. (참)

ㄴ.

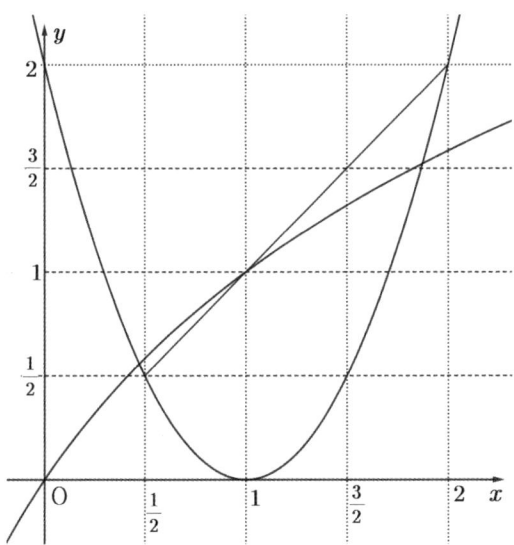

두 점 (x_1, y_1), (x_2, y_2)을 지나는 직선의 기울기는 $\left(\dfrac{1}{2}, \dfrac{1}{2}\right)$,

$(2, 2)$을 지나는 직선의 기울기보다 작다.

$\dfrac{y_2 - y_1}{x_2 - x_1} < 1$

따라서 $y_2 - y_1 < x_2 - x_2$ (거짓)

ㄷ.

(i) $x_1 < \dfrac{1}{2}$ 이므로

$f(x) = \log_2(x+1)$, $g(x) = 2(x-1)^2$에서

$g\left(\dfrac{1}{2}\right) < y_1 < f\left(\dfrac{1}{2}\right)$ 이다.

따라서 $\dfrac{1}{2} < y_1 < \log_2\dfrac{3}{2}$

(ii)

$x_2 < 2$이고 $f(2) = \log_2 3$이므로 $y_2 < f(2) = \log_2 3 \cdots$ ㉠

한편, $f(x) = \log_2(x+1)$와 $y = \dfrac{3}{2}$의 교점의 x좌표를 α라 하면

$\log_2(\alpha + 1) = \dfrac{3}{2}$에서 $\alpha = 2\sqrt{2} - 1$이다.

$g(\alpha) = 2(\alpha - 1)^2 = 2(2\sqrt{2} - 2)^2 \fallingdotseq 1.28$

$g(\alpha) - \dfrac{3}{2} < 0$이므로 $\alpha < x_2$이다.

따라서 $f(\alpha) < f(x_2) \Rightarrow \dfrac{3}{2} < y_2 \cdots$ ㉡

㉠, ㉡

$\dfrac{3}{2} < y_2 < \log_2 3$

(i), (ii)에서 $\dfrac{1}{2} < y_1 < \log_2\dfrac{3}{2}$, $\dfrac{3}{2} < y_2 < \log_2 3$이므로

$2 < y_1 + y_2 < \log_2\dfrac{9}{2} \Rightarrow 2 < \log_2(x_1+1)(x_2+1) < \log_2\dfrac{9}{2}$

$4 < x_1 x_2 + x_1 + x_2 + 1 < \dfrac{9}{2}$

$3 < x_1 x_2 + x_1 + x_2 < \dfrac{7}{2}$ (참)

[다른 풀이] – ㄷ.

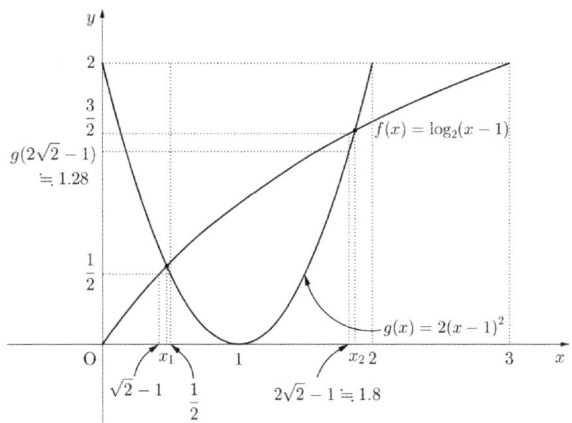

ㄷ.

$4 < x_1 x_2 + x_1 + x_2 + 1 < \dfrac{9}{2}$

$4 < (x_1 + 1)(x_2 + 1) < \dfrac{9}{2}$임을 보이면 충분하다.

$g\left(\dfrac{1}{2}\right) = \dfrac{1}{2}$, $f(t) = \dfrac{1}{2}$일 때,

$\log_2(t+1) = \dfrac{1}{2}$이므로 $\sqrt{2} = t + 1$

$t = \sqrt{2} - 1$이다.

$\sqrt{2} - 1 < x_1 < \dfrac{1}{2}$

$\sqrt{2} < x_1 + 1 < \dfrac{3}{2}$ $\cdots$ ㉠

$f(s) = \dfrac{3}{2}$일 때, $\log_2(s+1) = \dfrac{3}{2}$ 이므로

$2\sqrt{2} = s + 1$

$s = 2\sqrt{2} - 1 \fallingdotseq 2.8$ 이다.

$g(s) \fallingdotseq g(2.8) = 2(0.8)^2 = 1.28$이므로

$2\sqrt{2} - 1 < x_2 < 2$

$2\sqrt{2} < x_2 + 1 < 3$ $\cdots$ ㉡

㉠, ㉡에 의해,

$\sqrt{2} \times 2\sqrt{2} < (x_1 + 1)(x_2 + 1) < \dfrac{3}{2} \times 3$

$4 < (x_1 + 1)(x_2 + 1) < \dfrac{9}{2}$이다.

$$4 < x_1 x_2 + x_1 + x_2 + 1 < \frac{9}{2}$$

$$3 < x_1 x_2 + x_1 + x_2 < \frac{7}{2} \ (참)$$

222 정답 39

$a > b$, $a = b$, $a < b$인 세 가지 경우에 대해 생각하면 된다.

(i) $a < b$인 경우

$a = 2$, $b = 3$인 경우를 예를 들면

$y = 2^{x+1}$, $y = 3^x$에서

$x = 1$일 때, $2^2 = 4$, $3^1 = 3$

$x = 2$일 때, $2^3 = 8$, $3^2 = 9$

으로 $2^k > 3^{k-1}$, $2^{k+1} < 3^k$인 실수 $k \ (k \geq 1)$가 존재한다.

따라서

$a < b$이면 $a^k > b^{k-1}$, $a^{k+1} < b^k$인 실수 $k \ (k \geq 1)$가

존재하므로 두 곡선 $y = a^{x+1}$과 $y = b^x$은 만나게 되어

$\overline{PQ} = 0$이 존재하므로 조건 (나)를 만족한다.

그러므로

$2 \leq a < b \leq 10$에서 (a, b)의 순서쌍은 $_9C_2 = 36$

(ii) $a = b$인 경우

$y = a^{x+1}$과 $y = a^x$에서 $x = t$일 때,

$\overline{PQ} = a^{t+1} - a^t = a^t(a-1) \leq 10$을 만족하는 a를 구하면 된다.

$y = (a-1)a^x$은 증가함수이므로 $x = 1$일 때, 최소이므로

$(a-1)a \leq 10$을 만족하는 a의 값은 $a = 2, 3$ 뿐이다.

따라서 순서쌍은 $(2, 2)$, $(3, 3)$으로 개수는 2이다.

(iii) $a > b$인 경우

$a - b = 1$인 경우가 (a와 b의 차이가 가장 작을 때) $\overline{PQ}$의 값이

최소가 $t = 1$일 때, 생기므로 몇 가지 경우만 살펴보면 된다.

㉠ $a = 3$, $b = 2$일 때,

$y = 3^{x+1}$, $y = 2^x$에서 $t = 1$일 때, $P(1, 9)$, $Q(1, 2)$로

$\overline{PQ} = 7$로 조건을 만족한다.

㉡ $a = 4$, $b = 3$일 때,

$y = 4^{x+1}$, $y = 3^x$에서 $t = 1$일 때, $P(1, 16)$, $Q(1, 3)$로

$\overline{PQ} = 13$으로 조건에 모순이다.

따라서 조건을 만족하는 순서쌍은 $(3, 2)$ 뿐이다.

(i), (ii), (iii)에서

$36 + 2 + 1 = 39$

[다른 풀이]

$f(x) = a^{x+1} - b^x$라 하자.

$f(x) = b^x\left\{a\left(\dfrac{a}{b}\right)^x - 1\right\}$이므로, $a \geq b$이면 $x \geq 1$에서 $f(x)$는

증가함수

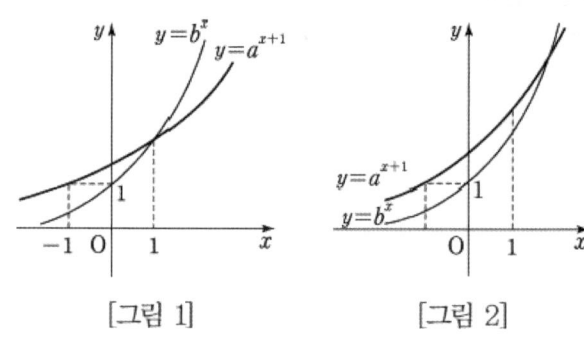

[그림 1]   [그림 2]

(i) $a \geq b$일 때,

$x \geq 1$에서 $f(x)$의 최솟값은 $f(1)$이고

$f(1) = a^2 - b \geq a^2 - a > 0$이므로

∴ $a^2 - b \leq 10$

가능한 경우는 $a = 2$일 때 $b = 2$

$a = 3$일 때 $b = 2, 3$

$a \geq 4$이면 $a^2 - b \geq a^2 - a \geq 12$

가능한 경우는 $(2, 2)$, $(3, 2)$, $(3, 3)$의 3가지

(ii) $a < b$일 때

$f(x) = 0$의 근을 α라 하자.

$a < 1$이면 [그림 1]에서 $|f(x)|$의 최솟값은 $f(1)$

$a \geq 1$이면 [그림 2]에서 $|f(x)|$의 최솟값은 0

∴ $f(1) < 0$이면 $-10 \leq f(1) < 0$이어야 하고,

 $f(1) \geq 0$이면 항상 성립한다.

∴ $f(1) \geq -10$이면 항상 성립한다.

$2 \leq a < b \leq 10$에서 (a, b)의 순서쌍은 $_9C_2 = 36$(개)

따라서, (i), (ii)에서 구하는 순서쌍은 $3 + 36 = 39$(개)이다.

223 정답 43

$a > b$, $a = b$, $a < b$인 세 가지 경우에 대해 생각하면 된다.

(i) $a < b$인 경우

$a = 2$, $b = 3$인 경우를 예를 들면

$y = \log_2 x - 1$, $y = \log_3 x$에서

$y = 1$일 때, $A(4, 1)$, $B(3, 1)$으로 B의 x좌표가 A의

x좌표보다 작다.

$y = 2$일 때, $A(8, 2)$, $B(9, 2)$으로 B의 x좌표가 A의

x좌표보다 크다.

으로 $\log_2 k - 1 > \log_3 k$, $\log_2(k+1) - 1 < \log_3(k+1)$인 실수

$k \ (k \geq 1)$가 존재한다.

따라서

$a < b$이면 $\log_2 k - 1 > \log_3 k$,

$\log_2(k+1) - 1 < \log_3(k+1)$인 실수 $k \ (k \geq 1)$ 존재하므로

두 곡선 $y = \log_2 x - 1$과 $y = \log_3 x$은 만나게 되어 $\overline{AB} = 0$이

존재하므로 $\overline{AB} \leq 20$을 만족하는 t의 값이 존재한다.

그러므로

$2 \leq a < b \leq 10$에서 (a, b)의 순서쌍은 $_9C_2 = 36$

(ii) $a = b$인 경우

$y = \log_a x - 1$ 과 $y = \log_a x$ 에서 $y = t$ 일 때,

$\overline{AB} = a^{t+1} - a^t = a^t(a-1) \leq 20$ 을 만족하는 a를 구하면 된다.

$y = (a-1)a^x$ 은 증가함수이므로 $x = 1$ 일 때, 최소이므로

$(a-1)a \leq 20$ 을 만족하는 a의 값은 $a = 2, 3, 4, 5$이다.

따라서 순서쌍은 $(2, 2)$, $(3, 3)$, $(4, 4)$, $(5, 5)$으로 개수는
4이다.

(iii) $a > b$인 경우

$\overline{AB}$ 의 값의 최소가 $t = 1$ 일 때, 생기므로 몇 가지 경우만
살펴보면 된다.

㉠ $a = 3$, $b = 2$일 때,

$y = \log_3 x - 1$, $y = \log_2 x$ 에서 $t = 1$ 일 때, A$(9, 1)$, B$(2, 1)$로
$\overline{AB} = 7$로 조건을 만족한다.

㉡ $a = 4$, $b = 3$일 때,

$y = \log_4 x - 1$, $y = \log_3 x$ 에서 $t = 1$ 일 때, A$(16, 1)$,
B$(3, 1)$로 $\overline{AB} = 13$로 조건을 만족한다.

㉢ $a = 4$, $b = 2$일 때,

같은 방법으로 조건을 만족한다.

㉣ $a = 5$, $b = 4$일 때,

$y = \log_5 x - 1$, $y = \log_4 x$ 에서 $t = 1$ 일 때, A$(25, 1)$,
B$(4, 1)$로 $\overline{AB} = 21$로 조건에 모순이다.

따라서 조건을 만족하는 순서쌍은 $(3, 2)$, $(4, 2)$, $(4, 3)$으로
개수는 3이다.

(i), (ii), (iii)에서 $36 + 4 + 3 = 43$

224 정답 78

[그림 : 이현일T]

k가 자연수 일 때

$\log_2(na - a^2) = k \rightarrow na - a^2 = 2^k$

$\log_2(nb - b^2) = k \rightarrow nb - b^2 = 2^k$

이므로 $nx - x^2 = 2^k$의 두 근이 a, b $(a < b)$라 할 수 있다.

즉, $y = -x^2 + nx$와 $y = 2^k$의 교점의 좌표가 a, b이다.

$f(x) = -x^2 + nx$의 그래프는 다음 그림과 같다.

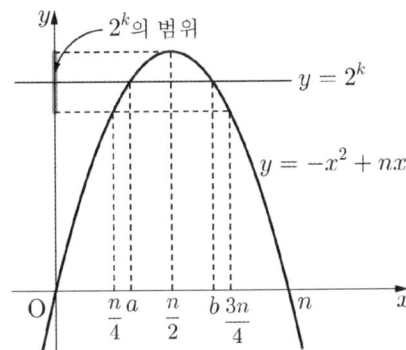

$0 < b - a \leq \dfrac{n}{2}$ 이므로 $f\left(\dfrac{1}{4}n\right) \leq 2^k < f\left(\dfrac{1}{2}n\right)$이다.

$f\left(\dfrac{1}{4}n\right) = \dfrac{3}{16}n^2$, $f\left(\dfrac{1}{2}n\right) = \dfrac{1}{4}n^2$ 이므로

$\dfrac{3}{16}n^2 \leq 2^k < \dfrac{1}{4}n^2$

따라서 $3n^2 \leq 2^{k+4} < 4n^2$ $(k = 1, 2, 3, \cdots)$

① $k = 1$ 일 때, $3n^2 \leq 32 < 4n^2$ 을 만족시키는 n의 값은 3

② $k = 2$일 때, $3n^2 \leq 64 < 4n^2$ 을 만족시키는 n은 존재하지
않는다.

③ $k = 3$일 때, $3n^2 \leq 128 < 4n^2$ 을 만족시키는 n의 값은 6

④ $k = 4$ 일 때, $3n^2 \leq 256 < 4n^2$ 을 만족시키는 n의 값은 9

⑤ $k = 5$일 때, $3n^2 \leq 512 < 4n^2$ 을 만족시키는 n의 값은
12, 13

⑥ $k = 6$일 때, $3n^2 \leq 1024 < 4n^2$ 을 만족시키는 n의 값은
17, 18

따라서 조건을 만족시키는 20 이하의 자연수 n의 값은
3, 6, 9, 12, 13, 17, 18이고, 그 합은
$3 + 6 + 9 + 12 + 13 + 17 + 18 = 78$이다.

225 정답 39

[그림 : 이현일T]

k가 자연수 일 때

$\log_3(na^2 - a^3) = k \rightarrow na^2 - a^3 = 3^k$

$\log_3(nb^2 - b^3) = k \rightarrow nb^2 - b^3 = 3^k$

이므로 $nx^2 - x^3 = 3^k$의 세 근 중 두 양수 근이 a, b
$(a < b)$라 할 수 있다.

즉, $y = -x^3 + nx^2$와 $y = 3^k$의 교점의 좌표가 3개 일 때
$x > 0$인 부분의 교점의 x좌표가 a, b이다.

$f(x) = -x^3 + nx^2$의 그래프는 다음 그림과 같다.

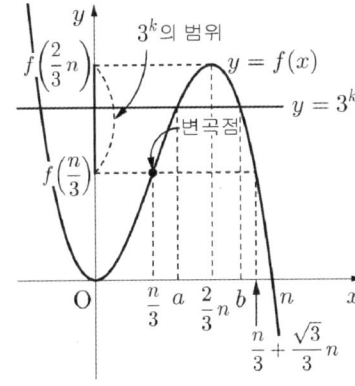

$0 < b - a \leq \dfrac{\sqrt{3}}{3}n$ 이므로

$f\left(\dfrac{1}{3}n\right) \leq 3^k < f\left(\dfrac{2}{3}n\right)$이다.

$f\left(\dfrac{1}{3}n\right) = \dfrac{2}{27}n^3$, $f\left(\dfrac{2}{3}n\right) = \dfrac{4}{27}n^3$에서

$$\frac{2}{27}n^3 \le 3^k < \frac{4}{27}n^3$$

$$\therefore \ 2n^3 \le 3^{k+3} < 4n^3$$

① $k=1$일 때, $2n^3 \le 81 < 4n^3$ 을 만족시키는 n의 값은 3

② $k=2$일 때, $2n^3 \le 243 < 4n^3$ 을 만족시키는 n의 값은 4

③ $k=3$일 때, $2n^3 \le 729 < 4n^3$ 을 만족시키는 n의 값은 6, 7

④ $k=4$일 때, $2n^3 \le 2187 < 4n^3$ 을 만족시키는 n의 값은 9, 10

따라서 조건을 만족시키는 10이하의 자연수 n의 값은 3, 4, 6, 7, 9, 10이고, 그 합은 39이다.

삼각 함수
Level
1

유형
1 부채꼴의 호의 길이와 넓이

226 정답 4

$\dfrac{1}{2} \times 6^2 \times \theta = 72$에서 $\theta = 4$

227 정답 ④

호의 길이 l은 $l = r\theta$에서

$l = 2 \times \dfrac{\pi}{2} = \pi$

228 정답 2

$\tan\alpha = 2$라 두면

$5\theta = 2n\pi + \alpha + (\alpha - \theta)$

따라서 $6\theta = 2n\pi + 2\alpha$

따라서 $3\theta = n\pi + \alpha$

$\tan 3\theta = \tan(n\pi + \alpha) = \tan\alpha = 2$

229 정답 ⑤

원 O 의 반지름이 2이므로 $l = r\theta$ 에서

$3 = 2 \times \angle \mathrm{POB}$

$\therefore \angle \mathrm{POB} = \dfrac{3}{2}$

원주각과 중심각의 관계에 의하여

$\angle \mathrm{PAB} = \dfrac{1}{2} \angle \mathrm{POB} = \dfrac{3}{4}$

230 정답 ③

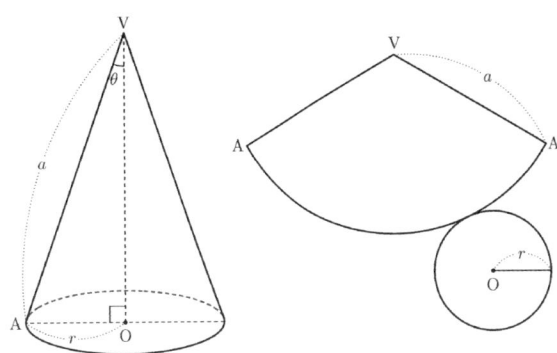

그림과 같이 직원뿔의 꼭짓점을V, 밑면의 중심을 O, 밑면인
원의 반지름의 길이를 r, $\overline{\mathrm{VA}}$를 a라고 하면 옆면의 전개도는
반지름의 길이가 a, 호의 길이가 $2\pi r$인 부채꼴이므로 그 넓이는

$\dfrac{1}{2} \times a \times 2\pi r = \pi r a$

따라서 주어진 조건에서 $\pi r a = 3\pi r^2$

$\therefore a = 3r$

$\sin\theta = \dfrac{r}{a} = \dfrac{r}{3r} = \dfrac{1}{3}$

유형
2 삼각함수의 정의와 삼각함수 사이의 관계

231 정답 ⑤

$\cos\left(\dfrac{\pi}{2} + \theta\right) = -\dfrac{1}{5}$에서 $\sin\theta = \dfrac{1}{5}$

따라서 $\dfrac{\sin\theta}{1 - \cos^2\theta} = \dfrac{\sin\theta}{\sin^2\theta} = \dfrac{1}{\sin\theta} = \dfrac{1}{\frac{1}{5}} = 5$

232 정답 ②

[검토자 : 이덕훈T]

$\cos(\pi + \theta) = \dfrac{2\sqrt{5}}{5}$에서

$\cos(\pi + \theta) = -\cos\theta$이므로

$-\cos\theta = \dfrac{2\sqrt{5}}{5}$, 즉 $\cos\theta = -\dfrac{2\sqrt{5}}{5}$

$\dfrac{\pi}{2} < \theta < \pi$에서 $\sin\theta > 0$이므로

$\sin\theta = \sqrt{1 - \cos^2\theta}$

$$= \sqrt{1 - \left(-\frac{2\sqrt{5}}{5}\right)^2} = \sqrt{\frac{1}{5}} = \frac{\sqrt{5}}{5}$$

따라서

$$\sin\theta + \cos\theta = \frac{\sqrt{5}}{5} + \left(-\frac{2\sqrt{5}}{5}\right) = -\frac{\sqrt{5}}{5}$$

233 정답 ①

[검토자 : 필재T]

$\sin\left(\theta - \frac{\pi}{2}\right) = \frac{3}{5}$ 에서

$$\sin\left(\theta - \frac{\pi}{2}\right) = \sin\left\{-\left(\frac{\pi}{2} - \theta\right)\right\}$$

$$= -\sin\left(\frac{\pi}{2} - \theta\right) = -\cos\theta$$

이므로

$-\cos\theta = \frac{3}{5}$, 즉 $\cos\theta = -\frac{3}{5}$

한편, $\pi < \theta < \frac{3}{2}\pi$ 에서 $\sin\theta < 0$

따라서

$$\sin\theta = -\sqrt{1 - \cos^2\theta} = -\sqrt{1 - \left(-\frac{3}{5}\right)^2} = -\sqrt{\frac{16}{25}} = -\frac{4}{5}$$

234 정답 ④

$\sin(-\theta) = -\sin\theta$ 이므로

$\sin(-\theta) = \frac{1}{7}\cos\theta$ 에서

$\cos\theta = -7\sin\theta$

이때 $\sin^2\theta + \cos^2\theta = 1$ 이므로

$\sin^2\theta + 49\sin^2\theta = 1$

$\sin^2\theta = \frac{1}{50}$

한편, $\cos\theta < 0$ 이므로

$\sin\theta = -\frac{1}{7}\cos\theta > 0$

따라서

$$\sin\theta = \frac{1}{5\sqrt{2}} = \frac{\sqrt{2}}{10}$$

235 정답 ②

$\cos\theta = \frac{\sqrt{6}}{3}$ 이고 $\frac{3}{2}\pi < \theta < 2\pi$ 이므로

$$\sin\theta = -\sqrt{1 - \cos^2\theta} = -\sqrt{1 - \left(\frac{\sqrt{6}}{3}\right)^2}$$

$$= -\frac{\sqrt{3}}{3}$$

따라서

$$\tan\theta = \frac{\sin\theta}{\cos\theta} = \frac{-\frac{\sqrt{3}}{3}}{\frac{\sqrt{6}}{3}} = -\frac{1}{\sqrt{2}} = -\frac{\sqrt{2}}{2}$$

236 정답 ②

θ 는 제4사분면의 각이므로 $\sin\theta < 0$, $\tan\theta < 0$
$\cos\theta > 0$ 이다.

$\sin(-\theta) = -\sin\theta = \frac{1}{3}$, $\sin\theta = -\frac{1}{3}$ 이므로

$$\cos\theta = \sqrt{1 - \sin^2\theta} = \sqrt{1 - \left(-\frac{1}{3}\right)^2} = \frac{2\sqrt{2}}{3}$$ 이고

따라서, $\tan\theta = \frac{\sin\theta}{\cos\theta} = \frac{-\frac{1}{3}}{\frac{2\sqrt{2}}{3}} = -\frac{1}{2\sqrt{2}} = -\frac{\sqrt{2}}{4}$

237 정답 ⑤

$\cos\left(\frac{\pi}{2} + \theta\right) = -\sin\theta$ 이므로

$$\sin\theta = -\frac{\sqrt{5}}{5}$$

$\tan\theta < 0$, $\sin\theta < 0$ 이므로 θ 는 제4사분면의 각이고,
$\cos\theta > 0$ 이다.

$$\cos^2\theta = 1 - \sin^2\theta = 1 - \left(\frac{\sqrt{5}}{5}\right)^2 = \frac{4}{5}$$

에서

$$\cos\theta = -\frac{2\sqrt{5}}{5} \text{ 또는 } \cos\theta = \frac{2\sqrt{5}}{5}$$

$\cos\theta > 0$ 이므로 $\cos\theta = \frac{2\sqrt{5}}{5}$

238 정답 ②

$\sin(\pi - \theta) = \sin\theta = \frac{5}{13}$ 이고

$\cos\theta = -\frac{12}{13}$ $(\because \cos\theta < 0)$

$\therefore \tan\theta = \frac{\sin\theta}{\cos\theta} = -\frac{5}{12}$

239 정답 ③

$\cos^2\theta = \frac{9}{25}$ 에서 $\cos\theta = \frac{3}{5}$ $\left(\because \frac{3}{2}\pi < \theta < 2\pi\right)$

또, $\sin^2\theta + \cos^2\theta = 1$ 에서 $\sin^2\theta = \frac{16}{25}$

$\therefore \sin^2\theta + \cos\theta = \frac{16}{25} + \frac{3}{5} = \frac{31}{25}$

240 정답 ①

$\tan\theta - \dfrac{6}{\tan\theta} = 1$에서 양변에 $\tan\theta$를 곱하면

$\tan^2\theta - \tan\theta - 6 = 0$이므로

$(\tan\theta + 2)(\tan\theta - 3) = 0$

$\tan\theta = 3 \left(\because \pi < \theta < \dfrac{3}{2}\pi \right)$

제 3사분면에서 $\cos\theta < 0$, $\sin\theta < 0$이므로

$\cos\theta = -\dfrac{1}{\sqrt{10}}$, $\sin\theta = -\dfrac{3}{\sqrt{10}}$이다.

$\therefore \sin\theta + \cos\theta = -\dfrac{2\sqrt{10}}{5}$

241 정답 ①

$\dfrac{\sin\theta}{1-\sin\theta} - \dfrac{\sin\theta}{1+\sin\theta} = \sin\theta\left(\dfrac{1}{1-\sin\theta} - \dfrac{1}{1+\sin\theta} \right)$

$= \sin\theta \times \dfrac{1+\sin\theta - (1-\sin\theta)}{1-\sin^2\theta}$

$= \dfrac{2\sin^2\theta}{\cos^2\theta}$

$= 2\tan^2\theta = 4$

θ가 제2사분면의 각이므로 $\tan\theta < 0$, $\tan\theta = -\sqrt{2}$

각 θ를 나타내는 동경을 OP라 할 때,

$\tan\theta = -\sqrt{2}$에서 점 P의 좌표를 $(-1, \sqrt{2})$로 놓을 수 있다.

이때 $\overline{\text{OP}} = \sqrt{(-1)^2 + \sqrt{2}^2} = \sqrt{3}$이므로

$\cos\theta = \dfrac{-1}{\sqrt{3}} = -\dfrac{\sqrt{3}}{3}$

242 정답 ①

θ가 3사분면의 각이고 $\tan\theta = \dfrac{12}{5}$이므로

$\text{P}(-5, -12)$라 하면 점 O에서 점 P까지의 거리

$r = \overline{\text{OP}} = \sqrt{(-5)^2 + (-12)^2} = 13$

$\sin\theta < 0$, $\cos\theta < 0$이므로

$\therefore \sin\theta = -\dfrac{12}{13}$, $\cos\theta = -\dfrac{5}{13}$

따라서 $\sin\theta + \cos\theta = -\dfrac{17}{13}$

243 정답 ④

$\cos^2\left(\dfrac{\pi}{6}\right) + \tan^2\left(\dfrac{2\pi}{3}\right) = \left(\dfrac{\sqrt{3}}{2}\right)^2 + (-\sqrt{3})^2 = \dfrac{3}{4} + 3 = \dfrac{15}{4}$

244 정답 ①

근과 계수와의 관계에서

$\alpha + \beta = 2\sqrt{3}$, $\alpha\beta = 2$

$\therefore (\alpha - \beta)^2 = (\alpha+\beta)^2 - 4\alpha\beta = 12 - 8 = 4$

$\alpha > \beta$이므로 $\alpha - \beta = 2$

$\therefore \tan\theta = \dfrac{2}{2\sqrt{3}} = \dfrac{1}{\sqrt{3}}$

$-\dfrac{\pi}{2} < \theta < \dfrac{\pi}{2}$에서 $\theta = \dfrac{\pi}{6}$

245 정답 ④

로그의 성질에서

$\log(\sin\theta) - \log(\cos\theta) = \log\dfrac{\sin\theta}{\cos\theta} = \log\tan\theta$

즉, $\log\tan\theta = \dfrac{1}{2}\log 3 = \log\sqrt{3}$을 풀면 $\tan\theta = \sqrt{3}$

이 때, $\tan\dfrac{\pi}{3} = \sqrt{3}$이고 $0 < \theta < \dfrac{\pi}{2}$이므로

$\theta = \dfrac{\pi}{3}$

246 정답 10

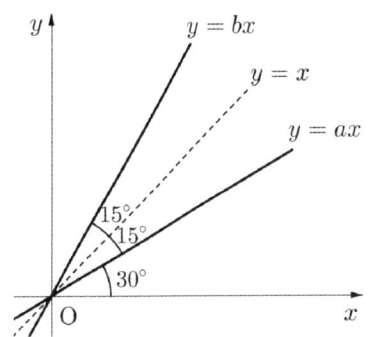

$y = ax$를 $y = x$에 대칭이동하면 $x = ay$

($\because y = x$에 대한 대칭은 $x \to y$, $y \to x$ 대입)

$a \neq 0$이므로 $y = \dfrac{1}{a}x$

이 직선은 $y = bx$와 일치하므로 $\dfrac{1}{a}x = bx$ (이 식은 x에 대한

항등식이다.)

$\therefore ab = 1 \cdots \text{㉠}$

한 편 두 직선의 기울기는 $\tan 30° = \dfrac{1}{\sqrt{3}}$,

$\tan 60° = \sqrt{3}$이므로 $a + b = \sqrt{3} + \dfrac{1}{\sqrt{3}} \cdots \text{㉡}$

㉠, ㉡에서 $3(a^2 + b^2) = 3\{(a+b)^2 - 2ab\} = 10$

247 정답 ④

$\sin\theta + \cos\theta = \dfrac{1}{3}$에서 양변을 제곱하면,

$$\sin^2\theta + 2\sin\theta\cos\theta + \cos^2\theta = \frac{1}{9}$$

$$\Rightarrow 1 + 2\sin\theta\cos\theta = \frac{1}{9} \Rightarrow \sin\theta\cos\theta = -\frac{4}{9}$$

$$\frac{1}{\cos\theta}\left(\tan\theta + \frac{1}{\tan^2\theta}\right) = \frac{1}{\cos\theta}\left(\frac{\sin\theta}{\cos\theta} + \frac{\cos^2\theta}{\sin^2\theta}\right)$$

$$= \left(\frac{\sin\theta}{\cos^2\theta} + \frac{\cos\theta}{\sin^2\theta}\right) = \left(\frac{\sin^3\theta + \cos^3\theta}{\cos^2\theta\sin^2\theta}\right)$$

$$= \frac{(\sin\theta + \cos\theta)(\sin^2\theta - \sin\theta\cos\theta + \cos^2\theta)}{\sin^2\theta\cos^2\theta}$$

$$= \frac{\frac{1}{3}\left\{1 - \left(-\frac{4}{9}\right)\right\}}{\left(-\frac{4}{9}\right)^2} = \frac{39}{16}$$

248 정답 11

$a^2 + b^2 = 3ab\cos\gamma$ 의 양변을 ab로 나누면

$$3\cos\gamma = \frac{a}{b} + \frac{b}{a}$$

a, b는 양수이므로 $\frac{a}{b}$, $\frac{b}{a}$도 양수이다.

따라서, 산술-기하평균에 의하여

$$3\cos\gamma = \frac{a}{b} + \frac{b}{a} \geq 2\sqrt{\frac{a}{b}\cdot\frac{b}{a}} = 2$$

$$\therefore \cos\gamma \geq \frac{2}{3}$$

$$\therefore \frac{2}{3} \leq \cos\gamma \leq 1$$

또, $\alpha + \beta = \pi - \gamma$ 이므로

$$\sin(\pi + \alpha + \beta) = \sin(2\pi - \gamma) = -\sin\gamma$$

준식 $= 9\sin^2\gamma + 9\cos\gamma = 9(1 - \cos^2\gamma) + 9\cos\gamma$

$$= -9(\cos^2\gamma - \cos\gamma) + 9 = -9\left(\cos\gamma - \frac{1}{2}\right)^2 + \frac{45}{4}$$

그런데 $\frac{2}{3} \leq \cos\gamma \leq 1$이므로

$\cos\gamma = \frac{2}{3}$일 때 최댓값 11을 갖는다.

249 정답 ①

$\tan B = \dfrac{\overline{AC}}{\overline{BC}} = \dfrac{4}{\overline{BC}} = \dfrac{2}{3}$에서 $\overline{BC} = 6$

$$\therefore \overline{CD} = \frac{1}{2}\overline{BC} = 3$$

이때 $\overline{AD}^2 = 3^2 + 4^2 = 25$이므로

$$\overline{AD} = 5$$

250 정답 ②

$\sin\theta + \cos\theta = 1$의 양변을 제곱하면

$$\sin^2\theta + 2\sin\theta\cos\theta + \cos^2\theta = 1$$

$$1 + 2\sin\theta\cos\theta = 1$$

$$\sin\theta\cos\theta = 0$$

$$\sin^3\theta + \cos^3\theta$$

$$= (\sin\theta + \cos\theta)^3 - 3\sin\theta\cos\theta(\sin\theta + \cos\theta)$$

$$= (1)^3 - 3 \times (0) \times (1)$$

$$= 1$$

251 정답 ③

$4x^2 - kx + 1 = 0$의 두 근이 $\sin\theta$, $\cos\theta$ 이므로

$$\sin\theta + \cos\theta = \frac{k}{4} \cdots \text{㉠}, \quad \sin\theta\cos\theta = \frac{1}{4}$$

㉠의 양변을 제곱하여 정리하면

$$1 + 2\sin\theta\cos\theta = \frac{k^2}{16}, \quad \frac{3}{2} = \frac{k^2}{16}$$

$$\therefore k^2 = 24$$

$$k = 2\sqrt{6} \quad (k > 0)$$

252 정답 3

$0 < \theta < \dfrac{\pi}{2}$이므로

$$\cos\theta = \sqrt{1 - \sin^2\theta} = \frac{3}{5}, \quad \tan\theta = \frac{4}{3}$$

$$\therefore \frac{1 + \cos\theta}{1 - \cos\theta} = \frac{1 + \frac{3}{5}}{1 - \frac{3}{5}} = \frac{8}{2} = 4$$

$$\frac{1 + \cos\theta}{1 - \cos\theta} \times \frac{1}{\tan\theta} = 4 \times \frac{3}{4} = 3$$

253 정답 ①

근과 계수의 관계에 의해

$$\sin\theta + \cos\theta = \frac{1}{2}, \quad \sin\theta\cos\theta = -\frac{a}{6}$$

$$\sin^2\theta + \cos^2\theta$$

$$= (\sin\theta + \cos\theta)^2 - 2\sin\theta\cos\theta$$

$$= \frac{1}{4} + \frac{a}{3} = 1$$

$$\therefore a = \frac{9}{4}$$

254 정답 30

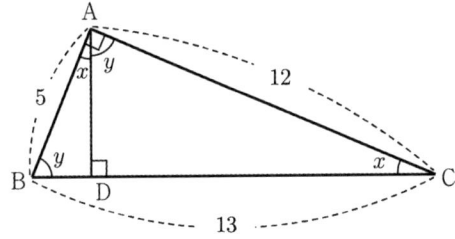

$\overline{BC} = 13$이고 $\triangle ABC \backsim \triangle DAC \backsim \triangle DBA$에서

$\angle BAD = \angle C$이므로 $\sin x = \sin C = \dfrac{5}{13}$이다.

$\angle CAD = \angle B$이므로 $\sin y = \sin B = \dfrac{12}{13}$이다.

따라서

$\sin x + \sin y = \dfrac{17}{13}$이다.

$p=13$, $q=17$이므로 $p+q=30$

255 정답 ②

점 $P\left(2\cos\theta, 2\sin\theta\right)$라 두면 접선의 방정식은
$2\cos\theta x + 2\sin\theta y - 4 = 0 \Rightarrow \cos\theta x + \sin\theta y - 2 = 0$
$A(0, -3)$에서 접선까지 거리는

$\dfrac{|-3\sin\theta - 2|}{\sqrt{\cos^2\theta + \sin^2\theta}} > \dfrac{7}{2}$

P와 A사이 거리로 따져보면 $0 < \theta < \pi$이므로
$-3\sin\theta - 2 < 0$이다.

따라서

$|-3\sin\theta - 2| > \dfrac{7}{2} \Rightarrow 3\sin\theta + 2 > \dfrac{7}{2}$이다.

$\sin\theta > \dfrac{1}{2}$

$\therefore \dfrac{\pi}{6} < \theta < \dfrac{5}{6}\pi$

따라서 $\dfrac{\beta}{\alpha} = \dfrac{\dfrac{5}{6}\pi}{\dfrac{1}{6}\pi} = 5$

유형 3 삼각함수의 그래프

256 정답 32

$f(2+x) = \sin\dfrac{\pi}{4}(2+x) = \sin\left(\dfrac{\pi}{2} + \dfrac{\pi}{4}x\right) = \cos\dfrac{\pi}{4}x$

$f(2-x) = \sin\dfrac{\pi}{4}(2-x) = \sin\left(\dfrac{\pi}{2} - \dfrac{\pi}{4}x\right) = \cos\dfrac{\pi}{4}x$

따라서 주어진 부등식은

$\cos^2\dfrac{\pi}{4}x < \dfrac{1}{4}$이므로 $-\dfrac{1}{2} < \cos\dfrac{\pi}{4}x < \dfrac{1}{2}$

$\dfrac{\pi}{3} < \dfrac{\pi}{4}x < \dfrac{2}{3}\pi$, $\dfrac{4}{3}\pi < \dfrac{\pi}{4}x < \dfrac{5}{3}\pi$,

$\dfrac{7\pi}{3} < \dfrac{\pi}{4}x < \dfrac{8}{3}\pi$, $\dfrac{10}{3}\pi < \dfrac{\pi}{4}x < \dfrac{11}{3}\pi$

따라서 $\dfrac{4}{3} < x < \dfrac{8}{3}$, $\dfrac{16}{3} < x < \dfrac{20}{3}$, $\dfrac{28}{3} < x < \dfrac{32}{3}$,

$\dfrac{40}{3} < x < \dfrac{44}{3}$

자연수 x는 2, 6, 10, 14이므로 합은 32이다.

257 정답 8

함수 $f(x)$의 최솟값이
$-a+8-a = 8-2a$
이므로 조건 (가)를 만족시키려면
$8-2a \geq 0$
즉, $a \leq 4$이어야 한다.
그런데, $a=1$ 또는 $a=2$ 또는 $a=3$일 때는 함수 $f(x)$의
최솟값이 0보다 크므로 조건 (나)를 만족시킬 수 없다.
그러므로 $a=4$

이때 $f(x) = 4\sin bx + 4$이고 이 함수의 주기는 $\dfrac{2\pi}{b}$이므로

$0 \leq x \leq \dfrac{2\pi}{b}$일 때 방정식 $f(x) = 0$의 서로 다른 실근의 개수는

1이다.
그러므로 $0 \leq x < 2\pi$일 때, 방정식 $f(x) = 0$의 서로 다른
실근의 개수가 4가 되려면

$\dfrac{15\pi}{2b} \leq 2\pi \leq \dfrac{19\pi}{2b}$

이어야 한다.

즉, $\dfrac{15}{4} \leq b \leq \dfrac{19}{4}$이고 b는 자연수이므로

$b=4$
따라서 $a+b = 4+4 = 8$

258 정답 ④

[그림 : 이호진T]
닫힌구간 $[0, \pi]$에서 정의된 함수 $f(x) = -\sin 2x$의 주기는
π이고 그래프는 다음과 같다.

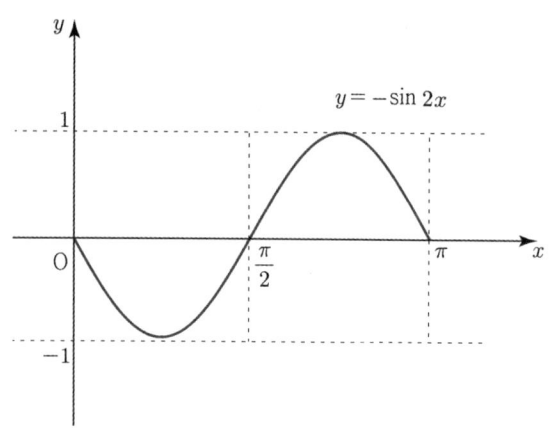

$$2x = \frac{3}{2}\pi, \ x = \frac{3}{4}\pi$$ 에서 최댓값을 가지므로 $a = \frac{3}{4}\pi$,

$$2x = \frac{\pi}{2}, \ x = \frac{\pi}{4}$$ 에서 최솟값을 가지므로 $b = \frac{\pi}{4}$ 이다.

따라서 두 점은 각각 $\left(\frac{3}{4}\pi, \ 1\right)$, $\left(\frac{\pi}{4}, \ -1\right)$ 이다.

두 점 $\left(\frac{3}{4}\pi, \ 1\right)$, $\left(\frac{\pi}{4}, \ -1\right)$ 을 지나는 직선의 기울기는

$$\frac{-1-1}{\frac{\pi}{4}-\frac{3}{4}\pi} = \frac{4}{\pi}$$ 이다.

259 정답 6

$y = \sin 2x$ 의 주기는 $\frac{2\pi}{2} = \pi$ 이고, $y = \cos 3x$ 의 주기는

$\frac{2\pi}{3}$ 이므로 $y = \sin 2x$ 와 $y = \cos 3x$ 의 그래프를 그려 보면 다음 그림과 같다.

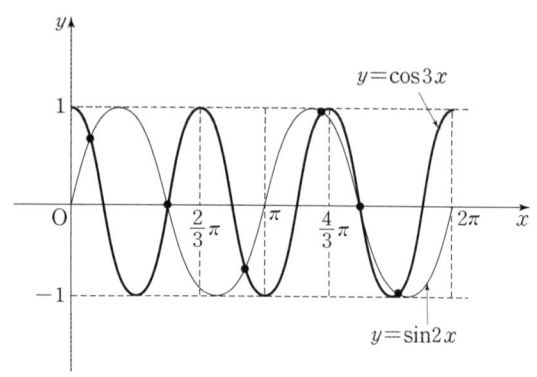

따라서, 두 그래프의 교점은 6개다.

260 정답 ②

$f(x) = \sin(ax+b) = \sin\left\{a\left(x + \frac{b}{a}\right)\right\}$ 의 그래프는 주기가

$\frac{2\pi}{a}$ 이고, $y = \sin ax$ 의 그래프를 x축의 방향으로 $-\frac{b}{a}$ 만큼

평행이동한 것이므로 문제의 그래프에서

$$\frac{2\pi}{a} = 8, \ -\frac{b}{a} = 1$$

$$\therefore \ a = \frac{\pi}{4}, \ b = -\frac{\pi}{4}$$

$f(x) = \sin(ax+b)$ 에 대입하면

$$f(x) = \sin\left(\frac{\pi}{4}x - \frac{\pi}{4}\right)$$

$$\therefore \ f(0) = \sin\left(-\frac{\pi}{4}\right) = -\frac{\sqrt{2}}{2}$$

261 정답 ①

$y = a\sin bt$ 에서 주기는 5, 최대흡입률(최댓값)은 0.6 이므로

$$5 = \frac{2}{b}\pi$$ 에서 $b = \frac{2}{5}\pi$ 이고 $a = 0.6$

따라서, $y = 0.6\sin\frac{2\pi}{5}t$ 이므로 $-0.3 = 0.6\sin\frac{2\pi}{5}t$

$$\therefore \ \sin\frac{2\pi}{5}t = -\frac{1}{2}$$ 에서 $\frac{2\pi}{5}t = \frac{7}{6}\pi$

$$\therefore \ t = \frac{35}{12}$$

262 정답 13

곡선 $y = 3\cos\left(\frac{\pi}{2}x\right)(0 \le x \le 4)$ 는 그림과 같다.

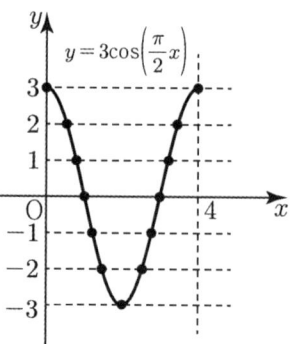

따라서 y좌표가 정수인 점의 개수는 13

263 정답 9

함수 $y = 2\cos^2 x + \sin x$ 의 그래프와 함수

$y = -\sin x + a$ 의 그래프가 만나려면

방정식 $2\cos^2 x + \sin x = -\sin x + a$,

즉, $2\cos^2 x + 2\sin x = a$ 의 실근이 존재하여야 한다.

즉 함수 $y = 2\cos^2 x + 2\sin x$ 의 그래프와 직선 $y = a$ 의 교점이

존재해야 한다.

$$y = 2\cos^2 x + 2\sin x$$

$$= 2(1 - \sin^2 x) + 2\sin x$$

$$= -2\sin^2 x + 2\sin x + 2$$

에서 $\sin x = t$라 하면 $-1 \le t \le 1$이고
$$y = -2t^2 + 2t + 2$$
$$= -2(t^2 - t) + 2$$
$$= -2\left(t - \frac{1}{2}\right)^2 + \frac{5}{2} \text{이다.}$$
$$\therefore -2 \le y \le \frac{5}{2}$$

따라서 구하는 실수 a의 $M = \frac{5}{2}$, $m = -2$

따라서 $2(M - m) = 2\left(\frac{5}{2} - (-2)\right) = 9$

 유형 4 삼각함수의 최댓값과 최솟값

264 정답 ①

$\sin^2 x = 1 - \cos^2 x$이므로
$$\begin{aligned} f(x) &= \sin^2 x - 2\cos x - 1 \\ &= (1 - \cos^2 x) - 2\cos x - 1 \\ &= -\cos^2 x - 2\cos x \\ &= -(\cos x + 1)^2 + 1 \end{aligned}$$
이때 $0 \le x \le \pi$에서 $-1 \le \cos x \le 1$이므로
함수 $f(x)$는 $\cos x = -1$일 때 최댓값 1,
$\cos x = 1$일 때 최솟값 -3를 갖는다.
따라서 최댓값과 최솟값의 합은
$1 + (-3) = -2$

265 정답 ④

함수 $y = -3\sin(2x + 3) + 2$의 최댓값은
$M = |-3| + 2 = 5$이고, 주기는 $p = \frac{2\pi}{2} = \pi$이다.
$$\therefore M \times p = 5\pi$$

266 정답 6

$y = |2 - 3\cos x| + 1$ 에서
$\cos x = t$ 로 놓으면 $-1 \le t \le 1$ 이고
$y = |2 - 3t| + 1$
$t = -1$ 일 때, 최댓값은 6
$t = \frac{2}{3}$ 일 때, 최솟값은 1
따라서 최댓값과 최솟값의 곱은
$6 \times 1 = 6$ 이다.

267 정답 ③

$\cos^2 x = 1 - \sin^2 x$이므로
$$\begin{aligned} f(x) &= \cos^2 x - 2\sin x - 1 \\ &= (1 - \sin^2 x) - 2\sin x - 1 \\ &= -\sin^2 x - 2\sin x = -(\sin x + 1)^2 + 1 \end{aligned}$$
이때 $0 \le x \le \pi$에서 $0 \le \sin x \le 1$이므로
함수 $f(x)$는 $\sin x = 0$일 때 최댓값 0,
$\sin x = 1$일 때 최솟값 -3를 갖는다.
따라서 최댓값과 최솟값의 합은
$0 + (-3) = -3$

268 정답 ④

$x + \frac{\pi}{3} = t$라 두면 $0 \le t \le \pi$
$f(t) = k\cos t + 2$에서
(i) $k > 0$일 때, $t = \pi$에서 최솟값 -4을 가지므로
$-|k| + 2 = -k + 2 = -4$에서 $k = 6$이다.
$\alpha + \frac{\pi}{3} = \pi$에서 $\alpha = \frac{2}{3}\pi$
따라서 $k \times \alpha = 4\pi$
(ii) $k < 0$일 때, $t = 0$에서 최솟값 -4을 가지므로
$-|k| + 2 = k + 2 = -4$에서 $k = -6$이다.
$\alpha + \frac{\pi}{3} = 0$에서 $\alpha = -\frac{\pi}{3}$
따라서 $k \times \alpha = 2\pi$
(i), (ii)에서 최댓값은 4π, 최솟값은 2π
따라서 $4\pi + 2\pi = 6\pi$

269 정답 ③

함수 $f(x) = -4\sin 2ax + a$의 최댓값은 $4 + a$이므로
$4 + a = 5$에서 $a = 1$이다.
따라서 $f(x) = -4\sin 2x + 1$이므로 함수 $f(x)$의 주기는
$\frac{2\pi}{2} = \pi$이다.

 유형 5 삼각함수의 성질

270 정답 ③

$\overline{OA} = 1$이므로 점 A의 좌표를 $A(a, b)$로 놓으면
$\cos \theta = a$, $\sin \theta = b$
이 때, $\cos(\pi - \theta) = -\cos \theta$이므로 $\cos(\pi - \theta) = -a$
그런데, 점 A와 점 C는 원점에 대해 대칭이므로
점 C의 좌표는 $C(-a, -b)$

따라서, $\cos(\pi - \theta)$는 점 C 의 x좌표와 같다.

271 정답 ②

$0 < x < \dfrac{\pi}{2}$ 에서

두 함수 $y = \sqrt{3}\sin x$, $y = \tan x$ 의 그래프가 만나는 점의

x좌표를 $\alpha\left(0 < \alpha < \dfrac{\pi}{2}\right)$라 하면

$\sqrt{3}\sin\alpha = \tan\alpha$ 즉, $\sqrt{3}\sin\alpha = \dfrac{\sin\alpha}{\cos\alpha}$ ⋯ ㉠

$0 < \alpha < \dfrac{\pi}{2}$ 일 때, $\sin\alpha > 0$이므로 ㉠에서

$\sqrt{3} = \dfrac{1}{\cos\alpha}$ 즉, $\cos\alpha = \dfrac{1}{\sqrt{3}}$

이때 $\sin\alpha = \sqrt{1 - \cos^2\alpha} = \sqrt{1 - \dfrac{1}{3}} = \dfrac{\sqrt{6}}{3}$ 이므로

두 그래프의 교점의 y좌표는

$\sqrt{3}\sin\alpha = \sqrt{3} \times \dfrac{\sqrt{6}}{3} = \sqrt{2}$

 유형 6 삼각함수의 활용

272 정답 ②

$4\cos^2 x - 1 = 0$에서

$(2\cos x + 1)(2\cos x - 1) = 0$

$\cos x = -\dfrac{1}{2}$ 또는 $\cos x = \dfrac{1}{2}$

$x = \dfrac{\pi}{3}$ 또는 $x = \dfrac{2}{3}\pi$ 또는 $x = \dfrac{4}{3}\pi$ 또는 $x = \dfrac{5}{3}\pi$

한편, $\sin x \cos x < 0$ 이므로

x는 제 2사분면의 각 또는 제 4사분면의 각이다.

따라서 구하는 x의 값은 $x = \dfrac{2}{3}\pi$ 또는 $x = \dfrac{5}{3}\pi$이므로 모든

합은 $\dfrac{7}{3}\pi$이다.

273 정답 ④

주어진 이차방정식의 판별식을 D라 하면 실근을 갖지 않아야
하므로

$\dfrac{D}{4} = 4\cos^2\theta - 6\sin\theta < 0$

$2\sin^2\theta + 3\sin\theta - 2 > 0$

$(2\sin\theta - 1)(\sin\theta + 2) > 0$

$\sin\theta + 2 > 0$이므로 $\sin\theta > \dfrac{1}{2}$ 에서 $\dfrac{\pi}{6} < \theta < \dfrac{5}{6}\pi$

따라서 $\alpha = \dfrac{\pi}{6}$, $\beta = \dfrac{5}{6}\pi$ 이므로

$3\alpha + \beta = \dfrac{4}{3}\pi$

274 정답 ②

$\cos^2 x = 1 - \sin^2 x$ 이므로

준식은 $4(1 - \sin^2 x) + 4\sin x = 5$이고

정리하여 고치면 $(2\sin x - 1)^2 = 0$이므로 $\sin x = \dfrac{1}{2}$

275 정답 ④

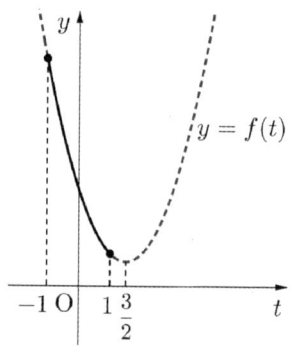

$\cos^2\theta - 3\cos\theta - a + 9 \geq 0$에서

$\cos\theta = t$ 라 하면 $-1 \leq t \leq 1$

$f(t) = t^3 - 3t - a + 9 = \left(t - \dfrac{3}{2}\right)^2 + \dfrac{27}{4} - a \geq 0$

$-1 \leq t \leq 1$이므로 $t = 1$일 때 최소이고

최솟값 $f(1) \geq 0$이면 된다.

$f(1) = \dfrac{1}{4} + \dfrac{27}{4} - a = 7 - a \geq 0$ 에서

$a \leq 7$

276 정답 ④

$2(1 - \cos^2 x) + 3\cos x - 3 = 0$

$2 - 2\cos^2 x + 3\cos x - 3 = 0$

$\cos x = t$ $(-1 \leq t \leq 1)$

$-2t^2 + 3t - 1 = 0$

$2t^2 - 3t + 1 = 0$

$(2t - 1)(t - 1) = 0$

$t = \dfrac{1}{2}$, $t = 1$

$\cos x = \dfrac{1}{2}$ 일 때, $x = \dfrac{\pi}{3}$, $\dfrac{5\pi}{3}$

$\cos x = 1$ 일 때, $x = 0$

따라서 모든 근의 합은 $0 + \dfrac{\pi}{3} + \dfrac{5\pi}{3} = 2\pi$이다.

277 정답 7

$\cos^2 x - \sin x = 1$

$1 - \sin^2 x - \sin x = 1$

$\sin^2 x + \sin x = 0$

$\sin x (\sin x + 1) = 0$

$\sin x = 0$ 또는 $\sin x = -1$

$x = \pi$ 또는 $x = \dfrac{3}{2}\pi$

따라서 모든 실근의 합은 $\dfrac{5}{2}\pi$

$p + q = 2 + 5 = 7$

278 정답 ③

$\sin 2x = -\dfrac{1}{\sqrt{2}}$ $(0 \le 2x \le 2\pi)$에서

$2x = \dfrac{5}{4}\pi$ 또는 $2x = \dfrac{7}{4}\pi$

$x = \dfrac{5}{8}\pi$ 또는 $x = \dfrac{7}{8}\pi$

따라서 모든 해의 합은 $\dfrac{5}{8}\pi + \dfrac{7}{8}\pi = \dfrac{12}{8}\pi = \dfrac{3}{2}\pi$ 이다.

279 정답 ④

$\cos^2 x = 1 - \sin^2 x$이므로

방정식 $\cos^2 x = \sin^2 x - \sin x$에서

$1 - \sin^2 x = \sin^2 x - \sin x$

$2\sin^2 x - \sin x - 1 = 0$

$(2\sin x + 1)(\sin x - 1) = 0$

$\sin x = -\dfrac{1}{2}$ 또는 $\sin x = 1$

이때, $0 \le x < 2\pi$이므로

(i) $\sin x = -\dfrac{1}{2}$에서

$x = \dfrac{7}{6}\pi$ 또는 $x = \dfrac{11}{6}\pi$

(ii) $\sin x = 1$에서 $x = \dfrac{\pi}{2}$

(i), (ii)에서 주어진 방정식의 모든 해의 합은

$\dfrac{7}{6}\pi + \dfrac{11}{6}\pi + \dfrac{\pi}{2} = \dfrac{7}{2}\pi$

280 정답 ③

$x = \theta + \dfrac{3}{4}\pi$라 하면

$f\left(\theta + \dfrac{3}{4}\pi\right) = \cos^2 \theta - \cos\left(\theta + \dfrac{\pi}{2}\right) + k$

$= \cos^2 \theta + \sin \theta + k$

$= 1 - \sin^2 \theta + \sin \theta + k$

$= -\left(\sin\theta - \dfrac{1}{2}\right)^2 + k + \dfrac{5}{4}$

최댓값은 $k + \dfrac{5}{4} = 3$, $k = \dfrac{7}{4}$

최솟값은 $\sin\theta = -1$일 때, $m = \dfrac{3}{4}$

$k + m = \dfrac{7}{4} + \dfrac{3}{4} = \dfrac{5}{2}$

281 정답 ⑤

$0 \le x \le 8\pi$ 일 때, 방정식 $\sin\dfrac{1}{2}x = \dfrac{1}{4}$ 을 만족시키는 해는 두

함수 $y = \sin\dfrac{1}{2}x$, $y = \dfrac{1}{4}$ 의 그래프의 교점의 x좌표와 같다.

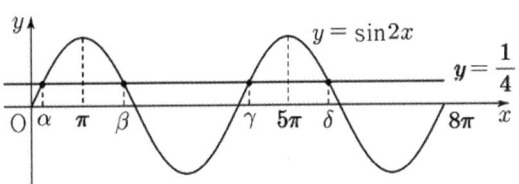

$y = \sin\dfrac{1}{2}x$ 는 주기가 4π인 함수이다.

네 교점의 x좌표 α, β, γ, δ에 대하여

$\dfrac{\alpha + \beta}{2} = \pi$ 이고 $\dfrac{\gamma + \delta}{2} = 5\pi$ 이므로

방정식의 모든 해의 합은

$\alpha + \beta + \gamma + \delta = 2\pi + 10\pi = 12\pi$

282 정답 ④

$\cos^2 x = 1 - \sin^2 x$이므로

방정식 $\cos^2 x = 2\sin^2 x - 2\sin x$에서

$1 - \sin^2 x = 2\sin^2 x - 2\sin x$

$3\sin^2 x - 2\sin x - 1 = 0$

$(3\sin x + 1)(\sin x - 1) = 0$

$\sin x = -\dfrac{1}{3}$ 또는 $\sin x = 1$

이때, $0 \le x < 2\pi$이므로

(i) $\sin x = -\dfrac{1}{3}$의 해를 α, β라 하면 양수 t에 대하여

$\alpha = \pi + t$라면 $\beta = 2\pi - t$이므로

$\alpha + \beta = 3\pi$

(ii) $\sin x = 1$에서 $x = \dfrac{\pi}{2}$

(i), (ii)에서 주어진 방정식의 모든 해의 합은

$3\pi + \dfrac{\pi}{2} = \dfrac{7}{2}\pi$

283 정답 ④

$\cos 2x = -\dfrac{1}{2}$ $(0 \le 2x \le 2\pi)$에서

$2x = \dfrac{2}{3}\pi$ 또는 $2x = \dfrac{4}{3}\pi$

$x = \dfrac{1}{3}\pi$ 또는 $x = \dfrac{2}{3}\pi$

따라서 모든 해의 합은 $\dfrac{1}{3}\pi + \dfrac{2}{3}\pi = \pi$ 이다.

284 정답 ⑤

$6\sin x\cos x + 3\sin x = 4\cos x + 2$ 에서

$6\sin x\cos x + 3\sin x - 4\cos x - 2 = 0$

$(3\sin x - 2)(2\cos x + 1) = 0$

$\sin x = \dfrac{2}{3}$ 또는 $\cos x = -\dfrac{1}{2}$

$\sin x = \dfrac{2}{3}$ 을 만족시키는 두 실수를 α, β $(\alpha < \beta)$라 하면

$\beta = \pi - \alpha$ 이므로 $\alpha + \beta = \pi$

$\cos x = -\dfrac{1}{2}$ 을 만족시키는 두 실수를 γ, δ 라 하면

$\gamma + \delta = \dfrac{2}{3}\pi + \dfrac{4}{3}\pi = 2\pi$

따라서 구하는 모든 실근의 합은

$\pi + 2\pi = 3\pi$

285 정답 ①

$(\sin x + \cos x)^2 = \sqrt{2}\cos x + 1$ 에서

$1 + 2\sin x\cos x = \sqrt{2}\cos x + 1$

$\cos x(2\sin x - \sqrt{2}) = 0$

$0 \le x \le \pi$ 이므로

$\cos x = 0$ 일 때 $x = \dfrac{\pi}{2}$

$\sin x = \dfrac{\sqrt{2}}{2}$ 일 때, $x = \dfrac{\pi}{4}, \dfrac{3}{4}\pi$

따라서 모든 실근의 합은 $\dfrac{\pi}{2} + \dfrac{\pi}{4} + \dfrac{3\pi}{4} = \dfrac{3}{2}\pi$

286 정답 3

$\cos^2 x + \cos x = \sin^2 x$ 에서

$\cos^2 x + \cos x = 1 - \cos^2 x$

$2\cos^2 x + \cos x - 1 = 0$

$(\cos x + 1)(2\cos x - 1) = 0$

$\therefore \cos x = -1$ 또는 $\cos x = \dfrac{1}{2}$

$0 \le x \le 2\pi$ 에서 방정식 $\cos x = -1$ 의 실근은

$x = \pi$

$0 \le x \le 2\pi$ 에서 방정식 $\cos x = \dfrac{1}{2}$ 의 실근은

$x = \dfrac{\pi}{3}, \dfrac{5}{3}\pi$

이므로 모든 실근의 합은 $\pi + \dfrac{\pi}{3} + \dfrac{5}{3}\pi = 3\pi$이다.

287 정답 ④

주어진 이차방정식의 판별식을 D라 하면 실근을 갖지 않아야 하므로

$\dfrac{D}{4} = \cos^2\theta - \sin\theta - 1 < 0$

$\sin^2\theta + \sin\theta > 0$ $(\because \cos^2\theta = 1 - \sin^2\theta)$

$\sin\theta(\sin\theta + 1) > 0$

$\sin\theta + 1 \ge 0$ 이므로 $\sin\theta > 0$ 에서 $0 < \theta < \pi$

따라서 $\alpha = 0$, $\beta = \pi$ 이므로

$\beta - \alpha = \pi$

288 정답 2

(i) $3^x - 9 < 0$ 이고 $\sin x - \dfrac{1}{2} > 0$ 인 경우

$0 < x < 2$ 이고 $\dfrac{\pi}{6} < x < \dfrac{5}{6}\pi$ 이므로 $\dfrac{\pi}{6} < x < 2$

(ii) $3^x - 9 > 0$ 이고 $\sin x - \dfrac{1}{2} < 0$ 인 경우

$2 < x < \pi$ 이고 $0 < x < \dfrac{\pi}{6}$, $\dfrac{5}{6}\pi < x < \pi$ 이므로

$\dfrac{5}{6}\pi < x < \pi$

따라서 $\dfrac{\pi}{6} < x < 2$ 또는 $\dfrac{5}{6}\pi < x < \pi$ 이므로

$a = \dfrac{\pi}{6}$, $b = 2$, $c = \dfrac{5}{6}\pi$, $d = \pi$

따라서 $ab = \dfrac{\pi}{3}$, $d - c = \dfrac{\pi}{6}$

$\dfrac{ab}{d-c} = \dfrac{\dfrac{\pi}{3}}{\dfrac{\pi}{6}} = 2$

289 정답 ③

$4\cos^2 x - 3 = 0$에서 $\cos^2 x = \dfrac{3}{4}$

$\cos x = -\dfrac{\sqrt{3}}{2}$ 또는 $\cos x = \dfrac{\sqrt{3}}{2}$

$x = \dfrac{\pi}{6}$ 또는 $x = \dfrac{5}{6}\pi$ 또는 $x = \dfrac{7}{6}\pi$ 또는 $x = \dfrac{11}{6}\pi$

한편, $\tan x < 0$ 이므로

x는 제2사분면의 각 또는 제4사분면의 각이다.

따라서 구하는 x의 값은 $x = \dfrac{5}{6}\pi$ 또는 $x = \dfrac{11}{6}\pi$이므로 모든

합은 $\dfrac{16}{6}\pi = \dfrac{8}{3}\pi$이다.

290 정답 ②

x에 대한 방정식 $f(x) = 0$의 해는 $x = -2$

또는 $x = 1$이다.

$f\left(\cos x + \dfrac{1}{2}\right) = 0$에서 $\cos x + \dfrac{1}{2} = X$ 라 하면

$f(X) = 0$이므로 $X = -2$또는 $X = 1$이다.

이때, $-\dfrac{1}{2} \leq X \leq \dfrac{3}{2}$이므로 $X = 1$이다.

$\cos x + \dfrac{1}{2} = 1$, $\cos x = \dfrac{1}{2}$

따라서 $0 \leq x \leq 2\pi$일 때 $\cos x = \dfrac{1}{2}$을 만족시키는

x는 $x = \dfrac{\pi}{3}$ 또는 $x = \dfrac{5}{3}\pi$이므로

방정식 $f\left(\cos x + \dfrac{1}{2}\right) = 0$의 모든 해의 합은 2π이다.

291 정답 ④

$x = \dfrac{\pi}{6}$가 주어진 방정식의 한 근이므로

$a\sin\dfrac{\pi}{6} + b\cos\dfrac{5}{6}\pi = 1$

$\dfrac{a}{2} - \dfrac{\sqrt{3}}{2}b = 1 \cdots \textcircled{\small{ㄱ}}$

$x = \dfrac{\pi}{3}$가 주어진 방정식의 한 근이므로

$a\sin\dfrac{\pi}{3} + b\cos\dfrac{5}{3}\pi = 1$

$\dfrac{\sqrt{3}}{2}a + \dfrac{b}{2} = 1 \cdots \textcircled{\small{ㄴ}}$

$\textcircled{\small{ㄱ}}$, $\textcircled{\small{ㄴ}}$을 연립하면 $a = \dfrac{1+\sqrt{3}}{2}$, $b = \dfrac{1-\sqrt{3}}{2}$

따라서 $a + b = 1$

292 정답 9

$4\sin x + \cos^2 x + 1 = a \cdots \textcircled{\small{ㄱ}}$

$\sin^2 x + \cos^2 x = 1$이므로

$4\sin x + \cos^2 x + 1 = 4\sin x + (1 - \sin^2 x) + 1$

$= -\sin^2 x + 4\sin x + 2$

이때, $\sin x = t$ $(-1 \leq t \leq 1)$로 놓으면 $\textcircled{\small{ㄱ}}$은

$-t^2 + 4t + 2 = a$와 같다.

$f(t) = -t^2 + 4t + 2 = -(t-2)^2 + 6$ $(-1 \leq t \leq 1)$

라 하고 $y = f(t)$의 그래프와 $y = a$의 그래프를 그려보면 그림과

같으므로 $\textcircled{\small{ㄱ}}$이 실근을 갖도록 하는 a의 범위는 $(-3 \leq a \leq 5)$

따라서, 조건을 만족하는 정수 a의 개수는 9이다.

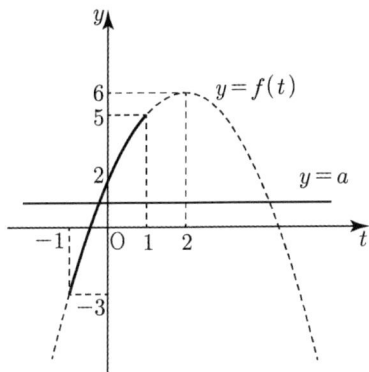

293 정답 ③

$5\sin\left(x + \dfrac{\pi}{6}\right) - \dfrac{7}{24} = 2$

$5\sin\left(x + \dfrac{\pi}{6}\right) = \dfrac{55}{24}$

$\sin\left(x + \dfrac{\pi}{6}\right) = \dfrac{11}{24}$

$x + \dfrac{\pi}{6} = t$라 두면

$\sin t = \dfrac{11}{24}$ $\left(\dfrac{\pi}{6} \leq t \leq \dfrac{13}{6}\pi\right)$

$\dfrac{11}{24} < \dfrac{1}{2}$이므로 $\dfrac{\pi}{6} \leq x \leq \dfrac{13}{6}\pi$에서

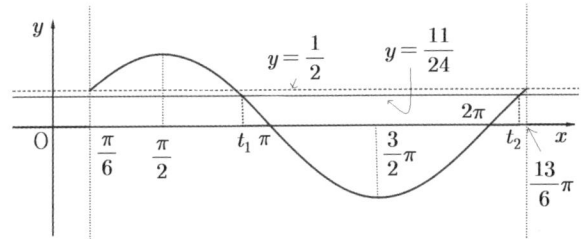

$y = \sin x$와 $y = \dfrac{11}{24}$는 두 점에서 만난다.

교점의 x좌표를 t_1, t_2라 하고

$t_1 = x_1 + \dfrac{\pi}{6}$, $t_2 = x_2 + \dfrac{\pi}{6}$이라 하면

문제의 모든 실근의 합은

$x_1 + x_2 = t_1 - \dfrac{\pi}{6} + t_2 - \dfrac{\pi}{6}$이다.

한편, $t_2 = 2\pi - (\pi - t_1)$이므로 $t_1 + t_2 = 3\pi$이다.

따라서

$x_1 + x_2 = 3\pi - \dfrac{\pi}{3} = \dfrac{8}{3}\pi$

294 정답 21

삼각형 ABC에 사인법칙을 적용하면

$$\frac{\overline{AC}}{\sin B} = 2 \times 15 = 30$$

따라서 $\overline{AC} = 30 \sin B = 30 \times \frac{7}{10} = 21$

295 정답 ③

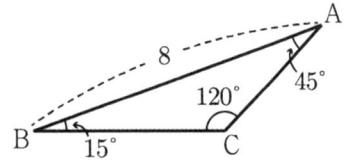

sin법칙에 의하여

$$\frac{\overline{BC}}{\sin 45°} = \frac{8}{\sin 120°}$$

$$\overline{BC} = \frac{8}{\cos 30°} \times \sin 45°$$

$$\overline{BC} = \frac{8}{\frac{\sqrt{3}}{2}} \times \frac{\sqrt{2}}{2} = \frac{8\sqrt{6}}{3}$$

296 정답 8

삼각형의 세 내각의 크기의 합은 180°이므로
$C = 180° - A - B = 180° - 105° - 30° = 45°$
삼각형 ABC에서 사인법칙에 의하여

$$\frac{\overline{AC}}{\sin B} = \frac{\overline{AB}}{\sin C} \text{에서} \quad \frac{2}{\sin 30°} = \frac{\overline{AB}}{\sin 45°}$$

$$\frac{2}{\frac{1}{2}} = \frac{\overline{AB}}{\frac{\sqrt{2}}{2}}$$

따라서 $\overline{AB} = 4 \times \frac{\sqrt{2}}{2} = 2\sqrt{2}$이므로 $\overline{AB}^2 = 8$

297 정답 6

삼각형 ABC에 외접하는 원의 반지름의 길이가 2이므로
삼각형 ABC의 세 변의 길이를 각각
$\overline{AB} = c$, $\overline{BC} = a$, $\overline{CA} = b$로 놓으면 삼각형 ABC에서
사인법칙에 의하여

$$\frac{a}{\sin A} = \frac{b}{\sin B} = \frac{c}{\sin C} = 2 \times 2 = 4,$$

즉 $\sin A = \frac{a}{4}$, $\sin B = \frac{b}{4}$, $\sin C = \frac{c}{4}$

$\sin A + \sin B + \sin C = \frac{3}{2}$이므로

$$\frac{a}{4} + \frac{b}{4} + \frac{c}{4} = \frac{3}{2}, \quad \frac{1}{4}(a+b+c) = \frac{3}{2}$$

따라서 $a + b + c = \frac{3}{2} \times 4 = 6$이므로
삼각형 ABC의 둘레의 길이는 6

298 정답 ⑤

삼각형 ABC의 외접원의 넓이가 3π이므로 외접원의 반지름의
길이는 $\sqrt{3}$이다.
삼각형 ABC에서 사인법칙에 의해

$$\frac{\overline{AB}}{\sin C} = \frac{\overline{AC}}{\sin B} = 2\sqrt{3}$$

$\sin C = \frac{\overline{AB}}{2\sqrt{3}} = \frac{\sqrt{6}}{2\sqrt{3}} = \frac{\sqrt{2}}{2}$이고 각 C는 예각이므로
$\angle C = 45°$

$\sin B = \frac{\overline{AC}}{2\sqrt{3}} = \frac{3}{2\sqrt{3}} = \frac{\sqrt{3}}{2}$이고 각 B는 예각이므로
$\angle B = 60°$

따라서 $\angle A = 180° - (45° + 60°) = 75°$

299 정답 ⑤

호의 길이의 비는 중심각의 크기의 비와 같으므로 원의 중심을
O라 할 때,

$$\angle AOB = 360° \times \frac{3}{12} = 90°$$

$$\angle BOC = 360° \times \frac{4}{12} = 120°$$

$$\angle COA = 360° \times \frac{5}{12} = 150°$$

원주각의 크기는 중심각의 크기의 $\frac{1}{2}$ 배이므로

$\angle ACB = 45°$, $\angle BAC = 60°$, $\angle ABC = 75°$
이때, 반지름의 길이가 2이므로 사인법칙에 의해

$$\frac{\overline{AB}}{\sin 45°} = \frac{\overline{BC}}{\sin 60°} = \frac{\overline{CA}}{\sin 75°} = 2 \times 2$$

따라서, $\triangle ABC$의 세 변 중 길이가 가장 짧은 변의 길이는
$\overline{AB}$이다.

$$\overline{AB} = 4 \times \sin 45° = 4 \times \frac{\sqrt{2}}{2} = 2\sqrt{2}$$

300 정답 2

$A + B + C = 180°$이므로 조건 (가)에서

$$\sin A \times \sin(180° - A) = \frac{1}{9}$$

$\sin A \times \sin A = \dfrac{1}{9}$ 이고, $0° < A < 180°$ 이므로

$\sin A = \dfrac{1}{3}$

따라서 조건 (나)에서 삼각형 ABC의 외접원의 반지름의 길이가 3이므로 사인법칙에 의하여

$\dfrac{\overline{BC}}{\sin A} = 2 \times 3$

$\overline{BC} = 6 \sin A = 6 \times \dfrac{1}{3} = 2$

301 정답 2

$\angle BDA = 30°$ 이므로 삼각형 ABD에서 사인법칙을 이용하면

$\dfrac{\sqrt{2}}{\sin 30°} = \dfrac{\overline{AD}}{\sin 45°}$

$\overline{AD} = \sqrt{2} \times \dfrac{\sqrt{2}}{2} \times 2 = 2$

 유형 8 코사인법칙

302 정답 41

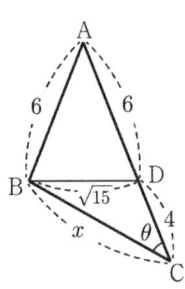

$\cos A = \dfrac{\overline{AB}^2 + \overline{AD}^2 - \overline{BD}^2}{2\overline{AB} \times \overline{AD}}$

$= \dfrac{6^2 + 6^2 - (\sqrt{15})^2}{2 \times 6 \times 6}$

$= \dfrac{57}{72} = \dfrac{19}{24}$

$\overline{BC}^2 = \overline{AB}^2 + \overline{AC}^2 - 2\overline{AB} \times \overline{AC} \times \cos A$

$= 6^2 + 10^2 - 2 \times 6 \times 10 \times \dfrac{19}{24}$

$= 36 + 100 - 95$

$= 41$

$= k^2$

303 정답 13

$\triangle ABC$ 에서 코사인법칙을 적용하면

$a^2 = b^2 + c^2 - 2bc\cos A = 8^2 + 7^2 - 2 \times 8 \times 7 \times \cos 120°$

$= 64 + 49 - 2 \times 56 \times \left(-\dfrac{1}{2}\right) = 169$

$\therefore a = 13$

304 정답 ②

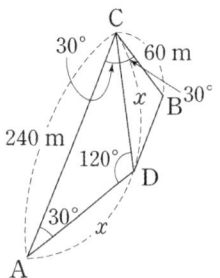

그림과 같이 삼각형 ACD에서 $\angle CAD = \angle ACD$이므로 $\overline{CD} = \overline{AD} = x$ 라 하면 코사인법칙에 의해

$240^2 = x^2 + x^2 - 2 \cdot x \cdot x \cdot \cos 120°$

$240^2 = 3x^2$

$\therefore x^2 = 19200$

$\therefore x = 80\sqrt{3}$

[→사인법칙을 적용하면 $\dfrac{240}{\sin 120°} = \dfrac{x}{\sin 30°}$ 에서 $x = 80\sqrt{3}$]

삼각형 BCD에서

$\overline{BD}^2 = x^2 + 60^2 - 2 \cdot x \cdot 60 \cdot \cos 30°$

$= 19200 + 3600 - 2 \cdot 80\sqrt{3} \cdot 60 \cdot \dfrac{\sqrt{3}}{2}$

$= 8400$

$\therefore \overline{BD} = 20\sqrt{21}$

305 정답 ①

삼각형 ABC 는 예각삼각형이므로

$\cos B = \sqrt{1 - \left(\dfrac{2}{\sqrt{5}}\right)^2} = \dfrac{1}{\sqrt{5}}$

삼각형 ABC 에서 코사인법칙에 의해

$\overline{AC}^2 = \overline{AB}^2 + \overline{BC}^2 - 2 \times \overline{AB} \times \overline{BC} \times \cos B$

$= 4 + 5 - 2 \times 2 \times \sqrt{5} \times \dfrac{1}{\sqrt{5}} = 5$

따라서 $\overline{AC} = \sqrt{5}$

306 정답 ⑤

삼각형 ABC 에서

$a \sin\left(\dfrac{\pi}{2} - A\right) = c \sin\left(\dfrac{\pi}{2} - C\right)$ 이므로

$a \cos A = c \cos C$

삼각형 ABC에서 코사인법칙에 의하여

$$\cos A = \frac{b^2 + c^2 - a^2}{2bc}, \quad \cos C = \frac{a^2 + b^2 - c^2}{2ab}$$ 이므로

$$a \times \frac{b^2 + c^2 - a^2}{2bc} = c \times \frac{a^2 + b^2 - c^2}{2ab}$$

$$a^2(b^2 + c^2 - a^2) = c^2(a^2 + b^2 - c^2)$$

$$a^2 b^2 - a^4 = b^2 c^2 - c^4$$

$$a^4 - c^4 - a^2 b^2 + b^2 c^2 = 0$$

$$(a^2 + c^2)(a^2 - c^2) - b^2(a^2 - c^2) = 0$$

$$(a^2 - c^2)(a^2 + c^2 - b^2) = 0$$

$a = c$ 또는 $a^2 + c^2 - b^2 = 0$이다.

따라서

삼각형 ABC는

$a = c$이므로 $a = c$인 이등변삼각형이거나

$b^2 = a^2 + c^2$이므로 $\angle B = \dfrac{\pi}{2}$인 직각삼각형이다.

 유형 9 **사인법칙과 코사인법칙**

307 정답 ②

$6\sin A = 2\sqrt{3}\sin B = 3\sin C = k$라 하면

$\sin A = \dfrac{k}{6}$, $\sin B = \dfrac{k}{2\sqrt{3}}$, $\sin C = \dfrac{k}{3}$이므로

사인법칙에서

$$\sin A : \sin B : \sin C = \frac{k}{6} : \frac{k}{2\sqrt{3}} : \frac{k}{3} = 1 : \sqrt{3} : 2$$

사인법칙에서 $\sin A : \sin B : \sin C = a : b : c$이므로

$a = m$, $b = \sqrt{3}m$, $c = 2m$이라 하면

코사인법칙에서

$$\cos A = \frac{(2m)^2 + (\sqrt{3}m)^2 - (m)^2}{2 \cdot 2m \cdot \sqrt{3}m} = \frac{\sqrt{3}}{2}$$

$\therefore A = 30\degree$

308 정답 ⑤

$\sin A : \sin B : \sin C = 1 : 3 : \sqrt{5}$에서 사인법칙에 의하여

$\overline{BC} : \overline{AC} : \overline{AB} = 1 : 3 : \sqrt{5}$이므로

$\overline{BC} = k$, $\overline{AC} = 3k$, $\overline{AB} = \sqrt{5}k$ $(k > 0)$라 하자.

코사인법칙에 의하여

$$\cos C = \frac{k^2 + 9k^2 - 5k^2}{2 \times k \times 3k} = \frac{5}{6}$$ 이므로

$$\sin C = \sqrt{1 - \frac{25}{36}} = \frac{\sqrt{11}}{6}$$

삼각형 ABC의 외접원의 넓이가 9π이므로 삼각형 ABC의 외접원의 반지름의 길이는 3이다.

따라서 사인법칙에 의하여

$$\frac{\overline{AB}}{\frac{\sqrt{11}}{6}} = 2 \times 3$$ 이므로 선분 AB의 길이는 $\sqrt{11}$

309 정답 27

삼각형 ABC에서 세 변의 길이를 각각

$\overline{AB} = c$, $\overline{BC} = a$, $\overline{CA} = b$로 놓으면

$\sin A : \sin B : \sin C = 3 : 2 : 4$이고 삼각형 ABC에서

사인법칙에 의하여

$\sin A : \sin B : \sin C = a : b : c$이므로

$a : b : c = 3 : 2 : 4$

$a = 3k$, $b = 2k$, $c = 4k$ $(k > 0)$으로 놓으면

삼각형 ABC에서 코사인법칙에 의하여

$$\cos A = \frac{(2k)^2 + (4k)^2 - (3k)^2}{2 \times 2k \times 4k} = \frac{11}{16}$$

따라서 $p = 16$, $q = 11$이므로 $p + q = 16 + 11 = 27$

310 정답 8

삼각형 ABC에서 $A + B + C = 180\degree$이므로

$A + B = 180\degree - C$

즉, $\sin(A + B) = \sin(180\degree - C) = \sin C$

이때 $5\sin A = 15\sin B = 6\sin(A + B)$에서

$5\sin A = 15\sin B = 6\sin C$이므로

$$\frac{\sin A}{6} = \frac{\sin B}{2} = \frac{\sin C}{5}$$ 에서

$\sin A : \sin B : \sin C = 6 : 2 : 5$이다.

삼각형 ABC에서 $\overline{AB} = c$, $\overline{BC} = a$, $\overline{CA} = b$라 하면

사인법칙에 의해

$\sin A : \sin B : \sin C = a : b : c$가 성립하므로

$a = 6k$, $b = 2k$, $c = 5k$

삼각형 ABC에서 코사인법칙에 의해

$$\cos A = \frac{b^2 + c^2 - a^2}{2bc} = \frac{(2k)^2 + (5k)^2 - (6k)^2}{2 \times 2k \times 5k}$$

$$= -\frac{7k^2}{20k^2} = -\frac{7}{20}$$

$$\cos B = \frac{a^2 + c^2 - b^2}{2ac} = \frac{(6k)^2 + (5k)^2 - (2k)^2}{2 \times 6k \times 5k}$$

$$= \frac{57k^2}{60k^2} = \frac{19}{20}$$

따라서 $\cos A + \cos B = \dfrac{12}{20} = \dfrac{3}{5}$

그러므로 $p + q = 5 + 3 = 8$

311 정답 ③

$\cos A = \dfrac{1}{4}$ 에서 $\sin A = \sqrt{1 - \left(\dfrac{1}{4}\right)^2} = \dfrac{\sqrt{15}}{4}$

삼각형 ABC의 외접원의 넓이가 $\dfrac{16}{15}\pi$이므로 외접원의

반지름의 길이는 $\dfrac{4}{\sqrt{15}}$ 이다.

삼각형 ABC에서 사인법칙에 의해

$\dfrac{\overline{BC}}{\dfrac{\sqrt{15}}{4}} = 2 \times \dfrac{4}{\sqrt{15}}$ 이므로 $\overline{BC} = 2$

한편, 삼각형 ABC에서 코사인법칙에 의해

$\cos A = \dfrac{\overline{AB}^2 + \overline{AC}^2 - \overline{BC}^2}{2 \times \overline{AB} \times \overline{AC}}$ 이므로

$\dfrac{1}{4} = \dfrac{\overline{AB}^2 + \overline{AC}^2 - 2^2}{2 \times 2}$

즉, $\overline{AB}^2 + \overline{AC}^2 = 5$

이때 $\overline{AB} \times \overline{AC} = 2$이므로

$\overline{AB}^2 + \overline{AC}^2 = (\overline{AB} + \overline{AC})^2 - 2 \times \overline{AB} \times \overline{AC}$ 에서

$\overline{AB} + \overline{AC} = 3$

따라서 삼각형 ABC의 둘레의 길이는

$\overline{AB} + \overline{BC} + \overline{CA} = (\overline{AB} + \overline{AC}) + \overline{BC}$
$= 3 + 2 = 5$

 **유형 10 삼각형의 넓이**

312 정답 15

코사인법칙에 의해서

$\overline{AD}^2 = 3^2 + 4^2 - 2 \times 3 \times 4 \times \cos 60° = 13$

$\therefore \overline{AD} = \sqrt{13}$ $(\because \overline{AD} > 0)$

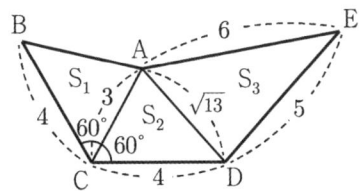

위의 그림과 같이 $\angle AED = \theta$ 로 놓으면 코사인법칙에 의해서

$\cos \theta = \dfrac{6^2 + 5^2 - (\sqrt{13})^2}{2 \cdot 6 \cdot 5} = \dfrac{4}{5}$

$\therefore \sin \theta = \sqrt{1 - \left(\dfrac{4}{5}\right)^2} = \dfrac{3}{5}$ ($\because$ 삼각형 각의 sin값은 항상

양수)

$\therefore$ (도형 ABCDE의 넓이) $= S_1 + S_2 + S_3$

$= \dfrac{1}{2} \times 3 \times 4 \times \sin 60° + \dfrac{1}{2} \times 3 \times 4 \times \sin 60°$

$+ \dfrac{1}{2} \times 6 \times 5 \times \sin \theta$

$= 6 \times \dfrac{\sqrt{3}}{2} + 6 \times \dfrac{\sqrt{3}}{2} + 15 \times \dfrac{3}{5}$

$= 6\sqrt{3} + 9$

$p = 6$, $q = 9$이다. 따라서 $p + q = 15$

313 정답 ②

왼쪽 삼각형의 넓이를 S라 하자.

닮음 비가 $1 : \alpha$이므로, 넓이 비는 $1 : \alpha^2$이다.

따라서 오른쪽 $\triangle A'B'C'$의 넓이는 $\alpha^2 S$이다.

$\alpha^2 S = \dfrac{1}{2}ca\sin B$ 라 하고, 주어진 조건에 의해 변경된 새로운

$\triangle A'BC'$의 넓이는

$\dfrac{1}{2} \times 0.8c \times 1.3a \times \sin B = 1.04 \times \dfrac{1}{2}ca \sin B = 1.04\alpha^2 S$이다.

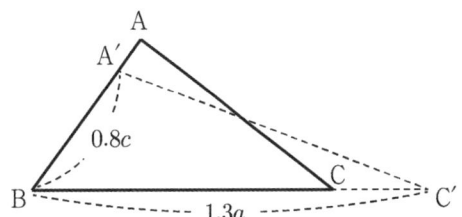

새로운 삼각형의 넓이는 기존의 왼쪽 삼각형 넓이와 같으므로

$S = 1.04\alpha^2 S$이 성립한다.

$\alpha^2 = \dfrac{100}{104} = \dfrac{25}{26}$

$\alpha = \dfrac{5}{\sqrt{26}}$

314 정답 12

삼각형 ABC의 외접원의 반지름의 길이를 R라 하면

사인법칙에 의하여

$\dfrac{\overline{BC}}{\sin A} = \dfrac{\overline{CA}}{\sin B} = 2R$ 이므로

$\overline{BC} = 2R \sin A$, $\overline{CA} = 2R \sin B$

삼각형 ABC의 넓이는

$\dfrac{1}{2} \times \overline{BC} \times \overline{CA} \times \sin C = \dfrac{1}{2} \times 2R\sin A \times 2R\sin B \times \sin C$

따라서 삼각형 ABC의 넓이가 $10\sqrt{3}$이고, 외접원의 반지름의

길이가 5이므로

$10\sqrt{3} = 2 \times 5^2 \times \sin A \times \sin B \times \sin C$ 에서

$\sin A \times \sin B \times \sin C = \dfrac{\sqrt{3}}{5}$

$k = \dfrac{\sqrt{3}}{5}$ 이므로 $100k^2 = 100 \times \dfrac{3}{25} = 12$

315 정답 ①

삼각형 ABC의 넓이는 $\frac{1}{2} \times 4 \times 6 \times \sin 2\theta = 12\sin 2\theta$

삼각형 ABD의 넓이는

$\frac{1}{2} \times 4 \times \overline{AD} \times \sin\theta = 2\overline{AD}\sin\theta$

삼각형 ACD의 넓이는

$\frac{1}{2} \times 6 \times \overline{AD} \times \sin\theta = 3\overline{AD}\sin\theta$

(삼각형 ABC의 넓이)=(삼각형 ABD의 넓이)+(삼각형 ACD의 넓이)

$12\sin 2\theta = 5\overline{AD}\sin\theta$

$\dfrac{\sin 2\theta}{\sin\theta} = \dfrac{5}{12}\overline{AD} = \dfrac{4}{3}$

따라서 $\overline{AD} = \dfrac{16}{5}$

316 정답 56

삼각형 ABC의 $\overline{AC} = x$라 두면 코사인법칙에서

$\cos(\angle BAC) = \dfrac{\overline{AB}^2 + \overline{AC}^2 - \overline{BC}^2}{2 \times \overline{AB} \times \overline{AC}}$

$\dfrac{5}{9} = \dfrac{9 + x^2 - 25}{2 \times 3 \times x} \rightarrow 5 \times 6 \times x = 9 \times (x^2 - 16)$

$10x = 3x^2 - 48$

$3x^2 - 10x - 48 = 0$

$(x - 6)(3x + 8) = 0$

$x = 6$

$\therefore \overline{AC} = 6$

또한, $\cos(\angle BAC) = \dfrac{5}{9}$이고

$\cos^2\angle BAC + \sin^2\angle BAC = 1$에서

$\sin(\angle BAC) = \dfrac{2\sqrt{14}}{9}$ (∵삼각형 각의 sin값은 항상 양수)

이므로

$S = \dfrac{1}{2} \times \overline{AB} \times \overline{AC} \times \sin(\angle BAC)$

$= \dfrac{1}{2} \times 3 \times 6 \times \dfrac{2\sqrt{14}}{9} = 2\sqrt{14}$

$S^2 = 56$이다.

317 정답 2

$A + B + C = 180°$에서 $C + A = 180° - B$이므로

$\sin(C + A) = \sin(180° - B) = \sin B = \dfrac{1}{3}$

$\overline{AB} = 2$, $\overline{BC} = 6$이므로 삼각형 ABC의 넓이는

$\dfrac{1}{2} \times \overline{AB} \times \overline{BC} \times \sin B = \dfrac{1}{2} \times 2 \times 6 \times \dfrac{1}{3} = 2$

318 정답 ④

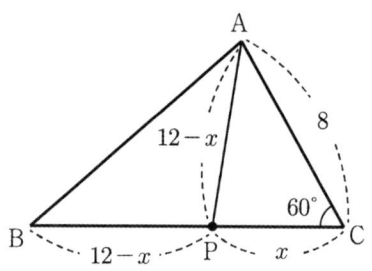

그림과 같이 구하는 지점을 P로 놓으면

이때 $\overline{CP} = x$라 놓으면 $\overline{BP} = \overline{AP} = 12 - x$이다.

삼각형 ACP에서 코사인법칙을 적용하면

$\overline{AP}^2 = x^2 + 8^2 - 2 \times x \times 8 \times \cos 60°$이므로

$(12 - x)^2 = x^2 - 8x + 64$

$x^2 - 24x + 144 = x^2 - 8x + 64$

$-16x = -80$

$\therefore x = 5$

$\overline{CP} = 5$

따라서 삼각형 ACP의 넓이는

$\dfrac{1}{2} \times 5 \times 8 \times \sin 60° = 10\sqrt{3}$

319 정답 ③

함수 $f(x) = a\cos bx + 3$의 그래프는 함수 $y = a\cos bx$의 그래프를 y축의 방향으로 3만큼 평행이동시킨 것이다.
a가 자연수이므로
$$f(0) \geq f(x)$$
한편, 함수 $y = a\cos bx + 3$의 주기는 $\dfrac{2\pi}{b}$

닫힌구간 $[0,\ 2\pi]$에서 정의된 함수 $f(x)$가 $x = \dfrac{\pi}{3}$에서 최댓값 13을 가지므로
$$a + 3 = 13 \qquad \cdots\cdots \text{㉠}$$
$$\frac{2n\pi}{b} = \frac{\pi}{3} \ (\text{단, } n \text{은 자연수}) \cdots\cdots \text{㉡}$$
이어야 한다.
㉠에서 $a = 10$
㉡에서 $b = 6n$이므로 b는 6의 배수이고 b의 최솟값은 6이다.
따라서 $a + b$의 최솟값은 $10 + 6 = 16$

320 정답 ②

[검토자 : 오정환T]

$\cos(-x) = \cos x$이므로 함수 $f(x)$의 그래프는 정수 b의 부호에 관계없다.

함수 $f(x)$의 주기는 $\dfrac{2\pi}{|b|}$이고 최댓값은 $|a| + 4$이다.

$|a| + 4 = 9$에서 $a = 5$ 또는 $a = -5$이다.
자연수 n에 대하여

(i) $a = 5$일 때, 곡선 $y = f(x)$는 $x = \dfrac{(2n-1)\pi}{|b|}$에서 극소,

$x = \dfrac{2n\pi}{|b|}$에서 극대이므로 함수 $f(x)$가 $x = \dfrac{\pi}{6}$에서 최댓값을

갖기 위해서는 $\dfrac{2n\pi}{|b|} = \dfrac{\pi}{6}$에서 $|b| = 12n$이다.

따라서 $|b|$의 최솟값은 12이다.

(ii) $a = -5$일 때, 곡선 $y = f(x)$는 $x = \dfrac{(2n-1)\pi}{|b|}$에서 극대,

$x = \dfrac{2n\pi}{|b|}$에서 극소이므로 함수 $f(x)$가 $x = \dfrac{\pi}{6}$에서 최댓값을

갖기 위해서는 $\dfrac{(2n-1)\pi}{|b|} = \dfrac{\pi}{6}$에서 $|b| = 12n - 6$이다.

따라서 $|b|$의 최솟값은 6이다.

(i), (ii)에서 $|a \times b| = |a| \times |b|$의 최솟값은 30이다.

321 정답 ④

원 O의 반지름의 길이를 r이라 하면
$$\overline{AD} = \overline{AE} = r$$
이고 $\overline{AD} : \overline{DB} = 3 : 2$이므로
$$\overline{BD} = \frac{2}{3}r$$
또한 $\overline{CE} = x$라 하면 삼각형 ADE와 삼각형 ABC의 넓이가 각각
$$\frac{1}{2} \times r \times r \times \sin A = \frac{1}{2}r^2 \sin A$$
$$\frac{1}{2} \times \frac{5}{3}r \times (r + x) \times \sin A = \frac{5}{6}r(r+x)\sin A$$
이고 삼각형 ADE와 삼각형 ABC의 넓이의 비가 $9 : 35$이므로
$$\frac{1}{2}r^2 \sin A : \frac{5}{6}r(r+x)\sin A = 9 : 35$$
$$3r + 3x = 7r,\ x = \frac{4}{3}r$$
이때 삼각형 ABC에서 사인법칙에 의하여
$$\frac{\overline{BC}}{\sin A} = \frac{\overline{AB}}{\sin C}$$
이고
$$\overline{AB} = \frac{5}{3}r,\ \sin A : \sin C = 8 : 5$$
이므로
$$\overline{BC} = \overline{AB} \times \frac{\sin A}{\sin C} = \frac{5}{3}r \times \frac{8}{5} = \frac{8}{3}r$$
$\angle ACB = \theta$라 하면 삼각형 ABC에서 코사인법칙에 의하여
$$\cos\theta = \frac{\left(\dfrac{8}{3}r\right)^2 + \left(\dfrac{7}{3}r\right)^2 - \left(\dfrac{5}{3}r\right)^2}{2 \times \dfrac{8}{3}r \times \dfrac{7}{3}r} = \frac{11}{14}$$
이므로
$$\sin\theta = \sqrt{1 - \cos^2\theta} = \sqrt{1 - \left(\frac{11}{14}\right)^2} = \frac{5\sqrt{3}}{14}$$
또한, 삼각형 ABC의 외접원의 반지름의 길이가 7이므로
$$\frac{\overline{AB}}{\sin\theta} = 2 \times 7, \ \text{즉} \ \frac{\dfrac{5}{3}r}{\sin\theta} = 14 \text{에서}$$
$$\frac{5}{3}r = 14\sin\theta = 14 \times \frac{5\sqrt{3}}{14} = 5\sqrt{3}$$
$$r = 3\sqrt{3}$$

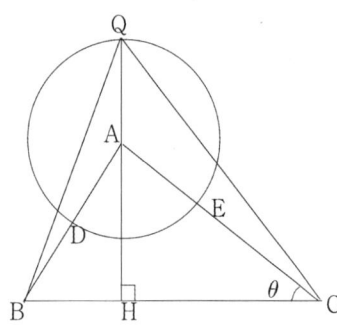

점 A에서 선분 BC에 내린 수선의 발을 H라 하면
$$\overline{AH} = \overline{AC}\sin\theta = \frac{7}{3}r\sin\theta$$
$$= \frac{7}{3} \times 3\sqrt{3} \times \frac{5\sqrt{3}}{14} = \frac{15}{2}$$

따라서 직선 AH와 원 O가 만나는 점 중 삼각형 ABC의 외부의 점을 Q라 하면 삼각형 BC의 넓이가 최대일 때는 점 P가 점 Q의 위치에 있을 때이다.

이때
$$\overline{QH} = r + \overline{AH} = 3\sqrt{3} + \frac{15}{2}$$

이므로 삼각형 PBC의 넓이의 최댓값은
$$\frac{1}{2} \times \frac{8}{3} \times 3\sqrt{3} \times \left(3\sqrt{3} + \frac{15}{2}\right) = 36 + 30\sqrt{3}$$

322 정답 ⑤

$\overline{AD} : \overline{BD} = 2 : 3$에서 $\overline{AD} = 2k$, $\overline{BD} = 3k$라 하자.

삼각형 ABC의 넓이는 $\frac{1}{2} \times 5k \times \overline{AC} \times \sin A$이고

삼각형 ADE의 넓이는 $\frac{1}{2} \times 2k \times 2k \times \sin A$이다.

$$\frac{\frac{1}{2} \times 5k \times \overline{AC} \times \sin A}{\frac{1}{2} \times 2k \times 2k \times \sin A} = \frac{5\overline{AC}}{4k} = 5$$

$$\therefore \overline{AC} = 4k, \ \overline{CE} = 2k$$

또한 선분 CD가 $\angle ACB$의 이등분선이므로
$\overline{BC} : \overline{AC} = 3 : 2$이다.

따라서 $\overline{BC} = 6k$

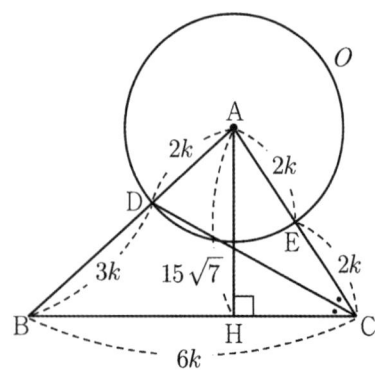

삼각형 ABC에서 코사인법칙을 적용하면
$$\cos B = \frac{(5k)^2 + (4k)^2 - (6k)^2}{2 \times 5k \times 4k} = \frac{1}{8}$$이므로 $\sin B = \frac{3\sqrt{7}}{8}$

직각삼각형 ABH에서 $\sin B = \frac{\overline{AH}}{5k} = \frac{3\sqrt{7}}{8}$

$\overline{AH} = \frac{15\sqrt{7}k}{8} = 15\sqrt{7}$에서 $k = 8$이다.

따라서 원 O의 반지름의 길이는 $2k = 16$이므로 원 O의 넓이는 256π이다.

323 정답 ①

[그림 : 강민구T]

$\overline{AB} : \overline{AC} = \sqrt{2} : 1$이므로 $\overline{AC} = x$라 하면 $\overline{AB} = \sqrt{2}x$

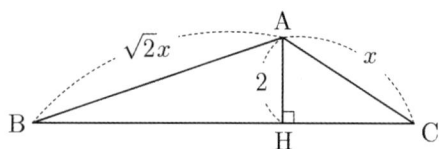

삼각형 ABC의 외접원의 반지름의 길이를 R이라 하면 이 외접원의 넓이가 50π이므로
$\pi R^2 = 50\pi$에서 $R = 5\sqrt{2}$

직각삼각형 AHC에서
$$\sin(\angle ACH) = \frac{2}{x}, \ \text{즉} \ \sin C = \frac{2}{x}$$

삼각형 ABC에서 사인법칙에 의하여
$$\frac{\overline{AB}}{\sin C} = 2R, \ \text{즉} \ \overline{AB} = 2R\sin C$$

$$\sqrt{2}x = 2 \times 5\sqrt{2} \times \frac{2}{x}, \ x^2 = 20, \ x = 2\sqrt{5}$$

따라서 $\overline{AB} = \sqrt{2}x = 2\sqrt{10}$이므로
직각삼각형 ABH에서
$$\overline{BH} = \sqrt{\overline{AB}^2 - \overline{AH}^2} = \sqrt{(2\sqrt{10})^2 - 2^2} = 6$$

324 정답 ①

$\angle A = \frac{2\pi}{3}$이므로 $\angle BAD = \angle CAD = \frac{\pi}{3}$이다.

각의 이등분선의 성질에서
$\overline{AB} : \overline{AC} = \overline{BD} : \overline{CD} = 1 : 2 \rightarrow \overline{AB} = k, \ \overline{AC} = 2k$

삼각형 ABC의 넓이는
$$\frac{1}{2} \times k \times 2k \times \sin\frac{2\pi}{3} = \frac{1}{2} \times k \times 2 \times \sin\frac{\pi}{3} + \frac{1}{2} \times 2k \times 2 \times \sin\frac{\pi}{3}$$

$$2k^2 = 2k + 4k$$

$$\therefore k = 3$$

$$\overline{AB} = 3, \ \overline{AC} = 6$$

코사인법칙을 적용하면
$$\overline{BC}^2 = 9 + 36 - 2 \times 3 \times 6 \times \cos\frac{2\pi}{3}$$

$$= 45 + 18 = 63$$

$$\overline{BC} = 3\sqrt{7}$$

삼각형 ABC의 외접원의 반지름의 길이를 R이라 하고 사인법칙을 적용하면

$$\frac{3\sqrt{7}}{\sin\frac{2\pi}{3}} = 2R \rightarrow R = \sqrt{21}$$

따라서 삼각형 ABC의 외접원의 넓이는 21π이다.

325 정답 15

[그림 : 최성훈T]

$0 \le x < \pi$에서 함수 $y = \sin x - 1$의 그래프는 이 구간에서 함수 $y = \sin x$의 그래프를 y축의 방향으로 -1만큼 평행이동시킨 것이다. 이때 이 구간에서 함수 $y = \sin x - 1$의 최댓값은 0이고 최솟값은 -1이다.

$\pi \le x \le 2\pi$에서 함수 $y = -\sqrt{2}\sin x - 1$의 그래프는 이 구간에서 함수 $y = -\sqrt{2}\sin x$의 그래프를 y축의 방향으로 -1만큼 평행이동시킨 것이다. 이때 이 구간에서 함수 $y = -\sqrt{2}\sin x - 1$의 최댓값은 $\sqrt{2} - 1$, 최솟값은 -1이다.

그러므로 닫힌구간 $[0, 2\pi]$에서 정의된 함수

$$f(x) = \begin{cases} \sin x - 1 & (0 \le x < \pi) \\ -\sqrt{2}\sin x - 1 & (\pi \le x \le 2\pi) \end{cases}$$

의 그래프는 그림과 같다.

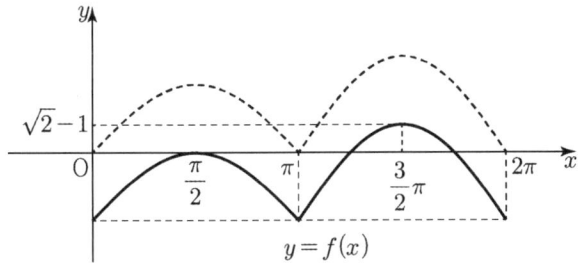

방정식 $f(x) = f(t)$의 서로 다른 실근의 개수가 3이므로 함수 $y = f(x)$의 그래프와 직선 $y = f(t)$가 만나는 서로 다른 점의 개수가 3이다.

그러므로 $f(t) = -1$ 또는 $f(t) = 0$이다.

(i) $f(t) = -1$일 때

$t = 0$ 또는 $t = \pi$ 또는 $t = 2\pi$

(ii) $f(t) = 0$일 때

$t = \frac{\pi}{2}$ 또는 $-\sqrt{2}\sin t - 1 = 0 \ (\pi \le t \le 2\pi)$

$-\sqrt{2}\sin t - 1 = 0$에서 $\sin t = -\frac{\sqrt{2}}{2}$

$\pi \le t \le 2\pi$이므로 $t = \frac{5}{4}\pi$ 또는 $t = \frac{7}{4}\pi$

(i), (ii)에서 모든 t의 값의 합은

$$0 + \pi + 2\pi + \frac{\pi}{2} + \frac{5}{4}\pi + \frac{7}{4}\pi = \frac{13}{2}\pi$$

따라서 $p = 2$, $q = 13$이므로

$p + q = 15$

326 정답 ③

9모

[그림 : 강민구T]

곡선 $y = \sin 2x + 1$은 주기가 π이고 $(0, 1)$, $\left(\frac{\pi}{2}, 1\right)$을 지난다.

곡선 $y = -a\cos x + 1$은 주기가 2π이고 $\left(\frac{\pi}{2}, 1\right)$, $\left(\frac{3\pi}{2}, 1\right)$을 지난다.

곡선 $y = -\sin 2x + 1$은 주기가 π이고 $\left(\frac{3\pi}{2}, 1\right)$, $(2\pi, 1)$을 지난다.

$a > 1$이므로 구간 $\left[\frac{\pi}{2}, \frac{3\pi}{2}\right]$에서 최댓값이 $a + 1 > 2$이므로 함수 $f(x)$의 그래프 개형은 그림과 같다.

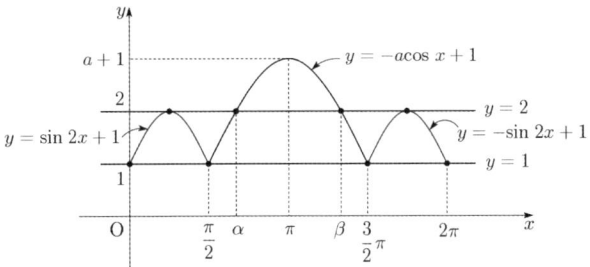

따라서 x에 대한 방정식 $f(x) = f(t)$의 서로 다른 실근의 개수가 4이 될 때는 곡선 $y = f(x)$와 직선 $y = 1$이 만날 때와 곡선 $y = f(x)$와 직선 $y = 2$가 만날 때이다.

$y = -a\cos x + 1 \left(\frac{\pi}{2} \le x \le \frac{3\pi}{2}\right)$와 직선 $y = 2$이 만나는 점의 x좌표를 α, β라 하면 $x = \alpha$와 $x = \beta$는 $x = \pi$에 대칭이므로 $\alpha + \beta = 2\pi$이다.

따라서 방정식 $f(x) = 2$의 실근의 합은 $\frac{\pi}{4} + \alpha + \beta + \frac{7\pi}{4} = 4\pi$

방정식 $f(x) = 1$의 실근의 합은 $0 + \frac{\pi}{2} + \frac{3\pi}{2} + 2\pi = 4\pi$

따라서 x에 대한 방정식 $f(x) = f(t)$의 서로 다른 실근의 개수가 4이 되도록 하는 모든 t의 값의 합은 $4\pi + 4\pi = 8\pi$이다.

327 정답 ⑤

삼각형 ABC에서 $\overline{BC} = a$, $\overline{CA} = b$, $\overline{AB} = c$라 하고, 삼각형 ABC의 외접원의 반지름의 길이를 R이라 하자.

삼각형 ABC의 외접원의 넓이가 9π이므로

$\pi R^2 = 9\pi$에서 $R = 3$

삼각형 ABC에서 사인법칙에 의하여

$$\frac{a}{\sin A} = \frac{b}{\sin B} = \frac{c}{\sin C} = 2R$$

조건 (가)에서 $3\sin A = 2\sin B$이므로

$$3 \times \frac{a}{2R} = 2 \times \frac{b}{2R}$$

$b = \dfrac{3}{2}a \quad \cdots\cdots \ \boxdot$

조건 (나)에서 $\cos B = \cos C$이므로

$b = c \quad \cdots\cdots \ \boxdot$

$\boxdot$, $\boxdot$에서 양수 k에 대하여 $a = 2k$라 하면 $b = c = 3k$

삼각형 ABC에서 코사인법칙에 의하여

$\cos A = \dfrac{b^2 + c^2 - a^2}{2bc}$

$= \dfrac{(3k)^2 + (3k)^2 - (2k)^2}{2 \times 3k \times 3k} = \dfrac{7}{9}$

$\sin A = \sqrt{1 - \cos^2 A} = \sqrt{1 - \left(\dfrac{7}{9}\right)^2} = \dfrac{4}{9}\sqrt{2}$

$\dfrac{a}{\sin A} = 2R = 2 \times 3 = 6$에서

$a = 6\sin A = 6 \times \dfrac{4}{9}\sqrt{2} = \dfrac{8}{3}\sqrt{2}$

$b = c = \dfrac{3}{2}a = \dfrac{3}{2} \times \dfrac{8}{3}\sqrt{2} = 4\sqrt{2}$

따라서 구하는 삼각형 ABC의 넓이는

$\dfrac{1}{2}bc\sin A = \dfrac{1}{2} \times 4\sqrt{2} \times 4\sqrt{2} \times \dfrac{4}{9}\sqrt{2}$

$= \dfrac{64}{9}\sqrt{2}$

328 정답 ⑤

(나)에서 삼각형 ABC는 $\overline{AC} = \overline{BC}$인 이등변삼각형이다.

$\overline{AC} = \overline{BC} = k$, $\overline{AB} = c$라 하면 (가)에서

$c^2 = k^2 + k^2 - 2 \times k \times k \times \dfrac{7}{9}$

$= 2k^2 - \dfrac{14k^2}{9} = \dfrac{4k^2}{9}$

$\therefore c = \dfrac{2k}{3}$

(가)에서 $\sin C = \dfrac{4\sqrt{2}}{9}$이고 삼각형 ABC의 외접원의 반지름의

길이를 R이라 할 때, 외접원의 넓이가 $\dfrac{9\pi}{2}$이므로

$R = \dfrac{3\sqrt{2}}{2}$이다.

사인법칙에서

$c = 2R \times \sin C \rightarrow \dfrac{2k}{3} = 2 \times \dfrac{3\sqrt{2}}{2} \times \dfrac{4\sqrt{2}}{9} = \dfrac{8}{3}$

$\therefore k = 4$

따라서 $\overline{AC} = \overline{BC} = 4$

그러므로 삼각형 ABC의 넓이는

$\dfrac{1}{2} \times 4 \times 4 \times \dfrac{4\sqrt{2}}{9} = \dfrac{32\sqrt{2}}{9}$

329 정답 24

[그림 : 이정배T]

(i) $b = 1$인 경우

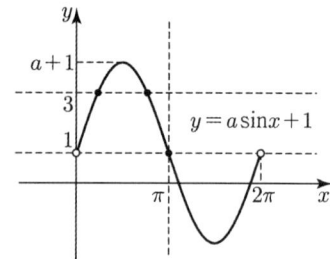

$n(A \cup B \cup C) = 3$을 만족시키려면

$a + 1 > 3$, 즉 $a > 2$

이어야 하므로 5 이하의 자연수 a, b의 순서쌍 (a, b)는 $(3, 1)$,

$(4, 1)$, $(5, 1)$

(ii) $b = 2$인 경우

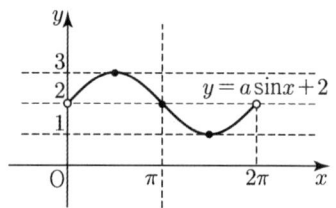

$n(A \cup B \cup C) = 3$을 만족시키려면

$a = 1$

이어야 하므로 5 이하의 자연수 a, b의 순서쌍 (a, b)는 $(1, 2)$

(iii) $b = 3$인 경우

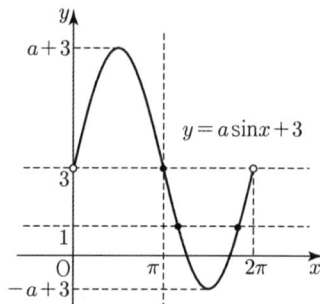

$n(A \cup B \cup C) = 3$을 만족시키려면

$-a + 3 < 1$, 즉 $a > 2$

이어야 하므로 5 이하의 자연수 a, b의 순서쌍 (a, b)는 $(3, 3)$,

$(4, 3)$, $(5, 3)$

(iv) $b = 4$인 경우

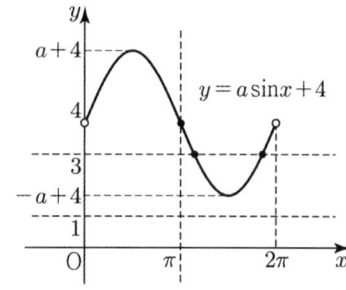

$n(A \cup B \cup C) = 3$을 만족시키려면

$1 < -a + 4 < 3$, 즉 $1 < a < 3$

이어야 하므로 5 이하의 자연수 a, b의 순서쌍 (a, b)는 $(2, 4)$

(v) $b = 5$인 경우

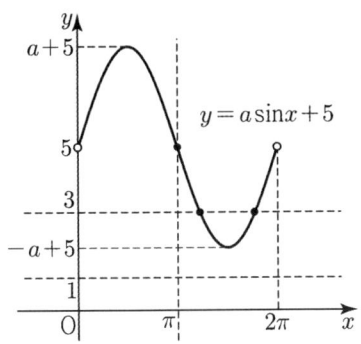

$n(A \cup B \cup C) = 3$을 만족시키려면

$1 < -a + 5 < 3$, 즉 $2 < a < 4$

이어야 하므로 5 이하의 자연수 a, b의 순서쌍 (a, b)는 $(3, 5)$

이상에서 $a + b$의 최댓값과 최솟값은 각각

$M = 8$, $m = 3$이므로

$M \times m = 24$

330 정답 14

[출제자 : 정일권T]

[검토자 : 김영식T]

$y = |a\sin x - b|$의 그래프와 직선 $y = 1$, $y = 3$과 만나는 점은

$a\sin x - b = \pm 1$ or ± 3이 만나는 점이다.

한편, $f(x) = a\sin x - b$라 할 때 조건 $n(A \cup B) = 2k - 1$ (단,

k는 자연수) 을 만족하기 위해서는 함수 $f(x)$와 $y = \pm 1$,

$y = \pm 3$의 그래프와 만나는 교점의 개수가 홀수이면 된다.

따라서 함수 $f(x)$에서 b의 값에 따라 만족하는 경우를 구하면

다음과 같다.

b의 값	만족하는 (a, b)	(a, b)의 개수
1	$(1,1)$, $(2,1)$, $(3,1)$, $(5,1)$	4
2	$(3,2)$, $(5,2)$	2
3	$(1,3)$, $(3,3)$, $(5,3)$	3
4	$(1,4)$, $(3,4)$, $(5,4)$	3
5	$(2,5)$, $(4,5)$	2

따라서 만족하는 경우의 수는

$4 + 2 + 3 + 3 + 2 = 14$

331 정답 ①

$\overline{AC} = x$로 두면, 코사인법칙에 의하여

$13 = 3^2 + x^2 - 6x\cos\dfrac{\pi}{3}$

$x^2 - 3x - 4 = 0$, $(x - 4)(x + 1) = 0$

따라서 $\overline{AC} = 4$

삼각형 ABC의 넓이 $S_1 = \dfrac{1}{2} \times 3 \times 4 \times \sin\dfrac{\pi}{3} = 3\sqrt{3}$

삼각형 ACD넓이 $S_2 = \dfrac{5}{6}S_1$이므로 $S_2 = \dfrac{5\sqrt{3}}{2}$,

$\dfrac{1}{2} \times \overline{AD} \times \overline{DC} \times \sin\angle ADC = \dfrac{5\sqrt{3}}{2}$,

$\overline{AD} \times \overline{CD} = 9$이므로

$\sin\angle ADC = \dfrac{5\sqrt{3}}{9}$

사인법칙에 의하여

$\dfrac{\overline{AC}}{\sin\angle ADC} = \dfrac{4}{\dfrac{5\sqrt{3}}{9}} = 2R$, $R = \dfrac{6\sqrt{3}}{5}$

따라서

$\dfrac{R}{\sin(\angle ADC)} = \dfrac{6\sqrt{3}}{5} \div \dfrac{5\sqrt{3}}{9} = \dfrac{6\sqrt{3}}{5} \times \dfrac{9}{5\sqrt{3}} = \dfrac{54}{25}$

332 정답 ①

[출제자 : 오세준T]

삼각형 ABC에서

$\overline{AC}^2 = 6^2 + (4\sqrt{3})^2 - 2 \times 6 \times 4\sqrt{3} \times \cos\dfrac{\pi}{6} = 12$이므로

$\overline{AC} = 2\sqrt{3}$

삼각형 ABC의 넓이를 구하면

$S_1 = \dfrac{1}{2} \times 6 \times 4\sqrt{3} \times \sin\dfrac{\pi}{6} = 6\sqrt{3}$

$\overline{AD} = x$, $\overline{CD} = y$, $\angle CAD = \theta$라 할 때 $\dfrac{\overline{CD}}{\overline{AD}} = \sqrt{3}$이므로

$y = \sqrt{3}x$

삼각형 ACD의 넓이를 구하면

$S_2 = \dfrac{1}{2} \times 2\sqrt{3} \times x \times \sin\theta = \sqrt{3}x\sin\theta$

$S_1 = 4S_2$이므로

$6\sqrt{3} = 4 \times \sqrt{3}x\sin\theta$, $\sin\theta = \dfrac{3}{2x}$ ...... ㉠

삼각형 ACD에서 코사인법칙에 적용하면

$y^2 = x^2 + (2\sqrt{3})^2 - 2 \times x \times 2\sqrt{3} \times \cos\theta$

$3x^2 = x^2 + 12 - 4\sqrt{3}x\cos\theta$

$\cos\theta = \dfrac{12 - 2x^2}{4\sqrt{3}x} = \dfrac{6 - x^2}{2\sqrt{3}x}$ ...... ㉡

㉠, ㉡에서 $\sin^2\theta + \cos^2\theta = 1$이므로

$\left(\dfrac{3}{2x}\right)^2 + \left(\dfrac{6 - x^2}{2\sqrt{3}x}\right)^2 = 1$

$\dfrac{9}{4x^2} + \dfrac{36 - 12x^2 + x^4}{12x^2} = 1$

$27 + 36 - 12x^2 + x^4 = 12x^2$

$x^4 - 24x^2 + 63 = 0$

$x^2 = 21$ 또는 $x^2 = 3$

$\therefore x = \sqrt{3}$ ($\because \overline{AC} > \overline{AD}$)

$y = \sqrt{3}x$이므로 $y = 3$

따라서 $\overline{AD}=\sqrt{3}$, $\overline{CD}=3$, $\sin\theta=\dfrac{3}{2\sqrt{3}}=\dfrac{\sqrt{3}}{2}$

삼각형 ACD의 외접원의 반지름이 R이므로

$\dfrac{y}{\sin\theta}=\dfrac{\sqrt{3}x}{\sin\theta}=2R$, $2R=\dfrac{3}{\dfrac{\sqrt{3}}{2}}=2\sqrt{3}$

$\therefore R=\sqrt{3}$

$\therefore \dfrac{\sin\theta}{R}=\dfrac{\dfrac{\sqrt{3}}{2}}{\sqrt{3}}=\dfrac{1}{2}$

333 정답 ①

$\angle BCD=\alpha$, $\angle DAB=\beta\left(\dfrac{\pi}{2}<\beta<\pi\right)$,

$\overline{AB}=a$, $\overline{AD}=b$라 하자.

삼각형 BCD에서

$\overline{BC}=3$, $\overline{CD}=2$, $\cos(\angle BCD)=-\dfrac{1}{3}$

이므로 코사인법칙에 의하여

$\overline{BD}^2=9+4-2\times3\times2\times\left(-\dfrac{1}{3}\right)=17$

그러므로 삼각형 ABD에서 코사인법칙에 의하여

$a^2+b^2-2ab\cos\beta=17$ ...... ㉠

한편, 점 E가 선분 AC를 $1:2$로 내분하는 점이므로 두 삼각형 AP_1P_2, CQ_1Q_2의 외접원의 반지름의 길이를 각각 r, $2r$로 놓을 수 있다.

이때 사인법칙에 의하여

$\dfrac{\overline{P_1P_2}}{\sin\beta}=r$, $\dfrac{\overline{Q_1Q_2}}{\sin\alpha}=2r$

이므로

$\sin\alpha:\sin\beta=\dfrac{\overline{Q_1Q_2}}{2r}:\dfrac{\overline{P_1P_2}}{r}=\dfrac{5\sqrt{2}}{2}:3$

즉, $\sin\beta=\dfrac{6\sin\alpha}{5\sqrt{2}}$

이때

$\sin\alpha=\sqrt{1-\cos^2\alpha}=\sqrt{1-\dfrac{1}{9}}=\dfrac{2\sqrt{2}}{3}$

이므로

$\sin\beta=\dfrac{6}{5\sqrt{2}}\times\dfrac{2\sqrt{2}}{3}=\dfrac{4}{5}$

$\cos\beta<0$이므로

$\cos\beta=-\sqrt{1-\sin^2\beta}=-\sqrt{1-\dfrac{16}{25}}=-\sqrt{\dfrac{9}{25}}$

$=-\dfrac{3}{5}$

삼각형 ABD의 넓이가 2이므로

$\dfrac{1}{2}ab\sin\beta=2$

에서

$\dfrac{1}{2}ab\times\dfrac{4}{5}=2$

$ab=5$

㉠에서

$a^2+b^2-2\times5\times\left(-\dfrac{3}{5}\right)=17$

$a^2+b^2=11$

따라서

$(a+b)^2=a^2+b^2+2ab=11+2\times5=21$

이므로

$a+b=\sqrt{21}$

334 정답 ④

[출제자 : 이정배T]

$\overline{AB}=x$, $\overline{AD}=y$로 놓으면 $x+y=2\sqrt{21}$이고 삼각형 ABD의 넓이가 8이므로

$8=\dfrac{1}{2}\times x\times y\times\sin A$

$\therefore xy=\dfrac{16}{\sin A}$, $x+y=2\sqrt{21}$ ...... ㉠

$\angle BCD=\theta$라 하면 $\cos\theta=-\dfrac{1}{3}$이므로

$\sin\theta=\sqrt{1-\cos^2\theta}=\dfrac{2\sqrt{2}}{3}$ ...... ㉡

삼각형 BCD에서 코사인법칙에 의하여

$\overline{BD}^2=4^2+6^2-2\times4\times6\times\cos\theta$

$=16+36-48\times\left(-\dfrac{1}{3}\right)=68$ ...... ㉢

삼각형 ABD에서 코사인법칙에 의하여

$\overline{BD}^2=x^2+y^2-2xy\times\cos A$

$=(x+y)^2-2xy(1+\cos A)$

그러면 ㉠, ㉢에서

$68=84-\dfrac{32(1+\cos A)}{\sin A}$

$\therefore 2(1+\cos A)=\sin A$

이때, 양변을 제곱하면

$4+8\cos A+4\cos^2A=\sin^2A=1-\cos^2A$

$5\cos^2A+8\cos A+3=0$, $(5\cos A+3)(\cos A+1)=0$

$\therefore \cos A=-\dfrac{3}{5}$, $\sin A=\dfrac{4}{5}$ ...... ㉣

점 E가 선분 AC를 $1:2$로 내분하는 점이므로 선분 AE를 지름으로 하는 원의 반지름을 R라 하면 선분 CE를 지름으로 하는 원의 반지름은 $2R$이다.

삼각형 CQ_1Q_2에서 사인법칙에 의하여

$\dfrac{\overline{Q_1Q_2}}{\sin\theta}=2\times2R$

$\therefore \overline{Q_1Q_2}=4R\sin\theta$

삼각형 AP_1P_2에서 사인법칙에 의하여

$$\frac{\overline{P_1 P_2}}{\sin A} = 2R$$

$$\therefore \overline{P_1 P_2} = 2R \sin A$$

ⓒ, ⓔ에서

$$\left(\frac{\overline{P_1 P_2}}{\overline{Q_1 Q_2}} \right)^2 = \left(\frac{\sin A}{2\sin \theta} \right)^2 = \frac{9}{50} = \frac{q}{p}$$

이므로 $p+q=59$

335 정답 ③

$$\sin \frac{\pi}{7} = \cos \left(\frac{\pi}{2} - \frac{\pi}{7} \right) = \cos \frac{5}{14}\pi$$

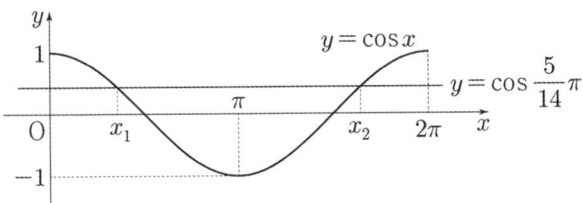

그림과 같이 곡선 $y=\cos x(0 \le x \le 2\pi)$와 직선

$y = \cos \frac{5}{14}\pi$가 만나는 두 점의 x좌표를 각각

$x_1,\ x_2(x_1 < x_2)$라 하면

$x_1 = \frac{5}{14}\pi$이고 $\frac{x_1+x_2}{2} = \pi$이므로

$$x_2 = 2\pi - x_1 = \frac{23}{14}\pi$$

따라서 $0 \le x \le 2\pi$일 때, 부등식 $\cos x \le \sin \frac{\pi}{7}$을 만족시키는

모든 x의 값의 범위를 $\frac{5}{14}\pi \le x \le \frac{23}{14}\pi$이므로

$$\beta - \alpha = \frac{23}{14}\pi - \frac{5}{14}\pi = \frac{9}{7}\pi$$

336 정답 ④

$\sin x = \cos \frac{\pi}{5}$을 만족시키는 x의 값을 α, β라 하면

$\cos \frac{\pi}{5} = \sin \left(\frac{\pi}{2} - \frac{\pi}{5} \right)$ 또는 $\cos \frac{\pi}{5} = \sin \left(\frac{\pi}{2} + \frac{\pi}{5} \right)$이다.

따라서 $\alpha = \frac{3}{10}\pi$, $\beta = \frac{7}{10}\pi$이다.

$\beta - \alpha = \frac{4}{10}\pi = \frac{2}{5}\pi$이다.

337 정답 98

삼각형 BCD에서 사인법칙에 의하여

$$\frac{\overline{BD}}{\sin \frac{3}{4}\pi} = 2R_1, \quad \frac{\overline{BD}}{\frac{\sqrt{2}}{2}} = 2R_1$$

$$R_1 = \frac{\sqrt{2}}{2} \times \overline{BD}$$

이고, 삼각형 ABD에서 사인법칙에 의하여

$$\frac{\overline{BD}}{\sin \frac{2}{3}\pi} = 2R_2, \quad \frac{\overline{BD}}{\frac{\sqrt{3}}{2}} = 2R_2$$

$$R_2 = \boxed{\frac{\sqrt{3}}{3}} \times \overline{BD}$$

이다. 삼각형 ABD에서 코사인법칙에 의하여

$$\overline{BD}^2 = 2^2 + 1^2 - 2 \times 2 \times 1 \times \cos \frac{2}{3}\pi$$

$$= 2^2 + 1 - \boxed{(-2)}$$

$$= 7$$

이므로

$$R_1 \times R_2 = \left(\frac{\sqrt{2}}{2} \times \overline{BD} \right) \times \left(\frac{\sqrt{3}}{3} \times \overline{BD} \right)$$

$$= \frac{\sqrt{6}}{6} \times \overline{BD}^2$$

$$= \boxed{\frac{7\sqrt{6}}{6}}$$

이다.

따라서 $p = \frac{\sqrt{3}}{3}$, $q = -2$, $r = \frac{7\sqrt{6}}{6}$이므로

$$9 \times (p \times q \times r)^2 = 9 \times \left\{ \frac{\sqrt{3}}{3} \times (-2) \times \frac{7\sqrt{6}}{6} \right\}^2$$

$$= 9 \times \frac{98}{9}$$

$$= 98$$

338 정답 16

[그림 : 강민구T]

$\angle ADB = \theta$라 하면 $\angle BDC = \pi - \theta$이다.

삼각형 ABD와 삼각형 BCD의 외접원의 넓이를 각각 R_1,

R_2라 하면 사인법칙에 의하여

$$\frac{\overline{AB}}{\sin \theta} = 2R_1, \quad \frac{\overline{BC}}{\sin(\pi-\theta)} = 2R_2$$이므로

$$\frac{3}{2\sin \theta} = R_1, \quad \frac{2}{\sin \theta} = R_2$$이다.

따라서

$$S_1 = \pi \left(\frac{9}{4\sin^2\theta} \right), \quad S_2 = \pi \left(\frac{4}{\sin^2\theta} \right)$$이다.

$$\therefore \frac{S_2}{S_1} = \frac{4}{\frac{9}{4}} = \frac{16}{9}$$

따라서 $9 \times \frac{S_2}{S_1} = 16$이다.

339 정답 ①

$\angle BAC = \angle CAD = \theta$라 하면
삼각형 ABC에서 코사인법칙에 의하여
$$\overline{BC}^2 = \overline{AB}^2 + \overline{AC}^2 - 2 \times \overline{AB} \times \overline{AC} \times \cos\theta$$
$$= 25 + 45 - 2 \times 5 \times 3\sqrt{5} \times \cos\theta$$
$$= 70 - 30\sqrt{5}\cos\theta$$
또 삼각형 ACD에서 코사인법칙에 의하여
$$\overline{CD}^2 = \overline{AD}^2 + \overline{AC}^2 - 2 \times \overline{AD} \times \overline{AC} \times \cos\theta$$
$$= 49 + 45 - 2 \times 7 \times 3\sqrt{5} \times \cos\theta$$
$$= 94 - 42\sqrt{5}\cos\theta$$
이때 $\angle BAC = \angle CAD$이므로
$$\overline{BC}^2 = \overline{CD}^2$$
$$70 - 30\sqrt{5}\cos\theta = 94 - 42\sqrt{5}\cos\theta$$
$$\cos\theta = \frac{2\sqrt{5}}{5}$$
$$\overline{BC}^2 = 70 - 30\sqrt{5}\cos\theta = 70 - 30\sqrt{5} \times \frac{2\sqrt{5}}{5} = 10$$
즉, $\overline{BC} = \sqrt{10}$
한편, $\sin^2\theta = 1 - \cos^2\theta = 1 - \left(\frac{2\sqrt{5}}{5}\right)^2 = \frac{1}{5}$이므로
$$\sin\theta = \frac{\sqrt{5}}{5}$$
따라서 구하는 원의 반지름의 길이를 R라 하면
삼각형 ABC에서 사인법칙에 의하여
$$\frac{\overline{BC}}{\sin\theta} = 2R, \ \frac{\sqrt{10}}{\frac{\sqrt{5}}{5}} = 2R, \ 5\sqrt{2} = 2R$$
즉, $R = \frac{5\sqrt{2}}{2}$

340 정답 ③

[풀이 : 이소영T]

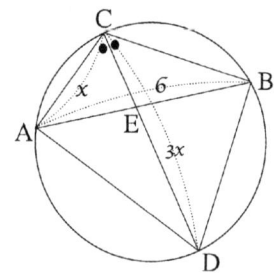

$\overline{CD}$는 $\angle ACB = 120°$의 이등분선이므로
$\angle ACD = \angle BCD = 60°$이고,
$\overline{CA} : \overline{CD} = 1 : 3$이므로 $\overline{AC} = x$, $\overline{CD} = 3x$라 하자.
$\triangle ACD$에서
$$\cos 60° = \frac{x^2 + 9x^2 - \overline{AD}^2}{2 \cdot x \cdot 3x} = \frac{1}{2}$$

$$3x^2 = 10x^2 - \overline{AD}^2$$
$$\overline{AD}^2 = 7x^2$$
$$\overline{AD} = \sqrt{7}x$$
$\stackrel{\frown}{AD}$의 원주각 $\angle ACD$와 $\stackrel{\frown}{BD}$의 원주각 $\angle BCD$가 같으므로
두 호의 중심각의 크기가 같다.
따라서 $\overline{AD} = \overline{BD} = \sqrt{7}x$이다. 또, 사각형 ABCD가 원에
내접하므로 $\angle ADB = 60°$이다.
$\triangle ABD$에서
$$\cos 60° = \frac{7x^2 + 7x^2 - 36}{2 \cdot \sqrt{7}x \cdot \sqrt{7}x} = \frac{1}{2}$$
$$7x^2 = 14x^2 - 36$$
$$7x^2 = 36$$
$$x^2 = \frac{36}{7}$$이다.
이때, $\triangle ADE = \bigstar$이라하면
$$\triangle ACD = S + \bigstar = \frac{1}{2} \cdot x \cdot 3x \cdot \sin 60° \cdots ①$$
$$\triangle ABD = T + \bigstar = \frac{1}{2} \cdot \sqrt{7}x \cdot \sqrt{7}x \sin 60° \cdots ②$$
$$②-① = T - S = \frac{7}{2}x^2 \sin 60° - \frac{3}{2}x^2 \sin 60°$$
$$= 2x^2 \sin 60° = 2 \cdot \frac{36}{7} \cdot \frac{\sqrt{3}}{2} = \frac{36}{7}\sqrt{3}$$

341 정답 ③

함수 $f(x) = a - \sqrt{3}\tan 2x$의 그래프의 주기는 $\frac{\pi}{2}$이다.
함수 $f(x)$가 닫힌구간 $\left[-\frac{\pi}{6}, b\right]$에서 최댓값과 최솟값을
가지므로
$$-\frac{\pi}{6} < b < \frac{\pi}{4}$$
한편, 함수 $y = f(x)$의 그래프는 구간 $\left[-\frac{\pi}{6}, b\right]$에서 x의
값이 증가할 때, y의 값은 감소한다.
함수 $f(x)$는 $x = -\frac{\pi}{6}$에서 최댓값 7을 가지므로
$$f\left(-\frac{\pi}{6}\right) = a - \sqrt{3}\tan\left(-\frac{\pi}{3}\right) = 7$$에서
$$a + \sqrt{3}\tan\frac{\pi}{3} = 7$$
$$a + 3 = 7, \ a = 4$$
함수 $f(x)$는 $x = b$에서 최솟값 3을 가지므로
$$f(b) = 4 - \sqrt{3}\tan 2b = 3$$에서
$$\tan 2b = \frac{\sqrt{3}}{3}$$
이때 $-\frac{\pi}{3} < 2b < \frac{\pi}{2}$이므로
$$2b = \frac{\pi}{6}, \ b = \frac{\pi}{12}$$

따라서 $a \times b = 4 \times \dfrac{\pi}{12} = \dfrac{\pi}{3}$

342 정답 ①

곡선 $y = a - \sqrt{2}\,cos\,\dfrac{\pi x}{3}$ 은 주기가 $2\pi \times \dfrac{3}{\pi} = 6$이므로

닫힌구간 $[0,\,3]$에서 증가한다.

곡선 $y = 6 - tan\,\dfrac{\pi x}{9}$ 는 주기가 $\pi \times \dfrac{9}{\pi} = 9$이므로 점근선이

$x = \dfrac{9}{2}$ 이고 구간 $\left(-\dfrac{9}{2},\,\dfrac{9}{2}\right)$에서 감소한다.

함수 $f(x)$가 $x = 3$에서 최댓값 5를 갖는다면

$a + \sqrt{2} = 5 \rightarrow a = 5 - \sqrt{2}$ 로 유리수가 아니므로 모순이다.

따라서 $b < 3$이고 함수 $f(x)$는 $x = b$에서 최댓값을 가져야

한다.

함수 $f(x)$가 $x = b$에서 연속이므로

$a - \sqrt{2}\,cos\,\dfrac{b\pi}{3} = 6 - tan\,\dfrac{b\pi}{9} = 5$

$tan\,\dfrac{b\pi}{9} = 1 \rightarrow \dfrac{b\pi}{9} = \dfrac{\pi}{4} \rightarrow b = \dfrac{9}{4}$

$a - \sqrt{2}\,cos\left(\dfrac{9}{4} \times \dfrac{\pi}{3}\right) = 5 \rightarrow a - \sqrt{2} \times \left(-\dfrac{\sqrt{2}}{2}\right) = a + 1 = 5 \rightarrow$

$a = 4$

따라서 $a = 4$, $b = \dfrac{9}{4}$이다.

$a \times b = 9$이다.

343 정답 ⑤

$\angle CED = \dfrac{\pi}{4}$ 이므로 $\triangle ECD$에서 코사인법칙에 의해

$\overline{CD}^2 = 4^2 + (3\sqrt{2})^2 - 2 \times 4 \times 3\sqrt{2} \times \dfrac{1}{\sqrt{2}} = 10$에서

$\overline{CD} = \sqrt{10}$

$\angle OCD = \alpha$라 하면 $\triangle ECD$에서 코사인법칙에 의해

$cos\,\alpha = \dfrac{4^2 + (\sqrt{10})^2 - (3\sqrt{2})^2}{2 \times 4 \times 10} = \dfrac{1}{\sqrt{10}}$

$\overline{OC} = R$이라 하면 $\triangle OCD$에서 코사인법칙에 의해

$R^2 = R^2 + (\sqrt{10})^2 - 2R \times \sqrt{10} \times \dfrac{1}{\sqrt{10}}$ 에서 $R = 5$

$\angle CAD = \beta$라 하면 $\triangle ACD$에서 사인법칙에 의해

$\dfrac{\sqrt{10}}{sin\,\beta} = 2R$에서 $sin\,\beta = \dfrac{1}{\sqrt{10}}$

$\triangle AED$에서 사인법칙에 의해

$\dfrac{4}{sin\,\beta} = \dfrac{\overline{AC}}{sin\,\dfrac{3}{4}\pi}$ 에서 $\overline{AC} = 4\sqrt{5}$

따라서 $\overline{AC} \times \overline{CD} = 4\sqrt{5} \times \sqrt{10} = 20\sqrt{2}$

344 정답 ②

[그림 : 최성훈T]

그림과 같이 점 D에서 선분 CE에 내린 수선의 발을 H라 하면

직각삼각형 EHD에서 $\angle HED = \dfrac{\pi}{3}$, $\overline{DE} = 4$이므로 $\overline{EH} = 2$,

$\overline{DH} = 2\sqrt{3}$ 이다.

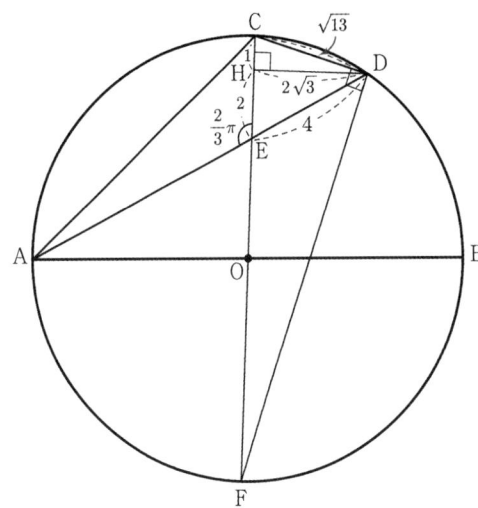

따라서 직각삼각형 CHD에서 $\overline{CH} = 1$이므로 피타고라스 정리에

의해 $\overline{CD} = \sqrt{13}$ 이다.

직선 OC가 원과 만나는 점을 F라 할 때, 직각삼각형 CDF에서

$\overline{DH}^2 = \overline{CH} \times \overline{FH}$ 에서

$(2\sqrt{3})^2 = 1 \times \overline{FH}$

따라서 $\overline{FH} = 12$

$\overline{FC} = 13$이고 원의 지름의 길이가 13이므로 반지름의 길이는

$\dfrac{13}{2}$ 이다.

삼각형 CDE에서 $\angle CDE = \theta$라 하고 사인법칙을 적용하면

$\dfrac{\sqrt{13}}{sin\,\dfrac{\pi}{3}} = \dfrac{3}{sin\,\theta}$

$\therefore\ sin\,\theta = \dfrac{3\sqrt{3}}{2\sqrt{13}} = \dfrac{3\sqrt{39}}{26}$

원에 내접하는 삼각형 ACD에서 사인법칙을 적용하면

$\dfrac{\overline{AC}}{sin\,\theta} = 2 \times \dfrac{13}{2}$

$\overline{AC} = 13 \times \dfrac{3\sqrt{39}}{26} = \dfrac{3\sqrt{39}}{2}$

345 정답 ③

함수 $y = f(x)$의 주기는 $\dfrac{2\pi}{\dfrac{\pi}{6}} = 12$

이므로 함수 $y = f(x)$의 그래프는 다음과 같다.

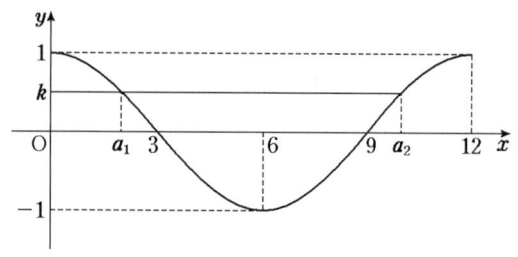

위 그림과 같이 일반성을 잃지 않고 $\alpha_1 < \alpha_2$라 하면

$\alpha_1 + \alpha_2 = 12$

주어진 조건에 의하여

$\alpha_2 - \alpha_1 = 8$이므로

$\alpha_1 = 2,\ \alpha_2 = 10$

그러므로

$k = \cos\left(\dfrac{\pi \times 2}{6}\right) = \cos\dfrac{\pi}{3} = \dfrac{1}{2}$

한편,

$-3\cos\dfrac{\pi x}{6} - 1 = \dfrac{1}{2}$에서

$\cos\dfrac{\pi x}{6} = -\dfrac{1}{2}$

$0 \le x \le 12$에서 $0 \le \dfrac{\pi x}{6} \le 2\pi$이므로

$\dfrac{\pi x}{6} = \dfrac{2}{3}\pi$ 또는 $\dfrac{\pi x}{6} = \dfrac{4}{3}\pi$

즉, $x = 4$ 또는 $x = 8$

따라서

$|\beta_1 - \beta_2| = |4 - 8| = 4$

346 정답 ②

[목동7단지 로드맵 김경민T]

[수정 : 황보백]

곡선 $y = f(x)$의 주기가 3이므로 $\alpha_1 < \alpha_2$라 할 때,

$\alpha_2 - \alpha_1 = 3$이고, $\alpha_1 + \alpha_2 = 5$이므로 둘을 연립하면

$\alpha_1 = 1,\ \alpha_2 = 4$이다.

$f(1) = \tan\dfrac{\pi}{3} = \sqrt{3}$이므로 $k = \sqrt{3}$이다.

방정식 $g(x) = \sqrt{3}$을 풀면

$-4\cos\dfrac{2\pi}{3}x + 3\sqrt{3} = \sqrt{3} \Leftrightarrow \cos\dfrac{2\pi}{3}x = \dfrac{\sqrt{3}}{2}$

$0 \le x \le \dfrac{9}{2}$이므로 $\dfrac{2\pi}{3}x = \dfrac{\pi}{6},\ \dfrac{11\pi}{6},\ \dfrac{13\pi}{6} \Leftrightarrow$

$x = \dfrac{1}{4},\ \dfrac{11}{4},\ \dfrac{13}{4}$이다.

$\beta_1,\ \beta_2,\ \beta_3$는 방정식 $g(x) = \sqrt{3}$의 근이다.

$\beta_1 + \beta_2 + \beta_3 = \dfrac{25}{4}$

347 정답 ③

$\triangle ABC$에서 $\overline{AC} = x$라 하면, 코사인법칙에 의해

$2^2 = 3^2 + x^2 - 2 \times 3 \times x \times \dfrac{7}{8}$

$4x^2 - 21x + 20 = 0 \quad (x-4)(4x-5) = 0$

$\therefore\ x = 4\ (\because\ x > 3)$

이때, 점 M이 $\overline{AC}$의 중점이므로 $\overline{AM} = \overline{CM} = 2$이다.

$\triangle ABC$에서 삼각형의 중선 정리에 의해

$2^2 + 3^2 = 2 \times (2^2 + \overline{BM}^2)$

$\therefore\ \overline{BM} = \dfrac{\sqrt{10}}{2}$

따라서

$\overline{AM} \times \overline{CM} = \overline{DM} \times \overline{BM}$

$2 \times 2 = \overline{DM} \times \dfrac{\sqrt{10}}{2}$

$\therefore\ \overline{DM} = \dfrac{4\sqrt{10}}{5}$

348 정답 ①

[그림 : 최성훈T]

$\overline{AB} = 3,\ \overline{AC} = 2$이고 $\cos(\angle BAC) = -\dfrac{1}{4}$이므로

삼각형 ABC에서 코사인법칙을 적용하면

$\overline{BC}^2 = 9 + 4 - 2 \times 3 \times 2 \times \left(-\dfrac{1}{4}\right) = 16$

따라서 $\overline{BC} = 4$

삼각형에서 내각의 이등분선의 성질에 의해

$\overline{AB} : \overline{AC} = \overline{BD} : \overline{CD}$

따라서

$\overline{BD} = 4 \times \dfrac{3}{5} = \dfrac{12}{5}$

$\overline{CD} = 4 \times \dfrac{2}{5} = \dfrac{8}{5}$

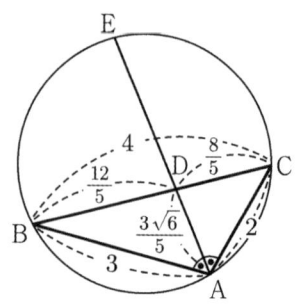

삼각형 ABC에서

$\cos(\angle ABC) = \dfrac{3^2 + 4^2 - 2^2}{2 \times 3 \times 4} = \dfrac{21}{24} = \dfrac{7}{8}$

삼각형 ABD에서

$\overline{AD}^2 = \left(\dfrac{12}{5}\right)^2 + 3^2 - 2 \times \dfrac{12}{5} \times 3 \times \dfrac{7}{8}$

$$= \frac{144}{25} + 9 - \frac{63}{5}$$

$$= \frac{54}{25}$$

$$\overline{AD} = \frac{3\sqrt{6}}{5} \cdots \text{㉠}$$

원과 비례에서

$$\overline{AD} \times \overline{DE} = \overline{BD} \times \overline{CD}$$

$$\frac{3\sqrt{6}}{5} \times \overline{DE} = \frac{12}{5} \times \frac{8}{5}$$

$$\overline{DE} = \frac{12 \times 8}{5 \times 3\sqrt{6}} = \frac{32}{5\sqrt{6}} = \frac{16\sqrt{6}}{15}$$

[랑데뷰팁]-㉠

$$\overline{AD}^2 = \overline{AB} \times \overline{AC} - \overline{AD} \times \overline{CD} \text{에서}$$

$$= 3 \times 2 - \frac{12}{5} \times \frac{8}{5}$$

$$= 6 - \frac{96}{25} = \frac{54}{25}$$

---

349 정답 ③

$f(x) = \tan\dfrac{\pi}{a}x$의 주기는 $\dfrac{\pi}{\frac{\pi}{a}} = a$

$y = f(x)$와 만나는 직선이 정삼각형의 일부이므로 기울기는 $\sqrt{3}$

따라서 원점을 지나는 직선은 $y = \sqrt{3}x$이다.

따라서 점 B의 좌표를 $(p, \sqrt{3}p)$로 둘 수 있고, 두 점 A는 B와 원점 대칭관계이므로 A$(-p, -\sqrt{3}p)$이다.

$\overline{AB} = 4p$이므로 $\overline{AC} = 4p$이고, C$(3p, -\sqrt{3}p)$이다.

이때, 두 점 A와 C는 $y = f(x)$의 주기만큼 떨어져 있으므로

$$4p = a \qquad \cdots\cdots \text{㉠}$$

따라서 A$(-p, -\sqrt{3}p)$를 $y = f(x)$에 대입하면

$$\tan\left(-\frac{p}{a}\pi\right) = -\sqrt{3}p$$

㉠을 대입하면 $\tan\left(-\dfrac{\pi}{4}\right) = -1 = -\sqrt{3}p$이므로 $p = \dfrac{1}{\sqrt{3}}$

따라서 정삼각형 ABC의 한 변의 길이는 $4p = \dfrac{4}{\sqrt{3}}$이고,

넓이는 $\dfrac{\sqrt{3}}{4} \times \left(\dfrac{4}{\sqrt{3}}\right)^2 = \dfrac{4\sqrt{3}}{3}$

---

350 정답 ③

[그림 : 이정배T]

m, n은 $x^2 + bx - 1 = 0$의 두 근이므로 근과 계수와의 관계에서

$m + n = -b$, $mn = -1$이다. $\cdots$㉠

$f(x) = \tan\dfrac{\pi x}{a}$의 주기가 a이므로 $\overline{BD} = \overline{AC} = a$이다.

사각형 ABDC에서 $\overline{AC} = \overline{BD}$, $\overline{AC} \text{//} \overline{BD}$이고 $mn = -1$에서 두 대각선이 수직이므로

사각형 ABDC는 마름모이다.

즉, $\overline{AB} = \overline{CD} = a$

따라서 $\overline{OA} = \overline{OB} = \dfrac{1}{2}a$

두 점 A, B가 $y = x$위의 점이므로

A$\left(\dfrac{a}{2\sqrt{2}}, \dfrac{a}{2\sqrt{2}}\right)$, B$\left(-\dfrac{a}{2\sqrt{2}}, -\dfrac{a}{2\sqrt{2}}\right)$이다.

$\overline{BD} = \overline{AC} = a$이므로

C$\left(\dfrac{a}{2\sqrt{2}} + a, \dfrac{a}{2\sqrt{2}}\right)$, D$\left(-\dfrac{a}{2\sqrt{2}} + a, -\dfrac{a}{2\sqrt{2}}\right)$이다.

따라서

$$m = \frac{\frac{a}{\sqrt{2}}}{\frac{a}{\sqrt{2}} - a} = \frac{1}{1 - \sqrt{2}} = -\sqrt{2} - 1$$

$$n = \frac{\frac{a}{\sqrt{2}}}{\frac{a}{\sqrt{2}} + a} = \frac{1}{1 + \sqrt{2}} = \sqrt{2} - 1$$

$$\therefore \ m + n = -2$$

㉠에서 $b = 2$이다.

---

351 정답 ③

삼각형 OAB의 넓이는

$\dfrac{1}{2} \times a \times \overline{AB} = 5$에서 $\overline{AB} = \dfrac{10}{a}$이다.

$a\sin b\pi x = a$에서 $b\pi x = \dfrac{\pi}{2}$, $b\pi x = \dfrac{5\pi}{2}$

$x = \dfrac{1}{2b}$ 또는 $x = \dfrac{5}{2b}$

따라서 A$\left(\dfrac{1}{2b}, a\right)$, B$\left(\dfrac{5}{2b}, a\right)$이다.

$\overline{AB} = \dfrac{2}{b}$

$\dfrac{10}{a} = \dfrac{2}{b}$에서 $a = 5b$이다.

그러므로 직선 OA의 기울기는 $\dfrac{a}{\frac{1}{2b}} = 2ab$,

직선 OB의 기울기는 $\dfrac{a}{\frac{5}{2b}} = \dfrac{2}{5}ab$이다.

두 직선의 기울기 곱이 $\dfrac{5}{4}$이므로

$$(2ab) \times \left(\frac{2}{5}ab\right) = \frac{4}{5}a^2b^2 = \frac{5}{4}$$

$$a^2b^2 = \frac{25}{16}$$

$a = 5b$이므로

$25b^4 = \dfrac{25}{16}$ 에서 $b^2 = \dfrac{1}{16}$

$\therefore \ b = \dfrac{1}{2}$

따라서 $b = \dfrac{1}{2}$, $a = \dfrac{5}{2}$

$\therefore \ a + b = 3$이다.

352 정답 ①

[그림 : 이정배T]

함수 $f(x)$가 $x = \dfrac{\pi}{b}$에 대칭이고 두 직선 AB와 AC의 기울기

곱이 -1이므로 $\angle BAC = \dfrac{\pi}{2}$이다. 따라서 삼각형 ABC는

$\overline{AB} = \overline{AC}$인 직각이등변삼각형이다.

그러므로 그림과 같이 꼭짓점 A에서 $y = 2a$에 내린 수선의 발을 H라 하면

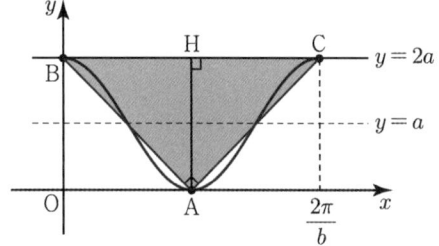

$\overline{BH} = \overline{CH} = \overline{AH} = \dfrac{\pi}{b}$

$\overline{AH} = 2a$이므로 $2a = \dfrac{\pi}{b}$ $\cdots$ ㉠

따라서 $\overline{BC} = \dfrac{2\pi}{b} = 4a$

$\triangle ABC = \dfrac{1}{2} \times \overline{BC} \times \overline{AH} = \dfrac{1}{2} \times 4a \times 2a = 16$에서

$a^2 = 4$

따라서 $a = 2$ ($\because a > 0$)이다.

㉠에서 $b = \dfrac{\pi}{4}$

그러므로 $a + b = 2 + \dfrac{\pi}{4}$

353 정답 ②

삼각형 ABC의 외접원의 반지름의 길이가 $2\sqrt{7}$이므로 삼각형 ABC에서 사인법칙을 적용하면

$\dfrac{\overline{BC}}{\sin\dfrac{\pi}{3}} = 4\sqrt{7}$

$\therefore \ \overline{BC} = 4\sqrt{7} \times \dfrac{\sqrt{3}}{2} = 2\sqrt{21}$

삼각형 BCD의 외접원의 반지름의 길이 또한 $2\sqrt{7}$이고

$\sin(\angle BCD) = \dfrac{2\sqrt{7}}{7}$이므로

삼각형 ABC에서 사인법칙을 적용하면

$\dfrac{\overline{BD}}{\sin(\angle BCD)} = 4\sqrt{7}$

$\therefore \ \overline{BD} = 4\sqrt{7} \times \dfrac{2\sqrt{7}}{7} = 8$

한편 $\angle BDC = \pi - \dfrac{\pi}{3} = \dfrac{2}{3}\pi$이므로

$\overline{CD} = x$라 두고 삼각형 ABC에서 코사인법칙을 적용하면

$\left(2\sqrt{21}\right)^2 = 8^2 + x^2 - 2 \times 8 \times x \times \cos\left(\dfrac{2}{3}\pi\right)$

$84 = 64 + x^2 + 8x$

$x^2 + 8x - 20 = 0$

$(x - 2)(x + 10) = 0$

$x = 2$

$\therefore \ \overline{CD} = 2$

그러므로 $\overline{BD} + \overline{CD} = 8 + 2 = 10$

354 정답 ②

[그림 : 최성훈T]

$\angle BAD = \theta$라 하면 $0 < \theta < \dfrac{\pi}{2}$이다.

삼각형 ABD의 넓이가 $\sqrt{2}$이므로

$\sqrt{2} = \dfrac{1}{2} \times 1 \times 3 \times \sin\theta$

$\sin\theta = \dfrac{2\sqrt{2}}{3}$

따라서 $\cos\theta = \dfrac{1}{3}$이다.

삼각형 ABD에서 코사인법칙을 적용하면

$\overline{BD}^2 = 1 + 9 - 2 \times 1 \times 3 \times \dfrac{1}{3} = 8$

한편, 삼각형 BCD에서

$\angle BCD = \pi - \theta$이므로 $\cos(\pi - \theta) = -\dfrac{1}{3}$이다.

선분 CD의 길이를 x라 하면

$8 = 4 + x^2 - 2 \times 2 \times x \times \left(-\dfrac{1}{3}\right)$

$x^2 + \dfrac{4}{3}x - 4 = 0$

$3x^2 + 4x - 12 = 0$

$x = \dfrac{-2 \pm \sqrt{40}}{3}$

$x = \dfrac{2\sqrt{10} - 2}{3} = \dfrac{2}{3}\left(\sqrt{10} - 1\right)$ ($\because x > 0$)

355 정답 ③

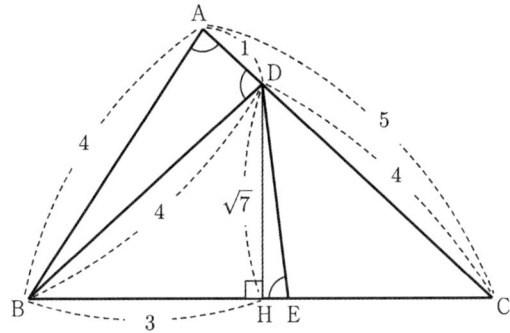

$\triangle ABC$에서 코사인법칙에 의해
$$\overline{BC}^2 = \overline{AB}^2 + \overline{CA}^2 - 2 \times \overline{AB} \times \overline{CA} \times \cos(\angle BAC)$$
$$= 4^2 + 5^2 - 2 \times 4 \times 5 \times \frac{1}{8} = 36$$
$$\therefore \overline{BC} = 6$$

$\triangle ABD$는 이등변삼각형이므로 $\overline{BD} = 4$
코사인법칙에 의해
$$\overline{DB}^2 = \overline{AB}^2 + \overline{AD}^2 - 2 \times \overline{AB} \times \overline{AD} \times \cos(\angle BAC)$$
$$4^2 = 4^2 + \overline{AD}^2 - 2 \times 4 \times \overline{AD} \times \frac{1}{8}$$

정리하여 방정식을 풀면 $\overline{AD} = 1$, $\overline{CD} = 4$
삼각형 BCD는 이등변 삼각형이므로
점 D에서 선분 BC에 내린 수선의 발을 H라 하면
직각삼각형 DBH에서 $\overline{BH} = 3$, $\overline{BH} = \sqrt{7}$
$$\sin(\angle DEH) = \frac{3\sqrt{7}}{8} = \frac{\overline{DH}}{\overline{DE}} = \frac{\sqrt{7}}{\overline{DE}}$$
$$\therefore \overline{DE} = \frac{8}{3}$$

356 정답 ①

[그림 : 최성훈T]

$\cos(\angle ABC) = \frac{9}{16}$에서 $\sin(\angle ABC) = \frac{5\sqrt{7}}{16}$이므로

삼각형 ABC의 넓이는 $\frac{1}{2} \times 4 \times 6 \times \frac{5\sqrt{7}}{16} = \frac{15\sqrt{7}}{4} \cdots \bigcirc$

$\angle BAD = \angle BDA$이므로 삼각형 ABD는 $\overline{BA} = \overline{BD} = 4$인
이등변삼각형이다.

한편 $\overline{BD} : \overline{CD} = 4 : 2 = 2 : 1$이므로 삼각형 ABD와 삼각형
ADC의 넓이비는 $2 : 1$이다.

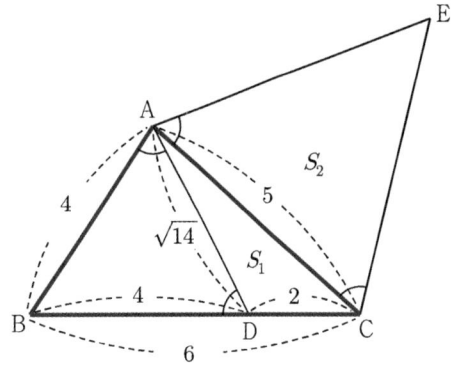

따라서 ⊙에서 $S_1 = \frac{15\sqrt{7}}{4} \times \frac{1}{3} = \frac{5\sqrt{7}}{4}$

삼각형 ABD에서 $\cos(\angle ABC) = \frac{9}{16}$이므로 코사인법칙을
적용하면
$$\overline{AD}^2 = 4^2 + 4^2 - 2 \times 4 \times 4 \times \frac{9}{16}$$
$$= 16 + 16 - 18 = 14$$
$$\overline{AD} = \sqrt{14}$$

또한 삼각형 ABC에서 $\cos(\angle ABC) = \frac{9}{16}$이므로
코사인법칙을 적용하면
$$\overline{AC}^2 = 4^2 + 6^2 - 2 \times 4 \times 6 \times \frac{9}{16}$$
$$= 16 + 36 - 27 = 25$$
$$\overline{AC} = 5$$

삼각형 BDA와 삼각형 EAC는 닮은 도형이고 닮음비는
$\overline{AB} : \overline{AC} = \sqrt{14} : 5$이다.
따라서 삼각형 BDA와 삼각형 EAC의 넓이비는 $14 : 25$이다.

⊙에서 삼각형 BDA의 넓이는 $\frac{15\sqrt{7}}{4} \times \frac{2}{3} = \frac{5\sqrt{7}}{2}$

따라서 $S_2 = \frac{5\sqrt{7}}{2} \times \frac{25}{14} = \frac{125\sqrt{7}}{28}$

$$S_1 + S_2 = \frac{5\sqrt{7}}{4} + \frac{125\sqrt{7}}{28}$$
$$= \frac{35\sqrt{7} + 125\sqrt{7}}{28}$$
$$= \frac{40\sqrt{7}}{7} = \frac{40}{\sqrt{7}}$$

357 정답 21

반지름의 길이가 7이므로 사인법칙을 적용하면
$$\frac{\overline{BC}}{\sin\frac{\pi}{3}} = 2R = 14$$
$$\therefore \overline{BC} = 14 \times \sin\frac{\pi}{3} = 7\sqrt{3}$$

$\overline{AB} : \overline{AC} = 3 : 1$인 것을 이용하여 $\overline{AB} = 3k$, $\overline{AC} = k$ 라
두자.

삼각형 ABC에서 코사인 법칙을 적용하면

$$\overline{BC}^2 = \overline{AB}^2 + \overline{AC}^2 - 2 \times \overline{AB} \times \overline{AC} \times \cos\frac{\pi}{3}$$

$$(7\sqrt{3})^2 = (3k)^2 + k^2 - 2 \times 3k \times k \times \frac{1}{2}$$

$$= 7k^2$$

$$\therefore \ k^2 = 21$$

358 정답 21

$\angle ADB$는 원 C의 지름에 대한 원주각이므로

$\angle ADB = \dfrac{\pi}{2}$ 이다.

$\angle ADC = \dfrac{\pi}{6}$ 이므로 $\angle BDC = \dfrac{2}{3}\pi$ 이다.

삼각형 BCD의 외접원이 원 C이고 원 C의 지름의 길이가 14이므로 사인법칙을 이용하여 계산하면

$$\frac{\overline{BC}}{\sin\frac{2}{3}\pi} = 2R = 14$$

$$\therefore \ \overline{BC} = 14 \times \sin\frac{2}{3}\pi = 7\sqrt{3}$$

$\overline{CD} : \overline{DB} = 1 : 2$ 인 것을 이용하여 $\overline{DC} = k$, $\overline{DB} = 2k$ 라 두자.

삼각형 BCD에서 코사인 법칙을 적용하면

$$\overline{BC}^2 = \overline{DC}^2 + \overline{DB}^2 - 2 \times \overline{DC} \times \overline{DB} \times \cos\frac{2}{3}\pi$$

$$(7\sqrt{3})^2 = k^2 + (2k)^2 - 2 \times k \times 2k \times \left(-\frac{1}{2}\right)$$

$$= 7k^2$$

$$\therefore \ k^2 = 21$$

359 정답 ①

이차방정식이 실근을 가질 조건은 판별식 $D \geq 0$이다.
따라서

$$D' = \sin^2\theta + 3\cos^2\theta + 5\sin\theta - 5$$

$$= 2\cos^2\theta + 5\sin\theta - 4$$

$$= 2(1 - \sin^2\theta) + 5\sin\theta - 4$$

$$= -2\sin^2\theta + 5\sin\theta - 2 \geq 0$$

$$2\sin^2\theta - 5\sin\theta + 2 \leq 0$$

$$(2\sin\theta - 1)(\sin\theta - 2) \leq 0$$

$$\frac{1}{2} \leq \sin\theta \leq 2$$

$$\therefore \ \sin\theta \geq \frac{1}{2}$$

$$\frac{1}{6}\pi \leq \theta \leq \frac{5}{6}\pi$$

따라서 $\alpha = \dfrac{1}{6}\pi$, $\beta = \dfrac{5}{6}\pi$이다.

$$4\beta - 2\alpha = \frac{20 - 2}{6}\pi = 3\pi$$

360 정답 ③

삼차방정식의 좌변을 $f(x)$라 하면

$f(1) = 0$이므로 조립제법으로 인수분해 하면

$$(x-1)\{x^2 - (2\cos\theta)x - 3\sin^2\theta - 5\cos\theta + 5\} = 0$$

중근은 한 개의 근으로 보지 않으므로

$x^2 - (2\cos\theta)x - 3\sin^2\theta - 5\cos\theta + 5 = 0$이 실근이 없어야 한다.

$$D' = \cos^2\theta + 3\sin^2\theta + 5\cos\theta - 5$$

$$= 2\sin^2\theta + 5\cos\theta - 4$$

$$= -2\cos^2\theta + 5\cos\theta - 2 < 0$$

$$2\cos\theta - 5\cos\theta + 2 > 0$$

$$(2\cos\theta - 1)(\cos\theta - 2) > 0$$

$\cos\theta < \dfrac{1}{2}$ 또는 $\cos\theta > 2$에서

$$\frac{1}{3}\pi < \theta < \frac{5}{3}\pi$$

$\alpha = \dfrac{1}{3}\pi$, $\beta = \dfrac{5}{3}\pi$이므로

$$3\alpha + 6\beta = \pi + 10\pi = 11\pi$$

361 정답 ②

$\angle CO_2O_1 + \angle O_1O_2D = \pi$이므로 $\theta_3 = \dfrac{\pi}{2} + \dfrac{\theta_2}{2}$ 이고 주어진

조건에서 $\theta_3 = \theta_1 + \theta_2$이므로 $2\theta_1 + \theta_2 = \pi$에서

$\angle CO_1B = \theta_1$이다.

이때 $\angle O_2O_1B = \theta_1 + \theta_2 = \theta_3$이므로 삼각형 O_1O_2B와 삼각형

O_2O_1D는 합동이다.

$\overline{AB} = k$이고 $\overline{AB} : \overline{O_1D} = 1 : 2\sqrt{2}$ 이므로

$\overline{BO_2} = \overline{O_1D} = 2\sqrt{2}\,k$이고 삼각형 ABO_2가 직각삼각형 이므로

$\overline{AO_2} = \boxed{3k}$이다. $\angle BO_2A = \dfrac{\theta_1}{2}$이므로

$\cos\dfrac{\theta_1}{2} = \boxed{\left(\dfrac{2\sqrt{2}}{3}\right)}$이다. 삼각형 O_2BC에서 $\overline{BC} = k$,

$\overline{BO_2} = 2\sqrt{2}\,k$, $\angle CO_2B = \dfrac{\theta_1}{2}$이고 $\overline{O_2C} = x$라고 하면 코사인

법칙에 의하여

$k^2 = 8k^2 + x^2 - 2 \times 2\sqrt{2}\,k \times x \times \dfrac{2\sqrt{2}}{3}$이므로

$x = \dfrac{7}{3}k \ (\because \ \overline{O_2C} < \overline{AO_2})$이다. 따라서, $\overline{O_2C} = \boxed{\dfrac{7}{3}k}$

$\overline{CD} = \overline{O_2D} + \overline{O_2C} = \overline{O_1O_2} + \overline{O_2C}$이므로

$\overline{AB} : \overline{CD} = k : \left(\boxed{\dfrac{3k}{2}} + \boxed{\dfrac{7}{3}k}\right)$이다.

따라서 $f(k) = 3k$, $g(k) = \dfrac{7}{3}k$이고 $p = \dfrac{2\sqrt{2}}{3}$이므로

$f(p) \times g(p) = f\left(\dfrac{2\sqrt{2}}{3}\right) \times g\left(\dfrac{2\sqrt{2}}{3}\right) = 7k^2 = \dfrac{56}{9}$이다.

362 정답 ②

[그림 : 이정배T]

직선 OB가 원 C_2와 만나는 O가 아닌 점을 D라 하자.

$\overline{AD} = 6$, $\overline{MD} = 3$이므로 $\overline{MB} = 1$, $\overline{AM} = 3$이다. 그림과 같이

점 B를 원점 $(0, 0)$으로 하는 좌표평면에서 원 C_2는 중심이

$(0, 0)$이고 반지름의 길이가 2인 원이다.

$C_2 : x^2 + y^2 = 4$

점 $A(-4, 0)$, $M(-1, 0)$이므로 원 C_2 위의 점 $P(a, b)$에서

$\overline{PA} = \sqrt{(a+4)^2 + b^2} = \sqrt{8a + 20}$,

$\overline{PM} = \sqrt{(a+1)^2 + b^2} = \sqrt{2a + 5}$이므로

$\overline{PA} : \overline{PM} = 2 : 1$이다.

$\overline{OA} : \overline{OM} = 2 : 1$이므로 $\overline{PA} : \overline{PM} = \overline{OA} : \overline{OM}$

즉, 직선 OP는 $\angle APM$의 이등분선이다.

따라서 $\angle APO = \angle OPM = \theta$이다.

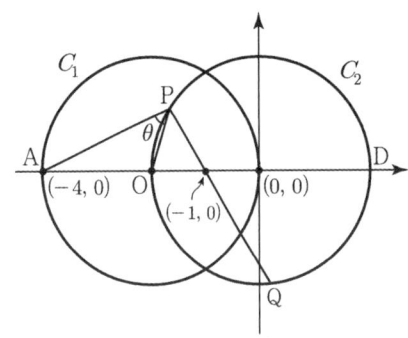

원 C_2에서 사인법칙에 의해 $\dfrac{\overline{OQ}}{\sin\theta} = \overline{OD}$이므로

$\overline{OQ} = 4 \times \sin\theta = 3 \ (\because p = 3)$

원 C_2에서 원주각의 성질에 의해

$\angle DOQ = \angle DPQ = \dfrac{\pi}{2} - \theta$

$\angle AOQ = \pi - \angle DOQ$

$\therefore \ \angle AOQ = \dfrac{\pi}{2} + \theta \ \left(\because q = \dfrac{1}{2}\right)$

삼각형 AOQ에서 $\overline{OA} = 2$이므로 코사인법칙에 의해

$\overline{AQ}^2 = 2^2 + 3^2 - 2 \times 2 \times 3 \times \cos\left(\dfrac{\pi}{2} + \theta\right) = 13 + 12\sin\theta = 22$

$\therefore \ \overline{AQ} = \sqrt{22} \ (\because r = \sqrt{22})$

그러므로

$\dfrac{p + r^2}{q} = (3 + 22) \times 2 = 50$

363 정답 ②

ㄱ. $-1 \le t < 0$인 모든 실수 t에 대하여

$\alpha(t)$와 $\beta(t)$의 위치는 아래 그림과 같다.

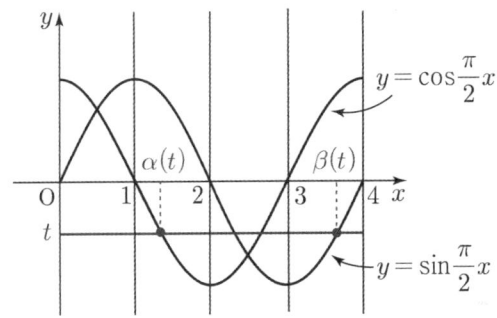

주어진 t의 범위에서 점 $(\alpha(t), \ t)$는 곡선 $y = \sin\dfrac{\pi x}{2}$ 위에

있고 점 $(\beta(t),\ t)$는 곡선 $y = \cos\dfrac{\pi x}{2}$에 있다.

이때, $\alpha(t)$와 $\beta(t)$는 직선 $x = \dfrac{5}{2}$에 대해 대칭이므로

$\alpha(t) + \beta(t) = 5$이다. (참)

ㄴ. $t = 0$일 때, $\alpha(0) = 0$, $\beta(0) = 3$이다.

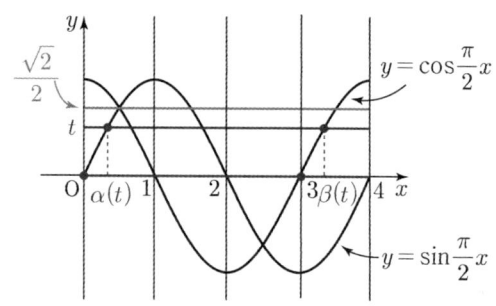

이때, $t > \dfrac{\sqrt{2}}{2}$일 때는 $\beta(t) - \alpha(t) > 3$이므로

$\beta(t) - \alpha(t) = 3$을 만족하는 t의 범위는 $0 \le t \le \dfrac{\sqrt{2}}{2}$이다.

(참)

ㄷ. $\alpha(t_1) = \alpha(t_2) = k$라 하면, t_1과 t_2는 $\sin\dfrac{k\pi}{2}$ 또는

$\cos\dfrac{k\pi}{2}$이다.

이때, $\sin\dfrac{k\pi}{2} = t_1$, $\cos\dfrac{k\pi}{2} = t_2$라 하면,

$t_2 - t_1 = \cos\dfrac{k\pi}{2} - \sin\dfrac{k\pi}{2} = \dfrac{1}{2}$이고, 양변을 제곱하면

$\left\{\cos\dfrac{k\pi}{2}\right\}^2 - 2\cos\dfrac{k\pi}{2}\sin\dfrac{k\pi}{2} + \left\{\sin\dfrac{k\pi}{2}\right\}^2 = \dfrac{1}{4}$

$\cos\dfrac{k\pi}{2}\sin\dfrac{k\pi}{2} = \dfrac{3}{8} = t_2 \times t_1$

$t_1 \times t_2 = \dfrac{3}{8}$이다.

(거짓)

따라서 보기에서 옳은 것은 ② ㄱ, ㄴ이다.

364 정답 ③

[그림 : 이정배T]

ㄱ. 그림과 같이 $0 \le t \le \dfrac{\sqrt{2}}{2}$일 때, $y = t$는 $y = \sin\dfrac{\pi x}{4}$,

$y = \cos\dfrac{\pi x}{4}$와 각각 2개의 교점을 갖는다. 따라서 $n = 4$이므로

$\alpha_n(t) = \alpha_4(t) = 6 + \alpha_1(t)$에서 $\alpha_n(t) - \alpha_1(t) = 6$ (ㄱ. 참)

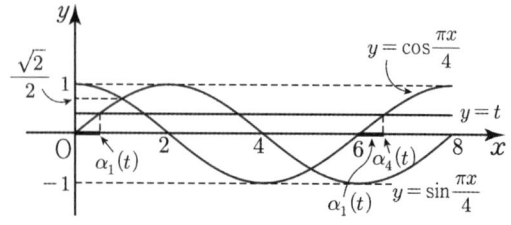

ㄴ. $\alpha_n(t_1) = \alpha_n(t_2) = k$라 하면, $t_2 > t_1$이므로 t_1과 t_2는

$t_1 = \sin\dfrac{k\pi}{4}$, $t_2 = \cos\dfrac{k\pi}{4}$이다.

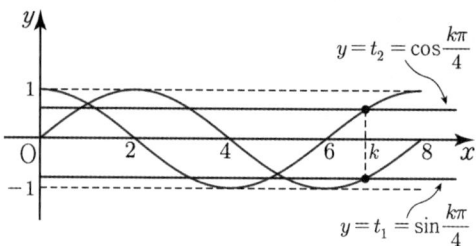

$t_2 - t_1 = \cos\dfrac{k\pi}{4} - \sin\dfrac{k\pi}{4} = \dfrac{5}{4}$이고, 양변을 제곱하면

$\left\{\cos\dfrac{k\pi}{4}\right\}^2 - 2\cos\dfrac{k\pi}{4}\sin\dfrac{k\pi}{4} + \left\{\sin\dfrac{k\pi}{4}\right\}^2 = \dfrac{25}{16}$

$-2\cos\dfrac{k\pi}{4}\sin\dfrac{k\pi}{4} = \dfrac{9}{16}$

$\cos\dfrac{k\pi}{4}\sin\dfrac{k\pi}{4} = -\dfrac{9}{32} = t_2 \times t_1$

$\therefore\ t_1 \times t_2 = -\dfrac{9}{32}$이다. (거짓)

ㄷ. 그림과 같이 $-\dfrac{\sqrt{2}}{2} \le t \le 0$일 때, $y = t$는 $y = \sin\dfrac{\pi x}{4}$,

$y = \cos\dfrac{\pi x}{4}$와 각각 2개의 교점을 갖는다. $n = 4$이다.

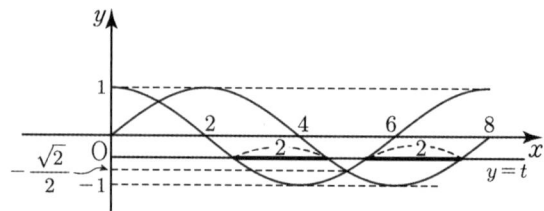

$\alpha_2(t) - \alpha_1(t) = 2$, $\alpha_n(t) - \alpha_{n-1}(t) = \alpha_4(t) - \alpha_3(t) = 2$이므로

$\displaystyle\int_{-\frac{\sqrt{2}}{2}}^{0}\{\alpha_n(t) - \alpha_1(t)\}dt + \int_{-\frac{\sqrt{2}}{2}}^{0}\{\alpha_2(t) - \alpha_{n-1}(t)\}dt$

$= \displaystyle\int_{-\frac{\sqrt{2}}{2}}^{0}\{\alpha_n(t) - \alpha_{n-1}(t)\} + \{\alpha_2(t) - \alpha_1(t)\}dt$

$= \displaystyle\int_{-\frac{\sqrt{2}}{2}}^{0} 4\,dt$

$= \left[\ 4t\ \right]_{-\frac{\sqrt{2}}{2}}^{0}$

$= 2\sqrt{2}$ (ㄷ. 참)

365 정답 26

원 O에서 $\dfrac{\overline{AC}}{\sin\alpha} = 2\overline{OA} \to \sin\alpha = \dfrac{\overline{AC}}{2\overline{OA}}$

원 O'에서 $\dfrac{\overline{AC}}{\sin\beta} = 2\overline{O'A} \to \sin\beta = \dfrac{\overline{AC}}{2\overline{O'A}}$

$\dfrac{\sin\beta}{\sin\alpha} = \dfrac{3}{2}$에서 $\overline{OA} : \overline{O'A} = 3 : 2$

$\overline{OA} = 3k$, $\overline{O'A} = 2k$라 하자. 삼각형 AOO'에서 원주각과 중심각 관계에서

$\angle AOO' = \alpha$, $\angle AO'O = \beta$이므로

$\angle OAO' = \pi - (\alpha + \beta)$이다.

삼각형 AOO'에서 코사인 법칙을 적용하면

$1 = (3k)^2 + (2k)^2 - 2 \times 3k \times 2k \times \cos(\pi - (\alpha + \beta))$

$1 = 13k^2 + 4k^2$

따라서 $k = \dfrac{1}{\sqrt{17}}$, $\overline{OA} = \dfrac{3}{\sqrt{17}}$

따라서 삼각형 ABC의 외접원의 반지름의 길이는 $\dfrac{3}{\sqrt{17}}$이다.

넓이는 $\dfrac{9}{17}\pi$이다.

$p = 17$, $q = 9$이므로

$p + q = 17 + 9 = 26$

366 정답 106

중심이 O_1, O_2, O_3인 원을 각각 원 O_1, O_2, O_3라 하자.

원 O_1에서 $\dfrac{\overline{FB}}{\sin\alpha} = 2\overline{O_1B} \rightarrow \sin\alpha = \dfrac{\overline{FB}}{2\overline{O_1B}}$

원 O_2에서 $\dfrac{\overline{FB}}{\sin\beta} = 2\overline{O_2B} \rightarrow \sin\beta = \dfrac{\overline{FB}}{2\overline{O_2B}}$

$\dfrac{\sin\beta}{\sin\alpha} = \dfrac{3}{2}$에서 $\overline{O_1B} : \overline{O_2B} = 3 : 2$

$\overline{O_1B} = 3k$, $\overline{O_2B} = 2k$라 하자. 삼각형 FO_1O_2에서 원주각과 중심각 관계에서

$\angle FO_1O_2 = \alpha$, $\angle FO_2O_1 = \beta$이므로

$\angle O_1FO_2 = \pi - (\alpha + \beta)$이다.

삼각형 FO_1O_2에서 코사인법칙을 적용하면

$17 = (3k)^2 + (2k)^2 - 2 \times 3k \times 2k \times \cos(\pi - (\alpha + \beta))$

$17 = 13k^2 + 4k^2$

따라서 $k = 1$이므로 $\overline{O_1B} = 3$, $\overline{O_2B} = 2$

원 O_2에서 $\dfrac{\overline{EC}}{\sin\gamma} = 2\overline{O_2B} \rightarrow \sin\gamma = \dfrac{\overline{EC}}{4}$

원 O_3에서 $\dfrac{\overline{EC}}{\sin\alpha} = 2\overline{O_3E} \rightarrow \sin\alpha = \dfrac{\overline{EC}}{2\overline{O_3E}}$

$\dfrac{\sin\alpha}{\sin\gamma} = \dfrac{3}{2} = \dfrac{2}{\overline{O_3E}}$에서 $\overline{O_3E} = \dfrac{4}{3}$이다.

따라서

삼각형 ABF의 외접원은 반지름이 $\overline{O_1B} = 3$이므로 넓이는 9π

삼각형 CDE의 외접원은 반지름이 $\overline{O_3E} = \dfrac{4}{3}$이므로 넓이는

$\dfrac{16}{9}\pi$이다.

따라서 두 원의 넓이의 합은

$9\pi + \dfrac{16}{9}\pi = \dfrac{97}{9}\pi$

$p = 9$, $q = 97$이므로 $p + q = 106$

[다른 풀이] -서영만T

원 O_1, O_2, O_3의 반지름을 각각 R, l, r이라 하자.

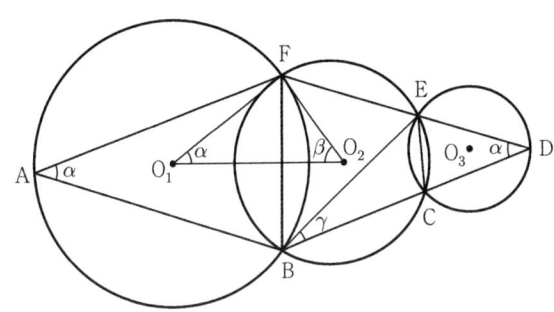

원주각과 중심각의 관계에 의해

$\angle FO_1O_2 = \alpha$, $\angle FO_2O_1 = \beta$이다.

$\triangle ABF$와 $\triangle BEF$에서 사인법칙에 의해

$\dfrac{\overline{FB}}{\sin\alpha} = 2R$, $\dfrac{\overline{FB}}{\sin\beta} = 2l \Rightarrow \dfrac{\sin\beta}{\sin\alpha} = \dfrac{R}{l} = \dfrac{3}{2}$

$\therefore R = \dfrac{3}{2}l \cdots \unicode{x3150}$

$\triangle BCE$와 $\triangle CDE$에서

$\dfrac{\overline{CE}}{\sin\gamma} = 2l$, $\dfrac{\overline{CE}}{\sin\alpha} = 2r \Rightarrow \dfrac{\sin\alpha}{\sin\gamma} = \dfrac{l}{r} = \dfrac{3}{2}$

$l = \dfrac{3}{2}r \cdots \unicode{x3151}$

또한 $\triangle O_1O_2F$에서 $\angle O_1FO_2 = \pi - (\alpha + \beta)$이므로

코사인법칙에 의해 $\cos(\pi - (\alpha + \beta)) = \dfrac{R^2 + l^2 - 17}{2Rl} = -\dfrac{1}{3}$

$R^2 + l^2 - 17 = -\dfrac{2}{3}Rl \cdots \unicode{x3152}$

㉠, ㉡, ㉢을 연립하면 $R = 3$, $l = 2$, $r = \dfrac{4}{3}$

따라서 원 O_1과 원 O_2의 넓이의 합은 $9\pi + \dfrac{16}{9}\pi = \dfrac{97}{9}\pi$이다.

$p = 9$, $q = 97$이므로 $p + q = 106$

367 정답 ②

함수 $f(x)$와 함수 $g(x)$는 대칭축을 여러 개 갖는 그래프이고 조건을 만족하기 위해서는 두 함수의 대칭축이 같고 $f(x)$의 주기가 $g(x)$의 주기보다 크지 않으면 된다.

함수 $g(x)$의 주기가 $\dfrac{\pi}{6}$이므로 대칭축은 $x = 0$, $x = \dfrac{\pi}{12}$,

$x = \dfrac{2\pi}{12} = \dfrac{\pi}{6}$, $x = \dfrac{3\pi}{12} = \dfrac{\pi}{4}$, $\cdots$이므로 함수 $g(x)$는 $x = \dfrac{m\pi}{12}$ (m은 정수)에 대칭인 그래프이다.

함수 $f(x)$의 주기는 $\dfrac{2\pi}{k}$이므로 대칭축은 $x = \dfrac{1}{4} \times \dfrac{2\pi}{k} = \dfrac{\pi}{2k}$,

$x = \dfrac{3}{4} \times \dfrac{2\pi}{k} = \dfrac{3\pi}{2k}$, $\cdots$이므로 함수 $f(x)$는

$x = \dfrac{(2n+1)\pi}{2k}$ (n은 정수)에 대칭인 그래프이다.

따라서 $2k$는 12의 약수이면 된다.

$2k = 1, 2, 3, 4, 6, 12$에서 k가 자연수이므로

$k = 1, 2, 3, 6$이다.

4개

368 정답 ③

$f(x) = \sin\left\{k\left(x - \dfrac{1}{2}\right)\right\} - 1$, $g(x) = 2\cos\left\{24\left(x - \dfrac{1}{2}\right)\right\}$,

$h(x) = \cos\left\{m\left(x - \dfrac{1}{2}\right)\right\} + 1$이므로

세 함수 $f(x)$, $g(x)$, $h(x)$는 각각 $y = \sin kx - 1$,

$y = 2\cos 24x$, $y = \cos mx + 1$를 x축으로 $\dfrac{1}{2}$만큼 평행이동한

그래프이다.

따라서 두 함수 $f(x)$와 $g(x)$의 교점의 y좌표는

$y = \sin kx - 1$와 $y = 2\cos 24x$의 그래프의 교점의 y좌표와

일치하고 두 함수 $g(x)$와 $h(x)$의 교점의 y좌표는

$y = 2\cos 24x$와 $y = \cos mx + 1$의 그래프의 교점의 y좌표와

일치한다.

$y = 2\cos 24x$는 주기가 $\dfrac{2\pi}{24} = \dfrac{\pi}{12}$이므로 정수 p에 대하여

극대는 $x = \dfrac{2p}{24}\pi$에서, 극소는 $x = \dfrac{2p+1}{24}\pi$에서 나타난다.

따라서 $x = \dfrac{n}{24}\pi$ (n은 정수)에 대칭인 그래프이다.

$y = \sin kx - 1$는 $x = \dfrac{(2n+1)\pi}{2k}$ (n은 정수)에 대칭인

그래프이다.

(가)에서 실수 a가 두 곡선 $y = f(x)$, $y = g(x)$의 교점의

y좌표이면 $\{x \mid f(x) = a\} \subset \{x \mid g(x) = a\}$라는

조건을 만족하기 위해서는 함수 $f(x)$의 주기가 $g(x)$보다 작지

않고 함수 $f(x)$와 함수 $g(x)$가 대칭축이 같으면 된다.

따라서 $2k$는 24의 약수이면 된다.

$2k = 1, 2, 3, 4, 6, 8, 12, 24$이다.

따라서 k가 자연수이므로 $k = 1, 2, 3, 4, 6, 12$

(나)에서 실수 b가 두 곡선 $y = g(x)$, $y = h(x)$의 교점의

y좌표이면 $\{x \mid g(x) = b\} \subset \{x \mid h(x) = b\}$

조건을 만족하기 위해서는 함수 $h(x)$의 주기가 $g(x)$보다 크지

않고 함수 $g(x)$와 함수 $h(x)$가 대칭축이 같으면 된다.

따라서 m는 24의 배수이면 된다.

m은 100이하의 24의 배수이므로 $m = 24, 48, 72, 96$이다.

따라서 $k + m$의 최솟값은 $k = 1$, $m = 24$일 때 25이고

$k + m$의 최댓값은 $k = 12$, $m = 96$일 때 108이다.

$25 + 108 = 133$

[다른 풀이]-이재호T

$f(x)$, $g(x)$, $h(x)$ 모두 x축 평행이동이 동일하기에 평행이동은

고려하지 않고 그래프를 생각해도 된다.

(가)조건에 의해 특정한 상수a에 대하여

$y = a$와 $y = f(x)$의 교점의 x좌표가 $y = a$와 $y = g(x)$의

교점의 x좌표에 포함되어야 하는데 $g(x)$의 대칭축이 $\dfrac{n}{24}\pi$

(n은 정수)이므로 $y = a$와 $y = g(x)$의 교점은 $\dfrac{n}{24}\pi$ (n은 정수)

기준으로 좌우 대칭형태가 된다.

따라서 $f(x)$의 첫 번째 대칭축인 $\dfrac{1}{2k}\pi$ (k는 자연수)는 $g(x)$의

대칭축과 일치해야 한다.

$\dfrac{n}{24}\pi = \dfrac{1}{2k}\pi$

$nk = 12$

k는 12의 양의 약수이다.

(나)조건에 의해 특정한 상수b에 대하여

$y = b$와 $y = g(x)$의 교점의 x좌표가 $y = b$와 $y = h(x)$의

교점의 x좌표에 포함되어야 하는데

함수 $h(x)$의 대칭축이 $\dfrac{n}{m}\pi$ (n은 정수, m은 자연수)이므로

$y = b$와 $y = h(x)$의 교점은 $\dfrac{n}{m}\pi$기준으로 좌우 대칭형태가

된다.

따라서

함수 $g(x)$의 첫 번째 대칭축인 $\dfrac{1}{24}\pi$는 함수 $h(x)$의 대칭축과

일치해야 한다.

$\dfrac{n}{m}\pi = \dfrac{1}{24}\pi$

$m = 24n$

m은 100이하의 24의 배수이므로 24, 48, 72, 96이다.

즉, 최댓값은 $12 + 96 = 108$

최솟값은 $1 + 24 = 25$

따라서 $108 + 25 = 133$

수열

Level 1

유형 1 등차수열의 뜻과 일반항

369 정답 ③

등차수열 $\{a_n\}$의 공차를 d라 하면 $a_5 = a_1 + 4d$이다.

$a_1 = 2a_5$이므로 $a_1 = 2(a_1 + 4d)$, 즉 $a_1 + 8d = 0$이다. $\cdots$ ㉠

등차중항에 의하여 $a_8 + a_{12} = 2a_{10} = -6$이므로

$a_{10} = -3$,

즉 $a + 9d = -3$이다. $\cdots$ ㉡

㉠, ㉡을 연립하면 $d = -3$, $a = 24$이다.

따라서 $a_2 = 24 - 3 = 21$이다.

370 정답 ⑤

등차수열 $\{a_n\}$의 첫째항을 a, 공차를 d라 하면

$a_2 = 6$에서

$$a + d = 6 \qquad \cdots\cdots ㉠$$

$a_4 + a_6 = 36$에서

$$a + 3d + (a + 5d) = 36$$

$$a + 4d = 18 \qquad \cdots\cdots ㉡$$

㉠, ㉡을 연립하여 풀면 $a = 2$, $d = 4$

$\therefore a_{10} = a + 9d = 2 + 9 \cdot 4 = 38$

371 정답 ③

$a_3 a_7 = (a_1 + (3-1) \cdot (-3)) \times (a_1 + (7-1) \cdot (-3))$

$\qquad = (a_1 - 6)(a_1 - 18) = 64$가 된다.

정리하면 $a_1^2 - 24a_1 + 108 = 64$

$(a_1 - 2)(a_1 - 22) = 0$이고 $a_8 > 0$이므로 $a_1 = 22$이다.

$\therefore a_2 = a_1 + (-3) = 19$

372 정답 ②

$a_n = a + (n-1)d$라 하자

$a_1 = a_3 + 8$은 $a = a + 2d + 8$이고, $d = -4$(공차)

$2a_4 - 3a_6 = 3$은 $2a + 6d - 3a - 15d = 3$이 된다.

$d = -4$이므로 $a = 33$임을 알 수 있다.

즉 일반항 $a_n = 33 - 4(n-1) = 37 - 4n$

$\therefore 37 - 4n < 0$

즉, $\dfrac{37}{4} < n$ 만족시키는 자연수 k의 최솟값은 10

373 정답 ①

$|a_3| = a_4$에서 $a_3 < 0$, $a_4 > 0$이고 $a_3 + a_4 = 0$이다.

$a_n = -15 + (n-1)d$라 하면

$a_3 + a_4 = -15 + 2d - 15 + 3d = 0$에서 $d = 6$이다.

따라서 $a_n = 6n - 21$이므로 $a_7 = 21$이다.

374 정답 ⑤

등차수열 a_n의 공차를 d라 하면

$a_{12} - a_8 = 4d$이므로

$4d = 12$, $d = 3$

따라서 $a_6 = -1 + 5d = -1 + 15 = 14$

375 정답 80

수열 $\{a_n\}$의 첫째항을 a라 하면

$a_n = a + (n-1)a = na$

$a_3 + a_7 + a_{11} = 3a + 7a + 11a = 21a = 42$에서 $a = 2$

따라서 $a_{40} = 2 \times 40 = 80$

376 정답 4

$a_8 = a_1 + 7 \times 2$에서

$-2 = a_1 + 14$

$a_1 = -16$

$a_n = -16 + (n-1) \times 2 = 2n - 18$

따라서 $a_{2n} = 4n - 18$이다.

$b_n = 2a_{2n} - a_n = 8n - 36 - 2n + 18$

$\qquad = 6n - 18$

$b_3 = 0$, $b_4 = 6$이므로

$b_n > 0$을 만족시키는 n의 최솟값은 4이다.

377 정답 ⑤

수열 $\{a_n\}$의 첫째항을 a라 하면 공차는 $2a$이므로

$a_n = a + (n-1) \times 2a = 2na - a$

$a_3 + a_7 = 5a + 13a = 18a = 90$에서 $a = 5$

따라서 $a_4 = 7a = 35$

378 정답 4

등차수열 $\{a_n\}$의 첫째항을 a, 공차를 d라 하면
$a_2 - a_6 = (a+d) - (a+5d) = -4d = 12$이므로
$d = -3$
또한,
$a_1 + a_5 = a + (a+4d) = 2a + 4d = 12$에서
$2a - 12 = 12$ $\therefore$ $a = 12$
따라서 $a_k = a + (k-1)d = -3k + 15$이므로
$a_k = -3k + 15 > 0$에서
$k < 5$
따라서 자연수 k의 최댓값은 4이다.

 유형 2 등차수열의 합

379 정답 ②

$a_6 = 2(S_3 - S_2) = 2a_3$
$2 + 5d = 2(2 + 2d)$
$2 + 5d = 4 + 4d$
$\therefore$ $d = 2$
$S_{10} = \dfrac{10(2 \times 2 + 9 \times 2)}{2} = 110$

380 정답 ④

등차수열의 합 공식에 의해 $\dfrac{(n+2)(1+2)}{2} = 24$이므로
$n = 14$이다.

381 정답 ②

a_n은 등차수열이고 공차를 $d(d > 0)$라 하면
$a_3 = a + 2d$, $a_8 = a + 7d$
근과 계수의 관계에 의해
$(a+2d) + (a+7d) = 14$
$2a + 9d = 14$
따라서
$a_3 + \cdots + a_8$
$= \dfrac{6\{(a+2d) + (a+7d)\}}{2}$
$= 3 \times (2a + 9d) = 3 \times 14 = 42$
[다른 풀이]
$a_3 + a_8 = 14$이므로 $a_4 + a_7 = 14$, $a_5 + a_6 = 14$
$\therefore$ $3 \times 14 = 42$

382 정답 ②

등차수열의 첫째항이 6이므로 공차를 d라 하면
$a_{10} = 6 + 9 \times d = -12$ 에서 $d = -2$
$\therefore$ $a_n = 6 + (n-1) \times (-2) = -2n + 8$
$n \le 4$일 때, $a_n \ge 0$, $n > 5$일 때, $a_n < 0$ 이므로
$|a_1| + |a_2| + \cdots + |a_{20}|$
$= a_1 + a_2 + a_3 + a_4 - (a_5 + \cdots + a_{20})$
$= (6 + 4 + 2 + 0) + (2 + 4 + 6 + \cdots + 32)$
$= 12 + \dfrac{16(2 + 32)}{2}$
$= 12 + 272 = 284$

383 정답 ①

등차수열 $\{a_n\}$의 첫째항을 a, 공차를 d라 하자.
$\dfrac{a_5 + a_{13}}{2} = a_9$이므로 $a_9 = 0$에서
$a + 8d = 0 \cdots$ ㉠
또, $a_1 + \cdots + a_{18} = \dfrac{18}{2} \times (a_1 + a_{18}) = 9(2a + 17d)$
이므로 $9(2a + 17d) = \dfrac{9}{2}$에서
$2a + 17d = \dfrac{1}{2}$ $\cdots$ ㉡
㉠, ㉡을 연립하여
$a = -4$, $d = \dfrac{1}{2}$이므로
$a_{13} = a + 12d = -4 + 12 \times \dfrac{1}{2} = 2$

384 정답 51

등차수열 $\{a_n\}$의 공차를 d라 하면
$a_n = a_{11} + (n-11)d$이다.
$a_{15} + a_{17} + a_{19} + \cdots + a_{37} = \dfrac{12(a_{15} + a_{37})}{2}$
$= \dfrac{12(31 + 4d + 31 + 26d)}{2}$
$= 6(62 + 30d) = 12(31 + 15d) = 12$
$31 + 15d = 1$
$15d = -30$
$d = -2$
$a_{11} = a_1 + 10d$에서 $31 = a_1 - 20$
$a_1 = 51$이다.
[다른 풀이]-서영만t
$a_{11} = a_1 + 10d = 31$
$\dfrac{12(a_1 + 14d + a_1 + 36d)}{2} = 12$
$2a_1 + 50d = 2$

$5a_1 + 50d = 155$이므로

$3a_1 = 153$에서 $a_1 = 51$

385 정답 20

등차수열 $\{a_n\}$의 첫째항을 a, 공차를 d라 하면

$S_9 = 108$에서 $\dfrac{9(2a+8d)}{2} = 108$

$a + 4d = 12$

$\therefore a_5 = 12$

$a_5{}^2 + a_6{}^2 = a_7{}^2 + a_8{}^2$에서

$a_5{}^2 + (a_5+d)^2 = (a_5+2d)^2 + (a_5+3d)^2$

$12^2 + (12+d)^2 = (12+2d)^2 + (12+3d)^2$

$24d + d^2 = 48d + 4d^2 + 72d + 9d^2$

$12d^2 + 96d = 0$, $12d(d+8) = 0$

$d \neq 0$이므로 $d = -8$

따라서 $a_4 = a_5 - d = 12 - (-8) = 20$

386 정답 8

$\{a_n\}$이 등차수열이므로

(가)에서 $\dfrac{(m+1)(a_1 + a_{2m+1})}{2} = 90 \ \cdots \text{㉠}$

(가)+(나)에서 $\dfrac{(2m+1)(a_1 + a_{2m+1})}{2} = 170 \ \cdots \text{㉡}$

㉠, ㉡을 연립하면 $\dfrac{2m+1}{m+1} = \dfrac{17}{9}$

$18m + 9 = 17m + 17$ $\therefore m = 8$

 유형 3 등비수열의 뜻과 일반항

387 정답 ⑤

등비수열 $\{a_n\}$의 첫째항과 공비가 모두 양수 k이므로

$a_n = k^n$

$\dfrac{a_4}{a_2} + \dfrac{a_2}{a_1} = 30$

$\dfrac{k^4}{k^2} + \dfrac{k^2}{k} = 30$

$k^2 + k = 30$

$k^2 + k - 30 = 0$, $(k+6)(k-5) = 0$

$k > 0$이므로 $k = 5$

388 정답 ①

[검토자 : 필재T]

등비수열 $\{a_n\}$의 공비를 r이라 하면

$a_6 = 16$이므로

$a_8 = a_6 \times r^2 = 16r^2$, $a_7 = a_6 \times r = 16r$

$2a_8 - 3a_7 = 32$이므로

$2 \times 16r^2 - 3 \times 16r = 32$

$2r^2 - 3r - 2 = 0$, $(2r+1)(r-2) = 0$

$a_1 a_2 < 0$에서 $r < 0$이므로

$r = -\dfrac{1}{2}$

따라서

$a_9 + a_{11} = a_6 \times r^3 + a_6 \times r^5$

$= 16 \times \left(-\dfrac{1}{8}\right) + 16 \times \left(-\dfrac{1}{32}\right)$

$= -2 + \left(-\dfrac{1}{2}\right) = -\dfrac{5}{2}$

389 정답 ④

첫째항을 a, 공비를 r라 하면

$S_4 - S_2 = 3a_4$에서 $a_3 + a_4 = 3a_4$

$a_3 = 2a_4$

$ar^2 = 2ar^3$

$\therefore r = \dfrac{1}{2}$

$a_5 = \dfrac{3}{4}$에서 $a \times \left(\dfrac{1}{2}\right)^4 = \dfrac{3}{4}$

$\therefore a = 12$

따라서

$a_1 + a_2 = 12 + 6 = 18$

390 정답 ⑤

등비수열 $\{a_n\}$의 첫째항을 a, 공비를 r라 하면 수열 $\{a_n\}$의 모든 항이 양수이므로 $a > 0$, $r > 0$이다.

$\dfrac{a_3 a_8}{a_6} = 12$에서 $\dfrac{ar^2 \times ar^7}{ar^5} = 12$, $ar^4 = 12$

즉, $a_5 = 12$

$a_5 + a_7 = 36$에서 $a_7 = 24$이므로

$r^2 = \dfrac{a_7}{a_5} = \dfrac{24}{12} = 2$

$\dfrac{a_{11}}{a_7} = r^4 = (r^2)^2 = 2^2 = 4$이므로

$a_{11} = a_7 \times 4$

$= 24 \times 4 = 96$

391 정답 ①

등비수열 $\{a_n\}$의 공비를 $r\,(r>0)$이라 하자.

$a_2 + a_4 = 30$ $\qquad$ ······㉠

한편 $a_4 + a_6 = \dfrac{15}{2}$에서

$r^2(a_2 + a_4) = \dfrac{15}{2}$ $\qquad$ ······㉡

㉠을 ㉡에 대입하면

$r^2 \times 30 = \dfrac{15}{2},\ r^2 = \dfrac{1}{4}$

$r > 0$이므로 $r = \dfrac{1}{2}$

㉠에서

$a_1 r + a_1 r^3 = 30$

$a_1 \times \dfrac{1}{2} + a_1 \times \left(\dfrac{1}{2}\right)^3 = 30$

$a_1 \times \dfrac{5}{8} = 30$

$a_1 = 30 \times \dfrac{8}{5} = 48$

392 정답 ③

$a_1 = \dfrac{1}{4}$이므로 공비를 r이라 하면

$a_2 + a_3 = \dfrac{1}{4}r + \dfrac{1}{4}r^2 = \dfrac{3}{2}$

$r^2 + r - 6 = 0$

$(r+3)(r-2) = 0$

모든 항이 양수이므로 $r = 2$이다. 그러므로

$a_6 + a_7 = \dfrac{1}{4} \times 2^5 + \dfrac{1}{4} \times 2^6 = 24$

393 정답 4

$a_2 = a_1 r = 36$

$a_1 r^6 = \dfrac{1}{3} a_1 r^4$

$r^2 = \dfrac{1}{3}$

$a_6 = a_1 r^5 = a_1 r \times r^4 = 36 \times \dfrac{1}{9} = 4$

394 정답 ⑤

등비수열 $\{a_n\}$의 공비를 r라 하면

$a_2 a_4 = a_1 r \times a_1 r^3 = (a_1)^2 r^4 = 4r^4 = 36$

이므로 $r^4 = 9$

$$\therefore \frac{a_7}{a_3} = \frac{a_1 r^6}{a_1 r^2} = r^4 = 9$$

395 정답 36

등비수열 $\{a_n\}$의 공비를 r라 하면

$\dfrac{a_{16}}{a_{14}} + \dfrac{a_8}{a_7} = r^2 + r$ 이므로

$r^2 + r = 12$

$(r+4)(r-3) = 0$

$r > 0$이므로 $r = 3$

$\dfrac{a_3}{a_1} + \dfrac{a_6}{a_3} = r^2 + r^3 = 3^2 + 3^3 = 9 + 27 = 36$

396 정답 64

$x = 2$를 대입하여 세 점을 좌표를 구하면

$P(2, 8^2)$, $Q(2, a^2)$, $R(2, \log_2 2)$

이때 $\overline{AP} = 8^2 = 64$, $\overline{AQ} = a^2$, $\overline{AR} = \log_2 2 = 1$

이 등비수열을 이루므로

$(a^2)^2 = 64 \times 1$ $\quad \therefore a^4 = 64$

397 정답 35

$a_n = ar^{n-1}$로 놓으면 $a_2 = ar = 1$에서 $a = \dfrac{1}{r}$

$\therefore \log_r \omega = \log_r \left(\dfrac{1}{r} \cdot 1 \cdot r \cdot \cdots \cdot r^8 \right)$

$\qquad = \log_r (r^2 \cdot r^3 \cdot \cdots \cdot r^8)$

$\qquad = \log_r r^{2+3+\cdots+8} = \log_r r^{\frac{7(2+8)}{2}}$

$\qquad = \log_r r^{35} = 35$

398 정답 30

등비수열 $\{a_n\}$의 공비를 r라 하면

$\dfrac{a_{16}}{a_{14}} + \dfrac{a_8}{a_7} = r^2 + r$ 이고

$\dfrac{a_{11}}{a_{10}} + \dfrac{a_{22}}{a_{20}} = r + r^2$이므로

$\dfrac{a_{11}}{a_{10}} + \dfrac{a_{22}}{a_{20}} = 30$이다.

399 정답 32

등비수열 $\{a_n\}$의 첫째항을 a_1, 공비를 r이라 하면

$$\frac{a_1 r^{11}}{a_1 r^9} + \frac{a_1 r^8}{a_1 r^5} = \frac{a_1 r^6}{8 \times a_1 r^7}$$

$$2r^3 = \frac{1}{8r}$$

$$r^4 = \frac{1}{16}$$

따라서 $r = \dfrac{1}{2}$ $(\because r > 0)$

$$\frac{a_{16}}{a_{21}} = \frac{a_1 r^{15}}{a_1 r^{20}} = \frac{1}{r^5} = 32$$

400 정답 ④

등비수열 $\{a_n\}$의 공비를 r라 하면 $a_1 + a_2 + a_3 = 6$에서

$$a_1 + a_1 r + a_1 r^2 = 6$$

$\therefore\ a_1(1 + r + r^2) = 6 \cdots \boxed{\ominus}$

또, $a_4 + a_5 + a_6 = 48$에서 $a_1 r^3 + a_1 r^4 + a_1 r^5 = 48$

$\therefore\ a_1 r^3 (1 + r + r^2) = 48 \cdots \boxed{\bigcirc}$

$\boxed{\bigcirc} \div \boxed{\ominus}$을 하면 $r^3 = 8$ $\qquad \therefore\ r = 2$

$r = 2$를 $\boxed{\ominus}$에 대입하면 $a_1 \cdot 7 = 6$

$\therefore\ a_1 = \dfrac{6}{7}$

$$a_2 + a_4 + a_6 = a_1 r + a_1 r^3 + a_1 r^5 = a_1 r (1 + r^2 + r^4)$$
$$= \frac{6}{7} \cdot 2 \cdot 21 = 36$$

401 정답 32

$$a_1 a_5 = a_2 a_4 = (a_3)^2 = 2 \times 8$$

$$a_1 \times a_2 \times a_3 \times a_4 \times a_5$$
$$= (a_1 a_5) \times (a_2 a_4) \times a_3 = 16 \times 16 \times 4$$

$\therefore\ \sqrt{a_1 \times a_2 \times a_3 \times a_4 \times a_5} = 4 \times 4 \times 2 = 32$

402 정답 ④

등비수열 $\{a_n\}$의 공비를 r이라 하면

$$2a_5 - 4a_6 - 3a_8 + 6a_9$$
$$= 2a_1 r^4 - 4a_1 r^5 - 3a_1 r^7 + 6a_1 r^8 = 0$$

에서 $a_1 \neq 0,\ r \neq 0$이므로

$$2 - 4r - 3r^3 + 6r^4 = 0$$

$$2(1 - 2r) - 3r^3(1 - 2r) = 0$$

$$(1 - 2r)(2 - 3r^3) = 0$$

r은 유리수이므로 $r = \dfrac{1}{2}$

 유형 4 **등비수열의 합**

403 정답 64

등비수열 $\{a_n\}$의 공비를 r이라 하면

$a_1 = 1$이므로 $a_4 = r^3$

$$S_6 = \frac{r^6 - 1}{r - 1} = \frac{(r^3 + 1)(r^3 - 1)}{r - 1}$$

$$S_3 = \frac{r^3 - 1}{r - 1}$$

$$\frac{S_6}{S_3} = 2a_4 - 7 \Rightarrow r^3 + 1 = 2r^3 - 7$$

에서 $r^3 = 8$이므로

$$a_7 = r^6 = (r^3)^2 = 64$$

404 정답 63

등비수열 a_n의 공비를 r라 하자

$$S_9 - S_5 = a_6 + a_7 + a_8 + a_9$$
$$= 7r^5 + 7r^6 + 7r^7 + 7r^8$$
$$= 7r^5(1 + r + r^2 + r^3)$$

$$S_6 - S_2 = a_3 + a_4 + a_5 + a_6$$
$$= 7r^2 + 7r^3 + 7r^4 + 7r^5$$
$$= 7r^2(1 + r + r^2 + r^3)$$

이때,

$$\frac{S_9 - S_5}{S_6 - S_2} = \frac{7r^5(1 + r + r^2 + r^3)}{7r^2(1 + r + r^2 + r^3)} = r^3$$

이므로 $r^3 = 3$

따라서 $a_7 = 7r^6 = 7 \times (r^3)^2 = 7 \times 3^2 = 63$

405 정답 ③

a_n이 등비수열이므로 $a_3 = 4(a_2 - a_1)$에서

$$ar^2 = 4(ar - a)$$

$$r^2 = 4r - 4$$

$$(r - 2)^2 = 0,\ \therefore\ r = 2$$

$a_1 + \cdots + a_6 = \dfrac{a(1 - r^6)}{1 - r} = 15$ 에서 $a = \dfrac{15}{63} = \dfrac{5}{21}$

따라서

$$a_1 + a_3 + a_5 = a + ar^2 + ar^4 = a(1 + r^2 + r^4)$$
$$= \frac{5}{21}(1 + 2^2 + 2^4) = 5$$

406 정답 ③

$a_n = 2^{1-n} = \left(\dfrac{1}{2}\right)^{n-1}$ 이므로

$$S_n = \frac{1-\left(\frac{1}{2}\right)^n}{1-\frac{1}{2}} = 2\left\{1-\left(\frac{1}{2}\right)^n\right\} = 2-\left(\frac{1}{2}\right)^{n-1}$$

ㄱ. $\log a_n = \log\left(\dfrac{1}{2}\right)^{n-1} = (n-1)\log\dfrac{1}{2}$ 이므로

수열 $\{\log a_n\}$은 첫째항이 0, 공차가 $\log\dfrac{1}{2}$인 등차수열이다.
(참)

ㄴ. $S_n + a_n = 2 - \left(\dfrac{1}{2}\right)^{n-1} + \left(\dfrac{1}{2}\right)^{n-1} = 2$ 이므로

수열 $\{S_n + a_n\}$은 첫째항이 2, 공비가 1인 등비수열이다. (참)

ㄷ. $\dfrac{1}{2}a_{n+1} + 2 = \dfrac{1}{2}\left(\dfrac{1}{2}\right)^n + 2 = \left(\dfrac{1}{2}\right)^{n+1} + 2$

$\neq 2 - \left(\dfrac{1}{2}\right)^{n-1} = S_n$

이므로 $S_n \neq \dfrac{1}{2}a_{n+1} + 2$ (거짓)

따라서, 옳은 것은 ㄱ, ㄴ이다.

407 정답 25

등비수열 a_n의 공비를 r라 하자

$S_{20} - S_{15} = a_{16} + a_{17} + \cdots + a_{19} + a_{20}$
$\qquad = r^{15} + r^{16} + \cdots + r^{19} + r^{20}$
$\qquad = r^{15}(1 + r + \cdots + r^4 + r^5)$

$S_{10} - S_5 = a_6 + a_7 + \cdots + a_9 + a_{10}$
$\qquad = r^5 + r^6 + \cdots + r^9 + r^{10}$
$\qquad = r^5(1 + r + \cdots + r^4 + r^5)$

이때,

$\dfrac{S_{20} - S_{15}}{S_{10} - S_5} = r^{10} = 5$

$a_{21} = r^{20} = \left(r^{10}\right)^2 = 25$

408 정답 8

등비수열 a_n의 첫째항을 a, 공비를 r라 하자
$S_{12} - S_8 = a_9 + a_{10} + a_{11} + a_{12}$
$\qquad = ar^8 + ar^9 + ar^{10} + ar^{11}$
$\qquad = ar^8(1 + r + r^2 + r^3)$

$S_8 - S_4 = a_5 + a_6 + a_7 + a_8$
$\qquad = ar^4 + ar^5 + ar^6 + ar^7$
$\qquad = ar^4(1 + r + r^2 + r^3)$

이때,

$\dfrac{S_{12} - S_8}{S_8 - S_4} = r^4 = 16$

이므로 $r = 2$ ($\because r > 0$)
따라서

$\dfrac{a_{20}}{a_{17}} = \dfrac{a \times 2^{19}}{a \times 2^{16}} = 2^3 = 8$

409 정답 ⑤

$S_{10} = \dfrac{2(3^{10}-1)}{3-1} = 3^{10} - 1$

410 정답 ①

$S_9 = \dfrac{a_1(2^8-1)}{2-1} = a_1(2^8-1) = 255a_1 = 51$이므로

$a_1 = \dfrac{51}{255} = \dfrac{1}{5}$

따라서 $a_3 = \dfrac{1}{5} \times 2^2 = \dfrac{4}{5}$

411 정답 ③

$g(x) = (f \circ f)(x)$ 라 하면 $g(x)$의 상수항을 포함한 모든 계수의 합은 $g(1)$이다.
$g(1) = f(f(1)) = f(2)$에서
$f(x) = -98 + \dfrac{x(x^{100}-1)}{x-1}$이므로

$g(1) = f(2) = -98 + \dfrac{2(2^{100}-1)}{2-1} = 2^{101} - 100$

유형 5 등차중항과 등비중항

412 정답 ③

x에 대한 이차방정식 $x^2 - nx + 4(n-4) = 0$을 풀면
$(x-4)(x-n+4) = 0$
$x = 4$ 또는 $x = n-4$
한편, 세 수 1, α, β가 등차수열을 이루므로
$2\alpha = \beta + 1 \cdots$ ㉠
이대, 다음 각 경우로 나눌 수 있다.
(i) $\alpha = 4$이고, $\beta = n-4$인 경우
이때, $\alpha < \beta$이므로 $n > 8$
또, ㉠에서
$8 = (n-4) + 1$
$n = 11$

그러므로 조건을 만족시킨다.

(ii) $\alpha = n-4$이고, $\beta = 4$

이때, $\alpha < \beta$이므로 $n < 8$

또, ㉠에서

$2(n-4) = 4+1$

$n = \dfrac{13}{2}$

n은 자연수이어야 하므로 조건을 만족시키지 못한다.

따라서 (i), (ii)에서 구하는 자연수의 값은 11이다.

413 정답 ⑤

$a = r$, $b = r^2$, $c = r^3$이므로 $\log_8 c = \log_{2^3} r^3 = \log_2 r$

$\log_a b = \log_r r^2 = 2$

따라서, $\log_8 c = \log_a b$에서 $\log_2 r = 2$

$\therefore r = 2^2 = 4$

414 정답 10

a, $a+b$, $2a-b$가 등차수열이므로

$2(a+b) = 3a-b$ $\therefore a = 3b$

1, $a-1$, $3b+1$ 이 등비수열이므로

$(a-1)^2 = 3b+1$, $(a-1)^2 = a+1$, $a^2-3a = 0$

$\therefore a = 0$ 또는 $a = 3$

공비가 양수이므로 $a = 3$, $b = 1$

$\therefore a^2+b^2 = 3^2+1^2 = 10$

415 정답 ②

등차수열 $\{a_n\}$의 공차를 d라고 하면

$a_2 = a_1+d$, $a_4 = a_1+3d$, $a_9 = a_1+8d$

이때 세 항 a_2, a_4, a_9 는 등비수열을 이루므로 등비중항에 의해

$(a_1+3d)^2 = (a_1+d)(a_1+8d)$

$a_1^2+6a_1 d+9d^2 = a_1^2+9a_1 d+8d^2$

$d(3a_1-d) = 0$

$\therefore d = 3a_1$ $(\because d \neq 0)$

즉, $a_2 = 4a_1$, $a_4 = 10a_1$ 이므로

$r = \dfrac{10a_1}{4a_1} = \dfrac{5}{2}$

$\therefore 2r = 5$

416 정답 ①

등차중항의 성질에 의해 $a_k = a_9$이다. 따라서 $k = 9$

따라서 $a_2 = a_1+4$, $a_9 = a_1+32$

등비중항의 성질에 의해

$(a_1+4)^2 = a_1 \times (a_1+32)$

$a_1^2+8a_1+16 = a_1^2+32a_1$

$24a_1 = 16$

따라서 $a_1 = \dfrac{2}{3}$

$k \times a_1 = 9 \times \dfrac{2}{3} = 6$

417 정답 ①

2, a, b가 이 순서로 등차수열을 이루므로

$2a = b+2$ $\therefore b = 2a-2$

4, $2a$, $a+2b$ 가 이 순서로 등비수열을 이루므로

$4a^2 = 4(a+2b) \rightarrow a^2 = a+2(2a-2)$

$\rightarrow a^2 = 5a-4$, $a^2-5a+4 = 0$

$\therefore a = 1$ 또는 $a = 4$

$a = 1$ 일 때, $b = 0$이므로 모순이다.

$\therefore a = 4$, $b = 6$ $\therefore a \times b = 24$

418 정답 ①

평행사변형의 높이를 h라 하면

평행사변형 ABCD의 넓이는 $14h$

삼각형 EBC의 넓이는 $\dfrac{1}{2} \times \overline{CE} \times h$이므로

$\dfrac{1}{2} \times \overline{CE} \times h = 14h \times \dfrac{1}{7}$

따라서 $\overline{CE} = 4$, $\overline{DE} = 10$이고

두 삼각형 A'DE 와 CBE 은 닮음 관계이므로

$\overline{A'E} : \overline{DE} = \overline{CE} : \overline{BE}$가 성립하고 $\overline{EB} = x$라 두면

$\overline{A'E} = 14-x$이다.

$14-x : 10 = 4 : x \rightarrow x^2-14x+40 = 0$에서

$x = 10$이다.

따라서 $\overline{EB} = 10$이고, $\overline{BD} = 16$이다.

또한 $\overline{DE} = 10$이므로 삼각형 BDE는 이등변삼각형이고 꼭짓점

E에서 $\overline{BD}$에 내린 수선의 발을 H라 하면

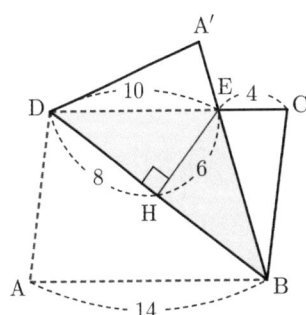

$\overline{DH} = 8$이므로

$\overline{EH} = \sqrt{10^2-8^2} = 6$

따라서 삼각형 BDE의 넓이는 $\frac{1}{2} \times 16 \times 6 = 48$이다.

[다른 풀이]-유승희 선생님

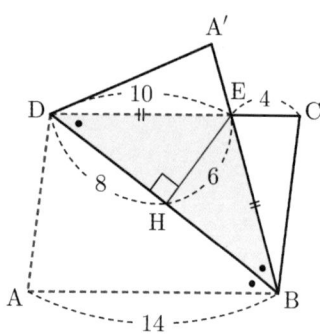

삼각형 ABD를 접은 그림이므로
∠ABD = ∠A′BD이고 평행사변형이므로
∠ABD = ∠CDB (엇각)
따라서, 삼각형 BDE는 이등변삼각형이다.
그러므로 $\overline{EB} = \overline{ED} = 10$이고 $\overline{CE}, \overline{EB}, \overline{BD}$는 이 순서대로
등차수열이므로 $\overline{BD} = 16$이다.

 **유형 6** 수열의 합과 일반항 사이의 관계

419 정답 35

$a_{10} = S_{10} - S_9$
$\quad = (2 \cdot 10^2 - 3 \cdot 10) - (2 \cdot 9^2 - 3 \cdot 9)$
$\quad = 170 - 135 = 35$

420 정답 196

$a_{100} = S_{100} - S_{99}$
$= 100^2 - 3 \cdot 100 - (99^2 - 3 \cdot 99)$
$= 100^2 - 99^2 - 3(100 - 99)$
$= (100 + 99)(100 - 99) - 3 = 196$

421 정답 256

$a_9 = S_9 - S_8 = (2^9 - 1) - (2^8 - 1) = 256$

422 정답 ②

$a_1 = S_1 = 1^2 + 2^1 = 3$
$a_5 = S_5 - S_4 = (5^2 + 2^5) - (4^2 + 2^4) = 57 - 32 = 25$
$\therefore a_1 + a_5 = 28$

423 정답 ①

$S_n = n^2 - 10n$이므로 등차수열의 합이다.

$S_n = n^2 - 10n$의 이차항의 계수는 공차의 $\frac{1}{2}$이므로 등차수열
$\{a_n\}$의 공차는 2이고 첫째항은
$a_1 = S_1 = -9$이다.
그러므로 $a_n = 2n - 11$이다.

$a_n < 0$, $2n - 11 < 0$에서 $n < \frac{11}{2}$이고 이 범위의 자연수 n은
$n = 1, 2, 3, 4, 5$이다.
따라서 구하는 자연수 n의 개수는 5개다.

[랑데뷰팁]
$S_n = an^2 + bn$일 때,
$S_{n-1} = a(n-1)^2 + b(n-1)$이다.
$S_n - S_{n-1} = a_n = 2an - a + b$으로 수열 $\{a_n\}$은 공차가
$2a$인 등차수열이다.
따라서 S_n이 상수항이 0인 n에 관한 이차식일 때, S_n은
등차수열의 합을 나타내고 이차항의 계수는 공차의
$\frac{1}{2}$이다.

---

424 정답 ②

$S_n = \frac{n}{n+1}$이므로

$a_4 = S_4 - S_3 = \frac{4}{5} - \frac{3}{4} = \frac{1}{20}$

425 정답 47

$S_n = a_1 + a_2 + \cdots + a_n$에서 $S_2 = a_1 + a_2 = 15$이므로
$2 \times 2^2 + 2k + 1 = 15$, $2k = 6$
$\therefore k = 3$
$S_n = 2n^2 + 3n + 1$에서
$n = 1$일 때, $a_1 = S_1 = 2 + 3 + 1 = 6$
$n \geq 2$일 때
$a_n = S_n - S_{n-1}$
$= 2n^2 + 3n + 1 - \{2(n-1)^2 + 3(n-1) + 1\}$
$= 2n^2 + 3n + 1 - \{2n^2 - 4n + 2 + 3n - 3 + 1\}$
$= 4n + 1$
$\therefore a_n = \begin{cases} 6 & (n = 1) \\ 4n + 1 & (n \geq 2) \end{cases}$
따라서 $a_1 = 6$, $a_{10} = 41$이므로
$a_1 + a_{10} = 47$이다.

426 정답 ①

합과 일반항 사이의 관계에 의하여

(i) $n=1$일 때 $a_1 = S_1 = 2 \cdot 3^1 + a = 6 + a$

(ii) $n \geq 2$일 때,

$$a_n = S_n - S_{n-1} = (2 \cdot 3^n + a) - (2 \cdot 3^{n-1} + a)$$
$$= 2 \cdot 3^{n-1}(3-1) = 4 \cdot 3^{n-1}$$

(ii)에서 $n=1$을 대입하면 $a_1 = 4$이므로 이 수열이 첫째항부터 등비수열을 이루려면 $6 + a = 4$이어야 한다. $\therefore a = -2$

즉, $a = -2$이면 이 수열은 첫째항이 4이고 공비가 3인 등비수열을 이룬다.

$\therefore a \times r = (-2) \times 3 = -6$

427 정답 ②

$S_1 = a_1 = 2$이고

$S_{n+1} = 2S_n - 1 \cdots$㉠의 $n=1$을 대입하면

$S_2 = 2S_1 - 1$에서 $S_2 = 3$이므로 $a_2 = 1$이다.

㉠의 n에 $n-1$을 대입하면

$S_n = 2S_{n-1} - 1 \, (n=2, 3, \cdots) \cdots$㉡이므로

㉠$-$㉡을 하면

$a_n = 2a_{n-1} \, (n=2, 3, \cdots)$

따라서 $a_1 = 2$, $a_2 = 1$, $a_3 = 2$, $a_4 = 4$,

$a_5 = 8$, $a_6 = 16$

$\therefore a_7 = 32$

 **유형 7** 수열의 합 $\sum$의 뜻과 성질

428 정답 96

$a_n + a_{n+4} = 12$이므로

$$\sum_{n=1}^{8} a_n = \sum_{n=1}^{4} (a_n + a_{n+4})$$
$$= \sum_{n=1}^{4} 12 = 12 \times 2 = 48$$

$$\sum_{n=9}^{16} a_n = \sum_{n=9}^{12} (a_n + a_{n+4})$$
$$= \sum_{n=9}^{12} 12 = 12 \times 4 = 48$$

따라서

$$\sum_{n=1}^{16} a_n = \sum_{n=1}^{4} (a_n + a_{n+4}) + \sum_{n=9}^{12} (a_n + a_{n+4})$$
$$= 48 + 48 = 96$$

429 정답 29

[검토자 : 백상민T]

$\sum\limits_{k=1}^{10} ka_k = 36$에서

$a_1 + 2a_2 + 3a_3 + \cdots + 10a_{10} = 36$ ······ ㉠

$\sum\limits_{k=1}^{9} ka_{k+1} = 7$에서

$a_2 + 2a_3 + 3a_4 + \cdots + 9a_{10} = 7$ ······ ㉡

㉠$-$㉡을 하면

$$a_1 + a_2 + a_3 + \cdots + a_{10} = \sum_{k=1}^{10} a_k$$
$$= 36 - 7 = 29$$

430 정답 ②

$$\sum_{k=1}^{10} (2a_k + 3) = 2\sum_{k=1}^{10} a_k + \sum_{k=1}^{10} 3$$
$$= 2\sum_{k=1}^{10} a_k + 3 \times 10$$
$$= 2\sum_{k=1}^{10} a_k + 30$$

따라서

$$2\sum_{k=1}^{10} a_k + 30 = 60$$

이므로

$$2\sum_{k=1}^{10} a_k = 30$$

$$\sum_{k=1}^{10} a_k = 15$$

431 정답 24

$$\sum_{k=1}^{10} (a_k - b_k) = \sum_{k=1}^{10} \{(2a_k - b_k) - a_k\}$$
$$= \sum_{k=1}^{10} (2a_k - b_k) - \sum_{k=1}^{10} a_k$$
$$= 34 - 10$$
$$= 24$$

432 정답 9

$\sum\limits_{k=1}^{10} a_k = p$, $\sum\limits_{k=1}^{10} b_k = q$라 하면

$p = 2q - 10$, $3p + q = 33$

연립하면 $p = 8$, $q = 9$

그러므로 $\sum\limits_{k=1}^{10} b_k = 9$

433 정답 22

$\displaystyle\sum_{k=1}^{5}(3a_k+5)=55$에서

$3\displaystyle\sum_{k=1}^{5}a_k+25=55$

$\displaystyle\sum_{k=1}^{5}a_k=10$

$\displaystyle\sum_{k=1}^{5}(a_k+b_k)=32$에서

$\displaystyle\sum_{k=1}^{5}a_k+\sum_{k=1}^{5}b_k=32$

따라서

$\displaystyle\sum_{k=1}^{5}b_k=-\sum_{k=1}^{5}a_k+32=-10+32=22$

434 정답 12

$\displaystyle\sum_{k=1}^{10}a_k-\sum_{k=1}^{7}\frac{a_k}{2}=56$을 정리하면

$\dfrac{1}{2}\left(\displaystyle\sum_{k=1}^{10}a_k-\sum_{k=1}^{7}a_k\right)+\dfrac{1}{2}\sum_{k=1}^{10}=56$

$\dfrac{1}{2}\left(\displaystyle\sum_{k=8}^{10}a_k+\sum_{k=1}^{10}a_k\right)=56 \qquad\cdots\text{㉠}$

$\displaystyle\sum_{k=1}^{10}2a_k-\sum_{k=1}^{8}a_k=100$을 정리하면

$\left(\displaystyle\sum_{k=1}^{10}a_k-\sum_{k=1}^{8}a_k\right)+\sum_{k=1}^{10}a_k=100$

$\displaystyle\sum_{k=9}^{10}a_k+\sum_{k=1}^{10}a_k=100 \quad\cdots\text{㉡}$

$2\times\text{㉠}-\text{㉡}$을 계산하면

$\displaystyle\sum_{k=8}^{10}a_k-\sum_{k=9}^{10}a_k=12$

$\therefore a_8=12$

435 정답 9

$\displaystyle\sum_{k=1}^{10}(a_k+2b_k)=\sum_{k=1}^{10}a_k+2\sum_{k=1}^{10}b_k=45\cdots\text{㉠}$

$\displaystyle\sum_{k=1}^{10}(a_k-b_k)=\sum_{k=1}^{10}a_k-\sum_{k=1}^{10}b_k=3\cdots\text{㉡}$에서

㉠$-$㉡를 하면, $3\displaystyle\sum_{k=1}^{10}b_k=42$에서 $\displaystyle\sum_{k=1}^{10}b_k=14$이다.

따라서 $\displaystyle\sum_{k=1}^{10}\left(b_k-\frac{1}{2}\right)=\sum_{k=1}^{10}b_k-\sum_{k=1}^{10}\frac{1}{2}=14-5=9$ 이다.

436 정답 ⑤

$\displaystyle\sum_{k=1}^{5}a_k=8,\ \sum_{k=1}^{5}b_k=9$이므로 $\displaystyle\sum$의 성질에 의하여

$\displaystyle\sum_{k=1}^{5}(2a_k-b_k+4)$

$=2\displaystyle\sum_{k=1}^{5}a_k-\sum_{k=1}^{5}b_k+\sum_{k=1}^{5}4$

$=2\times 8-9+4\times 5=27$

437 정답 80

등비수열 $\{a_n\}$의 공비를 r라 하면

$\dfrac{a_5}{a_3}=r^2=9$ 에서 $r>0$ 이므로 $r=3$

따라서

$\displaystyle\sum_{k=1}^{4}a_k=\sum_{k=1}^{4}\left(2\times 3^{k-1}\right)=2\left(3^4-1\right)=80$

438 정답 ④

$\displaystyle\sum_{k=1}^{10}\left(2a_k^2-a_k\right)=2\sum_{k=1}^{10}a_k^2-\sum_{k=1}^{10}a_k$ 이고

$\displaystyle\sum_{k=1}^{10}a_k^2=7,\ \sum_{k=1}^{10}a_k=3$ 이므로

(준식) $=14-3=11$

439 정답 ④

$\displaystyle\sum_{k=1}^{n}a_{2k-1}=3n^2+n$ 에서

$n=1$ 일 때, $a_1=3\times 1+1=4$

$n=2$ 일 때, $a_1+a_3=3\times 4+2=14$

따라서, $a_3=14-4=10$이므로 등차수열 a_n의 공차를 d라 하면

$2d=a_3-a_1-10 \quad 4=6 \quad \therefore d=3$

$\therefore a_8=a_1+7d=4+7\times 3=25$

440 정답 14

$\displaystyle\sum_{k=1}^{10}(a_k+1)^2=28$에서

$\displaystyle\sum_{k=1}^{10}\{(a_k)^2+2a_k+1\}=28$

$\displaystyle\sum_{k=1}^{10}(a_k)^2+2\sum_{k=1}^{10}a_k+\sum_{k=1}^{10}1=28$

$\displaystyle\sum_{k=1}^{10}(a_k)^2+2\sum_{k=1}^{10}a_k=18 \qquad\cdots\text{㉠}$

또, $\displaystyle\sum_{k=1}^{10} a_k(a_k+1)=16$에서

$$\sum_{k=1}^{10}\{(a_k)^2+a_k\}=16$$

$$\sum_{k=1}^{10}(a_k)^2+\sum_{k=1}^{10}a_k=16$$

이 식의 양변에 2를 곱하면

$$2\sum_{k=1}^{10}(a_k)^2+2\sum_{k=1}^{10}a_k=32 \qquad \cdots \ \text{㉡}$$

㉡에서 ㉠을 변끼리 빼면

$$\sum_{k=1}^{10}(a_k)^2=14$$

441 정답 ①

$\displaystyle\sum_{k=1}^{7} a_k = \sum_{k=1}^{6}(a_k+1)$에서

$a_1+a_2+\cdots+a_7$

$=(a_1+1)+(a_2+1)+\cdots+(a_6+1)$

$=(a_1+a_2+\cdots+a_6)+6$

$\therefore\ a_7=6$

442 정답 ①

모든 n에 대하여 $a_n+b_n=10$

$$\sum_{k=1}^{10}(a_k+2b_k)=\sum_{k=1}^{10}(a_k+b_k)+\sum_{k=1}^{10}b_k=160$$

$$10\cdot10+\sum_{k=1}^{10}b_k=160$$

$$\therefore\ \sum_{k=1}^{10}b_k=60$$

443 정답 68

$$\sum_{k=2}^{n}\log_2\left(\frac{2^{a_k}(k+1)}{k-1}\right)=2\log_2 n$$

의 양변에 n 대신 $n-1$을 대입하면

$\displaystyle\sum_{k=2}^{n-1}\log_2\left(\frac{2^{a_k}(k+1)}{k-1}\right)=2\log_2(n-1)$ 이고 양변을 빼면

$$\log_2\left(\frac{2^{a_n}(n+1)}{n-1}\right)=2\log_2 n-2\log_2(n-1)$$

$$a_n+\log_2(n+1)-\log_2(n-1)=2\log_2 n-2\log_2(n-1)$$

$$a_n=2\log_2 n-\log_2(n-1)-\log_2(n+1)=\log_2\frac{n^2}{n^2-1}$$

따라서

$$\sum_{k=2}^{63}a_k$$

$$=\sum_{k=2}^{63}\log_2\left(\frac{k^2}{k^2-1}\right)$$

$$=\sum_{k=2}^{63}\log_2\left\{\frac{k\times k}{(k-1)\times(k+1)}\right\}$$

$$=\log_2\left(\frac{2\times2}{1\times3}\right)+\log_2\left(\frac{3\times3}{2\times4}\right)+\cdots+\log_2\left(\frac{63\times63}{62\times64}\right)$$

$$=\log_2\left(\frac{2\times63}{1\times64}\right)$$

$$=\log_2\left(\frac{63}{32}\right)=\log_2 63-5$$

따라서 $\alpha=63$, $\beta=5$이다.

$\alpha+\beta=68$

[랑데뷰팁]

$\log_2\left(\dfrac{2\times63}{1\times64}\right)=\log_2 126-6$으로

$\alpha=126$, $\beta=6$일 수도 있다.

444 정답 ④

수열 $\left\{\sin\dfrac{k}{3}\pi\right\}$의 k에 1, 2, 3, $\cdots$ 을 차례대로 대입하여 나열하면

$\dfrac{\sqrt3}{2}$, $\dfrac{\sqrt3}{2}$, 0, $-\dfrac{\sqrt3}{2}$, $-\dfrac{\sqrt3}{2}$, 0, $\dfrac{\sqrt3}{2}$,

$\dfrac{\sqrt3}{2}$, 0, $-\dfrac{\sqrt3}{2}$, $-\dfrac{\sqrt3}{2}$, 0, $\cdots$

즉, 수열 $\left\{\sin\dfrac{k}{3}\pi\right\}$는

$\dfrac{\sqrt3}{2}$, $\dfrac{\sqrt3}{2}$, 0, $-\dfrac{\sqrt3}{2}$, $-\dfrac{\sqrt3}{2}$, 0

이 순서대로 반복되는 수열이므로

$100=6\times16+4$ 에서

$$\sum_{k=1}^{100}\sin\frac{k}{3}\pi$$

$$=\left(\frac{\sqrt3}{2}+\frac{\sqrt3}{2}+0-\frac{\sqrt3}{2}-\frac{\sqrt3}{2}+0\right)\times16$$

$$+\left(\frac{\sqrt3}{2}+\frac{\sqrt3}{2}+0-\frac{\sqrt3}{2}\right)$$

$$=\frac{\sqrt3}{2}$$

445 정답 ⑤

수열 $\left\{\tan\dfrac{i}{3}\pi\right\}$의 i에 1, 2, 3, $\cdots$ 을 차례대로 대입하여 나열하면

$\sqrt3$, $-\sqrt3$, 0, $\sqrt3$, $-\sqrt3$, 0, $\cdots$

즉, 수열 $\left\{\tan\dfrac{i}{3}\pi\right\}$는 $\sqrt3$, $-\sqrt3$, 0 이 순서대로 반복되는

수열이므로 $100 = 3 \times 33 + 1$ 에서

$$\sum_{i=1}^{100} \tan \frac{i}{3}\pi = (\sqrt{3} - \sqrt{3} + 0) \times 33 + \sqrt{3} = \sqrt{3}$$

446 정답 ①

$$\sum_{k=1}^{10} (a_k + 2)^2 = \sum_{k=1}^{10} (a_k^2 + 4a_k + 4)$$

$$= \sum_{k=1}^{10} a_k^2 + 4\sum_{k=1}^{10} (a_k + 1)$$

$$= \sum_{k=1}^{10} a_k^2 + 4 \times 20$$

$$= 120$$

$$\sum_{k=1}^{10} a_k^2 = 120 - 80 = 40$$

447 정답 ①

$$\sum_{k=1}^{10} (2a_k + 1)^2 = 42 에서$$

$$\sum_{k=1}^{10} \{4(a_k)^2 + 4a_k + 1\} = 42$$

$$4\sum_{k=1}^{10} (a_k)^2 + 4\sum_{k=1}^{10} a_k + \sum_{k=1}^{10} 1 = 42$$

$$\sum_{k=1}^{10} (a_k)^2 + \sum_{k=1}^{10} a_k = 8 \cdots ㉠$$

또, $\sum_{k=1}^{10} a_k(a_k - 1) = 12$에서

$$\sum_{k=1}^{10} \{(a_k)^2 - a_k\} = 12$$

$$\sum_{k=1}^{10} (a_k)^2 - \sum_{k=1}^{10} a_k = 12 \cdots ㉡$$

㉠+㉡을 하면

$$2\sum_{k=1}^{10} (a_k)^2 = 20$$

따라서 $\sum_{k=1}^{10} (a_k)^2 = 10$

448 정답 ③

모든 n에 대하여 $a_n + 2b_n = 10$

$$\sum_{k=1}^{10} (a_k + 6b_k) = \sum_{k=1}^{10} (a_k + 2b_k) + \sum_{k=1}^{10} 4b_k = 180$$

$$10 \cdot 10 + 4\sum_{k=1}^{10} b_k = 180$$

$$\therefore \sum_{k=1}^{10} b_k = 20$$

 유형 8 자연수의 거듭제곱의 합

449 정답 2

[검토자 : 한정아T]

$$\sum_{k=1}^{9} (ak^2 - 10k) = a\sum_{k=1}^{9} k^2 - 10\sum_{k=1}^{9} k$$

$$= a \times \frac{9 \times 10 \times 19}{6} - 10 \times \frac{9 \times 10}{2}$$

$$= 285a - 450 = 120$$

$$285a = 570$$

따라서 $a = 2$

450 정답 3

$$\sum_{k=1}^{10} (4k + a) = 4\sum_{k=1}^{10} k + \sum_{k=1}^{10} a$$

$$= 4 \times \frac{10 \times 11}{2} + 10 \times a$$

$$= 220 + 10a$$

$$220 + 10a = 250$$

$$10a = 30$$

$$\therefore a = 3$$

451 정답 160

$\sum_{k=1}^{5} a_k = 55$에서 공차를 d라하면

$$\frac{5\{2 \times 3 + 4 \times d\}}{2} = 55$$

$$d = 4$$

$$a_n = 4n - 1$$

$$\sum_{k=1}^{5} k(4k - 1 - 3) = \sum_{k=1}^{5} (4k^2 - 4k)$$

$$= 4 \times \frac{5 \times 6 \times 11}{6} - 4 \times \frac{5 \times 6}{2} = 160$$

452 정답 ①

$(n^2 + 6n + 5)x^2 - (n + 5)x - 1 = 0$에서 두 근을
$x = \alpha$, $x = \beta$라고 하면,

$$a_n = \alpha + \beta = \frac{n + 5}{(n + 1)(n + 5)} = \frac{1}{n + 1}$$

$$\sum_{k=1}^{10} \frac{1}{a_k} = \sum_{k=1}^{10} (k + 1) = \sum_{k=1}^{10} k + \sum_{k=1}^{10} 1$$

$$= \frac{10(1 + 10)}{2} + 10 = 65$$

453 정답 91

$a_n = 2n^2 - 3n + 1$이므로

$$\sum_{n=1}^{7}\left(a_n - n^2 + n\right) = \sum_{n=1}^{7}\left(n^2 - 2n + 1\right) = \sum_{n=1}^{7}(n-1)^2 = \sum_{k=1}^{6}k^2$$

$$= \frac{6 \times 7 \times 13}{6} = 91$$

454 정답 ④

$a_1 = 0$이고

$a_n = \{n^2 - n\} - \{(n-1)^2 - (n-1)\} = 2n - 2 \ (n \geq 2)$

$\therefore a_n = 2n - 2$ (단, $n \geq 1$)

$$\sum_{k=1}^{10}ka_{4k+1} = \sum_{k=1}^{10}8k^2 = 8 \cdot \frac{10 \cdot 11 \cdot 21}{6} = 3080$$

455 정답 150

$f(x) = \frac{1}{2}x + 2$이므로

$$\sum_{k=1}^{15}f(2k) = \sum_{k=1}^{15}(k+2) = \sum_{k=1}^{15}k + \sum_{k=1}^{15}2$$

$$= \frac{15 \times 16}{2} + (2 \times 15) = 120 + 30 = 150$$

456 정답 92

$a_n = 3n^2 - n + 4$이므로

$$\sum_{n=1}^{8}\left(a_n - 2n^2 - 3n\right) = \sum_{n=1}^{8}\left(n^2 - 4n + 4\right) = \sum_{n=1}^{8}(n-2)^2$$

$$= 1 + \sum_{k=1}^{6}k^2$$

$$= 1 + \frac{6 \times 7 \times 13}{6} = 92$$

457 정답 ⑤

$\mathrm{A}_n(n, n^2)$, $\mathrm{B}_n(n, -n)$이므로

$\overline{\mathrm{A}_n\mathrm{B}_n} = n^2 + n$이다.

$$\sum_{n=1}^{10}\overline{\mathrm{A}_n\mathrm{B}_n} = \sum_{n=1}^{10}\left(n^2 + n\right) = 385 + 55 = 440$$

유형 9 여러 가지 수열의 합

458 정답 ④

등차수열 $\{a_n\}$의 첫째항과 공차가 같으므로 $a_1 = a$라 하면

$$a_n = a + (n-1) \times a = an$$

한편

$$\sum_{k=1}^{15}\frac{1}{\sqrt{a_k} + \sqrt{a_{k+1}}} = 2$$

에서

$$\sum_{k=1}^{15}\frac{1}{\sqrt{a_k} + \sqrt{a_{k+1}}}$$

$$= \sum_{k=1}^{15}\frac{1}{\sqrt{ak} + \sqrt{a(k+1)}}$$

$$= \sum_{k=1}^{15}\frac{\sqrt{a(k+1)} - \sqrt{ak}}{a}$$

$$= \frac{1}{a}\sum_{k=1}^{15}\left(\sqrt{a(k+1)} - \sqrt{ak}\right)$$

$$= \frac{1}{a}\left\{\left(\sqrt{2a} - \sqrt{a}\right) + \left(\sqrt{3a} - \sqrt{2a}\right) + \cdots + \left(\sqrt{16a} - \sqrt{15a}\right)\right\}$$

$$= \frac{1}{a}\left(4\sqrt{a} - \sqrt{a}\right)$$

$$= \frac{3\sqrt{a}}{a} = \frac{3}{\sqrt{a}} = 2$$

이때 $2\sqrt{a} = 3$에서 $a = \frac{9}{4}$

따라서 $a_4 = 4a = 4 \times \frac{9}{4} = 9$

459 정답 ⑤

$$\sum_{k=1}^{10}\left(S_k - a_k\right) = \sum_{k=1}^{10}S_k - \sum_{k=1}^{10}a_k$$

$$= \sum_{k=1}^{10}S_k - S_{10}$$

$$= \sum_{k=1}^{9}S_k + S_{10} - S_{10}$$

$$= \sum_{k=1}^{9}S_k$$

$$= \sum_{k=1}^{9}\frac{1}{k(k+1)}$$

$$= \sum_{k=1}^{9}\left(\frac{1}{k} - \frac{1}{k+1}\right)$$

$$= \left(1 - \frac{1}{2}\right) + \left(\frac{1}{2} - \frac{1}{3}\right) + \cdots + \left(\frac{1}{9} - \frac{1}{10}\right)$$

$$= 1 - \frac{1}{10} = \frac{9}{10}$$

460 정답 ④

문제에서

$$\sum_{k=1}^{n}\frac{a_{k+1}-a_k}{a_k a_{k+1}}=\sum_{k=1}^{n}\left(\frac{1}{a_k}-\frac{1}{a_{k+1}}\right)$$

$$=\frac{1}{a_1}-\frac{1}{a_{n+1}}$$

$$=\frac{1}{n}$$

이므로 $n=12$를 대입하면

$$\frac{1}{a_1}-\frac{1}{a_{13}}=\frac{1}{12}$$

$a_1=-4$를 위의 식에 대입하여 정리하면

$$\frac{1}{a_{13}}=-\frac{1}{4}-\frac{1}{12}=-\frac{1}{3}$$

$$\therefore a_{13}=-3$$

461 정답 ②

$$\sum_{k=1}^{n}(a_k-a_{k+1})=a_1-a_2+a_2-a_3+ \cdots +a_n-a_{n+1}$$

$$=a_1-a_{n+1}=-n^2+n \text{이고,}$$

문제에서 $a_1=1$이므로

$a_{n+1}=n^2-n+1$에 $n=10$을 대입하면

$$a_{11}=91$$

462 정답 47

$$\sum_{k=1}^{9}f(k+1)=\sum_{k=2}^{10}f(k)$$

$$\sum_{k=2}^{10}f(k-1)=\sum_{k=1}^{9}f(k)$$

따라서, $\displaystyle\sum_{k=1}^{9}f(k+1)=f(2)+f(3)+\cdots+f(10)$

$$\sum_{k=2}^{10}f(k-1)=f(1)+f(2)+\cdots+f(9)$$

$$\therefore \sum_{k=1}^{9}f(k+1)-\sum_{k=2}^{10}f(k-1)=f(10)-f(1)$$

$$=50-3=47$$

463 정답 29

$$\sum_{k=1}^{14}\frac{1}{k(k+1)}=\sum_{k=1}^{14}\left(\frac{1}{k}-\frac{1}{k+1}\right)$$

$$=\left(\frac{1}{1}-\frac{1}{2}\right)+\left(\frac{1}{2}-\frac{1}{3}\right)+ \cdots +\left(\frac{1}{14}-\frac{1}{15}\right)$$

$$=1-\frac{1}{15}=\frac{14}{15}$$

464 정답 ①

$a_{k+1}=S_{k+1}-S_k$ 이므로

$$\sum_{k=1}^{10}\frac{a_{k+1}}{S_k S_{k+1}}=\sum_{k=1}^{10}\left(\frac{1}{S_k}-\frac{1}{S_{k+1}}\right)=\frac{1}{S_1}-\frac{1}{S_{11}}=\frac{1}{3}$$

$a_1=S_1=2$ 이므로 $\therefore S_{11}=6$

465 정답 ④

자연수 n에 대하여 6^n은 짝수, 3^n은 홀수이므로

$$a_n=f(6^n)-f(3^n)=\log_2 6^n-\log_3 3^n$$

$$=n\cdot\log_2 6-n$$

$$=n\cdot(1+\log_2 3)-n$$

$$=n\cdot\log_2 3$$

$$\therefore \sum_{n=1}^{15}a_n=\sum_{n=1}^{15}n\cdot\log_2 3=\log_2 3\times\frac{15\cdot16}{2}=120\log_2 3$$

466 정답 ⑤

$$\sum_{k=1}^{n}\frac{4}{k(k+1)}=\sum_{k=1}^{n}4\left(\frac{1}{k}-\frac{1}{k+1}\right)$$

$$=4\left\{\left(1-\frac{1}{2}\right)+\left(\frac{1}{2}-\frac{1}{3}\right)+ \cdots +\left(\frac{1}{n}-\frac{1}{n+1}\right)\right\}$$

$$=4\left(1-\frac{1}{n+1}\right)=\frac{4n}{n+1}$$

$\displaystyle\sum_{k=1}^{n}\frac{4}{k(k+1)}=\frac{15}{4}$ 에서 $\dfrac{4n}{n+1}=\dfrac{15}{4}$

$$\therefore n=15$$

467 정답 ④

$$a_{10}=a_1+\sum_{k=1}^{9}(a_{k+1}-a_k)=15+(2\times9+1)=34$$

[다른 풀이]

$$\sum_{k=1}^{n}(a_{k+1}-a_k)=a_{n+1}-a_1 \text{이므로}$$

$$a_{n+1}=2n+16 \quad (\text{단, } n\geq1)$$

$$\therefore a_{10}=34$$

468 정답 ②

$a_n=4+(n-1)\times1=n+3$이므로

$$\sum_{k=1}^{12}\frac{1}{\sqrt{a_{k+1}}+\sqrt{a_k}}$$

$$=\sum_{k=1}^{12}\frac{\sqrt{a_{k+1}}-\sqrt{a_k}}{(\sqrt{a_{k+1}}+\sqrt{a_k})(\sqrt{a_{k+1}}-\sqrt{a_k})}$$

$$= \sum_{k=1}^{12} \frac{\sqrt{a_{k+1}} - \sqrt{a_k}}{a_{k+1} - a_k}$$

$$= \sum_{k=1}^{12} \left(\sqrt{a_{k+1}} - \sqrt{a_k} \right)$$

$$= \left(\sqrt{a_2} - \sqrt{a_1} \right) + \left(\sqrt{a_3} - \sqrt{a_2} \right) + \cdots + \left(\sqrt{a_{13}} - \sqrt{a_{12}} \right)$$

$$= \sqrt{a_{13}} - \sqrt{a_1}$$

$$= \sqrt{16} - \sqrt{4}$$

$$= 4 - 2 = 2$$

469 정답 ②

$$\sum_{k=1}^{n} \frac{2}{k^2 + 3k + 2} = \frac{33}{35}$$

$$\sum_{k=1}^{n} \frac{2}{(k+1)(k+2)} = \frac{33}{35}$$

$$\sum_{k=1}^{n} \left(\frac{1}{k+1} - \frac{1}{k+2} \right) = \frac{33}{70}$$

$$\left(\frac{1}{2} - \frac{1}{3} \right) + \left(\frac{1}{3} - \frac{1}{4} \right) + \cdots + \left(\frac{1}{n+1} - \frac{1}{n+2} \right) = \frac{33}{70}$$

$$\frac{1}{2} - \frac{1}{n+2} = \frac{33}{70}, \quad \frac{n}{2(n+2)} = \frac{33}{70}$$

$$35n = 33n + 66$$

$$\therefore \ n = 33$$

470 정답 ⑤

$$\sum_{k=1}^{60} \frac{1}{\sqrt{2k+1} + \sqrt{2k-1}}$$

$$= \sum_{k=1}^{60} \frac{\sqrt{2k+1} - \sqrt{2k-1}}{(\sqrt{2k+1} + \sqrt{2k-1})(\sqrt{2k+1} - \sqrt{2k-1})}$$

$$= \frac{1}{2} \sum_{k=1}^{60} \left(\sqrt{2k+1} - \sqrt{2k-1} \right)$$

$$= \frac{1}{2} \left\{ (\sqrt{3} - \sqrt{1}) + (\sqrt{5} - \sqrt{3}) + \cdots + (\sqrt{121} - \sqrt{119}) \right\}$$

$$= \frac{1}{2} (\sqrt{121} - \sqrt{1})$$

$$= \frac{1}{2} (11 - 1)$$

$$= 5$$

471 정답 116

$$x^3 - 3nx^2 + (n^2 + 2n - 1)x - n^3 + n = 0$$

$$\alpha_n + \beta_n + \gamma_n = 3n \quad \alpha_n \beta_n \gamma_n = (n-1)n(n+1) \text{이므로}$$

$$\sum_{n=2}^{9} \frac{60(\alpha_n + \beta_n + \gamma_n)}{\alpha_n \beta_n \gamma_n}$$

$$= \sum_{n=2}^{9} \frac{180n}{(n-1)n(n+1)}$$

$$= 90 \sum_{n=2}^{9} \left\{ \frac{1}{(n-1)} - \frac{1}{(n+1)} \right\}$$

$$= 90 \left\{ 1 + \frac{1}{2} - \frac{1}{9} - \frac{1}{10} \right\} = 90 + 45 - 10 - 9 = 116$$

472 정답 ④

$$a_n = \frac{\log_2 \frac{f(n)f(n+2)}{\{f(n+1)\}^2}}{(n+2) - n} = \frac{1}{2} \log_2 \frac{n(n+2)}{(n+1)(n+1)}$$

따라서

$$\sum_{k=1}^{48} \frac{1}{2} \log_2 \frac{n(n+2)}{(n+1)(n+1)}$$

$$= \frac{1}{2} \log_2 \left\{ \frac{1}{2} \frac{3}{2} \times \frac{2}{3} \frac{4}{3} \times \frac{3}{4} \frac{5}{4} \times \cdots \times \frac{48}{49} \frac{50}{49} \right\}$$

$$= \frac{1}{2} \left\{ \log_2 \frac{1}{2} \times \frac{50}{49} \right\} = \frac{1}{2} \log_2 \left(\frac{5}{7} \right)^2 = \log_2 \frac{5}{7}$$

473 정답 128

$$\sum_{k=1}^{n} a_k = S_n \text{이라 하면} \ S_n = n^2 - n$$

이 때, $a_n = S_n - S_{n-1}$이므로

$$a_n = (n^2 - n) - \{(n-1)^2 - (n-1)\} = 2n - 2$$

$$(n = 2, \ 3, \ 4, \ \cdots)$$

이때, $a_1 = S_1 = 0$이므로 $n = 1$일 때에도 성립한다.

따라서 $a_n = 2n - 2$이므로 $a_{2n} = 2 \cdot 2n - 2 = 4n - 2$

$$\therefore \sum_{k=1}^{8} a_{2k} = \sum_{k=1}^{8} (4k - 2) = \frac{8 \times (2 + 30)}{2} = 128$$

474 정답 185

등차수열 $\{a_n\}$의 공차를 d라고 하면

$n = 1$일 때,

$$\sum_{k=1}^{2} a_k = a_1 + a_2 = a_1 + (a_1 + d) = 14$$

이므로 $2a_1 + d = 14 \ \cdots \bigcirc$

$n = 2$일 때,

$$\sum_{k=1}^{4} a_k = a_1 + a_2 + a_3 + a_4$$

$$= 14 + a_3 + a_4$$

$$= 14 + (a_1 + 2d) + (a_1 + 3d)$$

$$= 14 + 2a_1 + 5d = 44$$

이므로 $2a_1 + 5d = 30 \ \cdots \bigcirc$

$\bigcirc$, $\bigcirc$을 연립하여 풀면

$$d = 4, \ a_1 = 5$$

따라서 $a_n = 4n + 1$

$$a_{3k} = 12k + 1$$

$$\sum_{k=1}^{5} a_{3k} = \frac{5(a_3 + a_{15})}{2} = \frac{5(13 + 61)}{2} = 185$$

475 정답 ②

$\sum_{k=1}^{n} a_k = n^2$ 으로부터 $a_1 = 1$ 이고

$$a_n = \sum_{k=1}^{n} a_k - \sum_{k=1}^{n-1} a_k = n^2 - (n-1)^2 = 2n - 1 \, (n \geq 2)$$

$$\therefore a_n = 2n - 1 \, (n \geq 1)$$

$$\therefore \sum_{k=1}^{p} \frac{1}{a_k a_{k+1}} = \sum_{k=1}^{p} \frac{1}{(2k-1)(2k+1)}$$

$$= \frac{1}{2} \sum_{k=1}^{p} \left(\frac{1}{2k-1} - \frac{1}{2k+1} \right)$$

$$= \frac{1}{2} \left\{ 1 - \frac{1}{2p+1} \right\} = \frac{31}{63}$$

$$1 - \frac{1}{2p+1} = \frac{62}{63}$$

$$\frac{1}{2p+1} = \frac{1}{63}$$

$$2p + 1 = 63$$

$$\therefore p = 31$$

476 정답 ②

$$a_n = \log_{2^n} \sqrt[n+1]{2}$$

$$= \log_{2^n} 2^{\frac{1}{n+1}}$$

$$= \frac{\log 2^{\frac{1}{n+1}}}{\log 2^n}$$

$$= \frac{\frac{1}{n+1} \log 2}{n \log 2}$$

$$= \frac{1}{n(n+1)}$$

따라서

$$\sum_{k=1}^{99} a_k = \sum_{k=1}^{99} \frac{1}{k(k+1)} = \sum_{k=1}^{99} \left(\frac{1}{k} - \frac{1}{k+1} \right) = 1 - \frac{1}{100}$$

$$= \frac{99}{100}$$

477 정답 307

$$\sum_{n=1}^{10} \frac{2}{n(n+2)} = \sum_{n=1}^{8} \left(\frac{1}{n} - \frac{1}{n+2} \right)$$

$$= \left(1 - \frac{1}{3} \right) + \left(\frac{1}{2} - \frac{1}{4} \right) + \cdots + \left(\frac{1}{9} - \frac{1}{11} \right) + \left(\frac{1}{10} - \frac{1}{12} \right)$$

$$= 1 + \frac{1}{2} - \frac{1}{11} - \frac{1}{12}$$

$$= \frac{132 + 66 - 12 - 11}{132} = \frac{175}{132}$$

$$\therefore p = 132, \ q = 175$$

$$\therefore p + q = 307$$

유형 10 여러 가지 수열의 규칙성 찾기

478 정답 ①

$a_1 = 1$ 이고, 이를 $a_{n+1} = \begin{cases} 2a_n & (a_n < 7) \\ a_n - 7 & (a_n \geq 7) \end{cases}$ 에 대입해보자.

$$a_2 = 2a_1 = 2 \cdot 1 = 2$$

$$a_3 = 2a_2 = 2 \cdot 2 = 4$$

$$a_4 = 2a_3 = 2 \cdot 4 = 8$$

$$a_5 = a_4 - 7 = 8 - 7 = 1$$

$$a_6 = 2a_5 = 2 \cdot 1 = 2$$

$$a_7 = 2a_6 = 2 \cdot 2 = 4$$

$$a_8 = 2a_7 = 2 \cdot 4 = 8$$

임을 알 수 있다.

$$\therefore \sum_{k=1}^{8} a_k = 2(1 + 2 + 4 + 8) = 30$$

479 정답 33

$a_1 = 9$, $a_2 = 3$ 이므로

$$a_3 = a_2 - a_1 = -6$$

$$a_4 = a_3 - a_2 = -9$$

$$a_5 = a_4 - a_3 = -3$$

$$a_6 = a_5 - a_4 = 6$$

$$a_7 = a_6 - a_5 = 9$$

$$a_8 = a_7 - a_6 = 3$$

$$\vdots$$

따라서 $a_{n+6} = a_n$

$|a_k| = 3$ 을 만족하는 k 의 값은 a 가 자연수일 때, $6a - 4$ 와

$6a - 1$ 꼴이다.

$6a - 4$ 꼴은 $2 \sim 98$ 까지 a 가 $1 \sim 17$ 로 17개

$6a - 1$ 꼴은 $5 \sim 95$ 까지 a 가 $1 \sim 16$ 로 16개

따라서 $17 + 16 = 33$

480 정답 ④

$n = 1$ 일 때, $a_2 + a_1 = 1$. $\qquad \therefore a_2 = -11$

$n = 2$ 일 때, $a_3 + a_2 = -2$. $\qquad \therefore a_3 = 9$

$n = 3$ 일 때, $a_4 + a_3 = 3$. $\qquad \therefore a_4 = -6$

$n=4$일 때, $a_5+a_4=-4$.　　$\therefore a_5=2$

$n=5$일 때, $a_6+a_5=5$.　　$\therefore a_6=3$

$n=6$일 때, $a_7+a_6=-6$.　　$\therefore a_7=-9$

$n=7$일 때, $a_8+a_7=7$.　　$\therefore a_8=16$

$a_8>a_1$이므로 최소의 자연수 k의 값은 8이다.

481 정답 8

$a_1+a_2=2$이고, $a_2+a_3=5$, $a_3=4$이므로

$a_2=1$, $a_1=1$

또한, $a_3+a_4=8$, $a_4+a_5=11$이므로 $a_4=4$, $a_5=7$

$a_1+a_5=8$

482 정답 ④

$a_{n+1}=-(-1)^n\times a_n+2^n$

$=(-1)^{n+1}\times a_n+2^n$이므로

$a_2=(-1)^2\times a_1+2^1=1+2=3$

$a_3=(-1)^3\times a_2+2^2=-3+4=1$

$a_4=(-1)^4\times a_3+2^3=1+8=9$

따라서

$a_5=(-1)^5\times a_4+2^4=-9+16=7$

483 정답 ②

주어진 식에 $n=1$, 2, 3, 4를 차례로 대입하면

$a_1a_2=2$, $a_2a_3=4$, $a_3a_4=6$, $a_4a_5=8$

$a_3=1$이므로 $a_2=4$, $a_4=6$이고 $a_1=\dfrac{1}{2}$, $a_5=\dfrac{4}{3}$이다.

따라서 $a_2+a_5=4+\dfrac{4}{3}=\dfrac{16}{3}$이다.

484 정답 ①

$a_1+a_2+a_3+\cdots+a_9$

$=\displaystyle\sum_{k=1}^{9}\{2^k+(-1)^k\}$

$=\dfrac{2(2^9-1)}{2-1}+(-1+1)$

$\quad+(-1+1)+(-1+1)+(-1+1)-1$

$=2^{10}-3$

485 정답 256

조건 (나)에서 수열 $\{a_n\}$은 공비가 -2인 등비수열이므로

$a_2=-2\times a_1$

조건 (가)에서 $a_1=-2a_1+3$, $a_1=1$

$\therefore a_n=1\cdot(-2)^{n-1}$

$\therefore a_9=1\cdot(-2)^8=256$

486 정답 ①

$a_1=2$이므로

$a_2=\dfrac{a_1}{2-3a_1}=\dfrac{2}{2-6}=-\dfrac{1}{2}$

$a_3=1+a_2=1-\dfrac{1}{2}=\dfrac{1}{2}$

$a_4=\dfrac{a_3}{2-3a_3}=\dfrac{\dfrac{1}{2}}{2-\dfrac{3}{2}}=1$

$a_5=1+a_4=1+1=2$

　　$\vdots$

이때, $a_n=a_{n+4}$ (n은 자연수) 이므로

$a_1+a_2+a_3+a_4=a_5+a_6+a_7+a_8=\cdots$

$=a_{37}+a_{38}+a_{39}+a_{40}=3$

따라서

$\displaystyle\sum_{n=1}^{40}a_n=10\times 3=30$

487 정답 ①

점 P_n의 좌표를 차례로 나열하면 다음과 같다.

$P_1\left(\dfrac{1}{2},\ \dfrac{\sqrt{3}}{2}\right)$, $P_2\left(-\dfrac{\sqrt{3}}{2},\ \dfrac{1}{2}\right)$,

$P_3\left(-\dfrac{\sqrt{3}}{2},\ -\dfrac{1}{2}\right)$, $P_4\left(\dfrac{\sqrt{3}}{2},\ -\dfrac{1}{2}\right)$

$P_5\left(\dfrac{\sqrt{3}}{2},\ \dfrac{1}{2}\right)$, $P_6\left(-\dfrac{1}{2},\ \dfrac{\sqrt{3}}{2}\right)$

$P_7\left(-\dfrac{1}{2},\ -\dfrac{\sqrt{3}}{2}\right)$, $P_8\left(\dfrac{1}{2},\ -\dfrac{\sqrt{3}}{2}\right)$,

$P_9\left(\dfrac{1}{2},\ \dfrac{\sqrt{3}}{2}\right)$, $\cdots$

따라서 P_{8n+k} (n은 정수, $k=1,2,3,\cdots,8$) 의 좌표는 P_k의 좌표와 같다.

$2007=8n+7$꼴이므로 점 P_{2007}의 좌표는 P_7의 좌표와 같다.

$\therefore P_{2007}\left(-\dfrac{1}{2},\ -\dfrac{\sqrt{3}}{2}\right)$

488 정답 ⑤

$a_n=3+(-1)^n$에서

$a_1=2$, $a_2=4$, $a_3=2$, $a_4=4$, $\cdots$

$P_1(2\cos\dfrac{2\pi}{3}, 2\sin\dfrac{2\pi}{3})$ 즉, $(-1, \sqrt{3})$

$P_2(4\cos\dfrac{4\pi}{3}, 4\sin\dfrac{4\pi}{3})$ 즉, $(-2, -2\sqrt{3})$

$P_3(2\cos\dfrac{6\pi}{3}, 2\sin\dfrac{6\pi}{3})$ 즉, $(2, 0)$

$P_4(4\cos\dfrac{8\pi}{3}, 4\sin\dfrac{8\pi}{3})$ 즉, $(-2, 2\sqrt{3})$

$P_5(2\cos\dfrac{10\pi}{3}, 2\sin\dfrac{10\pi}{3})$ 즉, $(-1, -\sqrt{3})$

$P_6(4\cos\dfrac{12\pi}{3}, 4\sin\dfrac{12\pi}{3})$ 즉, $(4, 0)$

$P_7(2\cos\dfrac{14\pi}{3}, 2\sin\dfrac{14\pi}{3})$ 즉, $(-1, \sqrt{3})$

……

$2009 = 6 \times 334 + 5$ 이므로 점 P_{2009}와 같은 점은 P_5 이다.

489 정답 ①

$S_{n+1} - S_{n-1} = a_{n+1} + a_n$ 이므로 주어진 식은

$(a_{n+1} + a_n)^2 = 4a_n a_{n+1} + 4$

따라서 $(a_{n+1} - a_n)^2 = 4$

$\therefore a_{n+1} - a_n = 2 \ (\because a_{n+1} > a_n)$

$\therefore a_{20} = 1 + 2(20-1) = 39$

490 정답 46

$a_2 - a_1 = 3,$

$a_3 - a_2 = 3 \cdot 2$

$a_4 - a_3 = 3 \cdot 2^2$

$a_5 - a_4 = 3 \cdot 2^3$

$\therefore a_5 = a_4 + 24 = (a_3 + 12) + 24 = 10 + 12 + 24 = 46$

491 정답 ⑤

$a_1 = 1$

$a_2 = \sqrt[3]{2} \cdot 1 = 2^{\frac{1}{3}}$

$a_3 = \sqrt[3]{2} \cdot 2^{\frac{1}{3}} = 2^{\frac{1}{3}} \cdot 2^{\frac{1}{3}} = 2^{\frac{2}{3}}$

$a_4 = \sqrt[3]{2} \cdot 2^{\frac{2}{3}} = 2^{\frac{1}{3}} \cdot 2^{\frac{2}{3}} = 2$

$a_5 = \dfrac{1}{2} \cdot 2 = 1$

$a_6 = \sqrt[3]{2} \cdot 1 = 2^{\frac{1}{3}}$

$\vdots$

$a_{4n-3} = 1$, $a_{4n-2} = 2^{\frac{1}{3}}$

$a_{4n-1} = 2^{\frac{2}{3}}$, $a_{4n} = 2 \ (n = 1, 2, 3 \cdots)$

$\therefore a_{112} = a_{4 \times 28} = 2$

492 정답 ④

$a_1 = 2$이고 $a_{n+1} = 2a_n + 2$

$a_2 = 2 \times 2 + 2 = 6 = 2^3 - 2$

$a_3 = 2 \times 6 + 2 = 14 = 2^4 - 2$

$a_4 = 2 \times 14 + 2 = 30 = 2^5 - 2$

$\vdots$

$a_{10} = 2^{11} - 2 = 2046$

[다른 풀이]

$a_{n+1} - \alpha = 2(a_n - \alpha) \quad \therefore \alpha = -2$

$a_{n+1} + 2 = 2(a_n + 2)$

$\therefore a_n + 2 = (a_1 + 2)2^{n-1} = 4 \cdot 2^{n-1} = 2^{n+1}$

$\therefore a_{10} = 2^{11} - 2 = 2048 - 2 = 2046$

493 정답 ③

$\displaystyle\sum_{k=1}^{11} a_k = (a_1 + a_2) + (a_3 + a_4 + a_5)$

$+ (a_6 + a_7 + a_8) + (a_9 + a_{10} + a_{11})$

$= (1 + 2) + 6 + 6 + 6 = 21$

494 정답 ①

$a_3 = 2a_2 + a_1 = 10 + 2 = 12$

$a_4 = 2a_3 + a_2 = 24 + 5 = 29$

$a_5 = 2a_4 + a_3 = 58 + 12 = 70$

495 정답 ③

$a_1 = 2, \ a_2 = 3$

$a_n + a_{n+1} + a_{n+2} = n + 1 \ (n = 1, 2, 3, \cdots)$

에서

$\displaystyle\sum_{k=1}^{14} a_k = a_1 + a_2 + (a_3 + a_4 + a_5) + \cdots + (a_{12} + a_{13} + a_{14})$

$= 2 + 3 + 4 + 7 + 10 + 13 = 39$

496 정답 ①

문제에서 주어진 조건이 모든 항이 양수인 수열 $\{a_n\}$이므로

$a_n > 0, \ a_1 = 2$

문제에서 주어진 등식이

$\log_2 a_{n+1} = 1 + \log_2 a_n \quad (n \geq 1)$이므로

로그의 밑을 같게 하여 로그의 성질을 사용하면

$a_{n+1} = 2a_n$, $a_1 = 2$이며 공비가 2인 등비수열이므로

$a_n = 2 \cdot 2^{n-1} = 2^n \cdots \text{㉠}$

문제에서 주어진 등식이 $a_1 \times a_2 \times a_3 \times \cdots \times a_8 = 2^k$이며 ㉠을

사용하면

[좌변] $= 2^1 \times 2^2 \times 2^3 \cdots \times 2^7 \times 2^8 = 2^{1+2+3+\cdots+8}$

$= 2^{\frac{8}{2}(1+8)} = 2^{36}$

$\therefore k = 36$

497 정답 ②

$a_1 = 2$이고 이 수는 짝수이므로

$a_2 = a_1 - 1 = 1$

이때, a_2는 홀수이므로

$a_3 = a_2 + 2 = 1 + 2 = 3$

a_3는 홀수이므로

$a_4 = a_3 + 3 = 3 + 3 = 6$

a_4는 짝수이므로

$a_5 = a_4 - 1 = 6 - 1 = 5$

a_5는 홀수이므로

$a_6 = a_5 + 5 = 5 + 5 = 10$

a_6는 짝수이므로

$a_7 = a_6 - 1 = 10 - 1 = 9$

498 정답 ④

$a_1 = 4$이고 $a_{n+1} = \dfrac{n}{n+3} a_n$이므로

$a_2 = \dfrac{1}{4} a_1 = 1$

$a_3 = \dfrac{2}{5} a_2 = \dfrac{2}{5} \times 1 = \dfrac{2}{5}$

$a_4 = \dfrac{3}{6} a_3 = \dfrac{1}{2} \times \dfrac{2}{5} = \dfrac{1}{5}$

$a_5 = \dfrac{4}{7} a_4 = \dfrac{4}{7} \times \dfrac{1}{5} = \dfrac{4}{35}$

499 정답 12

$b_{n+1} = a_n + b_n$에 $n = 1$을 대입하면

$b_2 = a_1 + b_1$

$2 = 2 + b_1 \quad \therefore b_1 = 0$

$a_{n+1} = a_n - b_n$에 $n = 1$을 대입하면

$a_2 = a_1 - b_1 = 2 - 0 = 2$

이와 같은 방법으로

$a_3 = a_2 - b_2 = 2 - 2 = 0$

$b_3 = a_2 + b_2 = 2 + 2 = 4$

$a_4 = a_3 - b_3 = 0 - 4 = -4$

$b_4 = a_3 + b_3 = 0 + 4 = 4$

$\therefore b_4 = 4$

$a_5 = a_4 - b_4 = -4 - 4 = -8$

$\therefore a_5 = -8$

$b_4 - a_5 = 4 - (-8) = 12$

500 정답 ②

주어진 식에 $n = 1, 2, 3, 4$를 차례로 대입하면

$a_1 a_2 = 2$, $a_2 a_3 = 5$, $a_3 a_4 = 8$, $a_4 a_5 = 11$

$a_3 = 1$이므로 $a_2 = 5$, $a_4 = 8$이고 $a_1 = \dfrac{2}{5}$, $a_5 = \dfrac{11}{8}$이다.

따라서 $a_1 \times a_5 = \dfrac{2}{5} \times \dfrac{11}{8} = \dfrac{11}{20}$이다.

501 정답 5

(가) $a_{n+2} = a_n - 3$, $a_2 = x$ 라 하면

$a_1, a_2, a_3, a_4, a_5, \cdots$ 은 차례로

$4, x, 1, x-3, -2$

의 값을 가지는 주기가 5인 주기 함수가 된다.

$a_1 + a_2 + a_3 + a_4 + a_5 = 2x$

$\displaystyle\sum_{k=1}^{102} a_k = \sum_{k=1}^{100} a_k + a_{101} + a_{102} = 20 \times 2x + a_1 + a_2$이므로

$\displaystyle\sum_{k=1}^{102} a_k = 20 \times 2x + 4 + x = 41x + 4 = 209$

$a_2 = x = 5$

502 정답 110

$f^{-1}(x) = 2^x$이므로 $2^{a_{n+1}} - 2^{a_n} = 2$이다.

수열 $\{2^{a_n}\}$은 첫째항이 2이고 공차가 2인 등차수열이다.

따라서 $2^{a_n} = 2n$

$a_n = \log_2(2n)$

그러므로

$\log_2 x = a_n$의 해는 $b_n = 2n$이다.

$\displaystyle\sum_{n=1}^{10} b_n = \sum_{n=1}^{10} 2n = 2 \times \dfrac{10 \times 11}{2} = 110$이다.

503 정답 72

$a_1 = 2$ 이므로

$a_2 = \dfrac{a_1}{3a_1 - 2} = \dfrac{2}{6-2} = \dfrac{1}{2}$

$a_3 = 2a_2 = 1$

$a_4 = \dfrac{a_3}{3a_3 - 2} = \dfrac{1}{3-2} = 1$

$a_5 = 2a_4 = 2$

$\vdots$

이때, $a_n = a_{n+4}$ (n은 자연수) 이므로

$a_1 + a_2 + a_3 + a_4 = a_5 + a_6 + a_7 + a_8 = \cdots$

$= a_{61} + a_{62} + a_{63} + a_{64} = \dfrac{9}{2}$

따라서 $\displaystyle\sum_{n=1}^{64} a_n = 16 \times \dfrac{9}{2} = 72$

504 정답 ⑤

$a_1 = 2$ 이므로

$a_2 = \dfrac{a_1}{3 - 2a_1} = \dfrac{2}{3-4} = -2$

$a_3 = 2 + a_2 = 2 - 2 = 0$

$a_4 = \dfrac{a_3}{3 - 2a_3} = 0$

$a_5 = 2 + a_4 = 2$

$\vdots$

이때, $a_n = a_{n+4}$ (n은 자연수) 이므로

$a_1 + a_2 + a_3 + a_4 = a_5 + a_6 + a_7 + a_8 = \cdots$

$= a_{97} + a_{98} + a_{99} + a_{100} = 0$

따라서

$\displaystyle\sum_{n=1}^{101} a_n = 0 + a_{101} = a_1 = 2$

505 정답 40

$a_{n+1} = \dfrac{n+3}{n+1} a_n$ 에서

$n = 1$일 때, $a_2 = \dfrac{4}{2} a_1 = \dfrac{4}{2} \times 8 = 16$

$n = 2$일 때, $a_3 = \dfrac{5}{3} a_2 = \dfrac{5}{3} \times 16 = \dfrac{80}{3}$

$n = 3$일 때, $a_4 = \dfrac{6}{4} a_3 = \dfrac{6}{4} \times \dfrac{80}{3} = 40$

$\therefore\ a_4 = 40$

506 정답 5

$a_2 = p - 2$

$a_3 = (p-2) + 4 = p + 2$

$a_4 = (p+2) - 6 = p - 4$

$a_5 = (p-4) + 8 = p + 4$

$a_6 = (p+4) - 10 = p - 6$

따라서 수열 $\{a_n\}$의 첫째항부터 제6항까지의 합은

$p + (p-2) + (p+2) + (p-4) + (p+4) + (p-6) = 6p - 6$

$6p - 6 = 24$에서 $p = 5$

507 정답 ④

실수 $\sqrt{\dfrac{m+1}{2}}$의 정수부분이 n^2이므로

$n^2 \leq \sqrt{\dfrac{m+1}{2}} < n^2 + 1$ 각 변 제곱하면

$n^4 \leq \dfrac{m+1}{2} < n^4 + 2n^2 + 1$ 정리하면

$2n^4 - 1 \leq m < 2n^4 + 4n^2 + 1$이므로

자연수 m의 개수를 $a_n = 4n^2 + 2$이다.

ㄱ. $a_2 = 4 \times 2^2 + 2 = 18$ (참)

ㄴ. $a_{n+1} - a_n = 4(n+1)^2 + 2 - 4n^2 - 2 = 8n + 4$

이므로 일정한 값을 갖지 않는다. (거짓)

ㄷ. $\displaystyle\sum_{n=1}^{10} a_n = \sum_{n=1}^{10} (4n^2 + 2) = 4 \times 385 + 20 = 1560$ (참)

 유형 11 수학적 귀납법

508 정답 ④

$a_1 = 1$이고, $a_{n+1} = \displaystyle\sum_{k=1}^{n} 2^{n-k} a_k$

먼저 $n = 1$일 때,

$a_2 = \displaystyle\sum_{k=1}^{1} 2^{1-k} a_k = 2^0 a_1 = a_1 = 1$

그러므로 (가)는 1이다.

자연수 n으로부터,

$a_{n+2} = \displaystyle\sum_{k=1}^{n+1} 2^{n+1-k} a_k$

$= \displaystyle\sum_{k=1}^{n} 2^{n+1-k} a_k + a_{n+1}$

$= 2 \displaystyle\sum_{k=1}^{n} 2^{n-k} a_k + a_{n+1}$

$(\because 2^{n+1-k} = 2 \times 2^{n-k})$

따라서, (나)는 2이다.

주어진 조건인

$a_{n+1} = \sum_{k=1}^{n} 2^{n-k} a_k$ 으로부터,

$2\sum_{k=1}^{n} 2^{n-k} a_k + a_{n+1} = 2a_{n+1} + a_{n+1} = 3a_{n+1}$

그러므로 (다)는 3이 된다.

따라서, (가)+(나)+(다)의 합은 6

509 정답 ⑤

$f(k) = 2k \times \left(2^k + \dfrac{1}{k}\right) = k2^{k+1} + 2$

$g(k) = 2 - \dfrac{k+2}{k+1} = \dfrac{k}{k+1}$

$f(3) = 6\left(2^3 + \dfrac{1}{3}\right) = 48 + 2 = 50$

$g(4) = \dfrac{4}{5}$ 이므로 구하는 값인

$\therefore f(3) \times g(4) = 40$

510 정답 ②

$\dfrac{1}{n(n+1)} = \dfrac{1}{n} - \dfrac{1}{n+1}$ 이므로 (∗)로부터

$a_{n+1} = 2a_n + 2^n\left(\dfrac{1}{n} - \dfrac{1}{n+1}\right)$

$a_{n+1} + \dfrac{2^n}{n+1} = 2\left(a_n + \boxed{\dfrac{2^{n-1}}{n}}\right)\ (n \ge 1)$

이 성립한다. $b_n = a_n + \dfrac{2^{n-1}}{n}$ 이라 하면 $b_{n+1} = 2b_n$

수열 $\{b_n\}$ 은 첫째항이 $b_1 = a_1 + \dfrac{2^0}{1} = 2$ 이고

공비가 2인 등비수열이므로 $b_n = \boxed{2^n}$ 이다.

$\therefore\ a_n = b_n - \dfrac{2^{n-1}}{n} = 2^n - \dfrac{2^{n-1}}{n} = \boxed{2^{n-1}\left(2 - \dfrac{1}{n}\right)}$

따라서 $f(n) = \dfrac{2^{n-1}}{n}$, $g(n) = 2^n$

$h(n) = 2^{n-1}\left(2 - \dfrac{1}{n}\right)$ 이다.

$f(4) + g(4) + h(4) = \dfrac{2^3}{4} + 2^4 + 2^3\left(2 - \dfrac{1}{4}\right)$

$\qquad\qquad = 2 + 16 + 14 = 32$

511 정답 ①

$$\sum_{k=1}^{n} \frac{a_k}{b_{k+1}} = \frac{1}{2}n^2 \qquad \cdots\cdots \text{㉠}$$

㉠에 $n=1$을 대입하면

$$\frac{a_1}{b_2} = \frac{1}{2}$$

$a_1 = 2$이므로 $b_2 = 4$

등차수열 $\{b_n\}$에서 $b_1 = 2$, $b_2 = 4$이므로

$\{b_n\}$은 첫째항이 2, 공차가 2인 등차수열이다.

즉, $b_n = 2n$

한편, ㉠의 양변에 n 대신 $n-1$을 대입하면

$$\sum_{k=1}^{n-1} \frac{a_k}{b_{k+1}} = \frac{1}{2}(n-1)^2 \qquad \cdots\cdots \text{㉡}$$

㉠$-$㉡을 하면

$$\frac{a_n}{b_{n+1}} = \frac{1}{2}n^2 - \frac{1}{2}(n-1)^2 = n - \frac{1}{2}$$

$b_{n+1} = 2(n+1)$이므로

$$a_n = 2(n+1)\left(n - \frac{1}{2}\right) = 2n^2 + n - 1 \ (n \geq 2)$$

이때 $a_1 = 2$이므로

$$a_n = 2n^2 + n - 1$$

따라서

$$\sum_{k=1}^{5} a_k = \sum_{k=1}^{5}(2k^2 + k - 1)$$

$$= 2 \times \frac{5 \times 6 \times 11}{6} + \frac{5 \times 6}{2} - 1 \times 5$$

$$= 120$$

512 정답 ③

$\displaystyle\sum_{k=1}^{n} \frac{a_k}{b_k b_{k+1}} = \frac{n}{n+2}$ 의 양변에 $n=1$을 대입하면

$\dfrac{a_1}{b_1 b_2} = \dfrac{1}{3}$, $a_1 = 1$, $b_1 = 1$이므로 $b_2 = 3$이다.

따라서 등차수열 $\{b_n\}$은 $b_1 = 1$이고 공차가 2이다.

$\therefore b_n = 2n - 1$

$\displaystyle\sum_{k=1}^{n-1} \frac{a_k}{b_k b_{k+1}} = \frac{n-1}{n+1} \ (n \geq 2)$이므로

$$\frac{a_n}{b_n b_{n+1}} = \frac{n}{n+2} - \frac{n-1}{n+1} \ (n \geq 2)$$

$$= \frac{n^2 + n - (n^2 + n - 2)}{(n+2)(n+1)} = \frac{2}{(n+1)(n+2)}$$

$a_n = \dfrac{2b_n b_{n+1}}{(n+1)(n+2)} = \dfrac{2(2n-1)(2n+1)}{(n+1)(n+2)}$이고

$a_1 = \dfrac{2 \times 1 \times 3}{2 \times 3} = 1$이므로 $a_n = \dfrac{2(2n-1)(2n+1)}{(n+1)(n+2)}$이다.

$$\sum_{n=1}^{10} \frac{4}{a_n(n+1)(n+2)}$$

$$= \sum_{n=1}^{10} \frac{2}{(2n-1)(2n+1)}$$

$$= \sum_{n=1}^{10} \left(\frac{1}{2n-1} - \frac{1}{2n+1}\right)$$

$$= 1 - \frac{1}{21} = \frac{20}{21}$$

513 정답 ②

$$b_1 = \sum_{k=1}^{1}(-1)^{k+1}a_k = a_1$$

$$b_2 = \sum_{k=1}^{2}(-1)^{k+1}a_k = a_1 - a_2$$

이때 등차수열 $\{a_n\}$의 공차를 d라 하면

$b_2 = -2$이므로

$$a_1 - a_2 = -d = -2$$

따라서 $d = 2$

또한

$$b_3 = \sum_{k=1}^{3}(-1)^{k+1}a_k$$

$$= a_1 - a_2 + a_3$$

$$= -d + a_3$$

$$= a_3 - 2$$

$$b_7 = \sum_{k=1}^{7}(-1)^{k+1}a_k$$

$$= a_1 - a_2 + a_3 - a_4 + a_5 - a_6 + a_7$$

$$= -3d + a_7$$

$$= a_7 - 6$$

이므로 $b_3 + b_7 = 0$에서

$$(a_3 - 2) + (a_7 - 6) = a_3 + a_7 - 8$$

$$= (a_1 + 2 \times 2) + (a_1 + 6 \times 2) - 8$$

$$= (a_1 + 4) + (a_1 + 12) - 8$$

$$= 2a_1 + 8 = 0$$

따라서 $a_1 = -4$

즉, $a_n = -4 + (n-1) \times 2 = 2n - 6$이므로

$$b_1 = a_1 = -4$$

$b_2 = a_1 - a_2 = -2$

$b_3 = a_1 - a_2 + a_3 = -2$

$b_4 = a_1 - a_2 + a_3 - a_4 = -4$

$b_5 = a_1 - a_2 + a_3 - a_4 + a_5 = 0$

$b_6 = a_1 - a_2 + a_3 - a_4 + a_5 - a_6 = -6$

$b_7 = a_1 - a_2 + a_3 - a_4 + a_5 - a_6 + a_7 = 2$

$b_8 = a_1 - a_2 + a_3 - a_4 + a_5 - a_6 + a_7 - a_8 = -8$

$b_9 = a_1 - a_2 + a_3 - a_4 + a_5 - a_6 + a_7 - a_8 + a_9 = 4$

따라서

$b_1 + b_2 + b_3 + \cdots + b_9$

$= -4 + (-2) + (-2) + (-4) + 0 + (-6) + 2 + (-8) + 4$

$= -20$

514 정답 ⑤

등비수열 $\{a_n\}$의 공비를 양수 r $(r \neq 1)$라 하면 $\dfrac{a_{n+1}}{a_n} = r$이다.

$b_n = \displaystyle\sum_{k=1}^{n} (-1)^k \log_2 a_k$에서

$n = 2$을 대입하면

$b_2 = -\log_2 a_1 + \log_2 a_2 = \log_2 \dfrac{a_2}{a_1} = \log_2 r = 2$

$\therefore r = 4$

$n = 3$을 대입하면

$b_3 = -\log_2 a_1 + \log_2 a_2 - \log_2 a_3 = 2 - \log_2 a_3$

$n = 4$을 대입하면

$b_4 = -\log_2 a_1 + \log_2 a_2 - \log_2 a_3 + \log_2 a_4 = 2 + 2 = 4$

$b_3 + b_4 = 6 - \log_2 a_3 = 6$에서 $a_3 = 1$

$a_3 = a_1 r^2 = 16 a_1 = 1$에서 $a_1 = \dfrac{1}{16}$이다.

그러므로

$b_9 = \log_2 \dfrac{a_2}{a_1} + \log_2 \dfrac{a_4}{a_3} + \log_2 \dfrac{a_6}{a_5} + \log_2 \dfrac{a_8}{a_7} - \log_2 a_9$

$\quad = 2 + 2 + 2 + 2 - \log_2 a_1 r^8$

$\quad = 8 - \log_2 \left(\dfrac{1}{2^4} \times 2^{16} \right)$

$\quad = 8 - 12 = -4$

515 정답 ①

먼저 $|a_6| = a_8$에서 $a_6 > 0$이면 $d = 0$이 되므로 조건을 만족하지 않는다. 따라서 $a_6 < 0$, $a_8 > 0$이고 $-a_6 = a_8$이므로

$a + 6d = 0$ ······ ㉠

$\displaystyle\sum_{k=1}^{5} \dfrac{1}{a_k a_{k+1}} = \sum_{k=1}^{5} \dfrac{1}{d} \left(\dfrac{1}{a_k} - \dfrac{1}{a_{k+1}} \right)$

$= \dfrac{1}{d} \left(\dfrac{1}{a_1} - \dfrac{1}{a_2} + \dfrac{1}{a_2} - \dfrac{1}{a_3} + \cdots + \dfrac{1}{a_5} - \dfrac{1}{a_6} \right)$

$= \dfrac{1}{d} \left(\dfrac{1}{a_1} - \dfrac{1}{a_6} \right)$

으로 정리되고

㉠을 대입하여 정리하면

$\dfrac{1}{d} \left(\dfrac{1}{-6d} + \dfrac{1}{d} \right) = \dfrac{5}{96}$

$d = \pm 4$

(i) $d = 4$일 때, $a_1 = -24$이고

$a_n = 4n - 28$ 이때, $a_6 = -4$, $a_8 = 4$

(ii) $d = -4$일 때, $a_1 = 24$이고

$a_n = -4n + 28$ 이때, $a_6 = 4$, $a_8 = -4$ 이므로 $a_6 < 0$이라는 조건에 모순이다.

따라서 $a_n = 4n - 28$ 임을 알 수 있다.

$\displaystyle\sum_{k=1}^{5} \dfrac{1}{a_k a_{k+1}} = \sum_{k=1}^{5} \dfrac{1}{d} \left(\dfrac{1}{a_k} - \dfrac{1}{a_{k+1}} \right)$

$\displaystyle\sum_{k=1}^{15} a_k = \sum_{k=1}^{15} (4k - 28) = \sum_{k=1}^{15} 4k - \sum_{k=1}^{15} 28$

$= 4 \times \dfrac{15 \times 16}{2} - 28 \times 15$

$= 60$

516 정답 ②

24+R20+11

[출제자 : 최성훈T]

[검토 : 장선정T]

$a_2 = 0$이면 $a_6 = 0$이 되어 공차가 0이 된다. (모순)

$a_2 + |a_6| = 0 \Rightarrow a_2 = -|a_6| < 0$

따라서 $a_2 < 0$, $a_6 > 0$ 이므로 공차는 양수이다.

$a_2 + |a_6| = a_2 + a_6 = 2a_4 = 0$, 따라서 $a_4 = 0$

a_n의 공차를 d라 하면 $a_n = d(n-4)$

$a_n < 0$ $(n = 1, 2, 3)$, $a_n \geq 0$ $(n \geq 4)$ 이므로

$a_{n+1} - |a_n| = \begin{cases} a_{n+1} + a_n & (n = 1, 2, 3) \\ a_{n+1} - a_n & (n \geq 4) \end{cases}$

$= \begin{cases} d(2n-7) & (n = 1, 2, 3) \\ d & (n \geq 4) \end{cases}$

$\displaystyle\sum_{n=1}^{14} (a_{n+1} - |a_n|)$

$= \displaystyle\sum_{n=1}^{3} (a_{n+1} + a_n) + \sum_{n=4}^{14} (a_{n+1} - a_n)$

$= \displaystyle\sum_{n=1}^{3} d(2n-7) + \sum_{n=4}^{14} d$

$= -9d + 11d$

$= 2d = 3$

따라서 $d = \dfrac{3}{2}$ 이고 $a_n = \dfrac{3}{2}(n-4)$

$\therefore a_{10} = 9$

517 정답 ①

$\displaystyle\sum_{k=1}^{n}\frac{1}{(2k-1)a_k}=n^2+2n$에서

$n=1$일 때

$\dfrac{1}{a_1}=3$이므로

$a_1=\dfrac{1}{3}$

$n\geq 2$일 때

$\dfrac{1}{(2n-1)}a_n=\displaystyle\sum_{k=1}^{n}\frac{1}{(2k-1)a_k}-\sum_{k=1}^{n-1}\frac{1}{(2k-1)a_k}$

$=n^2+2n-\{(n-1)^2+2(n-1)\}$

$=2n+1$

이므로 $(2n-1)a_n=\dfrac{1}{2n+1}$에서

$a_n=\dfrac{1}{(2n-1)(2n+1)}$

이때 $n=1$일 때 $a_1=\dfrac{1}{3}$이므로

$a_n=\dfrac{1}{(2n-1)(2n+1)}$ $(n\geq 1)$

따라서

$\displaystyle\sum_{n=1}^{10}a_n=\sum_{n=1}^{10}\frac{1}{(2n-1)(2n+1)}$

$=\dfrac{1}{2}\displaystyle\sum_{n=1}^{10}\left(\frac{1}{2n-1}-\frac{1}{2n+1}\right)$

$=\dfrac{1}{2}\left\{\left(1-\dfrac{1}{3}\right)+\left(\dfrac{1}{3}-\dfrac{1}{5}\right)+\left(\dfrac{1}{5}-\dfrac{1}{7}\right)+\cdots+\left(\dfrac{1}{19}-\dfrac{1}{21}\right)\right\}$

$=\dfrac{1}{2}\left(1-\dfrac{1}{21}\right)$

$=\dfrac{1}{2}\times\dfrac{20}{21}$

$=\dfrac{10}{21}$

518 정답 ②

$\displaystyle\sum_{k=1}^{n}(k+2)a_k=\frac{1}{n+1}$의 양변에 $n=1$을 대입하면

$3a_1=\dfrac{1}{2}$에서 $a_1=\dfrac{1}{6}$이다.

$\displaystyle\sum_{k=1}^{n}(k+2)a_k=\frac{1}{n+1}$에서 $n=n-1$을 대입하면

$\displaystyle\sum_{k=1}^{n-1}(k+2)a_k=\frac{1}{n}$ $(n\geq 2)$

$(n+2)a_n=\dfrac{1}{n+1}-\dfrac{1}{n}=-\dfrac{1}{n(n+1)}$

$a_n=-\dfrac{1}{n(n+1)(n+2)}$ $(n\geq 2)$, $a_1=\dfrac{1}{6}$

따라서

$\displaystyle\sum_{n=1}^{8}a_n$

$=a_1-\displaystyle\sum_{n=2}^{8}\frac{1}{n(n+1)(n+2)}$

$=\dfrac{1}{6}-\dfrac{1}{2}\displaystyle\sum_{n=2}^{8}\left\{\frac{1}{n(n+1)}-\frac{1}{(n+1)(n+2)}\right\}$

$=\dfrac{1}{6}-\dfrac{1}{2}\left(\dfrac{1}{6}-\dfrac{1}{90}\right)=\dfrac{1}{6}-\dfrac{7}{90}=\dfrac{8}{90}=\dfrac{4}{45}$

519 정답 ⑤

등차수열 $\{a_n\}$의 공차를 $d(d\neq 0)$라 하면 $a_2=-4$이므로

$a_n=dn-2d-4$이다.

$a_{n+1}=d(n+1)-2d-4=dn-d-4$

$b_n=a_n+a_{n+1}=2dn-3d-8$이다.

$A=\{-d-4,\ -4,\ d-4,\ 2d-4,\ 3d-4\}$

$B=\{-2d-8,\ d-8,\ 3d-8,\ 5d-8,\ 7d-8\}$

에서 $n(A\cap B)=3$이기 위해서는

$a_1\neq b_1$이므로 $a_1=b_2$인 경우와 $a_1=b_3$인 경우가 있다.

(i) $a_1=b_2$인 경우

$-d-4=d-8 \rightarrow d=2$

$a_n=2n-8$

$\therefore a_{20}=32$

(ii) $a_1=b_3$인 경우

$-d-4=3d-8 \rightarrow d=1$

$a_n=n-6$

$\therefore a_{20}=14$

(i), (ii)에서 a_{20}의 값의 합은 46이다.

[다른 풀이]

등차수열 $\{a_n\}$의 공차를 d $(d\neq 0)$이라 하자.

$b_n=a_n+a_{n+1}$이므로

$b_{n+1}-b_n=(a_{n+1}+a_{n+2})-(a_n+a_{n+1})$

$=a_{n+2}-a_n$

$=2d$

수열 $\{b_n\}$은 공차가 $2d$인 등차수열이다.

(i) $d>0$일 때,

$a_1=a_2-d=-4-d<0$

$a_2=-4<0$

이므로

$b_1=a_1+a_2=-8-d<a_1$

$n(A\cap B)=3$이려면

$b_2=a_1$ 또는 $b_3=a_1$

이어야 한다.

① $b_2=a_1$일 때,

$b_3=a_3,\ b_4=a_5$

이므로

$n(A\cap B)=3$

이다.

한편, $b_2 = b_1 + 2d = -8 + d$이므로

$b_2 = a_1$에서

$-8 + d = -4 - d$

$2d = 4$

$d = 2$

따라서

$a_{20} = a_2 + 18d = -4 + 18 \times 2 = 32$

② $b_3 = a_1$일 때,

$b_4 = a_3,\ b_5 = a_5$

이므로

$n(A \cap B) = 3$

이다.

한편, $b_3 = b_1 + 4d = -8 + 3d$이므로

$b_3 = a_1$에서

$-8 + 3d = -4 - d$

$4d = 4$

$d = 1$

따라서

$a_{20} = a_2 + 18d = -4 + 18 \times 1 = 14$

(ii) $d < 0$일 때,

③ $a_1 > 0$이면 $a_2 < b_1 < a_1$이므로

$n(A \cap B) = 0$

④ $a_1 = 0$이면 $b_1 = a_2,\ b_2 = a_4$이므로

$n(A \cap B) = 2$

⑤ $a_1 < 0$이면 $b_1 < a_2$이므로

$n(A \cap B) \leq 2$

③, ④, ⑤에서

$d < 0$이면 주어진 조건을 만족하지 못한다.

(i), (ii)에서

$a_{20} = 32$ 또는 $a_{20} = 14$

따라서 a_{20}의 값의 합은

$32 + 14 = 46$

520 정답 ④

[출제자 : 오세준T]

$A = \left\{ \dfrac{2}{r},\ 2,\ 2r,\ 2r^2,\ 2r^3 \right\}$이므로

집합 A의 원소는 공비가 r이다.

또한, 공비 r은 음수이므로

각 항의 부호는 차례대로 $-,\ +,\ -,\ +,\ -$이다.

$B = \{ 8,\ 8r^3,\ 8r^6,\ 8r^9,\ 8r^{12} \}$이므로

집합 B의 원소는 공비가 r^3이다.

또한, 공비 r^3은 음수이므로

각 항의 부호는 차례대로 $+,\ -,\ +,\ -,\ +$이다.

따라서 가능한 경우는

$a_1 = b_2,\ a_4 = b_3$ 또는 $a_1 = b_4,\ a_4 = b_5$ 또는 $a_2 = b_3,\ a_5 = b_4$

(i) $a_1 = b_2,\ a_4 = b_3$인 경우

$\dfrac{2}{r} = 8r^3,\ r^4 = \dfrac{1}{4}$

(ii) $a_1 = b_4,\ a_4 = b_5$인 경우

$\dfrac{2}{r} = 8r^9,\ r^{10} = \dfrac{1}{4}$

(iii) $a_2 = b_3,\ a_5 = b_4$인 경우

$2 = 8r^6,\ r^6 = \dfrac{1}{4}$

따라서 $r^n = \dfrac{1}{4}$을 만족하는 모든 n의 값의 합은 $4 + 10 + 6 = 20$

521 정답 ①

자연수 k에 대하여

(i) $a_1 = 4k$일 때, a_1은 짝수이므로

$a_2 = \dfrac{a_1}{2} = \dfrac{4k}{2} = 2k$

a_2도 짝수이므로

$a_3 = \dfrac{a_2}{2} = \dfrac{2k}{2} = k$

㉠ k가 홀수인 경우

$a_4 = a_3 + 1 = k + 1$

이때

$a_2 + a_4 = 2k + (k+1) = 3k + 1$이므로

$3k + 1 = 40$

에서 $k = 13$이고, $a_1 = 4k = 4 \times 13 = 52$

㉡ k가 짝수인 경우

$a_4 = \dfrac{a_3}{2} = \dfrac{k}{2}$

이때

$a_2 + a_4 = 2k + \dfrac{k}{2} = \dfrac{5}{2}k$이므로

$\dfrac{5}{2}k = 40$에서 $k = 16$이고,

$a_1 = 4k = 4 \times 16 = 64$

(ii) $a_1 = 4k - 1$일 때, a_1은 홀수이므로

$a_2 = a_1 + 1 = 4k$

a_2는 짝수이므로

$a_3 = \dfrac{a_2}{2} = \dfrac{4k}{2} = 2k$

a_3도 짝수이므로

$a_4 = \dfrac{a_3}{2} = \dfrac{2k}{2} = k$

이때

$a_2 + a_4 = 4k + k = 5k$

이므로

$5k = 40$

에서 $k = 8$이고,

$a_1 = 4k - 1 = 4 \times 8 - 1 = 31$

(iii) $a_1 = 4k - 2$일 때,

a_1은 짝수이므로

$a_2 = \dfrac{a_1}{2} = \dfrac{4k-2}{2} = 2k-1$

a_2는 홀수이므로

$a_3 = a_2 + 1 = (2k-1) + 1 = 2k$

a_3은 짝수이므로

$a_4 = \dfrac{a_3}{2} = \dfrac{2k}{2} = k$

이때

$a_2 + a_4 = (2k-1) + k = 3k-1$

이므로

$3k - 1 = 40$

에서 $k = \dfrac{41}{3}$이고, 이것은 조건을 만족시키지 않는다.

(iv) $a_1 = 4k - 3$일 때,

a_1은 홀수이므로

$a_2 = a_1 + 1 = (4k-3) + 1 = 4k-2$

a_2는 짝수이므로

$a_3 = \dfrac{a_2}{2} = \dfrac{4k-2}{2} = 2k-1$

a_3은 홀수이므로

$a_4 = a_3 + 1 = (2k-1) + 1 = 2k$

이때

$a_2 + a_4 = (4k-2) + 2k = 6k-2$

이므로

$6k - 2 = 40$

에서 $k = 7$이고,

$a_1 = 4k - 3 = 4 \times 7 - 3 = 25$

(i)~(iv)에 의하여 조건을 만족시키는 모든 a_1의 값의 합은

$52 + 64 + 31 + 25 = 172$

[다른 풀이]-정찬도T

a_1	a_2		a_3		a_4
홀수	짝수	a_1+1	홀수	$\dfrac{1}{2}(a_1+1)$	$\dfrac{1}{2}(a_1+1)+1$
			짝수	$\dfrac{1}{2}(a_1+1)$	$\dfrac{1}{4}(a_1+1)$
짝수	홀수	$\dfrac{1}{2}a_1$	짝수	$\dfrac{1}{2}a_1+1$	$\dfrac{1}{4}a_1+\dfrac{1}{2}$
	짝수	$\dfrac{1}{2}a_1$	홀수	$\dfrac{1}{4}a_1$	$\dfrac{1}{4}a_1+1$
			짝수	$\dfrac{1}{4}a_1$	$\dfrac{1}{8}a_1$

$a_2 + a_4 = 40$	a_1
$\dfrac{3}{2}(a_1+1)+1$	25
$\dfrac{5}{4}(a_1+1)$	31
$\dfrac{3}{4}a_3 + \dfrac{1}{2}$	없음
$\dfrac{3}{4}a_1 + 1$	52
$\dfrac{5}{8}a_1$	64

522 정답 ④

(i) a_1이 홀수일 때,

자연수 a에 대하여 $a_1 = 2a - 1$이라 하면

a_1	a_2	a_3	a_4
$2a-1$	$2a+2$	$a+3$	a가 홀수 일 때 $\Rightarrow \dfrac{a+3}{2}+2$
			a가 짝수 일 때 $\Rightarrow a+6$

㉠ a가 홀수일 때, $a_3 + a_4 = 50$에서

$(a+3) + \left(\dfrac{a+3}{2}+2\right) = 50$

$3a + 13 = 100$

$3a = 87$

$\therefore a = 29$

따라서 $a_1 = 58 - 1 = 57$이다.

㉡ a가 짝수일 때, $a_3 + a_4 = 50$에서

$(a+3) + (a+6) = 2a + 9 = 50$

$a = \dfrac{41}{2}$으로 모순

(ii) a_1이 짝수일 때,

자연수 a에 대하여 $a_1 = 2a$라 하면

$a_{n+1} = \begin{cases} a_n + 3 & (a_n \text{이 홀수인 경우}) \\ \dfrac{1}{2}a_n + 2 & (a_n \text{이 짝수인 경우}) \end{cases}$

a_1	a_2	a_3	a_4
$2a$	$a+2$	a가 홀수 일 때 $\Rightarrow a+5$	$\dfrac{a+5}{2}+2$
		a가 짝수 일 때 $\Rightarrow \dfrac{a+2}{2}+2$	a가 4의 배수 $\Rightarrow \dfrac{a+2}{2}+5$
			a가 4의 배수가 아닌 짝수 $\Rightarrow \dfrac{a+2}{4}+3$

㉠ a가 홀수일 때, $a_3 + a_4 = 50$에서

$$(a+5)+\left(\frac{a+5}{2}+2\right)=50$$

$$\frac{3a+15}{2}=48$$

$$3a+15=96$$

$$3a=81$$

$$\therefore\ a=27$$

$a_1=2a=54$이다.

ⓛ a가 4의 배수일 때, $a_3+a_4=50$에서

$$\left(\frac{a+2}{2}+2\right)+\left(\frac{a+2}{2}+5\right)=50$$

$$a+9=50$$

$$a=41\,(\text{모순})$$

ⓒ a가 4의 배수가 아닌 짝수일 때, $a_3+a_4=50$에서

$$\left(\frac{a+2}{2}+2\right)+\left(\frac{a+2}{4}+3\right)=50$$

$$\frac{3a+6}{4}+5=50$$

$$\frac{3a+6}{4}=45$$

$$3a+6=180$$

$$3a=174$$

$$a=58$$

$a_1=2a=116$이다.

(i), (ii)에서

$a_1=57$, $a_1=54$, $a_1=116$이 가능하다.

따라서 모든 a_1의 값의 합은 $57+54+116=227$이다.

523 정답 19

등차수열 $\{a_n\}$의 첫째항을 a, 공차를 d라 하자. 수열 $\{a_n\}$의 모든 항이 자연수이므로 a는 자연수이고 d는 0 이상의 정수이다.

$$S_n=\frac{n\{2a+(n-1)d\}}{2}=\frac{d}{2}n^2+\left(a-\frac{d}{2}\right)n$$

이므로

$$\sum_{k=1}^{7}S_k=\sum_{k=1}^{7}\left\{\frac{d}{2}k^2+\left(\frac{a-d}{2}\right)k\right\}$$

$$=\frac{d}{2}\times\sum_{k=1}^{7}k^2+\left(a-\frac{d}{2}\right)\times\sum_{k=1}^{7}k$$

$$=\frac{d}{2}\times\frac{7\times8\times15}{6}+\left(a-\frac{d}{2}\right)\times\frac{7\times8}{2}$$

$$=70d+28\left(a-\frac{d}{2}\right)$$

$$=28a+56d$$

$28a+56d=644$에서

$a+2d=23$ $\cdots\cdots$ ㉠

a_7이 13의 배수이므로 자연수 m에 대하여

$a+6d=13m$ $\cdots\cdots$ ㉡

㉡$-$㉠에서 $4d=13m-23$

$$4d+23+13=13m+13$$

$$4(d+9)=13(m+1)$$

$$d+9=\frac{13(m+1)}{4}$$

이 값이 자연수가 되어야 하므로 $m+1$의 값은 4의 배수이어야 한다. 즉, m이 될 수 있는 값은

3, 7, 11, 15, $\cdots$

한편, $d=\frac{13m-23}{4}$이므로 ㉡에서

$$a=13m-6d$$

$$=13m-6\times\left(\frac{13m-23}{4}\right)$$

$$=13m-\frac{39}{2}m+\frac{69}{2}$$

$$=-\frac{13}{2}m+\frac{69}{2}$$

이고 이 값이 양수이어야 하므로

$$-\frac{13}{2}m+\frac{69}{2}>0,\ m<\frac{69}{13}$$

따라서 $m=3$이고 이때 $d=4$이므로

$$a=23-2d=15$$

이고

$$a_2=a+d=15+4=19$$

524 정답 32

등차수열 $\{a_n\}$의 공차를 d라 하면

$$S_n=\frac{d}{2}n^2+An$$이라 할 수 있다.

$$a_6=S_6-S_5=\left(\frac{36d}{2}+6A\right)-\left(\frac{25}{2}d+5A\right)$$

$$=\frac{11}{2}d+A$$

$$\sum_{k=1}^{6}S_k$$

$$=\sum_{k=1}^{6}\left(\frac{d}{2}k^2+Ak\right)$$

$$=\frac{d}{2}\times\frac{6\times7\times13}{6}+A\times\frac{6\times7}{2}$$

$$=\frac{1}{2}\times7\times13\times d+3\times7\times A=322$$

이고 양변을 7로 나누면 $\frac{13}{2}d+3A=46$이다.

$a_6=\frac{11}{2}d+A$가 11의 배수이고 $\frac{13}{2}d+3A=46$이므로

$A=11$, $d=2$이다.

따라서 $S_n=n^2+11n$이다.

$$a_1+a_5=2a_3=2(S_3-S_2)=2(42-26)=32$$

525 정답 ③

등차수열 $\{a_n\}$의 공차가 3이므로

(가)에서 $a_5 < 0$, $a_7 > 0$이고 a_6의 부호는 알 수 없다.

(나)에서

$$\sum_{k=1}^{6} |a_{k+6}| = a_7 + a_8 + a_9 + a_{10} + a_{11} + a_{12}$$

$$6 + \sum_{k=1}^{6} |a_{2k}| = 6 - a_2 - a_4 + |a_6| + a_8 + a_{10} + a_{12}$$

이므로

$a_7 + a_9 + a_{11} = 6 - a_2 - a_4 + |a_6|$

$(a_6 + d) + (a_6 + 3d) + (a_6 + 5d)$

$= 6 - (a_6 - 4d) - (a_6 - 2d) + |a_6|$

$3a_6 + 27 = 6 - 2a_6 + 18 + |a_6|$ $(\because d = 3)$

$5a_6 + 3 = |a_6|$

(i) $a_6 \geq 0$이면 $4a_6 = -3$에서 $a_6 = -\dfrac{3}{4}$으로 모순

(ii) $a_6 < 0$이면 $6a_6 = -3$에서 $a_6 = -\dfrac{1}{2}$

따라서 $a_6 = -\dfrac{1}{2}$

$$\therefore a_{10} = a_6 + 4d = -\dfrac{1}{2} + 12 = \dfrac{23}{2}$$

[다른 풀이]

수열 $\{a_n\}$의 첫째항을 a라고 하자.

조건 (가)에서 $(a+12)(a+18) < 0$, $-18 < a < -12$

$$\sum_{k=1}^{6} |a_{k+6}| = |a_7| + |a_8| + |a_9| + |a_{10}| + |a_{11}| + |a_{12}|$$

$$6 + \sum_{k=1}^{6} |a_{2k}| = 6 + |a_2| + |a_4| + |a_6| + |a_8| + |a_{10}| + |a_{12}|$$

$|a_7| + |a_9| + |a_{11}| = 6 + |a_2| + |a_4| + |a_6|$

$|a+18| + |a+24| + |a+30| = 6 + |a+3| + |a+9| + |a+15|$

조건 (가)에서

$a+18 > 0$, $a+24 > 0$, $a+30 > 0$, $a+3 < 0$, $a+9 < 0$

(i) $-18 < a < -15$일 때

$a+15 < 0$이므로

$(a+18)+(a+24)+(a+30) = 6-(a+3)-(a+9)-(a+15)$

$6a = -93$, $a = -\dfrac{31}{2}$

(ii) $a = -15$일 때, 만족하는 값이 나올 수 없다.

(iii) $-15 < a < -12$일 때

$a+15 > 0$이므로

$(a+18)+(a+24)+(a+30) = 6-(a+3)-(a+9)+(a+15)$

$4a = -69$, $a = -\dfrac{69}{4}$, 주어진 범위를 만족하지 않는다.

따라서 $a = -\dfrac{31}{2}$이고 $a_n = -\dfrac{31}{2} + (n-1)3$

$$\therefore a_{10} = -\dfrac{31}{2} + 27 = \dfrac{23}{2}$$

526 정답 ⑤

공차가 -3인 등차수열 a_n은 $a_n = -3n + p$라 할 수 있다.

(가)에서 $a_6 > 0$, $a_9 < 0$이므로 $18 < p < 27$이다. $\cdots$ ㉠

또한 첫째항부터 제6항까지는 양수항이고 a_7과, a_8의 부호는 알지 못하며 제9항부터는 음수항이다.

$$\sum_{k=1}^{5} |a_{3k-2}| = a_1 + a_4 + |a_7| - a_{10} - a_{13}$$

$$\sum_{k=1}^{5} |a_{k+8}| = -a_9 - a_{10} - a_{11} - a_{12} - a_{13}$$

(나)에서

$$\sum_{k=1}^{5} |a_{3k-2}| - \sum_{k=1}^{5} |a_{k+8}|$$

$= a_1 + a_4 + |a_7| + a_9 + a_{11} + a_{12}$

$= -3 + p - 12 + p + |-21 + p|$

$\quad -27 + p - 33 + p - 36 + p$

$= -111 + 5p + |-21 + p|$

$= 12$

㉠에서

(i) $18 < p < 21$일 때,

$$\sum_{k=1}^{5} |a_{3k-2}| - \sum_{k=1}^{5} |a_{k+8}|$$

$= -111 + 5p + 21 - p$

$= 4p - 90 = 12$

$4p = 102$

$$\therefore p = \dfrac{51}{2} \text{ (모순)}$$

(ii) $21 \leq p < 27$일 때,

$$\sum_{k=1}^{5} |a_{3k-2}| - \sum_{k=1}^{5} |a_{k+8}|$$

$= -111 + 5p - 21 + p$

$= 6p - 132 = 12$

$6p = 144$

$p = 24$

따라서

$a_n = -3n + 24$

그러므로 $a_1 = 21$

527 정답 678

$|a_1| = 2$인 조건에서 $a_1 = \pm 2$

$|a_{n+1}| = 2|a_n|$이므로 $a_{n+1} = \pm 2a_n$을 만족해야 한다.

이에 따라 가능한 조건을 표로 정리해 보면 다음과 같다.

a_1	a_2	a_3	a_4	a_5	a_6
2	4	8	16	32	64
-2	-4	-8	-16	-32	-64

a_7	a_8	a_9	a_{10}
128	256	512	1024
-128	-256	-512	-1024

위의 표와 같이 a_n은 양수값 또는 음수값 중 하나를 가진다.
a_1부터 a_9까지 모두 양수, a_{10}이 음수라 가정하였을 때

$\displaystyle\sum_{n=1}^{10} a_n = -2$ 임을 이용하여 다른 항들의 부호를 추론해 보면

a_1, a_2, a_{10}이 음수, 나머지 항들이 양수일 때, $\displaystyle\sum_{n=1}^{10} a_n = -14$가

성립함을 추론할 수 있다.

$\therefore a_1 + a_3 + a_5 + a_7 + a_9 = -2 + 8 + 32 + 128 + 512 = 678$

528 정답 568

(나)의 $2|a_{n+1}| = |a_n|$에서

$|a_{n+1}| = \dfrac{1}{2}|a_n|$이므로 수열 $\{|a_n|\}$은 $|a_1| = 2048$이고

공비가 $\dfrac{1}{2}$인 등비수열이다.

따라서

$$\sum_{n=1}^{11} |a_n| = \dfrac{2048\left\{1 - \left(\dfrac{1}{2}\right)^{11}\right\}}{1 - \dfrac{1}{2}} = 4094$$

$\displaystyle\sum_{n=1}^{11} a_n = -26$ 에서 $a_1 < 0$이므로 $a_1 = -2048$이다.

$\displaystyle\sum_{n=1}^{11} a_n$ 에서 어떤 하나의 항 a_n (단, $1 \le n \le 11$)이 부호가

반대가 되면 원래의 합과 $2|a_n|$만큼의 차이가 발생한다.

따라서 $\displaystyle\sum_{n=1}^{11} a_n = -26$를 만족하려면, a_9과 a_{10}도 음수가 되어야

한다.

($\because 4094 - 2(2048 + 8 + 4) = -26$)

a_1, a_9, a_{10}은 음수이고, 나머지는 양수이다.

따라서

a_1	a_2	a_3	a_4	a_5	a_6
-2048	1024	512	256	128	64

a_7	a_8	a_9	a_{10}	a_{11}	a_{12}
32	16	-8	-4	2	$\dfrac{1}{2}$ 또는 $-\dfrac{1}{2}$

이다.
그러므로
$a_3 + a_6 + a_9 = 512 + 64 + (-8) = 568$

529 정답 ②

조건에 의해 a_m과 a_{m+3}은 부호가 서로 다르고 절댓값이

같으므로

$a_m + a_{m+3} = 0$

$-45 + (m-1)d + (-45) + (m+3-1)d = 0$

정리하면

$(2m+1)d = 90$

$2m+1$이 홀수이므로 가능한 수는 3, 5, 9, 15, 45이고

그때의 d는 각각 30, 18, 10, 6, 2이다.

$d = 30$, 18일 때만 $\displaystyle\sum_{k=1}^{n} a_k > -100$임을 확인할 수 있다.

따라서 $30 + 18 = 48$

530 정답 ②

등차수열 $\{a_n\}$은 n에 관한 일차식이므로

조건 $|a_m| = |a_{m+4}|$를 만족하기 위해서는 $a_{m+2} = 0$이어야

한다.

$a_n = 63 + (n-1)d$에서

$a_{m+2} = 63 + (m+1)d = 0$

$(m+1)d = -63$이고 $d < 0$, $m \ge 1$이므로

$m+1$	d
3	-21
7	-9
9	-7
21	-3
63	-1

가능한 모든 정수 d의 합은

$(-21) + (-9) + (-7) + (-3) + (-1) = -41$

531 정답 ③

공차를 d 라 하면

$S_{10} = \dfrac{10(2 + 9d)}{2} = 5(2 + 9d)$

$T_{10} = (-a_1 + a_2) + \cdots + (-a_9 + a_{10}) = 5d$

$\dfrac{S_{10}}{T_{10}} = 6$ 에서

$2 + 9d = 6d$ $\therefore 3d = -2$

$\therefore T_{37} = -a_1 + (a_2 - a_3) + \cdots (a_{36} - a_{37})$

$\qquad = -1 - 18d = 11$

532 정답 ④

등차수열 $\{a_n\}$의 첫째항을 a, 공차를 d라 하면

$S_n = \dfrac{n\{2a + (n-1)d\}}{2}$

$$T_n = -a_1 + a_2 - a_3 + \cdots + (-1)^n a_n$$
$$= -a + (a+d) + (-a-2d) + (a+3d) + \cdots$$

이므로

$$S_8 = \frac{8(2a+7d)}{2} = 8a + 28d$$

$$T_8 = 4d$$

이다. $S_8 = 8T_8$에서

$$8a + 28d = 32d$$

$$\therefore 2a = d$$

$$S_9 = \frac{9(2a+8d)}{2} = 9(a+4d) = 9 \times 9a = 81a$$

$$T_9 = T_8 - a_9 = 4d + (-a-8d) = -a - 4d = -9a$$

$S_9 - T_9 = 90$에서

$$81a - (-9a) = 90a = 90$$

따라서 $a=1$, $d=2$이다.

그러므로 $a+d=3$

533 정답 ①

(나)에서

$$\begin{cases} a_2 = a_3 \times m + 1 \\ a_3 = 2m - a_2 \end{cases} \ ; \ a_2 = (2m - a_2) \times m + 1$$

$; \ (m+1)a_2 - 2m^2 = 1$

$; \ (m+1)a_2 - 2(m-1)(m+1) = 3$

$\therefore \ (m+1)(a_2 - 2m + 2) = 3$

m 과 a_2 가 정수이고, m 이 최소이므로

$$m + 1 = -3, \quad a_2 - 2m + 2 = -1$$

$\therefore \ m = -4, \ a_2 = -11, \ a_3 = 3$

$\therefore \ a_9 = 2a_4 - a_2 = 2(a_3 \times a_2 + 1) - a_2 = -53$

534 정답 595

집합 A의 원소 중 최솟값은

$$a_2 \rightarrow a_4 \rightarrow a_8 \rightarrow a_{16} \rightarrow a_{32} \rightarrow a_{64} \text{에서}$$

$a_2 = 4$, $a_4 = 2$, $a_8 = 0$이므로 $a_{16} = -2$, $a_{17} = -2$

음수이다. 따라서

$$\begin{cases} a_{2n} = a_n - 2 \\ a_{2n+1} = 3a_n - 2 \end{cases} \text{에서 } a_n - 2 \text{라인 보다는 } 3a_n - 2 \text{라인을 따라}$$

가는게 값이 더 작아진다.

$$a_{33} = 3 \times (-2) - 2 = -8, \quad a_{35} = -8$$

$a_{67} = 3 \times (-8) - 2 = -26 = a_{71}$에서 최솟값이 -26이다.

집합 A의 원소 중 최댓값은

$$a_1 \rightarrow a_3 \rightarrow a_7 \rightarrow a_{15} \rightarrow a_{31} \rightarrow a_{63}$$

라인의 $a_{63} = 1216$이다.

따라서 $S = 1216 + (-26) = 1190$이다.

$$\frac{S}{2} = 595$$

535 정답 ⑤

$$a_2 = \frac{1}{a_1},$$

$$a_3 = 8a_2 = \frac{8}{a_1},$$

$$a_4 = \frac{1}{a_3} = \frac{a_1}{8},$$

$$a_5 = 8a_4 = a_1,$$

$$\cdots$$

따라서 $a_1 = a_5 = a_9 = \cdots$

$$a_2 = a_6 = a_{10} = \cdots$$

$$a_3 = a_7 = a_{11} = \cdots$$

$$a_4 = a_8 = a_{12} = \cdots$$

따라서 수열 $\{a_n\}$은 a_1, a_2, a_3, a_4가 반복되는 형태의

수열이다.

$$a_{12} = a_4 = \frac{a_1}{8} = \frac{1}{2}$$

$$a_1 = 4, \quad a_4 = \frac{1}{2}$$

$$a_1 + a_4 = \frac{9}{2}$$

536 정답 ②

a_1	a_2	a_3	a_4	a_5
94	46	22	10	4
22(X)				
	10(X)			
		4(X)		
22	10	4	1	
4 (X)				
4				
$-\frac{1}{2}$(X)	1			
		2(X)		

따라서 a_1으로 가능한 모든 값의 합은 $4 + 22 + 94 = 120$이다.

537 정답 ④

$$S_n = \frac{n\{2 \times 50 + (n-1) \times (-4)\}}{2}$$

$$= -2n^2 + 52n$$

$$= -2(n-13)^2 + 2 \times 13^2$$

이므로 S_n의 값은 $n=13$일 때 최대이다.

따라서 $\displaystyle\sum_{k=m}^{m+4} S_k$의 값은 $m=11$일 때 최대가 된다.

538 정답 ⑤

$a_{n+1} = a_n + 2$에서 a_n은 공차가 2인 등차수열임을
알 수 있다.

따라서

$$S_n = \frac{n\{2 \times (-20) + (n-1) \times 2\}}{2}$$

$$= n^2 - 21n$$

$$= \left(n - \frac{21}{2}\right)^2 - \frac{441}{4} \text{이고}$$

S_n은 $n = \frac{21}{2}$일 때, 최솟값을 갖는다.

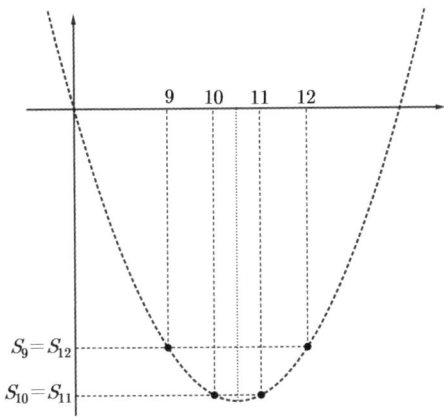

그런데 n은 자연수이므로 $n = 10$ 또는 $n = 11$일 때,
S_n의 값은 최소이고 $S_{10} = S_{11}$이다.

따라서 $\sum_{k=m}^{m+5} S_k$은 항의 개수가 6인 수열의 합이므로

$S_8 + S_9 + S_{10} + S_{11} + S_{12} + S_{13}$의 값이 최소이다.

그러므로 $a = 8$이다.

한편, $S_{11} = S_{10} + a_{11}$이고 $S_{10} = S_{11}$에서 $a_{11} = 0$임을 알 수
있다.

따라서 $b = 11$이고 $a + b = 19$이다.

539 정답 ③

$n = 4$일 때, $\begin{cases} a_{11} = 2a_4 + 1 \\ a_{12} = -a_4 + 2 \\ a_{13} = a_4 + 1 \end{cases}$

$a_{11} + a_{12} + a_{13} = 2a_4 + 4$이고

$a_4 = a_1 + 1 = 2$이므로

$a_{11} + a_{12} + a_{13} = 8$

[다른 풀이]

$a_1 = 1$이므로

$n = 1$일 때, $\begin{cases} a_2 = 2a_1 + 1 = 3 \\ a_3 = -a_1 + 2 = 1 \\ a_4 = a_1 + 1 = 2 \end{cases}$ 에서

$a_4 = 2$이다.

$n = 4$일 때, $\begin{cases} a_{11} = 2a_4 + 1 = 5 \\ a_{12} = -a_4 + 2 = 0 \\ a_{13} = a_4 + 1 = 3 \end{cases}$ 이다.

따라서

$a_{11} + a_{12} + a_{13} = 5 + 0 + 3 = 8$

540 정답 ①

$n = 5$일 때, $\begin{cases} a_{14} = 3a_5 - 1 \\ a_{15} = -a_5 + 1 \\ a_{16} = 2a_5 - 1 \end{cases}$ 이다.

$a_{14} + a_{15} + a_{16} = 4a_5 - 1$이다.

$a_5 = 3a_2 - 1$이고

$a_2 = 3a_1 - 1 = 5$이므로

$a_5 = 14$

$a_{14} + a_{15} + a_{16} = 55$

541 정답 58

$$\sum_{k=1}^{n} \frac{4k-3}{a_k} = 2n^2 + 7n \cdots \text{㉠}$$

$$\sum_{k=1}^{n-1} \frac{4k-3}{a_k} = 2(n-1)^2 + 7(n-1) \cdots \text{㉡}$$

㉠$-$㉡을 하면

$$\frac{4n-3}{a_n} = 4n + 5$$이므로

$$a_n = \frac{4n-3}{4n+5}$$

따라서

$a_5 \times a_7 \times a_9$

$$= \frac{17}{25} \times \frac{25}{33} \times \frac{33}{41} = \frac{17}{41}$$

$\therefore p = 41, q = 17$

$p + q = 58$

542 정답 24

$$\sum_{k=1}^{n} \log_2\{2^{a_k}(4k-3)\} = \sum_{k=1}^{n} \{a_k + \log_2(4k-3)\}$$이므로

$$\sum_{k=1}^{n} \{a_k + \log_2(4k-3)\} = \log_2 a_{n+1} \cdots \text{㉠}$$

$$\sum_{k=1}^{n-1} \{a_k + \log_2(4k-3)\} = \log_2 a_n \cdots \text{㉡}$$

㉠$-$㉡을 하면

$$a_n + \log_2(4n-3) = \log_2(4n+5)$$

$$a_n = \log_2 \frac{4n+5}{4n-3}$$

$$a_5 = \log_2 \frac{25}{17}$$

$$a_7 = \log_2 \frac{33}{25}$$

$$a_9 = \log_2 \frac{41}{33}$$

$$a_5 + a_7 + a_9 = \log_2\left(\frac{41}{17}\right)$$

따라서 $2^{a_5 + a_7 + a_9} = \frac{41}{17}$

$p = 17$, $q = 41$이므로

$q - p = 24$

543 정답 7

$a_n = a_1 + (n-1) \times 2 = 2n + a_1 - 2$이고

$$\begin{aligned} S_{k+2} - S_k &= a_{k+2} + a_{k+1} \\ &= 2(k+2) + a_1 - 2 + 2(k+1) + a_1 - 2 \\ &= 2(2k+3+a_1) - 4 = 4 \end{aligned}$$이므로

$2k + a_1 = 1$에서 $a_1 = 1 - 2k$

한편,

$$\begin{aligned} S_k &= \frac{k\{2a_1 + 2(k-1)\}}{2} \\ &= k(k + a_1 - 1) \\ &= k(-k) = -16 \end{aligned}$$

$\therefore k = 4$

$a_1 = 1 - 8 = -7$

$a_{2k} = a_8 = 2 \times 8 - 7 - 2 = 7$

[다른 풀이]-이지웅T

등차수열의 합이 제곱수일 때는 연속된 홀수의 합이 제곱수임을 이용하면 간편하다.

$S_k = -16$에서 $k = 4$이고

$S_{k+2} = S_k + a_{k+1} + a_{k+2}$에서 $a_{k+1} + a_{k+2} = 4$이다.

따라서 $a_{k+1} = 1$, $a_{k+2} = 3$이라 할 수 있다.

그러므로 $a_1 = -7$, $a_2 = -5$, $a_3 = -3$, $a_4 = -1$

$a_8 = -7 + 7 \times 2 = 7$

544 정답 11

$a_n = a_1 + (n-1) \times -2 = -2n + a_1 + 2$이고

$$S_{2k+1} - S_k = a_{k+1} + a_{k+2} + \cdots + a_{2k+1}$$

$$= \frac{(k+1)(a_{k+1} + a_{2k+1})}{2}$$

$$= \frac{(k+1)\{-2(k+1) + a_1 + 2 - 2(2k+1) + a_1 + 2\}}{2}$$

$$= \frac{(k+1)(-6k + 2a_1)}{2} = -49$$

$$(k+1)(-3k + a_1) = -49$$

$$(k+1)(3k - a_1) = 7^2$$

k는 자연수이므로

$k+1$	$3k - a_1$	
7	7	$k = 6$, $a_1 = 11$
49	1	$k = 48$, $a_1 = 146$

(i) $k = 6$, $a_1 = 11$일 때,

$$S_k = S_6 = \frac{6(22 + 5 \times (-2))}{2} = 36$$으로 만족한다.

따라서

$$a_{2k} = a_{12} = 11 + 11 \times (-2) = -11$$

(ii) $k = 48$, $a_1 = 143$

$$S_k = S_{48} = \frac{48(286 + 47 \times (-2))}{2} \neq 36$$으로 모순이다.

(i), (ii)에서 $|a_{2k}| = 11$

[다른 풀이]-이지웅T

등차수열의 합이 제곱수일 때는 연속된 홀수의 합이 제곱수임을 이용하면 간편하다.

$S_k = 36$에서 $k = 6$

따라서 연속된 홀수는 1, 3, 5, 7, 9, 11이다.

$S_{2k+1} = -13$에서 공차가 음의 값이다.

$\therefore a_1 = 11$

$|a_{2k}| = |a_{12}| = |11 + 11 \times (-2)| = 11$

[다른 풀이]-2

$S_{2k+1} = -13$에서

$$\frac{(2k+1)(2a_1 + 2kd)}{2} = -13$$

$$(2k+1)(a_1 + kd) = -13$$

13이 소수이므로

$2k + 1 = 13$일 때만 가능하다.

$\therefore k = 6$

545 정답 ①

$36 = 2^2 \times 3^2$이고 모든 양의 약수를 크기가 작은 순으로 a_1, a_2, a_3, $\cdots$, a_9라 하자.

k	a_k	$f(a_k)$
1	$a_1 = 1$	1
2	$a_2 = 2$	2
3	$a_3 = 3$	2
4	$a_4 = 4$	3
5	$a_5 = 6$	4
6	$a_6 = 9$	3

7	$a_7 = 12$	6
8	$a_8 = 18$	6
9	$a_9 = 36$	9

$$\sum_{k=1}^{9}\left\{(-1)^{f(a_k)}\times \log a_k\right\}$$
$$=0+\log 2+\log 3-\log 4+\log 6$$
$$-\log 9+\log 12+\log 18-\log 36$$
$$=\log\left(\frac{2\times 3\times 6\times 12\times 18}{4\times 9\times 36}\right)$$
$$=\log 2+\log 3$$

546 정답 ⑤

$24=2^3\times 3$이고 모든 양의 약수를 크기가 작은 순으로 a_1, a_2, a_3, $\cdots$, a_8라 하자.

k	a_k	$f(a_k)$
1	$a_1 = 1$	1
2	$a_2 = 2$	2
3	$a_3 = 3$	2
4	$a_4 = 4$	3
5	$a_5 = 6$	4
6	$a_6 = 8$	4
7	$a_7 = 12$	6
8	$a_8 = 24$	8

$$\sum_{k=1}^{8}\left\{(-1)^{f(a_k)}\times \log a_k\right\}$$
$$=0+\log 2+\log 3-\log 4+\log 6$$
$$+\log 8+\log 12+\log 24$$
$$=\log\left(\frac{2\times 3\times 6\times 8\times 12\times 24}{4}\right)$$
$$=8\log 2+4\log 3$$

547 정답 9

$x^2-(2n-1)x+n(n-1)=0$
$(x-n+1)(x-n)=0$에서 $\alpha_n=n$, $\beta_n=n-1$이라 하자.

$$\sum_{n=1}^{81}\frac{1}{\sqrt{\alpha_n}+\sqrt{\beta_n}}$$
$$=\sum_{n=1}^{81}\frac{1}{\sqrt{n}+\sqrt{n-1}}$$
$$=\sum_{n=1}^{81}\sqrt{n}-\sqrt{n-1}$$
$$=\sqrt{81}-\sqrt{0}=9$$

548 정답 116

$x^3-3nx^2+(n^2+2n-1)x-n^3+n=0$
$\alpha_n+\beta_n+\gamma_n=3n$, $\alpha_n\beta_n\gamma_n=(n-1)n(n+1)$이므로

$$\sum_{n=2}^{9}\frac{60(\alpha_n+\beta_n+\gamma_n)}{\alpha_n\beta_n\gamma_n}$$
$$=\sum_{n=2}^{9}\frac{180n}{(n-1)n(n+1)}$$
$$=90\sum_{n=2}^{9}\left\{\frac{1}{(n-1)}-\frac{1}{(n+1)}\right\}$$
$$=90\left(1+\frac{1}{2}-\frac{1}{9}-\frac{1}{10}\right)=90+45-10-9=116$$

549 정답 162

r이 정수일 때, $a_n=2r^{n-1}$이다.
(가)에서 $4<2r+2r^2\leq 12$
$2r^2+2r-4>0\to r^2+r-2>0\to(r+2)(r-1)>0\to r<-2$
또는 $r>1\cdots$㉠
$2r^2+2r-12\leq 0\to r^2+r-6\leq 0\to(r-2)(r+3)\leq 0\to$
$-3\leq r\leq 2\cdots$㉡
㉠, ㉡에서 $r=-3$, 2이다.
(i) $r=-3$일 때
$$\sum_{k=1}^{m}a_k=\frac{2\{1-(-3)^m\}}{1-(-3)}=122$$
$1-(-3)^m=244$
$(-3)^m=-243$에서 $m=5$
따라서 $a_n=2(-3)^{n-1}$에서
$a_5=2\times(-3)^4=162$
(ii) $r=2$일 때
$$\sum_{k=1}^{m}a_k=\frac{2\{1-(2)^m\}}{1-(2)}=122$$
$1-2^m=-61$
$2^m=62$에서 만족하는 정수는 존재하지 않는다.
(i), (ii)에서 $a_m=162$이다.

550 정답 ③

$a_n=\frac{1}{r}\times r^{n-1}=r^{n-2}$이다.
(가)에서 $2<r+r^2\leq 6$
$r^2+r>2\to r^2+r-2>0\to(r+2)(r-1)>0$
$\to r<-2$
또는 $r>1\cdots$㉠
$r^2+r\leq 6\to r^2+r-6\leq 0\to(r-2)(r+3)\leq 0$
$\to -3\leq r\leq 2\cdots$㉡
㉠, ㉡에서 $r=-3$, 2이다.
(i) $r=-3$일 때

$a_k = \left(-\dfrac{1}{3}\right)(-3)^{k-1}$이므로

$$\sum_{k=1}^{m}(-3)a_k = \dfrac{(-3)\times\left(-\dfrac{1}{3}\right)\{1-(-3)^m\}}{1-(-3)} = 127$$

$1-(-3)^m = 508$

$(-3)^m = -507$에서 만족하는 정수는 존재하지 않는다.

(ii) $r = 2$일 때

$a_k = \left(\dfrac{1}{2}\right)(2)^{k-1}$이므로

$$\sum_{k=1}^{m}2a_k = \dfrac{2\times\dfrac{1}{2}\{1-(2)^m\}}{1-(2)} = 127$$

따라서 $2^m = 128$에서 $m = 7$

(i), (ii)에서 $a_m = \left(\dfrac{1}{2}\right)2^{m-1} = 2^{m-2}$이고 $m = 7$이므로

$\therefore a_7 = 2^5 = 32$

551 정답 14

$\displaystyle\sum_{k=1}^{10}(a_k+1)^2 = 28$에서

$\displaystyle\sum_{k=1}^{10}\{(a_k)^2 + 2a_k + 1\} = 28$

$\displaystyle\sum_{k=1}^{10}(a_k)^2 + 2\sum_{k=1}^{10}a_k + \sum_{k=1}^{10}1 = 28$

$\displaystyle\sum_{k=1}^{10}(a_k)^2 + 2\sum_{k=1}^{10}a_k = 18 \qquad \cdots \text{㉠}$

또, $\displaystyle\sum_{k=1}^{10}a_k(a_k+1) = 16$에서

$\displaystyle\sum_{k=1}^{10}\{(a_k)^2 + a_k\} = 16$

$\displaystyle\sum_{k=1}^{10}(a_k)^2 + \sum_{k=1}^{10}a_k = 16$

이 식의 양변에 2를 곱하면

$2\displaystyle\sum_{k=1}^{10}(a_k)^2 + 2\sum_{k=1}^{10}a_k = 32 \qquad \cdots \text{㉡}$

㉡에서 ㉠을 변끼리 빼면

$\displaystyle\sum_{k=1}^{10}(a_k)^2 = 14$

552 정답 10

$\displaystyle\sum_{k=1}^{10}(2a_k+1)^2 = 42$에서

$\displaystyle\sum_{k=1}^{10}\{4(a_k)^2 + 4a_k + 1\} = 42$

$4\displaystyle\sum_{k=1}^{10}(a_k)^2 + 4\sum_{k=1}^{10}a_k + \sum_{k=1}^{10}1 = 42$

$\displaystyle\sum_{k=1}^{10}(a_k)^2 + \sum_{k=1}^{10}a_k = 8 \quad\cdots\text{㉠}$

또, $\displaystyle\sum_{k=1}^{10}a_k(a_k-1) = 12$에서

$\displaystyle\sum_{k=1}^{10}\{(a_k)^2 - a_k\} = 12$

$\displaystyle\sum_{k=1}^{10}(a_k)^2 - \sum_{k=1}^{10}a_k = 12 \quad\cdots\text{㉡}$

㉠+㉡을 하면

$2\displaystyle\sum_{k=1}^{10}(a_k)^2 = 20$

따라서 $\displaystyle\sum_{k=1}^{10}(a_k)^2 = 10$

553 정답 ①

주어진 식에 의해

$a_1 = 1$, $a_2 = 1$, $a_3 = 0$, $a_4 = -1$, $a_5 = 1$, $a_6 = 0$, $a_7 = -1$, $\cdots$

이므로 a_n은 $n \geq 2$에서 3주기 수열임을 알 수 있다.

$a_{3n} = 0$ $(n \geq 0)$, $a_{3n+1} = -1$ $(n \geq 1)$,

$a_{3n+2} = 1$ $(n \geq 0)$ $\cdots\text{㉠}$

그러므로

$a_{3n} + (3n) = 3n$ $(n \geq 0)$

$a_{3n+1} + (3n+1) = 3n$ $(n \geq 1)$

$a_{3n+2} + (3n+2) = 3n+3$ $(n \geq 0)$

따라서

$b_1 = k$

$b_2 = a_1 + 1 - b_1 = 2 - k$

$b_3 = a_2 + 2 - b_2 = k + 1$

$b_4 = a_3 + 3 - b_3 = 2 - k$

$b_5 = a_4 + 4 - b_4 = k + 1$

$b_6 = a_5 + 5 - b_5 = 5 - k$

$\qquad\qquad \vdots$

$b_{20} = a_{19} + 19 - b_{19} = 11 - k$

$11 - k = 14$

$\therefore k = -3$

[다른 풀이]

$b_{n+1} = a_n - b_n + n$에서

$b_n + b_{n+1} = a_n + n$ $\cdots\text{㉡}$

의 양변 n에 1부터 20까지 대입하면

$b_1 + b_2 = a_1 + 1$

$b_2 + b_3 = a_2 + 2$

$\qquad\qquad \vdots$

$b_{19} + b_{20} = a_{19} + 19$

모든 식을 변변 더하면

$b_1 + 2(b_2 + b_3 + \cdots + b_{19}) + b_{20}$

$$= a_1 + a_2 + \cdots + a_{19} + \frac{19 \times 20}{2}$$

㉠에서 $a_1 + a_2 + \cdots + a_{19} = a_1 = 1$ 이므로

$$k + 2(b_2 + b_3 + \cdots + b_{19}) + 14 = 191$$

한편,

㉡에서 $b_{2n} + b_{2n+1} = a_{2n} + 2n$

$$b_2 + b_3 + \cdots + b_{19}$$

$$= \sum_{n=1}^{9} (b_{2n} + b_{2n+1})$$

$$= \sum_{n=1}^{9} (a_{2n} + 2n) = a_2 + a_4 + \cdots + a_{18} + 90 = 90$$

따라서

$$k + 2 \times 90 + 14 = 191$$

$$\therefore k = -3$$

554 정답 ③

$$a_1 = 1$$

$$a_2 = \frac{a_1 + 3}{3a_1 - 1} = \frac{1 + 3}{3 \times 1 - 1} = 2$$

$$a_3 = \frac{a_2 + 3}{3a_2 - 1} = \frac{2 + 3}{3 \times 2 - 1} = 1$$

$$a_4 = \frac{a_3 + 3}{3a_3 - 1} = \frac{1 + 3}{3 \times 1 - 1} = 2$$

따라서 $a_{2n-1} = 1$, $a_{2n} = 2$이다. $\cdots$ ㉠

한편,

$$b_1 = k$$

$$b_2 = a_1 + 1 - b_1 = 2 - k$$

$$b_3 = a_2 + 2 - b_2 = 4 - (2 - k) = 2 + k$$

$$b_4 = a_3 + 3 - b_3 = 4 - (2 + k) = 2 - k$$

$$b_5 = a_4 + 4 - b_4 = 6 - (2 - k) = 4 + k$$

$$b_6 = a_5 + 5 - b_5 = 6 - (4 + k) = 2 - k$$

$$b_7 = a_6 + 6 - b_6 = 8 - (2 - k) = 6 + k$$

$$b_8 = a_7 + 7 - b_7 = 8 - (6 + k) = 2 - k$$

$$\vdots$$

따라서

$$b_{2n} = 2 - k, \; b_{2n-1} = 2(n-1) + k \text{이다.}$$

따라서 $n = 10$일 때 $b_{19} = 18 + k = 36$에서 $k = 18$
이다.

따라서 $b_{100} = 2 - (18) = -16$

[다른 풀이]

$b_{n+1} = a_n - b_n + n$에서

$$b_n + b_{n+1} = a_n + n \cdots ㉡$$

의 양변 n에 1부터 18까지 대입하면

$$b_1 + b_2 = a_1 + 1$$

$$b_2 + b_3 = a_2 + 2$$

$$\vdots$$

$$b_{18} + b_{19} = a_{18} + 18$$

모든 식을 변변 더하면

$$b_1 + 2(b_2 + b_3 + \cdots + b_{18}) + b_{19}$$

$$= a_1 + a_2 + \cdots + a_{18} + \frac{18 \times 19}{2}$$

㉠에서 $a_1 + a_2 + \cdots + a_{18} = 9 \times 3 = 27$이므로

$$k + 2(b_2 + b_3 + \cdots + b_{18}) + 36 = 198$$

한편,

㉡에서 $b_{2n} + b_{2n+1} = a_{2n} + 2n$

$$b_2 + b_3 + \cdots + b_{18}$$

$$= \sum_{n=1}^{9} (b_{2n} + b_{2n+1}) - b_{19}$$

$$= \sum_{n=1}^{9} (a_{2n} + 2n) - 36$$

$$= a_2 + a_4 + \cdots + a_{18} + 90 - 36$$

$$= 2 \times 9 + 54 = 72$$

따라서

$$k + 2(b_2 + b_3 + \cdots + b_{18}) + 36 = 198$$

$$k + 180 = 198$$

$$k = 18$$

$b_{2n} = 2 - k$에서 $b_{100} = 2 - 18 = -16$

555 정답 ④

$$a_n = \frac{1}{2} \times \{(n+1) - (n-1)\} \times \frac{3}{n}$$

$$= \frac{1}{2} \times 2 \times \frac{3}{n} = \frac{3}{n} \text{ 이므로}$$

$$\sum_{n=1}^{10} \frac{9}{a_n a_{n+1}} = \sum_{n=1}^{10} \frac{9}{\frac{3}{n} \times \frac{3}{n+1}} = \sum_{n=1}^{10} (n^2 + n)$$

$$= \frac{10 \times 11 \times 21}{6} + \frac{10 \times 11}{2}$$

$$= 385 + 55 = 440$$

556 정답 8

$$a_n = \frac{1}{2} \times \{(n+1) - (n-1)\} \times \sqrt{n}$$

$$= \frac{1}{2} \times 2 \times \sqrt{n} = \sqrt{n} \text{ 이므로}$$

$$\sum_{n=1}^{80} \frac{1}{a_n + a_{n+1}} = \sum_{n=1}^{80} \frac{1}{\sqrt{n} + \sqrt{n+1}} = \sum_{n=1}^{80} (\sqrt{n+1} - \sqrt{n})$$

$$= \sqrt{81} - 1 = 8$$

557 정답 ⑤

$a_1 = a$라고 할 때,

$$a_2 = a - 2, \; a_3 = a, \; a_4 = a + 1, \; a_5 = a + 3,$$

$a_6 = a+1$, $a_7 = a+2$, ..., $a_{13} = a+4$,

$a_{14} = a+2$, $a_{15} = a+4$

따라서 $a = 39$

558 정답 ⑤

ㄱ. $a_1 = 3$을 주어진 점화식에 대입하면

$a_2 = 5$, $a_3 = 8$, $a_4 = 4$, $a_5 = 2$, $a_6 = 1$, $a_7 = 2$, $a_8 = 1$, $\cdots$

즉, 다섯 번째 항부터 2와 1이 반복됨을 알 수 있다.

$\therefore a_{2018} = 1$ (참)

ㄴ. $a_1 = 8k+1$이면

$a_2 = \dfrac{3(8k+1)+1}{2} = 12k+2$

$a_3 = \dfrac{12k+2}{2} = 6k+1$

$a_4 = \dfrac{3(6k+1)+1}{2} = \dfrac{18k+4}{2} = 9k+2$

$a_1 < a_4$ (참)

ㄷ. a_1이 홀수인 경우와 짝수인 경우로 나누어 생각해본다.

(i) a_1이 홀수일 때, $\dfrac{3a_1+1}{2} = 3$에서 $a_1 = \dfrac{5}{3}$이므로 모순이다.

(ii) a_1이 짝수일 때, $\dfrac{a_1}{2} = 3$에서 $a_1 = 6$

(i),(ii)에서 $a_1 = 6$이므로 $a_1 > a_2$이다. (참)

따라서 ㄱ, ㄴ, ㄷ 모두 옳다.

559 정답 ①

등차수열의 첫째항을 a, 공차를 $d(d>0)$라 하면 조건 (가)에서

$(a+5d)+(a+7d) = 0$

$a = -6d$ $\cdots\text{㉠}$

따라서 $a_7 = a+6d = 0$

조건 (나)에서 $|a_6| = |a_7|+3$이므로

$|a+5d| = |a+6d| = 3$

㉠을 대입하면 $d>0$이므로 $d=3$

따라서,

$a_2 = a+d = -5d = -15$

560 정답 ③

등차수열의 첫째항을 a, 공차를 $d(d<0)$라 하면 조건 (가)에서

$(a+6d)+(a+8d) = 0$

$a = -7d$ $\cdots\text{㉠}$

따라서 $a_8 = a+7d = 0$

조건 (나)에서 $|a_9| = |a_8|+4$이므로

$|a+8d| = 4$

㉠을 대입하면 $d<0$이므로 $d=-4$

따라서,

$a_3 = a+2d = -5d = 20$

[랑데뷰팁]

등차수열이 n에 관한 1차식임을 감안하면 (가)에서 $a_8 = 0$임을 알 수 있다.

561 정답 21

$a_n = \displaystyle\sum_{k=1}^{n} a_k - \sum_{k=1}^{n-1} a_k = \log \dfrac{(n+1)(n+2)}{2} - \log \dfrac{n(n+1)}{2}$

$\qquad = \log \dfrac{n+2}{n}$ $(n \geq 2)$

이때 $n=1$이면 $a_1 = \displaystyle\sum_{k=1}^{1} a_k = \log 3$이므로

$a_n = \log \dfrac{n+2}{n}$ $(n \geq 1)$

$\therefore p = \displaystyle\sum_{k=1}^{20} a_{2k} = \sum_{k=1}^{20} \log \dfrac{2k+2}{2k} = \sum_{k=1}^{20} \log \dfrac{k+1}{k}$

$\qquad = \log \dfrac{2}{1} + \log \dfrac{3}{2} + \cdots + \log \dfrac{21}{20}$

$\qquad = \log \left(\dfrac{2}{1} \times \dfrac{3}{2} \times \cdots \times \dfrac{21}{20} \right)$

$\qquad = \log 21$

$\therefore 10^p = 10^{\log 21} = 21$

562 정답 31

$a_n = \displaystyle\sum_{k=1}^{n} a_k - \sum_{k=1}^{n-1} a_k$

$\qquad = {}_{n+1}C_2 - {}_nC_2$

$\qquad = \dfrac{(n+1)n}{2} - \dfrac{n(n-1)}{2}$

$\qquad = n$ $(n \geq 2)$

이때 $n=1$이면 $a_1 = \displaystyle\sum_{k=1}^{1} a_k = {}_2C_2 = 1$이므로

$a_n = n$

$\displaystyle\sum_{n=1}^{20} \dfrac{2}{a_{2n} a_{2n+2}}$

$= \displaystyle\sum_{n=1}^{20} \dfrac{2}{2n(2n+2)}$

$= \dfrac{1}{2} \displaystyle\sum_{n=1}^{20} \dfrac{1}{n(n+1)}$

$= \dfrac{1}{2} \displaystyle\sum_{n=1}^{20} \left(\dfrac{1}{n} - \dfrac{1}{n+1} \right)$

$= \dfrac{1}{2} \left(1 - \dfrac{1}{21} \right)$

$= \dfrac{10}{21}$

$p = 21$, $q = 10$이므로 $p + q = 31$

563 정답 11

(가) $a_{n+2} = a_n - 4$, $a_2 = x$ 라 하면

$a_1, a_2, a_3, a_4, a_5, a_6, \cdots$ 은 차례로

$7, x, 3, x-4, -1, x-8$

의 값을 가지는 주기가 6인 주기 함수가 된다.

$a_1 + a_2 + a_3 + a_4 + a_5 + a_6 = 3x - 3$

조건 $\displaystyle\sum_{k=1}^{50} a_k = 8(3x-3) + 7 + x = 258$

$a_2 = x = 11$

564 정답 ④

(가) $a_{n+2} = a_n - 3$, $a_2 = x$ 라 하면

$a_1, a_2, a_3, a_4, a_5, \cdots$ 은 차례로

$4, x, 1, x-3, -2$

의 값을 가지는 주기가 5인 주기 함수가 된다.

$a_1 + a_2 + a_3 + a_4 + a_5 = 2x$

$\displaystyle\sum_{k=1}^{102} a_k = \sum_{k=1}^{100} a_k + a_{101} + a_{102} = 20 \times 2x + a_1 + a_2$이므로

$\displaystyle\sum_{k=1}^{102} a_k = 20 \times 2x + 4 + x = 41x + 4 = 209$

$a_2 = x = 5$

수열
Level
3

565 정답 64

조건 (나)에서 $|a_m| = |a_{m+2}|$를 만족시키는 자연수 m의 최솟값이 3이므로 다음의 경우로 나누어 생각할 수 있다.

(i) $|a_3|$이 홀수인 경우

$a_4 = a_3 - 3$이고 짝수이다.

$a_5 = \dfrac{1}{2} a_4 = \dfrac{1}{2}(a_3 - 3)$

$|a_3| = |a_5|$에서

$|a_3| = \left| \dfrac{1}{2}(a_3 - 3) \right|$

$a_3 = 1$ 또는 $a_3 = -3$

$a_3 = 1$이면 $a_4 = -2$이고 1은 홀수이므로 a_2는 짝수이고

$a_2 = 2$이므로 $|a_2| = |a_4|$가 되어 조건 (나)를 만족시키지 않는다.

$a_3 = -3$이면 $a_4 = -6$이고 $a_2 = -6$이므로

$|a_2| = |a_4|$가 되어 조건 (나)를 만족시키지 않는다.

(ii) $|a_3|$이 0 또는 짝수인 경우

a_3	a_4	a_5
a_3	$\dfrac{1}{2}a_3$	$\dfrac{1}{2}a_3 - 3$
		$\dfrac{1}{4}a_3$

$|a_3| = \left| \dfrac{1}{4}a_3 \right|$에서 $a_3 = 0$

$a_3 = 0$이면 3 이상의 모든 자연수 m에 대하여

$a_m = 0$이고 a_2, a_1은 다음과 같다.

a_3	a_2	a_1
0	3	6
	0	

$a_2 = 0$이면 $|a_2| = |a_4|$가 되어 조건 (나)를 만족시키지 않으므로 이때의 조건을 만족시키는 a_1의 값은 6이다.

한편, $|a_3| = \left| \dfrac{1}{2}a_3 - 3 \right|$에서

$a_3 = 2$ 또는 $a_3 = -6$

$a_3 = 2$이면 $a_4 = 1$이고 a_2, a_1은 다음과 같다.

a_3	a_2	a_1
2	5	10
	4	7
		8

이때 조건을 만족시키는 a_1의 값은 10, 7, 8이다.

$a_3 = -6$이면 $a_4 = -3$이고 a_2, a_1은 다음과 같다.

a_3	a_2	a_1
-6	-3	
	-12	-9
		24

$a_2 = -3$이면 $|a_2| = |a_4|$가 되어 조건 (나)를 만족시키지 않으므로 이때의 조건을 만족시키는 a_1의 값은 -9, -24이다.

따라서 조건을 만족시키는 모든 수열 $\{a_n\}$에 대하여 $|a_1|$의 값의 합은

$6 + (10 + 7 + 8) + (9 + 24) = 64$

566 정답 135

a_1이 홀수이므로 $a_1 = 4k + 1$인 경우와 $a_1 = 4k + 3$인 경우로 나누어 $a_5 = 8$이 되는 정수 k의 값을 구하면 다음 표와 같다.

a_1	$4k+1$	$4k+3$	
a_2	$4k+6$	$4k+8$	
a_3	$2k+3$	$2k+4$	
a_4	$2k+8$	$k+2$	
a_5	$k+4$	a_4가 홀수	a_4가 짝수
		$k+7$	$\dfrac{k+2}{2}$

(나)에서 $a_5 = a_7$이다.

(i) a_5의 값을 홀수 α라 하면

$a_6 = \alpha + 5$, $a_7 = \dfrac{\alpha + 5}{2}$

$\alpha = \dfrac{\alpha + 5}{2}$에서 $\alpha = 5$

$\therefore a_5 = 5$, $a_6 = 10$, $a_7 = 5$

$k + 4 = 5$일 때, $k = 1$이므로 $a_1 = 5$, $a_2 = 10$, $a_3 = 5$에서

$a_1 = a_5$으로 (나)에 모순

$k+7=5$일 때, $k=-2$이므로 $a_1=-5$로 모순

$\dfrac{k+2}{2}=5$일 때, $k=8$이므로 $a_1=35$, $a_2=40$, $a_3=20$,

$a_4=10$로 모든 조건을 만족시킨다.

(ii) a_5의 값을 짝수 β라 하면

$a_6=\dfrac{\beta}{2}$, $a_7=\dfrac{\beta}{2}+5$ 또는 $a_7=\dfrac{\beta}{4}$

$a_7=\dfrac{\beta}{4}$일 때는 $\beta=0$으로 모순

$a_7=\dfrac{\beta}{2}+5$일 때는 $\beta=10$

$\therefore a_5=10$, $a_6=5$, $a_7=10$

$k+4=10$일 때, $k=6$이므로 $a_1=25$, $a_2=30$, $a_3=15$,

$a_4=20$ 로 모든 조건을 만족시킨다.

$k+7=10$일 때, $k=3$이므로 $a_1=15$, $a_2=20$, $a_3=10$,

$a_4=5$ 로

$a_4=a_6$으로 (나)에 모순이다.

$\dfrac{k+2}{2}=10$일 때, $k=18$이므로 $a_1=75$, $a_2=80$, $a_3=40$,

$a_4=20$로 모든 조건을 만족시킨다.

(i), (ii)에서

$a_1=35$, $a_1=25$, $a_1=75$이므로 모든 a_1의 합은 135이다.

567 정답 8

조건 (나)에서

$\left(a_{n+1}-a_n+\dfrac{2}{3}k\right)(a_{n+1}+ka_n)=0$이므로

$a_{n+1}-a_n+\dfrac{2}{3}k=0$ 또는 $a_{n+1}+ka_n=0$

즉, $a_{n+1}=a_n-\dfrac{2}{3}k$ 또는 $a_{n+1}=-ka_n$

$a_1=k$이므로

$a_2=a_1-\dfrac{2}{3}k=k-\dfrac{2}{3}k=\dfrac{k}{3}$

또는

$a_2=-ka_1=-k\times k=-k^2$

(i) $a_2=\dfrac{k}{3}$일 때

$a_3=a_2-\dfrac{2}{3}k=\dfrac{k}{3}-\dfrac{2}{3}k=-\dfrac{k}{3}$

또는

$a_3=-ka_2=-k\times\dfrac{k}{3}=-\dfrac{k^2}{3}$

(i-ⓐ) $a_3=-\dfrac{k}{3}$일 때

$a_2\times a_3=\dfrac{k}{3}\times\left(-\dfrac{k}{3}\right)=-\dfrac{k^2}{9}<0$

이므로 조건 (가)를 만족시킨다.

$a_4=a_3-\dfrac{2}{3}k=-\dfrac{k}{3}-\dfrac{2}{3}k=-k$

또는

$a_4=-ka_3=-k\times\left(-\dfrac{k}{3}\right)=\dfrac{k^2}{3}$

(i-ⓐ-①) $a_4=-k$일 때

$a_5=a_4-\dfrac{2}{3}k=-k-\dfrac{2}{3}k=-\dfrac{5}{3}k$ 또는

$a_5=-ka_4=-k\times(-k)=k^2$

$a_5=-\dfrac{5}{3}k$일 때

$a_5<0$이고,

$a_5=k^2$일 때

$a_5>0$이므로

$a_5=0$을 만족시키는 양수 k의 값은 존재하지 않는다.

(i-ⓐ-②) $a_4=\dfrac{k^2}{3}$일 때

$a_5=a_4-\dfrac{2}{3}k=\dfrac{k^2}{3}-\dfrac{2}{3}k$ 또는

$a_5=-ka_4=-k\times\dfrac{k^2}{3}=-\dfrac{k^3}{3}$

$a_5=\dfrac{k^2}{3}-\dfrac{2}{3}k$일 때

$a_5=0$에서

$\dfrac{k^2}{3}-\dfrac{2}{3}k=0$, $\dfrac{k(k-2)}{3}=0$

$k>0$이므로

$k=2$

$a_5=-\dfrac{k^3}{3}$일 때

$a_5<0$이므로

$a_5=0$을 만족시키는 양수 k의 값은 존재하지 않는다.

(i-ⓑ) $a_3=-\dfrac{k^2}{3}$일 때

$a_2\times a_3=\dfrac{k}{3}\times\left(-\dfrac{k^2}{3}\right)=-\dfrac{k^3}{9}<0$

이므로 조건 (가)를 만족시킨다.

$a_4=a_3-\dfrac{2}{3}k=-\dfrac{k^2}{3}-\dfrac{2}{3}k$

또는

$a_4=-ka_3=-k\times\left(-\dfrac{k^2}{3}\right)=\dfrac{k^3}{3}$

(i-ⓑ-①) $a_4=-\dfrac{k^2}{3}-\dfrac{2}{3}k$일 때

$a_5=a_4-\dfrac{2}{3}k=\left(-\dfrac{k^2}{3}-\dfrac{2}{3}k\right)-\dfrac{2}{3}k=-\dfrac{k^2}{3}-\dfrac{4}{3}k$

또는

$a_5=-ka_4=-k\times\left(-\dfrac{k^2}{3}-\dfrac{2}{3}k\right)=\dfrac{k^3}{3}+\dfrac{2}{3}k^2$

$a_5=-\dfrac{k^2}{3}-\dfrac{4}{3}k$일 때

$a_5=-\dfrac{k(k+4)}{3}<0$이고

$a_5 = \dfrac{k^3}{3} + \dfrac{2}{3}k^2$일 때

$a_5 = \dfrac{k^2(k+2)}{3} > 0$이므로

$a_5 = 0$을 만족시키는 양수 k의 값은 존재하지 않는다.

(i-ⓑ-②) $a_4 = \dfrac{k^3}{3}$일 때

$a_5 = a_4 - \dfrac{2}{3}k = \dfrac{k^3}{3} - \dfrac{2}{3}k$ 또는

$a_5 = -ka_4 = -k \times \dfrac{k^3}{3} = -\dfrac{k^4}{3}$

$a_5 = \dfrac{k^3}{3} - \dfrac{2}{3}k$일 때

$a_5 = 0$에서

$\dfrac{k^3}{3} - \dfrac{2}{3}k = 0, \ \dfrac{k(k^2 - 2)}{3} = 0$

$k > 0$이므로

$k = \sqrt{2}$

$a_5 = -\dfrac{k^4}{3}$일 때

$a_5 = -\dfrac{k^4}{3} < 0$이므로

$a_5 = 0$을 만족시키는 양수 k의 값은 존재하지 않는다.

(ii) $a_2 = -k^2$일 때

$a_3 = a_2 - \dfrac{2}{3}k = -k^2 - \dfrac{2}{3}k$ 또는

$a_3 = -ka_2 = -k \times (-k^2) = k^3$

(ii-ⓐ) $a_3 = -k^2 - \dfrac{2}{3}k$일 때

$a_2 \times a_3 = -k^2 \times \left(-k^2 - \dfrac{2}{3}k\right) = k^2\left(k^2 + \dfrac{2}{3}k\right) > 0$

이므로 조건 (가)를 만족시키지 못한다.

(ii-ⓑ) $a_3 = k^3$일 때

$a_2 \times a_3 = -k^2 \times k^3 = -k^5 < 0$

이므로 조건 (가)를 만족시킨다.

$a_3 = k^3$이므로

$a_4 = a_3 - \dfrac{2}{3}k = k^3 - \dfrac{2}{3}k$

또는

$a_4 = -ka_3 = -k \times k^3 = -k^4$

(ii-ⓑ-①) $a_4 = k^3 - \dfrac{2}{3}k$일 때

$a_5 = a_4 - \dfrac{2}{3}k = \left(k^3 - \dfrac{2}{3}k\right) - \dfrac{2}{3}k = k^3 - \dfrac{4}{3}k$ 또는

$a_5 = -ka_4 = -k \times \left(k^3 - \dfrac{2}{3}k\right) = -k^4 + \dfrac{2}{3}k^2 \ a_5 = k^3 - \dfrac{4}{3}k$일 때

$a_5 = 0$에서

$k^3 - \dfrac{4}{3}k = 0, \ k\left(k^2 - \dfrac{4}{3}\right) = 0$

$k > 0$이므로

$k = \sqrt{\dfrac{4}{3}} = \dfrac{2}{\sqrt{3}}$

$a_5 = -k^4 + \dfrac{2}{3}k^2$일 때

$a_5 = 0$에서

$-k^4 + \dfrac{2}{3}k^2 = 0, \ -k^2\left(k^2 - \dfrac{2}{3}\right) = 0$

$k > 0$이므로

$k = \sqrt{\dfrac{2}{3}}$

(ii-ⓑ-②) $a_4 = -k^4$일 때

$a_5 = a_4 - \dfrac{2}{3}k = -k^4 - \dfrac{2}{3}k$ 또는

$a_5 = -ka_4 = -k \times (-k^4) = k^5$

$a_5 = -k^4 - \dfrac{2}{3}k$일 때

$a_5 = -k\left(k^3 + \dfrac{2}{3}\right) < 0$이고

$a_5 = k^5$일 때

$a_5 > 0$이므로

$a_5 = 0$을 만족시키는 양수 k의 값은 존재하지 않는다.

(i), (ii)에서

k의 값은 $2, \ \sqrt{2}, \ \dfrac{2}{\sqrt{3}}, \ \sqrt{\dfrac{2}{3}}$

따라서 k^2의 값의 합은

$2^2 + (\sqrt{2})^2 + \left(\dfrac{2}{\sqrt{3}}\right)^2 + \left(\sqrt{\dfrac{2}{3}}\right)^2 = 8$

568 정답 12

$a_1 = k$라 하면

$a_2 = k + (-1)^1 \times 1 - k = -1$이다.

(i) $k > -1$이면 $a_2 < k$이므로 $a_3 = k + 1$

a_1	a_2	a_3	a_4	a_5	a_6	a_7
k	-1	$k+1$	-2	$k+2$	-3	$k+3$

$k + 3 = 18$

$\therefore \ k = a_1 = 15$

(ii) $k \leq -1$이면 $a_2 \geq k$이므로 $a_3 = -k + 1$

$a_3 > k$이므로 $a_4 = (-k+1) - 3 - k = -2k - 2$

$a_4 - k = (-2k-2) - k = -3k - 2 \geq 1$이므로

$a_4 > k$이다. $a_5 = (-2k-2) + 4 - k = -3k + 2$

$a_5 - k = (-3k+2) - k = -4k + 2 \geq 6$이므로

$a_5 > k$이다. $a_6 = (-3k+2) - 5 - k = -4k - 3$

$a_6 - k = (-4k-3) - k = -5k - 3 \geq 2$이므로

$a_6 > k$이다. $a_7 = (-4k-3) + 6 - k = -5k + 3$

a_1	a_2	a_3	a_4	a_5
k	-1	$-k+1$	$-2k-2$	$-3k+2$

a_6	a_7
$-4k-3$	$-5k+3$

따라서

$a_7 = -5k+3 = 18$

$\therefore\ k = a_1 = -3$

(i), (ii)에서 가능한 모든 k의 값의 합은 $15 + (-3) = 12$이다.

확률과통계

[출제자 : 황보백 송원학원 673–

569 정답 231

15 이하의 자연수 n에 대하여

$n \neq 4$, $n \neq 9$이면 $a_{n+1} = a_n + 1$이므로 $a_n = a_{n+1} - 1$

그러므로 $a_{15} = 1$에서 $a_{14} = a_{15} - 1 = 0$,

$a_{13} = a_{14} - 1 = -1$, $a_{12} = a_{13} - 1 = -2$,

$a_{11} = a_{12} - 1 = -3$, $a_{10} = a_{11} - 1 = -4$

(i) $a_9 > 0$일 때

$a_9 - \sqrt{9} \times a_{\sqrt{9}} = a_{10} = -4$

그러므로 $a_9 = 3a_3 - 4$에서 $a_5 = 3a_3 - 8$

① $a_4 > 0$일 때

$a_5 = a_4 - \sqrt{4} \times a_{\sqrt{4}}$이므로

$a_4 - 2a_2 = 3a_3 - 8$, 즉 $a_4 = 3a_3 + 2a_2 - 8$

그러므로 $a_4 = a_3 + 1$에서 $a_3 = a_4 - 1$이므로

$a_3 = 3a_3 + 2a_2 - 9$

즉, $a_3 + a_2 = \dfrac{9}{2}$

$a_3 = a_2 + 1$이므로 $a_2 = \dfrac{7}{4}$, $a_3 = \dfrac{11}{4}$

$a_9 = \dfrac{33}{4} - 4 > 0$, $a_4 = \dfrac{33}{4} + \dfrac{14}{4} - 8 > 0$

그러므로 $a_1 = -a_2 = -\dfrac{7}{4}$

② $a_4 \leq 0$일 때

$a_4 + 1 = a_5 = 3a_3 - 8$

그러므로 $a_4 = 3a_3 - 9$에서

$a_3 = a_4 - 1 = 3a_3 - 9 - 1 = 3a_3 - 10$

즉, $a_3 = 5$

그런데 $a_3 = 5$이면 $a_4 = 6 > 0$이므로 모순이다.

(ii) $a_9 \leq 0$일 때

$a_9 = a_{10} - 1 = -5$에서 $a_5 = -9$

① $a_4 > 0$일 때

$a_5 = a_4 - \sqrt{4} \times a_{\sqrt{4}} = a_4 - 2a_2$

즉, $a_4 = a_5 + 2a_2$이므로 $a_4 = 2a_2 - 9$

또, $a_3 = a_4 - 1 = 2a_2 - 9 - 1 = 2a_2 - 10$

그런데 $a_3 = a_2 + 1$이므로

$a_2 + 1 = 2a_2 - 10$

$a_2 = 11$

$a_4 = 2 \times 11 - 9 > 0$

그러므로 $a_1 = -a_2 = -11$

② $a_4 \leq 0$일 때

$a_5 = a_4 + 1 = -9$

그러므로 $a_4 = -10$에서

$a_3 = -11$, $a_2 = -12$

그러므로 $a_1 = -a_2 = 12$

(i), (ii)에서 모든 a_1의 곱은

$-\dfrac{7}{4} \times (-11) \times 12 = 231$

570 정답 22

[출제자 : 김진성T]

[검토자 : 한정아T]

조건에 맞을 경우 $a_5 = a_4 - a_1$ 과 $a_9 = a_8 - 2a_2$ 인 경우를 제외하고는 a_n은 공차가 2인 등차수열을 따른다. 먼저 $a_9 = -3$ 임을 알 수 있고 다음 각 경우에 따라 구할 수 있다.

① $a_2 = x$ 이고 $a_4 = x + 4 > 0$ 일 때

①-1) $a_8 > 0$ 인 경우

$a_5 = a_4 - a_1 = (x+4) - (5-x) = 2x - 1$ 과 $a_8 = 2x + 5 > 0$ 이므로

$a_9 = a_8 - 2a_2 = (2x+5) - 2x = 5$ 가 되어서 $a_9 = -3$ 를 만족하지 못한다.

①-2) $a_8 \leq 0$ 인 경우

$a_5 = a_4 - a_1 = (x+4) - (5-x) = 2x - 1$ 과 $a_8 = 2x + 5 \leq 0$ 이므로

$a_9 = a_8 + 2 = 2x + 7 = -3$ 이고 $x = -5$ 이다.

② $a_2 = y$ 이고 $a_4 = y + 4 \leq 0$ 이고 $a_8 > 0$ 인 경우

$a_8 = a_4 + 8 = y + 12 > 0$ 이므로 $a_9 = a_8 - 2a_2$ $= (y+12) - 2y = 12 - y = -3$

이고 $y = 15$ 이다.

③ $a_2 = z$ 이고 $a_4 = z + 4 \leq 0$ 이고 $a_8 \leq 0$ 인 경우

$a_8 = a_4 + 8 = z + 12 \leq 0$ 이므로

$a_9 = a_8 + 2 = z + 14 = -3$이고 $z = -17$ 이다.

따라서 ①②③에 의해서 $a_1 = 5 - a_2$ 에서 $a_1 = 5 - x, 5 - y, 5 - z$ 이 되므로 가능한 모든 a_1의 값들은 $10, -10, 22$ 이므로 합은 22 이다.

571 정답 ③

첫째항이 자연수이다. 첫째항이 홀수라고 한다면 둘째항은 $2^{(홀수)}$이므로 자연수, 첫째항이 짝수라고 한다면 둘째항은

$\dfrac{(짝수)}{2}$이므로 자연수이다. 이는 둘째항과 셋째항의 관계에서도

마찬가지이다. 곧, n번째항과 $n+1$번째항의 관계에서도

마찬가지이므로 수열 a_n의 모든 항은 자연수이다.

이때 $a_6+a_7=3$이므로 $a_6=2$, $a_7=1$ 이거나 $a_6=2$,

$a_7=1$이다.

위 두 경우는 모두 주어진 점화식을 만족하므로 가능한

경우이다.

위 두 경우에 따른 수열의 각 항을 표로 나타내면 다음과 같다.

a_7	a_6	a_5	a_4	a_3	a_2	a_1
					16	32
			4	8	3	6
2	1	2			4	8
			1	2	1	2
						64
		4	8	16	32	5
				3	6	12
1	2				4	16
		1	2		8	3
				1	2	4
						1

따라서 $a_6+a_7=3$을 만족하는 모든 a_1의 합은

$1+2+3+4+5+6+8+12+16+32+64=153$이다.

572 정답 ②

[출제자 : 이소영T]

일단 a_5, a_6의 합이 제시되어 있으므로 a_5가 짝수일 때와 홀수일
때로 기준을 나눈다.

(i) $a_5=2k$(k는 자연수)이면 $a_6=3k-1$이다.

$a_5+a_6=9$이므로 $5k-1=9$, $k=2$이다.

$a_5=4$이면

a_4가 홀수라면 $4=\dfrac{a_4-3}{2}$, $a_4=11$이고, a_4가 짝수라면

$4=\dfrac{3}{2}a_4-1$, a_4는 정수가 아니다.

→ $a_4=11$

a_3이 홀수라면 $11=\dfrac{a_3+3}{2}$, $a_3=19$이고, a_3이 짝수라면

$11=\dfrac{3}{2}a_3-1$, $a_3=8$이다.

→ $a_3=19$ 또는 $a_3=8$

(1) $a_3=19$일 때,

　a_2가 홀수라면 $19=\dfrac{a_2-3}{2}$, $a_2=41$이고, a_2가 짝수라면

$19=\dfrac{3}{2}a_2-1$, a_2가 정수가 아니다.

　→ $a_2=41$

a_1이 홀수라면 $41=\dfrac{a_1+3}{2}$, $a_1=79$이고, a_1이 짝수라면

$41=\dfrac{3}{2}a_1-1$, $a_1=28$이다.

∴ $a_1=79$ 또는 $a_1=28$

(2) $a_3=8$일 때,

　a_2가 홀수라면 $8=\dfrac{a_2-3}{2}$, $a_2=19$이고, a_2가 짝수라면

$8=\dfrac{3}{2}a_2-1$, $a_2=6$이다.

　→ $a_2=19$ 또는 $a_2=6$

　㉠ $a_2=19$일 때, a_1이 홀수라면 $19=\dfrac{a_1+3}{2}$, $a_1=35$이고,

a_1이 짝수라면 $19=\dfrac{3}{2}a_1-1$,

　a_1은 정수가 아니다. ∴ $a_1=35$

　㉡ $a_2=6$일 때, a_1이 홀수라면 $6=\dfrac{a_1+3}{2}$, $a_1=9$이고,

a_1이 짝수라면 $6=\dfrac{3}{2}a_1-1$,

　a_1은 정수가 아니다. ∴ $a_1=9$

(ii) $a_5=2k+1$(k는 자연수)이면

$a_6=\dfrac{2k+1+3}{2}=k+2$이므로 $3k+3=9$, $k=2$이다.

$a_5=5$이면

a_4가 홀수라면 $5=\dfrac{a_4-3}{2}$, $a_4=13$이고, a_4가 짝수라면

$5=\dfrac{3}{2}a_4-1$, $a_4=4$이다.

→ $a_4=13$ 또는 $a_4=4$

(1) $a_4=13$일 때,

　a_3이 홀수라면 $13=\dfrac{a_3+3}{2}$, $a_3=23$이고, a_3이 짝수라면

$13=\dfrac{3}{2}a_3-1$, a_3은 정수가 아니다.

　→ $a_3=23$

　a_2가 홀수라면 $23=\dfrac{a_2-3}{2}$, $a_2=49$이고, a_2가 짝수라면

$23=\dfrac{3}{2}a_2-1$, $a_2=16$이다.

　→ $a_2=49$ 또는 $a_2=16$

　㉠ $a_2=49$일 때,

　a_1이 홀수라면 $49=\dfrac{a_1+3}{2}$, $a_1=95$이고, a_1이 짝수라면

$49=\dfrac{3}{2}a_1-1$, a_1은 정수가 아니다.

　∴ $a_1=95$

　㉡ $a_2=16$일 때,

　a_1이 홀수라면 $16=\dfrac{a_1+3}{2}$, $a_1=29$이고, a_1이 짝수라면

$16 = \frac{3}{2}a_1 - 1$, a_1은 정수가 아니다.

$\therefore a_1 = 29$

(2) $a_4 = 4$일 때,

a_3이 홀수라면 $4 = \frac{a_3 + 3}{2}$, $a_3 = 5$이고, a_3이 짝수라면

$4 = \frac{3}{2}a_3 - 1$, a_3은 정수가 아니다.

$\rightarrow a_3 = 5$

a_2가 홀수라면 $5 = \frac{a_2 - 3}{2}$, $a_2 = 13$이고, a_2가 짝수라면

$5 = \frac{3}{2}a_2 - 1$, $a_2 = 4$이다.

$\rightarrow a_2 = 13$ 또는 $a_2 = 4$

㉠ $a_2 = 13$일 때,

a_1이 홀수라면 $13 = \frac{a_1 + 3}{2}$, $a_1 = 23$이고, a_1이 짝수라면

$13 = \frac{3}{2}a_1 - 1$, a_1은 정수가 아니다.

$\therefore a_1 = 23$

㉡ $a_2 = 4$일 때,

a_1이 홀수라면 $4 = \frac{a_1 + 3}{2}$, $a_1 = 5$이고, a_1이 짝수라면

$4 = \frac{3}{2}a_1 - 1$, a_1은 정수가 아니다.

$\therefore a_1 = 5$

모든 a_1의 합은

$79 + 28 + 35 + 9 + 95 + 29 + 23 + 5 = 303$이다.

573 정답 ②

$a_3 \times a_4 \times a_5 \times a_6 < 0$이므로 a_3, a_4, a_5, a_6은 어느 것도 0이 될 수 없다.

$a_1 = k > 0$이므로

$a_2 = a_1 - 2 - k = -2 < 0$

$a_3 = a_2 + 4 - k = 2 - k$

(i) $a_3 = 2 - k > 0$인 경우

$2 - k > 0$에서 $k < 2$ 즉 $k = 1$이므로

$a_4 = a_3 - 6 - k = -6 < 0$

$a_5 = a_4 + 8 - k = 1 > 0$

$a_6 = a_5 - 10 - k = -10 < 0$

따라서 $a_3 \times a_4 \times a_5 \times a_6 > 0$이므로 주어진 조건을 만족시키지 못한다.

(ii) $a_3 = 2 - k < 0$인 경우

즉 $k > 2$이므로

$a_4 = a_3 + 6 - k = 8 - 2k$

① $a_4 = 8 - 2k > 0$인 경우

즉 $k < 4$이므로 $2 < k < 4$에서 $k = 3$일 때

$a_4 = 8 - 6 = 2$

$a_5 = a_4 - 8 - k = -9 < 0$

$a_6 = a_5 + 10 - k = -2 < 0$

따라서 $a_3 \times a_4 \times a_5 \times a_6 < 0$이므로 주어진 조건을 만족시킨다.

② $a_4 = 8 - 2k < 0$인 경우

즉 $k > 4$이므로

$a_5 = a_4 + 8 - k = 16 - 3k$

㉠ $a_5 = 16 - 3k > 0$인 경우

즉 $k < \frac{16}{3}$에서 $4 < k < \frac{16}{3}$이므로

$k = 5$

$a_5 = 16 - 15 = 1$

$a_6 = a_5 - 10 - k = -14 < 0$

따라서 $a_3 \times a_4 \times a_5 \times a_6 < 0$이므로 주어진 조건을 만족시킨다.

㉡ $a_5 = 16 - 3k < 0$인 경우

즉 $k > \frac{16}{3}$이므로 $k \geq 6$인 경우이다.

이때

$a_6 = a_5 + 10 - k = 26 - 4k$

이고 $a_3 \times a_4 \times a_5 \times a_6 < 0$이기 위해서는

$a_6 > 0$이어야 하므로

$a_6 = 26 - 4k > 0$

$k < \frac{13}{2}$

즉 $6 \leq k < \frac{13}{2}$에서 $k = 6$

(i), (ii)에 의하여 주어진 조건을 만족시키는 모든 k의 값의 합은

$3 + 5 + 6 = 14$

574 정답 ①

[출제자 : 이소영T]

주어진 식

$(a_{n+1} - a_n)^2 + 2k(a_{n+1} - a_n) + k^2 - 4n^2 = 0$을 인수분해하면

$(a_{n+1} - a_n + k + 2n)(a_{n+1} - a_n + k - 2n) = 0$

$a_{n+1} = a_n - 2n - k$ 또는 $a_{n+1} = a_n + 2n - k$이다.

$a_1 = k$이므로 $a_2 = a_1 - 2 - k = -2$ 또는

$a_2 = a_1 + 2 - k = 2$이다.

$a_3 = a_2 - 4 - k$ 또는 $a_3 = a_2 + 4 - k$가 되는데,

$a_2 = -2$이면 $a_3 = -6 - k$ 또는 $a_3 = 2 - k$

$a_2 = 2$이면 $a_3 = -2 - k$ 또는 $a_3 = 6 - k$이다.

$a_1 = \mid a_3 \mid$이므로

$a_3 = -6 - k$라면 $k = \mid -6 - k \mid$인 자연수 k가 존재하지 않는다.

$a_3 = 2 - k$라면 $k = |\,2 - k\,|$를 만족하는 자연수 $k = 1$

$a_3 = -2 - k$라면 $k = |\,-2 - k\,|$인 자연수 k가 존재하지 않는다.

$a_3 = 6 - k$라면 $k = |\,6 - k\,|$를 만족하는 자연수 $k = 3$

따라서

(i) $k = 1$이라면 $a_{n+1} = a_n - 2n - 1$ 또는

$a_{n+1} = a_n + 2n - 1$이다.

① $a_{n+1} = a_n - 2n - 1$일 때,

$a_1 = 1$, $a_2 = -2$, $a_3 = -7$에서 $a_1 = |\,a_3\,|$에 모순이다.

② $a_{n+1} = a_n + 2n - 1$일 때,

$a_1 = 1$, $a_2 = 2$, $a_3 = 5$에서 $a_1 = |\,a_3\,|$에 모순이다.

(ii) $k = 3$이라면 $a_{n+1} = a_n - 2n - 3$ 또는

$a_{n+1} = a_n + 2n - 3$이 가능하다.

① $a_{n+1} = a_n - 2n - 3$일 때,

$a_1 = 3$, $a_2 = -2$, $a_3 = -9$에서 $a_1 = |\,a_3\,|$에 모순이다.

② $a_{n+1} = a_n + 2n - 3$일 때,

$a_1 = 3$, $a_2 = 2$, $a_3 = 3$에서 $a_1 = |\,a_3\,|$을 만족한다.

따라서 $a_{n+1} - a_n = 2n - 3$

$\displaystyle\sum_{n=1}^{20} (a_{n+1} - a_n)$

$\displaystyle = \sum_{n=1}^{20} (2n - 3)$

$\displaystyle = \frac{20 \times 36}{2} = 360$

이다.

575 정답 ⑤

(i) a_6이 3의 배수인 경우

$a_7 = 40$이므로

$\dfrac{a_6}{3} = a_7$

$a_6 = 3a_7 = 3 \times 40 = 120$

$a_7 = 40$이 3의 배수가 아니므로

$a_8 = a_6 + a_7 = 120 + 40 = 160$

$a_8 = 160$이 3의 배수가 아니므로

$a_9 = a_7 + a_8 = 40 + 160 = 200$

(ii) $a_6 = 3k - 2$ (k는 자연수)인 경우

$a_5 + a_6 = a_7$

$a_5 = a_7 - a_6 = 40 - (3k - 2) = 42 - 3k = 3(14 - k)$

a_5는 자연수이므로

$3(14 - k) > 0$에서

$k < 14$

한편, a_5는 3의 배수이므로

$a_6 = \dfrac{a_5}{3}$

즉, $3k - 2 = \dfrac{3(14 - k)}{3}$에서

$4k = 16$, $k = 4$

따라서

$a_6 = 3 \times 4 - 2 = 10$

이므로

$a_8 = a_6 + a_7 = 10 + 40 = 50$

$a_8 = 50$이 3의 배수가 아니므로

$a_9 = a_7 + a_8 = 40 + 50 = 90$

(iii) $a_6 = 3k - 1$ (k는 자연수)인 경우

$a_5 + a_6 = 7$

$a_5 = a_7 - a_6 = 40 - (3k - 1) = 41 - 3k$

a_5는 자연수이므로

$41 - 3k > 0$에서

$k < \dfrac{41}{3}$ ……㉠

한편, a_5는 3의 배수가 아니므로

$a_4 + a_5 = a_6$에서

$a_4 = a_6 - a_5 = (3k - 1) - (41 - 3k) = 6k - 42 = 3(2k - 14)$

a_4가 자연수이므로

$3(2k - 14) > 0$에서

$k > 7$ ……㉡

㉠, ㉡에서 $7 < k < \dfrac{41}{3}$

한편, a_4는 3의 배수이므로

$a_5 = \dfrac{a_4}{3}$

즉, $41 - 3k = \dfrac{3(2k - 14)}{3}$에서

$5k = 55$, $k = 11$

따라서

$a_6 = 3 \times 11 - 1 = 32$

이므로

$a_8 = a_6 + a_7 = 32 + 40 = 72$

$a_8 = 72$가 3의 배수이므로

$a_9 = \dfrac{a_8}{3} = \dfrac{72}{3} = 24$

(i), (ii), (iii)에서 a_9의 최댓값은 $M = 200$이고

최솟값은 $m = 24$이다.

$M + m = 200 + 24 = 224$

576 정답 ③

[출제자 : 김종렬T]

(i) p를 소수라 하고 $n = p^k$ (k는 자연수)라 하면

$$a_n = a_{p^k} = a_{p \times p^{k-1}} = p\,a_{p^{k-1}} + p^{k-1}a_p$$

$$= p\{pa_{p^{k-2}} + p^{k-2}a_p)\} + p^{k-1} = p^2 a_{p^{k-2}} + 2p^{k-1}$$
$$= \cdots = kp^{k-1}$$

이므로 $a_n = n$ 이면 $kp^{k-1} = p^k$ 에서 $k = p$

$$\therefore n = p^p$$

(ii) $n = p^k \times v$ (v 는 p 와 서로소, v 는 1 이 아닌 임의의 자연수)라 하면

$$a_n = a_{p^k \times v} = p^k a_v + v a_{p^k} = p^k a_v + kv p^{k-1}$$

$a_n = n$ 이면 $p^k a_v + kv p^{k-1} = v p^k$

$$\therefore a_v = \frac{p-k}{p} v \quad \cdots\cdots ★$$

a_v 는 자연수이고 v, p 는 서로소이므로, $p \geq k$ 에서 ★의 우변이 음이 아닌 정수이기 위해서는

$$p = k, \ a_v = 0$$

에서 $v = 1$ 일 때뿐이다. 이 때에도 $n = p^p$ 이다.
따라서 $n \leq 100$ 인 자연수에서 n 은 2^2, 3^3 이고,
$A = 3^3 = 27$, $B = 2^2 = 4$ 이므로
$A + B = 31$ 이다.

577 정답 ③

$a_4 = r$ 이고 $|r| < 1$ 이므로
$a_5 = r + 3$
$a_6 = r + 6$
$a_7 = -\dfrac{1}{2}a_6 = \dfrac{r+6}{-2} (\because a_5 < 5 < a_6)$
$a_8 = \dfrac{r+6}{-2} + 3 = -\dfrac{1}{2}r = r^2$ 이다.

따라서 $r = -\dfrac{1}{2}$

주어진 조건에 따라 a_3, a_2, a_1을 구하면 다음과 같다.

a_4	a_3	a_2	a_1
$-\dfrac{1}{2}$	$-\dfrac{7}{2}$	7	-14

이때,
$$|a_{4n}| = \left|\left(-\frac{1}{2}\right)^n\right| < 1 \text{에서}$$
$$|a_{4n+1}| = \left|\left(-\frac{1}{2}\right)^n + 3\right| < 5$$
$$|a_{4n+2}| = \left|\left(-\frac{1}{2}\right)^n + 6\right| > 5$$
$$|a_{4n+3}| = \left|\left(-\frac{1}{2}\right)^{n+1} - 3\right| < 5$$

이므로 a_{4n+2}만 5보다 크다.
따라서, $|a_m| \geq 5$를 만족하는 m의 개수는
$m = 1, 2, 6, 10, \cdots, 98$의 26개다. 따라서 $p = 26$,
$a_1 = -14$이므로 $p + a_1 = 12$이다.

$$\therefore 12$$

578 정답 ②

$k = 1$일 때, $a_5 = r$
$k = 2$일 때, $a_9 = r^2 \cdots \bigcirc$
이다.
$0 < |r| < 1$에서 $-1 < r < 1$이라 하자. (0은 제외)
$|a_5| < 3$이므로 $a_6 = r - 2 \ (-3 < a_6 < -1)$
$a_7 = r - 4 \ (-5 < a_7 < -3)$
$a_8 = -\dfrac{1}{2}r + 2 \left(\dfrac{3}{2} < a_8 < \dfrac{5}{2}\right)$
$a_9 = -\dfrac{1}{2}r$

$\bigcirc$에서 $r^2 = -\dfrac{1}{2}r$이므로 $r = -\dfrac{1}{2} \ (\because r \neq 0)$

$$\therefore a_9 = \frac{1}{4}$$

그러므로 $a_{10} = -\dfrac{7}{4}$이다.

또한 $a_5 = -\dfrac{1}{2}$이므로

$a_4 = \dfrac{3}{2}$, $a_3 = -3$이고

$a_2 = -1$ 또는 $a = 6$이 가능하다.

$a_2 = -1$일 때, $a_1 = 1$
$a_2 = 6$일 때, $a_1 = -12$
따라서

$$a_1 \times a_{10} = 1 \times \left(-\frac{7}{4}\right) = -\frac{7}{4}$$

$$a_1 \times a_{10} = (-12) \times \left(-\frac{7}{4}\right) = 21$$

$M = 21$, $m = -\dfrac{7}{4}$

$$\frac{M}{m} = 21 \times \left(-\frac{4}{7}\right) = -12$$

579 정답 ②

주어진 수열을 나열해 보면
$a_1 = 0$
$a_2 = \dfrac{1}{k+1}$
$a_3 = \dfrac{1}{k+1} - \dfrac{1}{k}$
$a_4 = \dfrac{2}{k+1} - \dfrac{1}{k}$
$$\vdots$$
$a_{m-1} = \dfrac{k}{k+1} - \dfrac{k}{k}$
$a_m = \dfrac{k+1}{k+1} - \dfrac{k}{k} = 0$

최초로 0 이 되는 m값은 $m = 2k+1$ 이 된다.
따라서 $a_{22} = 0$이 되기 위해서는 m은 21의 약수가 되어야 하고

k는 자연수이므로 $m = 3, 7, 21$ 이므로 $k = 1, 3, 10$이다.

따라서 모든 k값의 합 $= 1 + 3 + 10 = 14$

[다른 풀이]

$\{a_n\}$은 $p + q = n - 1$인 자연수 p, q에 대하여 $\dfrac{1}{k+1}$이 p번,

$-\dfrac{1}{k}$가 q번 나타난 수열이라 할 수 있다.

따라서

$a_{22} = \dfrac{p}{k+1} - \dfrac{q}{k} = \dfrac{(p-q)k - q}{k(k+1)}$에서

$a_{22} = 0$이므로 $(p-q)k - q = 0$이다.

$p + q = 21$, $p > q$인 두 자연수 p, q에 대하여

$k = \dfrac{q}{p-q}$이므로

$p = 11, q = 10$일 때, $k = 10$

$p = 12, q = 9$일 때, $k = 3$

$p = 14, q = 7$일 때, $k = 1$이다.

580 정답 ④

수열 $\{a_n\}$을 표로 추론해 보자.

a_1	0	
a_2	$\dfrac{1}{(k+1)(k+2)}$	$+$
a_3	$\dfrac{1}{(k+1)(k+2)} - \dfrac{1}{k(k+1)}$	$-$
a_4	$\dfrac{2}{(k+1)(k+2)} - \dfrac{1}{k(k+1)}$ $= \dfrac{k-2}{k(k+1)(k+2)}$	$?$

$k = 1$이면 $a_4 < 0$이므로

$a_5 = \dfrac{3}{(k+1)(k+2)} - \dfrac{1}{k(k+1)} = \dfrac{2k-2}{k(k+1)(k+2)} = 0$

이므로 수열 $\{a_n\}$은 주기가 4인 수열이다.

$\therefore a_{4n-3} = 0$

$k = 2$이면 $a_4 = 0$이므로 수열 $\{a_n\}$은 주기가 3인 수열이다.

$\therefore a_{3n-2} = 0$

$k > 2$이면 $a_4 > 0$

a_4	$\dfrac{2}{(k+1)(k+2)} - \dfrac{1}{k(k+1)}$ $= \dfrac{k-2}{k(k+1)(k+2)}$	$k > 2$ 일 때 $+$
a_5	$\dfrac{2}{(k+1)(k+2)} - \dfrac{2}{k(k+1)}$	$-$
a_6	$\dfrac{3}{(k+1)(k+2)} - \dfrac{2}{k(k+1)}$ $= \dfrac{k-4}{k(k+1)(k+2)}$	$?$

$k = 3$이면 $a_6 < 0$이므로

$a_7 = \dfrac{4}{(k+1)(k+2)} - \dfrac{2}{k(k+1)} = \dfrac{2k-4}{k(k+1)(k+2)} > 0$

$a_8 = \dfrac{4}{(k+1)(k+2)} - \dfrac{3}{k(k+1)} = \dfrac{k-6}{k(k+1)(k+2)} < 0$

$a_9 = \dfrac{5}{(k+1)(k+2)} - \dfrac{3}{k(k+1)} = \dfrac{2k-6}{k(k+1)(k+2)} = 0$

이므로 수열 $\{a_n\}$은 주기가 8인 수열이다.

$\therefore a_{8n-7} = 0$

$k = 4$이면 $a_6 = 0$이므로 수열 $\{a_n\}$은 주기가 5인 수열이다.

$\therefore a_{5n-4} = 0$

$k > 4$이면 $a_6 > 0$

a_6	$\dfrac{3}{(k+1)(k+2)} - \dfrac{2}{k(k+1)}$ $= \dfrac{k-4}{k(k+1)(k+2)}$	$k > 4$ 일 때 $+$
a_7	$\dfrac{3}{(k+1)(k+2)} - \dfrac{3}{k(k+1)}$	$-$
a_8	$\dfrac{4}{(k+1)(k+2)} - \dfrac{3}{k(k+1)}$ $= \dfrac{k-6}{k(k+1)(k+2)}$	$?$

$k = 5$이면 $a_8 < 0$이므로

$a_9 = \dfrac{5}{(k+1)(k+2)} - \dfrac{3}{k(k+1)} = \dfrac{2k-6}{k(k+1)(k+2)} > 0$

$a_{10} = \dfrac{5}{(k+1)(k+2)} - \dfrac{4}{k(k+1)} = \dfrac{k-8}{k(k+1)(k+2)} < 0$

$a_{11} = \dfrac{6}{(k+1)(k+2)} - \dfrac{4}{k(k+1)} = \dfrac{2k-8}{k(k+1)(k+2)} > 0$

$a_{12} = \dfrac{6}{(k+1)(k+2)} - \dfrac{5}{k(k+1)} = \dfrac{k-10}{k(k+1)(k+2)} < 0$

$a_{13} = \dfrac{7}{(k+1)(k+2)} - \dfrac{5}{k(k+1)} = \dfrac{2k-10}{k(k+1)(k+2)} = 0$

이므로 수열 $\{a_n\}$은 주기가 12인 수열이다.

$\therefore a_{12n-11} = 0$

$k = 6$이면 $a_8 = 0$이므로 수열 $\{a_n\}$은 주기가 7인 수열이다.

$\therefore a_{7n-6} = 0$

정리하면 다음과 같다.

k	1	2	3	4	5	6	7	8	$\cdots$
주기	4	3	8	5	12	7	16	9	$\cdots$

$a_{41} = 0$이기 위해서는

주기가 40의 양의 약수이면 된다.

40의 양의 약수는 1, 2, 4, 5, 8, 10, 20, 40이고

k가 홀수 일 때, 주기가 4의 배수가 순차적으로 나타나므로

$k = 1$, $k = 3$, $k = 9$, $k = 19$이 각각 주기가 4, 8, 20, 40이다.

k가 짝수 일 때, 주기가 3이상의 홀수로 나타나고 40의 양의

약수 중 3이상의 홀수는 5뿐이므로 $k=4$만 가능하다.
그러므로
$1+3+9+19+4=36$

581 정답 ①

$-1 \le a_n < -\dfrac{1}{2}$일 때, $-1 < a_{n+1} \le 0$으로

$a_n + a_{n+1} < 0$이다. 즉, $-1 \le a_5 < -\dfrac{1}{2}$이면 $a_5 + a_6 < 0$로 모순이다.

$\dfrac{1}{2} < a_n \le 1$일 때, $0 \le a_{n+1} \le 1$으로

$a_n + a_{n+1} > 0$이다. 즉, $\dfrac{1}{2} < a_5 \le 1$이면 $a_5 + a_6 > 0$로 모순이다.

$-\dfrac{1}{2} \le a_n \le \dfrac{1}{2}$일 때, $-1 \le a_{n+1} \le 1$으로

$-\dfrac{3}{2} \le a_n + a_{n+1} \le \dfrac{3}{2}$이다. 즉, $-\dfrac{1}{2} \le a_5 \le \dfrac{1}{2}$이면

$a_5 + a_6$의 값이 0이 될 수 있다.
그런데 $a_{n+1} = 2a_n$에서 $a_n + a_{n+1} = 0$이면 $a_n = a_{n+1} = 0$이다.

따라서 $a_5 = a_6 = 0$

$a_5 = 0$이기 위해서는 $a_4 = -1$ 또는 $a_4 = 1$ 또는 $a_4 = 0$이어야 한다.

$\displaystyle\sum_{k=1}^{5} a_k > 0$이기 위해서는 $a_4 = 1$ 또는 $a_4 = 0$이다.

$a_4 = 1$이면

$2a_3 = 1$에서 $a_3 = \dfrac{1}{2}$

$a_3 = \dfrac{1}{2}$이면

$2a_2 = \dfrac{1}{2}$에서 $a_2 = \dfrac{1}{4}$ 또는 $-2a_2 + 2 = \dfrac{1}{2}$에서 $a_2 = \dfrac{3}{4}$이다.

(i) $a_2 = \dfrac{1}{4}$이면

$2a_1 = \dfrac{1}{4}$에서 $a_1 = \dfrac{1}{8}$ 또는 $-2a_1 + 2 = \dfrac{1}{4}$에서 $a_1 = \dfrac{7}{8}$이다.

(ii) $a_2 = \dfrac{3}{4}$이면

$2a_1 = \dfrac{3}{4}$에서 $a_1 = \dfrac{3}{8}$ 또는 $-2a_1 + 2 = \dfrac{3}{4}$에서 $a_1 = \dfrac{5}{8}$이다.

(iii) $a_4 = 0$이면 $a_5 = 0$에서 a_1을 추론하는 과정에서 a_2의 값이 a_1이다.

따라서 $a_4 = 0$일 때, 가능한 a_1의 값은 $\dfrac{1}{4}$ 또는 $\dfrac{3}{4}$

같은 방법으로

(iv) $a_3 = 0$일 때, $a_1 = \dfrac{1}{2}$

(iv) $a_2 = 0$일 때, $a_1 = 1$

따라서 모든 a_1의 값의 합은 $1 + 1 + 1 + \dfrac{1}{2} + 1 = \dfrac{9}{2}$

582 정답 ④

[그림 : 최성훈T]

$-1 \le a_n < -\dfrac{1}{2}$일 때, $-1 < a_{n+1} \le 0$으로

$a_n + a_{n+1} < 0$이다. 즉, $-1 \le a_4 < -\dfrac{1}{2}$이면 $a_4 + a_5 < 0$로 모순이다.

$\dfrac{1}{2} < a_n \le 1$일 때, $0 \le a_{n+1} \le 1$으로

$a_n + a_{n+1} > 0$이다. 즉, $\dfrac{1}{2} < a_4 \le 1$이면 $a_4 + a_5 > 0$로 모순이다.

$-\dfrac{1}{2} \le a_n \le \dfrac{1}{2}$일 때, $-1 \le a_{n+1} \le 1$으로

$-\dfrac{3}{2} \le a_n + a_{n+1} \le \dfrac{3}{2}$이다. 즉, $-\dfrac{1}{2} \le a_4 \le \dfrac{1}{2}$이면

$a_4 + a_5$의 값이 0이 될 수 있다.

$4^{a_n} = 1$ 또는 $4^{-a_n} = 1$에서 $a_n = 0$이다.
따라서 $a_n = a_{n+1} = 0$이다.

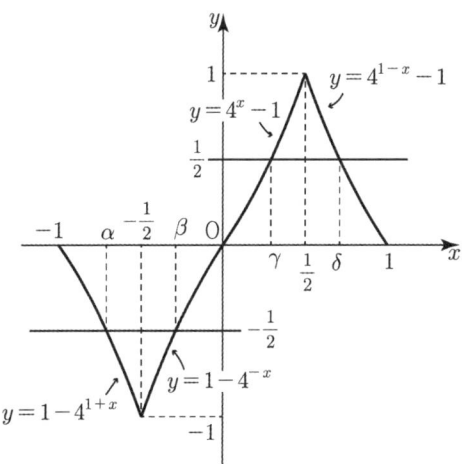

$a_4 = 0$이기 위해서는 $a_3 = -1$ 또는 $a_3 = 1$ 또는 $a_3 = 0$이어야 한다.

(i) $a_3 = -1$일 때,

$a_2 = -\dfrac{1}{2}$ 이고 그림에서 $a_2 = -\dfrac{1}{2}$ 을 만족하는 $a_1 = \alpha$, $a_1 = \beta$
$\left(\alpha < -\dfrac{1}{2} < \beta < 0\right)$ 로 2개 존재하고 $\alpha + \beta = -1$ 이다.

(ii) $a_3 = 1$ 일 때,
$a_2 = \dfrac{1}{2}$ 이고 그림에서 $a_2 = \dfrac{1}{2}$ 을 만족하는 $a_1 = \gamma$, $a_1 = \delta$
$\left(0 < \gamma < \dfrac{1}{2} < \delta\right)$ 로 2개 존재하고 $\gamma + \delta = 1$ 이다.

(iii) $a_3 = 0$ 일 때,
$a_2 = -1$ 또는 $a_2 = 1$ 또는 $a_2 = 0$ 이 가능하다.
㉠ $a_2 = -1$ 이면 $a_1 = -\dfrac{1}{2}$
㉡ $a_2 = 1$ 이면 $a_1 = \dfrac{1}{2}$
㉢ $a_2 = 0$ 이면 $a_1 = -1$ 또는 $a_1 = 1$ 또는 $a_1 = 0$ 이다.

(i), (ii), (iii)에서 a_1의 값으로 가능한 것의 개수는 9이므로
$k = 9$ 이고
$b_1 + b_2 + b_3 + \cdots + b_9 = 0$ 이다.
따라서
$$k + \sum_{p=1}^{k} b_p = 9 + 0 = 9$$

583 정답 ③

$a_5 = 5$ 이므로
(나)에서 $a_6 = -1$, $a_7 = 5$, $a_8 = -1$, $a_9 = 5$, $\cdots$
이므로 $\displaystyle\sum_{k=1}^{100} a_k$의 값은 a_1, a_2, a_3, a_4에 의해 달라진다.
$a_4 > 0$ 이면 (나)에서 $a_5 = a_4 - 6 \rightarrow 5 = a_4 - 6$
$\therefore a_4 = 11$
$a_3 > 0$ 이면 같은 방법으로 $a_3 = 17$
$a_2 > 0$ 이면 같은 방법으로 $a_2 = 23$
$a_1 > 0$ 이면 같은 방법으로 $a_1 = 29$
따라서 $M = 29 + 23 + 17 + 11 + \displaystyle\sum_{k=5}^{100} a_k = 80 + \displaystyle\sum_{k=5}^{100} a_k$
$a_4 < 0$ 이면 (나)에서 $a_5 = -2a_4 + 3 \rightarrow 5 = -2a_4 + 3$ $\therefore a_4 = -1$
$a_3 < 0$ 이면 (나)에서 $a_4 = -2a_3 + 3 \rightarrow -1 = -2a_3 + 3$ 에서
$a_3 = 2$ 로 모순이다.
따라서 $a_3 > 0$ 이고 $a_4 = a_3 - 6 \rightarrow -1 = a_3 - 6$
$\therefore a_3 = 5$
같은 방법으로 $a_2 = -1$, $a_1 = 5$ 이다.
따라서 $m = 5 + (-1) + 5 + (-1) + \displaystyle\sum_{k=5}^{100} a_k = 8 + \displaystyle\sum_{k=5}^{100} a_k$
그러므로 $M - m = 72$

584 정답 ①

$a_5 = 2$ 이므로
(나)에서 $a_6 = 1$, $a_7 = 2$, $a_8 = 1$, $a_9 = 2$, $\cdots$
이므로 $\displaystyle\sum_{k=1}^{100} a_k$의 값은 a_1, a_2, a_3, a_4에 의해 달라진다.

(1) a_4이 홀수이면 (나)에서 $a_5 = \dfrac{3a_4 + 1}{2} \rightarrow 2 = \dfrac{3a_4 + 1}{2}$
$\therefore a_4 = 1$
(i) a_3이 홀수이면 $a_4 = \dfrac{3a_3 + 1}{2} \rightarrow 1 = \dfrac{3a_3 + 1}{2}$
$\therefore a_3 = \dfrac{1}{3}$ (모순)
(ii) a_3이 짝수이면 $a_4 = \dfrac{a_3}{2} \rightarrow 1 = \dfrac{a_3}{2}$ $\therefore a_3 = 2$
㉠ a_2가 홀수이면 $a_3 = \dfrac{3a_2 + 1}{2} \rightarrow 2 = \dfrac{3a_2 + 1}{2}$
$\therefore a_2 = 1$
a_1이 홀수이면 $a_1 = \dfrac{1}{3}$ (모순)
a_1이 짝수이면 $a_1 = 2 \Rightarrow$
$\{a_n\}$: 2, 1, 2, 1, 2, $\cdots$①
㉡ a_2가 짝수이면 $a_3 = \dfrac{a_2}{2} \rightarrow 2 = \dfrac{a_2}{2}$ $\therefore a_2 = 4$
a_1이 홀수이면 $a_2 = \dfrac{3a_1 + 1}{2} \Rightarrow a_1 = \dfrac{7}{3}$ (모순)
a_1이 짝수이면 $a_1 = 8 \Rightarrow$
$\{a_n\}$: 8, 4, 2, 1, 2, $\cdots$②

(2) a_4이 짝수이면 (나)에서 $a_5 = \dfrac{a_4}{2} \rightarrow 2 = \dfrac{a_4}{2}$
$\therefore a_4 = 4$
(i) a_3이 홀수이면 $a_4 = \dfrac{3a_3 + 1}{2} \rightarrow 4 = \dfrac{3a_3 + 1}{2}$
$\therefore a_3 = \dfrac{7}{3}$ (모순)
(ii) a_3이 짝수이면 $a_4 = \dfrac{a_3}{2} \rightarrow 4 = \dfrac{a_3}{2}$
$\therefore a_3 = 8$
㉠ a_2가 홀수이면 $a_3 = \dfrac{3a_2 + 1}{2} \rightarrow 8 = \dfrac{3a_2 + 1}{2}$
$\therefore a_2 = 5$
a_1이 홀수이면 $a_1 = 3$
$\Rightarrow \{a_n\}$: 3, 5, 8, 4, 2, $\cdots$③
a_1이 짝수이면 $a_1 = 10$
$\Rightarrow \{a_n\}$: 10, 5, 8, 4, 2, $\cdots$④
㉡ a_2가 짝수이면 $a_3 = \dfrac{a_2}{2} \rightarrow 8 = \dfrac{a_2}{2}$
$\therefore a_2 = 16$

a_1이 홀수이면 $a_2 = \dfrac{3a_1 + 1}{2}$ $\Rightarrow a_1 = \dfrac{31}{3}$ (모순)

a_1이 짝수이면 $a_1 = 32$

$\Rightarrow \{a_n\} : 32,\ 16,\ 8,\ 4,\ 2,\ \cdots$ ⑤

①~⑤에서 $m = 5$이고

S_2는 ②, $S_{m-1} = S_4$는 ④이다.

그러므로

$$S_2 = 8 + 4 + 2 + 1 + \sum_{k=5}^{100} a_k$$

$$S_{m-1} = S_4 = 10 + 5 + 8 + 4 + \sum_{k=5}^{100} a_k$$

$$S_{m-1} - S_2 = 12$$

585 정답 ②

$a_8 - a_{15} = 63$이므로 a_8과 a_{15}을 찾아보자.

(가)에서

$a_4 = (a_2)^2 + 1$

$a_8 = a_2 \times a_4 + 1 = (a_2)^3 + a_2 + 1$

(나)에서

$a_3 = a_2 \times a_1 - 2$

$a_7 = a_2 \times a_3 - 2 = (a_2)^2 \times a_1 - 2a_2 - 2$

$a_{15} = a_2 \times a_7 - 2 = (a_2)^3 \times a_1 - 2(a_2)^2 - 2a_2 - 2$

따라서

$a_8 - a_{15} = (1 - a_1)(a_2)^3 + 2(a_2)^2 + 3a_2 + 3 = 63 \cdots$ ㉠

$a_2 = a_2 \times a_1 + 1$에서 $1 - a_1 = \dfrac{1}{a_2}$이므로 ㉠에 대입하면

$3(a_2)^2 + 3a_2 - 60 = 0$

$(a_2)^2 + a_2 - 20 = 0$

$(a_2 + 5)(a_2 - 4) = 0$

$a_2 = 4$ 또는 $a_2 = -5$

$a_2 = 4$일 때, $a_1 = \dfrac{3}{4}$, $a_2 = -5$일 때, $a_1 = \dfrac{6}{5}$

$0 < a_1 < 1$이므로 $a_1 = \dfrac{3}{4}$, $a_2 = 4$이다.

$a_8 = (a_2)^3 + a_2 + 1 = 69$이므로

$\dfrac{a_8}{a_1} = \dfrac{69}{\dfrac{3}{4}} = 92$

586 정답 ⑤

(다)에서 $n = 2$을 대입하면

$a_8 = (a_2)^2 + 3$

$n = 3$을 대입하면

$a_{11} = a_2 \times a_3 + 3$

$a_8 = a_{11}$이므로 $a_2 = a_3$이다. $\cdots$ ㉠

(가)에서 $n = 4$을 대입하면

$a_{12} = a_2 \times a_4 + 1$이고

(나)에서 $n = 1$을 대입하면

$a_4 = a_2 \times a_1 + 2$이므로

$a_{12} = a_2(a_2 \times a_1 + 2) + 1 = (a_2)^2 \times a_1 + 2a_2 + 1 \cdots$ ㉡

(가)에서 $n = 1$을 대입하면

$a_3 = a_2 \times a_1 + 1$이고 ㉠에서 $a_2 = a_2 \times a_1 + 1$

$\therefore a_1 = 1 - \dfrac{1}{a_2}$

㉡에 대입하면

$a_{12} = (a_2)^2 - a_2 + 2a_2 + 1 = (a_2)^2 + a_2 + 1$

$a_8 = a_{12}$이므로

$(a_2)^2 + 3 = (a_2)^2 + a_2 + 1$에서

$\therefore a_2 = 2$

$\therefore a_1 = 1 - \dfrac{1}{2} = \dfrac{1}{2}$

$a_1 = \dfrac{1}{2}$, $a_2 = 2$, $a_3 = 2$이므로

$a_4 = a_2 \times a_1 + 2 = 1 + 2 = 3$

$a_5 = a_2 \times a_1 + 3 = 4$

$a_6 = a_2 \times a_3 + 1 = 5$

$a_7 = a_2 \times a_3 + 2 = 6$

$a_8 = a_2 \times a_3 + 3 = 7$

$a_8 = a_{11} = 7$

이므로

(다)에서 $n = 11$을 대입하면

$a_{35} = a_2 \times a_{11} + 3 = 2 \times 7 + 3 = 17$

따라서 $\dfrac{a_{35}}{a_1} = \dfrac{17}{\dfrac{1}{2}} = 34$

587 정답 ②

$a_4 < a_5 < a_6 = 19$이므로 $a_6 = 2a_4 + a_5 = 19$이다.

a_3와 a_4의 크기는 알 수 없다.

(i) $2 = a_3 > a_4$일 때.

$a_5 = 2 + a_4$

$2a_4 + a_5 = 19$

연립방정식을 풀면

$-2a_4 = -17 + a_4$

$a_4 = \dfrac{17}{3}$

$2 < \dfrac{17}{3}$으로 모순

(ii) $2 = a_3 \leq a_4$일 때.

$a_5 = 4 + a_4$

$2a_4 + a_5 = 19$

연립방정식을 풀면

$-2a_4 = -15 + a_4$

$a_4 = 5$

따라서 $a_3 = 2$, $a_4 = 5$, $a_5 = 9$, $a_6 = 19$이다.

(iii) $a_2 \leq a_3 = 2$일 때,

$a_4 = 2a_2 + a_3$이고

$5 = 2a_2 + 2$에서 $a_2 = \dfrac{3}{2}$

① $a_2 = \dfrac{3}{2}$, $a_3 = 2$

$a_1 \leq a_2$일 때, $a_3 = 2a_1 + a_2$가 성립한다.

$2 = 2a_1 + \dfrac{3}{2}$

$a_1 = \dfrac{1}{4} \cdots \bigcirc$

② $a_2 = \dfrac{3}{2}$, $a_3 = 2$

$a_1 > a_2$일 때, $a_3 = a_1 + a_2$가 성립한다.

$2 = a_1 + \dfrac{3}{2}$

$a_1 = \dfrac{1}{2}$으로 모순

(iv) $a_2 > a_3 = 2$일 때,

$a_4 = a_2 + a_3$이고

$5 = a_2 + 2$에서 $a_2 = 3$

① $a_2 = 3$, $a_3 = 2$

$a_1 \leq a_2$일 때, $a_3 = 2a_1 + a_2$가 성립한다.

$2 = 2a_1 + 3$

$a_1 = -\dfrac{1}{2} \cdots \bigcirc\!\!\!\bigcirc$

② $a_2 = 3$, $a_3 = 2$

$a_1 > a_2$일 때, $a_3 = a_1 + a_2$가 성립한다.

$2 = a_1 + 3$

$a_1 = -1$으로 모순

$\bigcirc$, $\bigcirc\!\!\!\bigcirc$에서 a_1으로 가능한 모든 값의 합은

$\dfrac{1}{4} + \left(-\dfrac{1}{2}\right) = -\dfrac{1}{4}$

[다른 풀이]–필재T

(i) $a_1 > a_2$인 경우

$n = 1$일 때, $a_3 = a_1 + a_2$ $(a_1 > a_2)$

$a_3 = 2 = a_1 + a_2$ 이므로, $a_2 < 1$, $a_1 > 1$이다.

① $a_2 < 1$ 인 경우

$n = 2$일 때, $a_4 = 2a_2 + a_3$ $(a_2 \leq a_3)$

$\qquad a_4 = 2a_2 + a_3 = 2a_2 + 2$

$\qquad \therefore a_3 < a_4$

$n = 3$일 때, $a_5 = 2a_3 + a_4$ $(a_3 \leq a_4)$

$\qquad a_5 = 4 + 2a_2 + 2 = 6 + 2a_2$

$\qquad \therefore a_4 < a_5$

$n = 4$일 때, $a_6 = 2a_4 + a_5$ $(a_4 \leq a_5)$

$\qquad a_6 = 2(2a_2 + 2) + 6 + 2a_2 = 6a_2 + 10$

$\qquad 6a_2 = 9$

$\qquad \therefore a_2 = \dfrac{3}{2}$ (가정 $a_2 < 1$에 대한 모순)

(ii) $a_1 < a_2$인 경우

$n = 1$일 때, $a_3 = 2a_1 + a_2$ $(a_1 \leq a_2)$

$\qquad 2a_1 + a_1 < 2a_1 + a_2 = a_3 = 2$에서

$\qquad 3a_1 < 2$ 이고, $a_1 < \dfrac{2}{3}$이다.

② $\dfrac{2}{3} < a_2 < a_3 = 2$ 인 경우

$n = 2$일 때, $a_4 = 2a_2 + a_3 = 2a_2 + 2$ $(a_2 \leq a_3)$

$\qquad \therefore a_3 < a_4$

$n = 3$일 때, $a_5 = 2a_3 + a_4$ $(a_3 \leq a_4)$

$\qquad a_5 = 4 + 2a_2 + 2 = 6 + 2a_2$

$\qquad \therefore a_4 < a_5$

$n = 4$일 때, $a_6 = 2a_4 + a_5$ $(a_4 \leq a_5)$

$\qquad a_6 = 4a_2 + 4 + 6 + 2a_2 = 6a_2 + 10$

$\qquad 19 = 6a_2 + 10$ 에서 $a_2 = \dfrac{3}{2}$이다.

$2 = a_3 = 2a_1 + a_2$에서, $\therefore a_1 = \dfrac{1}{4}$이다.

② $2 = a_3 < a_2$인 경우.

$n = 2$일 때, $a_4 = a_2 + a_3$ $(a_2 > a_3)$

$\qquad \therefore a_4 = a_2 + 2$ 즉, $a_3 < a_4$

$n = 3$일 때, $a_5 = 2a_3 + a_4$ $(a_3 \leq a_4)$

$\qquad a_5 = 4 + a_2 + 2 = a_2 + 6$ 즉, $a_4 < a_5$이다.

$n = 4$일 때,

$a_6 = 2a_4 + a_5 = 2(a_2 + 2) + 6 + a_2 = 3a_2 + 10$

$19 = 3a_2 + 10$ 에서, $a_2 = 3$이다.

$a_3 = 2a_1 + a_2$ $(a_1 \leq a_2)$ 에서

$2 = 2a_1 + 3$ 이고, $a_1 = -\dfrac{1}{2}$이다.

$\therefore \dfrac{1}{4} + \left(-\dfrac{1}{2}\right) = -\dfrac{1}{4}$ 이다.

588 정답 ①

$a_4 < a_5 < a_6 = 17$이므로 $a_6 = a_4 + 2a_5 = 17$이다.

a_3와 a_4의 크기는 알 수 없다.

(i) $1 = a_3 > a_4$일 때.

$a_5 = \dfrac{1}{2} + a_4$

$a_4 + 2a_5 = 17$

연립방정식을 풀면

$$3a_5 = \frac{35}{2}$$

$$a_5 = \frac{35}{6}$$

$$a_4 = \frac{16}{3}$$

$1 < \dfrac{16}{3}$ 으로 $a_3 < a_4$이므로 모순

(ii) $1 = a_3 \leq a_4$일 때,

$$a_5 = 1 + 2a_4$$

$$a_4 + 2a_5 = 17$$

연립방정식을 풀면

$$a_4 + 2 + 4a_4 = 17$$

$$a_4 = 3$$

따라서 $a_3 = 1$, $a_4 = 3$, $a_5 = 7$, $a_6 = 17$이다.

(iii) $a_2 \leq a_3 = 1$일 때,

$a_4 = a_2 + 2a_3$이고

$3 = a_2 + 2$에서 $a_2 = 1$

① $a_2 = 1$, $a_3 = 1$

$a_1 \leq a_2$일 때, $a_3 = a_1 + 2a_2$가 성립한다.

$$1 = a_1 + 2$$

$$a_1 = -1 \cdots \bigcirc$$

② $a_2 = 1$, $a_3 = 1$

$a_1 > a_2$일 때, $a_3 = \dfrac{1}{2}a_1 + a_2$가 성립한다.

$$1 = \frac{1}{2}a_1 + 1$$

$a_1 = 0$으로 모순

(iv) $a_2 > a_3 = 1$일 때,

$a_4 = \dfrac{1}{2}a_2 + a_3$이고

$3 = \dfrac{1}{2}a_2 + 1$에서 $a_2 = 4$

① $a_2 = 4$, $a_3 = 1$

$a_1 \leq a_2$일 때, $a_3 = a_1 + 2a_2$가 성립한다.

$$1 = a_1 + 8$$

$$a_1 = -7 \cdots \bigcirc\!\!\bigcirc$$

② $a_2 = 4$, $a_3 = 1$

$a_1 > a_2$일 때, $a_3 = \dfrac{1}{2}a_1 + a_2$가 성립한다.

$$1 = \frac{1}{2}a_1 + 4$$

$a_1 = -6$으로 모순

따라서

$\bigcirc$, $\bigcirc\!\!\bigcirc$에서 가능한 a_1의 값은 -1, -7이다.

따라서 합은 -8

---

589 정답 ④

$$a_n = \log_2 \sqrt{\frac{2(n+1)}{n+2}} = \frac{1}{2}\log_2\left(\frac{2(n+1)}{n+2}\right)$$

$$= \frac{1}{2}\{\log_2 2 + \log_2(n+1) - \log_2(n+2)\}$$

$$= \frac{1}{2} + \frac{1}{2}\{\log_2(n+1) - \log_2(n+2)\}$$

$$\sum_{k=1}^{m} a_k$$

$$= \sum_{k=1}^{m} \frac{1}{2} + \frac{1}{2}\left[\sum_{k=1}^{m}\{\log_2(k+1) - \log_2(k+2)\}\right]$$

$$= \frac{1}{2}m + \frac{1}{2}\{\log_2 2 - \log_2(m+2)\}$$

$$= \frac{m + 1 - \log_2(m+2)}{2}$$

의 값이 자연수가 되기 위해서는 $(m+2)$의 값이 2의 거듭제곱인 짝수이어야 하므로 m은 짝수이다. 따라서 $\log_2(m+2)$의 값이 홀수이어야 한다.

① $\log_2(m+2) = 3$, $m = 6$이면

$$\frac{m + 1 - \log_2(m+2)}{2} = 2$$

② $\log_2(m+2) = 5$, $m = 30$이면

$$\frac{m + 1 - \log_2(m+2)}{2} = 13$$

③ $\log_2(m+2) = 7$, $m = 126$이면

$$\frac{m + 1 - \log_2(m+2)}{2} = 60$$

④ $\log_2(m+2) = 9$, $m = 510$이면

$$\frac{m + 1 - \log_2(m+2)}{2} = 251 > 100 \ (모순)$$

따라서

$\displaystyle\sum_{k=1}^{m} a_k$의 값이 100이하의 자연수가 되도록 하는 모든 자연수

m의 값의 합은

$$6 + 30 + 126 = 162$$

---

590 정답 ⑤

$a_n = \dfrac{n^2 + n - 1}{(n+1)!}$에서

$$\sum_{k=1}^{n} a_k = \sum_{k=1}^{n}\left(\frac{k^2 + k - 1}{(k+1)!}\right) = \sum_{k=1}^{n} \frac{(k+1)^2 - (k+2)}{(k+1)!}$$

$$= \sum_{k=1}^{n}\left\{\frac{k+1}{k!} - \frac{k+2}{(k+1)!}\right\}$$

$$= \left(2 - \frac{3}{2!}\right) + \left(\frac{3}{2!} - \frac{4}{3!}\right) + \cdots + \left(\frac{n+1}{n!} - \frac{n+2}{(n+1)!}\right)$$

$$= 2 - \frac{n+2}{(n+1)!}$$

이므로

$b_n = n! \sum_{k=1}^{n} a_k = 2n! - \dfrac{n+2}{n+1}$ 이다.

따라서

$c_n = n! - \dfrac{1}{2} b_n = \dfrac{n+2}{2(n+1)}$

따라서

$\log_2 \sqrt{\dfrac{1}{c_k}} = \log_2 \sqrt{\dfrac{2(k+1)}{(k+2)}}$

$\qquad\qquad = \dfrac{1}{2} + \dfrac{1}{2} \{\log_2(k+1) - \log_2(k+2)\}$

$\displaystyle\sum_{k=1}^{m} \log_2 \sqrt{\dfrac{1}{c_k}}$

$\displaystyle = \sum_{k=1}^{m} \dfrac{1}{2} + \dfrac{1}{2} \sum_{k=1}^{m} \{\log_2(k+1) - \log_2(k+2)\}$

$= \dfrac{1}{2}m + \dfrac{1}{2} \{\log_2 2 - \log_2(m+2)\}$

$= \dfrac{m+1-\log_2(m+2)}{2}$

의 값이 자연수가 되기 위해서는 $m+2$의 값이 2의 거듭제곱인 짝수이어야 하므로 m은 짝수이다. 따라서 $\log_2(m+2)$의 값이 홀수이어야 한다.

① $\log_2(m+2) = 3$,

$m = 6$이면 $\dfrac{m+1-\log_2(m+2)}{2} = 2$

② $\log_2(m+2) = 5$,

$m = 30$이면 $\dfrac{m+1-\log_2(m+2)}{2} = 13$

③ $\log_2(m+2) = 7$, $m = 126$이면

$\dfrac{m+1-\log_2(m+2)}{2} = 60$

④ $\log_2(m+2) = 9$, $m = 510$이면

$\dfrac{m+1-\log_2(m+2)}{2} = 251$

⑤ $\log_2(m+2) \geq 11$일 때,

$\dfrac{m+1-\log_2(m+2)}{2} > 300$으로 모순

따라서

$\displaystyle\sum_{k=1}^{m} \log_2 \sqrt{\dfrac{1}{c_k}}$ 의 값이 300이하의 자연수가 되도록 하는 모든

자연수 m의 값의 합은

$6 + 30 + 126 + 510 = 672$

[다른 풀이]

$a_n = \dfrac{n^2+n-1}{(n+1)!} = \dfrac{n(n+1)-1}{(n+1)!} = \dfrac{1}{(n-1)!} - \dfrac{1}{(n+1)!}$

$\displaystyle\sum_{k=1}^{n} a_k = \sum_{k=1}^{n} \left(\dfrac{1}{(n-1)!} - \dfrac{1}{(n+1)!} \right)$

$\qquad = \dfrac{1}{0!} + \dfrac{1}{1!} - \left(\dfrac{1}{n!} + \dfrac{1}{(n+1)!} \right)$

$\qquad = 2 - \dfrac{(n+1)! + n!}{n!(n+1)!} = 2 - \dfrac{n!(n+1+1)}{n!(n+1)!}$

$\qquad = 2 - \dfrac{n+2}{(n+1)!}$

[다른 풀이]—오세준T

$\dfrac{1}{2}\{m+1-\log_2(m+2)\} = p$ ($p > 0$인 자연수)라고 하면

$m + 1 - \log_2(m+2) = 2p \cdots\cdots$ ㉠

$\log_2(m+2) = k$라고 하면

$m + 2 = 2^k$이고 m은 자연수이므로 $2^k > 2$

따라서 $k > 1$

㉠에서 $2p = m + 1 - \log_2(m+2) = 2^k - 1 - k$

$2^k - 1 - k$는 2의 배수이므로 k는 홀수

따라서 $k > 1$인 홀수 중에서 $2p = 2^k - 1 - k$를 만족하는 자연수 m의 값을 찾으면

k	m	p
3	6	2
5	30	13
7	126	60
9	510	251
11	2046	$p > 300$(모순)

이므로 모든 자연수 m의 값의 합은

$6 + 30 + 126 + 510 = 672$

591 정답 ④

수열 $\{a_n\}$의 공차가 -1이므로 a_n은 항이 커질 때 항의 값은 감소하며 어느 항부터는 항의 값이 음수이다.

(가) 조건에서

(i) a_5이 음수 항이라 가정하자.

$a_5 < 0$이면 $a_6 < 0$이므로

$b_5 = a_5 + \dfrac{5}{2} < b_6 = a_6 + 3$

$a_1 + 4d + \dfrac{5}{2} < a_1 + 5d + 3$

$-\dfrac{1}{2} < d$ (모순)

(ii) $a_5 \geq 0$이고 $a_6 < 0$이라면

$b_5 = a_6 - \dfrac{5}{2} < b_6 = a_6 + 3$

$-\dfrac{5}{2} < 3$으로 항상 성립한다.

(i), (ii)에서 수열 a_n은 제6항부터 음수항이다.

따라서

$a_n \geq 0$일 때, $b_n = a_{n+1} - \dfrac{n}{2}$이므로

$b_1 = a_2 - \dfrac{1}{2}$

$b_2 = a_3 - 1$

$b_3 = a_4 - \dfrac{3}{2}$

$b_4 = a_5 - 2$

$b_5 = a_6 - \dfrac{5}{2}$

(나)에서 $S_5 = 0$이므로

$S_5 = \dfrac{5(a_2 + a_6)}{2} - \dfrac{15}{2} = 0$

$a_2 + a_6 = 3$

$\therefore 2a_1 + 6d = 3 \cdots \bigcirc$

$a_n < 0$일 때, $b_n = a_n + \dfrac{n}{2}$

$b_6 = a_6 + 3$

$b_7 = a_7 + \dfrac{7}{2}$

$b_8 = a_8 + 4$

$b_9 = a_9 + \dfrac{9}{2}$

(나)조건에서 $S_5 = S_9 = 0$이므로

$b_6 + b_7 + b_8 + b_9 = 0$이다.

$\dfrac{4(a_6 + a_9)}{2} + 15 = 0$

$a_6 + a_9 = -\dfrac{15}{2}$

$2a_1 + 13d = -\dfrac{15}{2} \cdots \bigcirc$

$\bigcirc - \bigcirc$을 하면 $7d = -\dfrac{21}{2}$이고 $d = -\dfrac{3}{2}$이다.

$a_1 = 6$이므로 $a_n = -\dfrac{3}{2}n + \dfrac{15}{2}$

$b_{10} = a_{10} + 5 = -\dfrac{15}{2} + 5 = -\dfrac{5}{2}$

$n \geq 6$일 때, $a_n < 0$이므로 수열 $\{b_n\}$의 일반항은

$b_n = a_n + \dfrac{n}{2} = -\dfrac{3}{2}n + \dfrac{15}{2} + \dfrac{n}{2}$

$\quad = -n + \dfrac{15}{2}$

이다.

b_{10}부터 b_n $(n > 10)$까지 합은 S_n과 같다.

$S_n = \dfrac{(n-9)(b_{10} + b_n)}{2}$

$\quad = \dfrac{(n-9)\left(-\dfrac{5}{2} - n + \dfrac{15}{2}\right)}{2}$

$\quad = \dfrac{(n-9)(5-n)}{2} \leq -70$

$-n^2 + 14n - 45 \leq -140$

$n^2 - 14n - 95 \geq 0$

$(n+5)(n-19) \geq 0$

$n \geq 19$

592 정답 ③

수열 $\{a_n\}$의 공비가 $r \left(0 < r < \dfrac{1}{2}\right)$이므로 a_n은 항이 커질 때 항의 값은 감소하며 어느 항부터는 항의 값이 1보다 작은 양수이다.

(가) 조건에서

(i) a_6이 1보다 작다고 가정하면

$0 < a_6 < 1$이면 $0 < a_7 < a_6 < 1$이므로

$b_6 = 2^5 \times a_6 < b_7 = 2^6 \times a_7$

$a_1 r^5 \times 2^5 < a_1 r^6 \times 2^6$

$\dfrac{1}{2} < r$ (모순)

(ii) $a_6 \geq 1$이고 $a_7 < 1$이라면

$b_6 = \dfrac{1}{2^6} \times a_7 < b_7 = 2^6 \times a_7$

$\dfrac{1}{2^6} < 2^6$으로 항상 성립한다.

(i), (ii)에서 수열 $\{a_n\}$은 제7항부터 1보다 작은 수이다.

(나) $\dfrac{b_5 \times b_8}{b_6 \times b_9} = 9$에서

$a_n \geq 1$일 때, $b_n = \dfrac{a_{n+1}}{2^n}$이고 $a_5 \geq 1$, $a_6 \geq 1$이므로

$b_5 = \dfrac{a_6}{2^5} = \left(\dfrac{r}{2}\right)^5 a_1$

$b_6 = \dfrac{a_7}{2^6} = \left(\dfrac{r}{2}\right)^6 a_1$

이다.

$a_n < 1$일 때, $b_n = 2^{n-1} a_n$이고 $a_8 < 1$, $a_9 < 1$이므로

$b_8 = 2^7 a_8 = (2r)^7 a_1$

$b_9 = 2^8 a_9 = (2r)^8 a_1$

이다.

따라서

$\dfrac{b_5 \times b_8}{b_6 \times b_9}$

$$= \frac{\left(\frac{r}{2}\right)^5 \times (2r)^7}{\left(\frac{r}{2}\right)^6 \times (2r)^8} = \frac{1}{\frac{r}{2} \times 2r} = 9$$

$r^2 = \frac{1}{9}$에서 $r = \frac{1}{3}$

$$b_n = \begin{cases} \dfrac{a_{n+1}}{2^n} & (a_n \geq 1) \\ 2^{n-1} a_n & (a_n < 1) \end{cases}$$

n	1	2	3	4	5
a_n	a_1	$a_1 r$	$a_1 r^2$	$a_1 r^3$	$a_1 r^4$
b_n	$\dfrac{a_1 r}{2}$	$\dfrac{a_1 r^2}{2^2}$	$\dfrac{a_1 r^3}{2^3}$	$\dfrac{a_1 r^4}{2^4}$	$\dfrac{a_1 r^5}{2^5}$

6	7	8	9	10
$a_1 r^5$	$a_1 r^6$	$a_1 r^7$	$a_1 r^8$	$a_1 r^9$
$\dfrac{a_1 r^6}{2^6}$	$(2r)^6 a_1$	$(2r)^7 a_1$	$(2r)^8 a_1$	$(2r)^9 a_1$

$$\sum_{k=1}^{4} b_k b_{11-k}$$
$$= b_1 b_{10} + b_2 b_9 + b_3 b_8 + b_4 b_7$$
$$= 2^8 r^{10} a_1^2 + 2^6 r^{10} a_1^2 + 2^4 r^{10} a_1^2 + 2^2 r^{10} a_1^2$$
$$= r^{10} a_1^2 (2^8 + 2^6 + 2^4 + 2^2) = 340$$
$$\therefore \ r^{10} a_1^2 = 1$$

$r = \dfrac{1}{3}$ 이므로 $a_1^2 = \left(\dfrac{1}{3}\right)^{-10}$

$a_1^2 = 3^{10}$

$a_1 > 0$이므로 $a_1 = 3^5 = 243$

593 정답 ④

(가), (나)의 양변을 변끼리 더하면
$a_{2n} + a_{2n+1} = 3a_n$이다.
$n = 1, 2, 3, 4, \cdots$을 대입하면

$a_2 + a_3 = 3a_1 \cdots$ ㉠

$a_4 + a_5 = 3a_2$
$a_6 + a_7 = 3a_3$
에서 $a_4 + a_5 + a_6 + a_7 = 3a_2 + 3a_3 = 3^2 a_1 \cdots$ ㉡
같은 방법으로
$a_8 + a_9 + \cdots + a_{15} = 3a_4 + 3a_5 + \cdots + 3a_7 = 3^3 a_1 \cdots$ ㉢
$a_{16} + a_{17} + \cdots + a_{31} = 3a_8 + 3a_9 + \cdots + 3a_{15} = 3^4 a_1 \cdots$ ㉣
$a_{32} + a_{33} + \cdots + a_{63} = 3a_{16} + 3a_{17} + \cdots + 3a_{31} = 3^5 a_1 \cdots$ ㉤

한편,
$a_{20} = a_{10} - 1$에서 $a_{20} = 1$이므로 $a_{10} = 2$
또, $a_{10} = a_5 - 1$에서 $a_5 = 3$
$a_5 = 2a_2 + 1$에서 $a_2 = 1$
$a_2 = a_1 - 1$에서 $a_1 = 2$

따라서 ㉠~㉤에서
$$\sum_{n=1}^{63} a_n = a_1 + (a_2 + a_3) + (a_4 + \cdots + a_7) + (a_8 + \cdots + a_{15})$$
$$+ (a_{16} + \cdots + a_{31}) + (a_{32} + \cdots + a_{63})$$
$$= a_1 (1 + 3 + 3^2 + 3^3 + 3^4 + 3^5)$$
$$= 2 \times \frac{3^6 - 1}{3 - 1} = 728$$

[다른 풀이]-김진성T
(가)와 (나)의 양변을 변변끼리 더하면
$a_{2n} + a_{2n+1} = 3a_n$ ($n \geq 1$ 자연수),
$S_n = \displaystyle\sum_{k=1}^{n} a_k$라고 하면
$$\sum_{k=1}^{n} (a_{2k} + a_{2k+1}) = 3 \sum_{k=1}^{n} a_k \ 이고$$
$S_{2n+1} - a_1 = 3S_n$를 만족한다.
$a_{20} = a_{10} - 1 = a_5 - 2 = (2a_2 + 1) - 2$
$\quad = 2a_1 - 3 = 1$이므로 $a_1 = 2$
$$\sum_{n=1}^{63} a_n = S_{63} = 3S_{31} + 2 = 3(3S_{15} + 2) + 2 = 3^2 S_{15} + 2(3+1)$$
$$= 9(3S_7 + 2) + 2(3+1) = 3^3 S_7 + 2(3^2 + 3 + 1)$$
$$= 3^5 S_1 + 2(3^4 + 3^3 + 3^2 + 3^1 + 1) = 728$$

594 정답 3

(가), (나)의 양변을 변끼리 더하면
$a_{4n-2} + a_{4n-1} + a_{4n} + a_{4n+1} = 2a_n$이다.
$n = 1, 2, 3, 4, \cdots$을 대입하면
$a_2 + a_3 + a_4 + a_5 = 2a_1 \cdots$ ㉠
$a_6 + a_7 + a_8 + a_9 = 2a_2$
$a_{10} + a_{11} + a_{12} + a_{13} = 2a_3$
$a_{14} + a_{15} + a_{16} + a_{17} = 2a_4$
$a_{18} + a_{19} + a_{20} + a_{21} = 2a_5$
에서 $a_6 + \cdots + a_{21} = 2(a_2 + a_3 + a_4 + a_5) = 2^2 a_1 \cdots$ ㉡
같은 방법으로
$a_{22} + \cdots + a_{85} = 2(a_6 + \cdots + a_{21}) = 2^3 a_1 \cdots$ ㉢
$a_{86} + \cdots + a_{341} = 2(a_{22} + \cdots + a_{85}) = 2^4 a_1 \cdots$ ㉣

따라서 ㉠~㉣에서

$$\sum_{n=1}^{341} a_n = a_1 + (a_2 + a_3 + a_4 + a_5) + (a_6 + \cdots + a_{21})$$
$$+ (a_{22} + \cdots + a_{85}) + (a_{86} + \cdots + a_{341})$$
$$= a_1(1 + 2 + 2^2 + 2^3 + 2^4)$$
$$= a_1 \times \frac{2^5 - 1}{2 - 1} = 31a_1 = 93$$
$$\therefore \ a_1 = 3 \text{이다.}$$

595 정답 117

(가)와 (나) 식을 변변 빼면 $\displaystyle\sum_{n=1}^{5}\left(|b_n| - b_n\right) = 40 \cdots \text{㉠}$

(나)와 (다) 식을 변변 빼면 $\displaystyle\sum_{n=1}^{5}\left(|a_n| - a_n\right) = 14 \cdots \text{㉡}$

등비수열 $\{b_n\}$은 첫째항 b_1이 양수, 공비 r이 음수이므로

$b_n > 0$이면 $|b_n| = b_n$, $b_n < 0$이면 $|b_n| = -b_n$이다.

따라서 $b_1 > 0$, $b_2 < 0$, $b_3 > 0$, $b_4 < 0$, $b_5 > 0$ 이므로

㉠에서 $-2b_2 - 2b_4 = 40$

$$\therefore \ b_1 r(1 + r^2) = -20$$

만족하는 b_1과 r은 $b_1 = 10$, $r = -1$

또는 $b_1 = 2$, $r = -2$ 이다.

(i) $b_1 = 10$, $r = -1$일 때

$$\sum_{n=1}^{5} b_n = \frac{10(1 - (-1)^5)}{2} = 10 \text{이므로}$$

(가)에서 $\displaystyle\sum_{n=1}^{5} a_n = 17$이다.

그런데 $\displaystyle\sum_{n=1}^{5} a_n = \frac{5(a_1 + a_5)}{2} = 17$에서 a_1, a_5가 모두 정수이므로

$a_1 + a_5 = \dfrac{34}{5}$는 모순이다.

(ii) $b_1 = 2$, $r = -2$일 때

$$\sum_{n=1}^{5} b_n = \frac{2(1 - (-2)^5)}{3} = 22 \text{이므로 (가)에서}$$

$$\sum_{n=1}^{5} a_n = 5 \text{이다.}$$

그런데 $\displaystyle\sum_{n=1}^{5} a_n = \frac{5(a_1 + a_5)}{2} = 5$에서 $a_1 + a_5 = 2$이다.

한편, ㉡에서 $\displaystyle\sum_{n=1}^{5} |a_n| = 19$이므로

$\{a_n\}$의 첫째항 a_1은 자연수이고 공차 d는 음의 정수이므로

$2a_1 + 4d = 2$에서 $a_1 + 2d = 1$을 만족하는 a_1과 d를 정한 뒤

$\displaystyle\sum_{n=1}^{5} |a_n|$을 구해보면

$d = -1$일 때 $a_1 = 3$

$\Rightarrow \displaystyle\sum_{n=1}^{5} |a_n| = 3 + 2 + 1 + 0 + |-1| = 7$

$d = -2$일 때 $a_1 = 5$

$\Rightarrow \displaystyle\sum_{n=1}^{5} |a_n| = 5 + 3 + 1 + |-1| + |-3| = 13$

$d = -3$일 때 $a_1 = 7$

$\Rightarrow \displaystyle\sum_{n=1}^{5} |a_n| = 7 + 4 + 1 + |-2| + |-5| = 19$

따라서 등차수열 $\{a_n\}$은 $a_1 = 7$, $d = -3$이다.

따라서 $a_n = -3n + 10$,

$b_n = 2 \times (-2)^{n-1} = (-1)^{n-1} \times 2^n$

$a_7 = -11$, $b_7 = 128$

따라서 $a_7 + b_7 = 117$

596 정답 210

(가)와 (나) 식을 변변 빼면 $\displaystyle\sum_{n=1}^{5}\left(|b_n| - b_n\right) = 60 \cdots \text{㉠}$

(나)와 (다) 식을 변변 빼면 $\displaystyle\sum_{n=1}^{5}\left(|a_n| - a_n\right) = 16 \cdots \text{㉡}$

등비수열 $\{b_n\}$은 첫째항 b_1이 양수, 공비 r이 음수이므로

$b_n > 0$이면 $|b_n| = b_n$, $b_n < 0$이면 $|b_n| = -b_n$이다.

따라서 $b_1 > 0$, $b_2 < 0$, $b_3 > 0$, $b_4 < 0$, $b_5 > 0$ 이므로

㉠에서 $-2b_2 - 2b_4 = 60$

$$\therefore \ b_1 r(1 + r^2) = -30$$

만족하는 b_1과 r을 순서쌍으로 나타내면

$(b, r) = (15, -1)$, $(1, -3)$, $(3, -2)$이다.

(i) $b_1 = 15$, $r = -1$일 때

$$\sum_{n=1}^{5} b_n = \frac{15(1 - (-1)^5)}{2} = 15 \text{이므로}$$

(가)에서 $\displaystyle\sum_{n=1}^{5} a_n = 28$이다.

그런데 $\displaystyle\sum_{n=1}^{5} a_n = \frac{5(a_1 + a_5)}{2} = 28$에서 a_1, a_5가 모두 정수이므로

$a_1 + a_5 = \dfrac{56}{5}$는 모순이다.

(ii) $b_1 = 1$, $r = -3$일 때

$$\sum_{n=1}^{5} b_n = \frac{1(1 - (-3)^5)}{4} = 61 \text{이므로}$$

(가)에서 $\displaystyle\sum_{n=1}^{5} a_n = -18$이다.

그런데 $\displaystyle\sum_{n=1}^{5} a_n = \frac{5(a_1 + a_5)}{2} = -18$에서 a_1, a_5가 모두

정수이므로 $a_1 + a_5 = -\dfrac{36}{5}$는 모순이다.

(iii) $b_1 = 3$, $r = -2$일 때

$$\sum_{n=1}^{5} b_n = \frac{3(1 - (-2)^5)}{3} = 33 \text{이므로}$$

(가)에서 $\sum_{n=1}^{5} a_n = 10$이다.

그런데 $\sum_{n=1}^{5} a_n = \dfrac{5(a_1 + a_5)}{2} = 10$에서 $a_1 + a_5 = 4$이다. ($\Rightarrow$
$2a_1 + 4d = 4$)

한편, ㉡에서 $\sum_{n=1}^{5} |a_n| = 26$이므로

$\{a_n\}$의 첫째항 a_1은 음의 정수이고 공차 d는 자연수이므로
$2a_1 + 4d = 4$에서 $a_1 + 2d = 2$을 만족하는 a_1과 d를 정한 뒤
$\sum_{n=1}^{5} |a_n|$을 구해보면

$d = 1$일 때 $a_1 = 0 \Rightarrow$모순

$d = 2$일 때 $a_1 = -2$

$\Rightarrow \sum_{n=1}^{5} |a_n| = |-2| + 0 + 2 + 4 + 6 = 14$ (X)

$d = 3$일 때 $a_1 = -4$

$\Rightarrow \sum_{n=1}^{5} |a_n| = |-4| + |-1| + 2 + 5 + 8 = 20$ (X)

$d = 4$일 때 $a_1 = -6$

$\Rightarrow \sum_{n=1}^{5} |a_n| = |-6| + |-2| + 2 + 6 + 10 = 26$ (O)

따라서 등차수열 $\{a_n\}$은 $a_1 = -6$, $d = 4$이다.

$\therefore a_n = 4n - 10$, $b_n = 3 \times (-2)^{n-1}$

$a_7 = 18$, $b_7 = 192$

따라서 $a_7 + b_7 = 210$

597 정답 8

계단 모양과 $y = x$의 교점은 x, y값이 자연수이고 →로 움직인
방향의 횟수와 ↑로 움직인 방향의 횟수가 같아야 하므로 A_n 중
직선 $y = x$ 위에 있는 점은 $\sum_{k=1}^{n} \dfrac{2k-1}{25}$의 값이 짝수일 때
나타난다.

$\sum_{k=1}^{n} \dfrac{2k-1}{25} = \dfrac{n^2}{25} = \left(\dfrac{n}{5}\right)^2$

$n = 10$일 때 $\sum_{k=1}^{n} \dfrac{2k-1}{25} = 4$이므로 → : 2회, ↑ : 2회 로 볼 때
$(2, 2)$

$n = 20$일 때 $\sum_{k=1}^{n} \dfrac{2k-1}{25} = 16$이므로 → : 8회, ↑ : 8회 로 볼
때 $(8, 8)$

$A_{40} = (8, 8)$이다. 따라서 $a = 8$이다.

598 정답 60

계단 모양과 $y = x$의 교점은 x, y값이 자연수이고 →로 움직인
방향의 횟수와 ↑로 움직인 방향의 횟수가 같아야 하므로 A_n 중
직선 $y = x$ 위에 있는 점은 $\sum_{k=1}^{n} \dfrac{2k-1}{49}$의 값이 짝수일 때
나타난다.

$\sum_{k=1}^{n} \dfrac{2k-1}{49} = \dfrac{n^2}{49} = \left(\dfrac{n}{7}\right)^2$

$n = 14$일 때 $\sum_{k=1}^{n} \dfrac{2k-1}{25} = 4$이므로 → : 2회, ↑ : 2회 로 볼 때
$(2, 2)$

$n = 28$일 때 $\sum_{k=1}^{n} \dfrac{2k-1}{25} = 16$이므로 → : 8회, ↑ : 8회 로 볼 때
$(8, 8)$

$n = 42$일 때 $\sum_{k=1}^{n} \dfrac{2k-1}{25} = 36$이므로 → : 18회, ↑ : 18회 로 볼
때 $(18, 18)$

$A_{42} = (18, 18)$이다. 따라서 $a = 18$이다.

따라서 $m = 42$, $a = 18$이므로 $m + a = 60$

599 정답 86

주어진 조건에서 $\dfrac{\log_n a}{a-2} \leq \dfrac{1}{2}$ 이어야 한다,

$\log_n a \leq \dfrac{1}{2}(a-2)$ $(a \geq 3)$

$(1, 0)$ 을 지나는 로그함수와 기울기 $\dfrac{1}{2}$ 이고 $(2, 0)$ 을 지나는
직선의 위치관계를 만족하는 가장 작은 자연수 a 를 $f(n)$ 이라
정의하고 있으므로

$f(4) = f(5) = \cdots = f(8) = 4$

$f(9) = f(10) = \cdots = f(30) = 3$

그러므로 $f(x) = \begin{cases} 4 & (4 \leq n \leq 8) \\ 3 & (n \geq 9) \end{cases}$

$\therefore \sum_{n=4}^{30} f(n) = 4 \times 5 + 3 \times 22 = 86$

600 정답 ③

주어진 조건에서 $\dfrac{n^{a-2}}{a^2 + 2a + 1} \geq 1$ 이어야 한다,

$n^{a-2} \geq (a+1)^2$ $(a \geq 3)$

$n \geq (a+1)^{\frac{2}{a-2}}$ $(a \geq 3)$

3이상의 자연수 a의 값에 따른 $(a+1)^{\frac{2}{a-2}}$는 다음과 같다.

a	$(a+1)^{\frac{2}{a-2}}$
3	$4^2 = 16$
4	$5^1 = 5$
5	$6^{\frac{2}{3}}$, $3 < 6^{\frac{2}{3}} < 4$
6	$7^{\frac{1}{2}}$, $2 < 7^{\frac{1}{2}} < 3$
7	$8^{\frac{2}{5}}$, $2 < 8^{\frac{2}{5}} < 3$
8	$9^{\frac{1}{3}}$, $2 < 9^{\frac{1}{3}} < 3$
9	$10^{\frac{2}{7}}$, $1 < 10^{\frac{2}{7}} < 2$
$\vdots$	$\vdots$

$f(4)$는 $4 \geq (a+1)^{\frac{2}{a-2}}$을 만족시키는 가장 작은 자연수이므로 $f(4) = 5$

$f(5)$는 $5 \geq (a+1)^{\frac{2}{a-2}}$을 만족시키는 가장 작은 자연수이므로 $f(5) = 4$

$f(16)$은 $16 \geq (a+1)^{\frac{2}{a-2}}$을 만족시키는 가장 작은 자연수이므로 $f(16) = 3$

따라서
$f(4) = 5$, $f(5) = f(6) = \cdots = f(15) = 4$,
$f(16) = f(17) = \cdots = 3$

그러므로
$$\sum_{n=4}^{20} f(n)$$
$$= 5 + 4 \times 11 + 3 \times 5$$
$$= 5 + 44 + 15$$
$$= 64$$

601 정답 392

(i) $n = 1$일 때

세 점 $(1, 2^1)$, $(2, 2^2)$, $(3, 2^3)$이 정사각형과 그 내부에 포함되는 경우이므로
$a_1 = 2 \times (2^3 - 2^1) = 12$

(ii) $n = 2$일 때

세 점 $(1, 2^1)$, $(2, 2^2)$, $(3, 2^3)$이 정사각형과 그 내부에 포함되는 경우이므로
$a_2 = 2 \times (2^3 - 2^2) = 8$

(iii) $n \geq 3$일 때

세 점 $(n-2, 2^{n-2})$, $(n-1, 2^{n-1})$, $(n, 2^n)$이 정사각형과 그 내부에 포함되는 경우이므로
$a_n = 2 \times (2^n - 2^{n-2}) = 3 \times 2^{n-1}$

(i), (ii), (iii)에서
$$\sum_{k=1}^{7} a_k = 12 + 8 + 3(2^2 + 2^3 + \cdots + 2^6)$$

$$= 20 + 3 \times \frac{2^2(2^5 - 1)}{2 - 1} = 20 + 12 \times 31 = 392$$

[참고]

위의 풀이의 (iii)에서

세 점 $(n-1, 2^{n-1})$, $(n, 2^n)$, $(n+1, 2^{n+1})$이 정사각형과 그 내부에 포함되는 경우에는 점 $(n-2, 2^{n-2})$도 이 정사각형의 내부에 포함되므로 조건을 만족시키지 않는다.

마찬가지로, 세 점
$(n, 2^n)$, $(n+1, 2^{n+1})$, $(n+2, 2^{n+2})$이 정사각형과 그 내부에 포함되는 경우도 조건을 만족시키지 않는다.

602 정답 514

[그림 : 이정배T]

$\sum_{k=1}^{8} a_{2^{k-1}} = a_1 + a_2 + a_4 + a_8 + a_{16} + \cdots + a_{128}$이다.

(i) a_1을 구해보자.

$(1, 0)$이 정사각형 두 대각선의 교점이고 직사각형 경계 또는 내부에 속하는 점 중 y좌표가 음이 아닌 정수인 점이 3개가 되려면 경계 또는 내부의 점이 $(1, 0)$, $(2, 1)$, $(4, 2)$이다.

따라서 $a_1 = 2 \times (4-1) = 6$

(ii) a_2을 구해보자.

$(2, 1)$이 직사각형 두 대각선의 교점이고 직사각형 경계 또는 내부에 속하는 점 중 y좌표가 음이 아닌 정수인 점이 3개가 되려면 경계 또는 내부의 점이 $(1, 0)$, $(2, 1)$, $(4, 2)$이다.

따라서 $a_1 = 2 \times (4-2) = 4$

(iii) a_4을 구해보자.

$(4, 2)$이 직사각형 두 대각선의 교점이고 직사각형 경계 또는 내부에 속하는 점 중 y좌표가 음이 아닌 정수인 점이 3개가 되려면 경계 또는 내부의 점이 $(2, 1)$, $(4, 2)$, $(8, 3)$이다.

따라서 $a_1 = 2 \times (8-4) = 8$

따라서

$k \geq 2$인 a_n에 대하여 생각해 보자.

$a_n = a_{2^{k-1}}$이므로 $n = 2^{k-1}$일 때다.

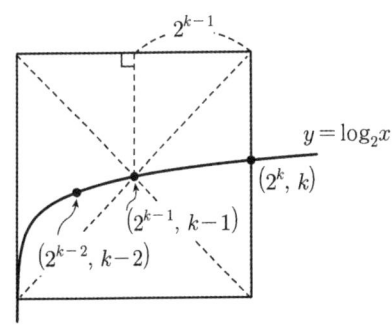

$(2^{k-1}, k-1)$이 직사각형 두 대각선의 교점이고 직사각형 경계 또는 내부에 속하는 점 중 y좌표가 음이 아닌 정수인 점이 3개가 되려면 경계 또는 내부의 점이 $(2^{k-2}, k-2)$, $(2^{k-1}, k-1)$, $(2^k, k)$이다.

따라서 $a_n = a_{2^{k-1}} = 2(2^k - 2^{k-1}) = 2^k$

$$\sum_{k=1}^{8} a_{2^{k-1}} = 6 + \sum_{k=2}^{8} 2^k$$
$$= 6 + \frac{4(2^7 - 1)}{2-1}$$
$$= 6 + 508 = 514$$

603 정답 27

첫째항이 16이고 공비가 $2^{\frac{1}{10}}$인 등비수열 $\{a_n\}$의 일반항 a_n을 구하면

$$a_n = 16 \times \left(2^{\frac{1}{10}}\right)^{n-1}$$

$\log a_n$의 소수부분을 b_n이라 하고,

b_1, b_2, b_3, $\cdots$, b_{k-1}, b_k, $b_{k+1} + 1$

이 주어진 순서로 등차수열을 이루기 때문에
첫째항과 공차를 각각 구하면 다음과 같다.

$a_1 = 16$,

$\log 16 = 4\log 2 = 4 \times 0.301 = 1.204$

$\therefore b_1 = 0.204$

$a_2 = 16 \times 2^{\frac{1}{10}}$,

$$\log\left(16 \times 2^{\frac{1}{10}}\right) = 4\log 2 + \frac{1}{10}\log 2$$
$$= 4 \times 0.301 + \frac{1}{10} \times 0.301 = 1.2341$$

$\therefore b_2 = 0.2341$

공차 $d = b_2 - b_1 = 0.2341 - 0.204 = 0.0301$

따라서 일반항
$b_k = b_1 + (k-1) \times 0.0301 = 0.204 + (k-1) \times 0.0301$

이 때 $b_k + 0.0301 = b_{k+1} + 1$이므로

$b_k \geq 1$이 되는 최소의 자연수보다 1 작은 수 k를 구하면 된다.

$b_k = 0.204 + (k-1) \times 0.0301 \geq 1$

$\therefore k \geq 27.\times\times\times\times$

따라서 $k = 27$

604 정답 34

첫째항이 10^3이고 공비가 $10^{\frac{3}{100}}$인 등비수열 $\{a_n\}$의 일반항 a_n을 구하면

$$a_n = 10^3 \times \left(10^{\frac{3}{100}}\right)^{n-1} = 10^{\frac{3n+297}{100}} \quad \cdots \text{㉠}$$

$\log a_n$의 소수부분을 b_n이라 하고,

$n = 1$, 2, 3, $\cdots$을 대입하면 수열 $\{b_n\}$을 파악해 보자.

$n = 1$일 때, $a_1 = 10^3$, $\log 10^3 = 3$

$\therefore b_1 = 0$

$n = 2$일 때, $a_2 = 10^{\frac{303}{100}}$, $\log 10^{\frac{303}{100}} = 3.03$

$\therefore b_2 = 0.03$

$n = 3$일 때, $a_3 = 10^{\frac{306}{100}}$, $\log 10^{\frac{306}{100}} = 3.06$

$\therefore b_3 = 0.06$

으로 b_1, b_2, $b_3 + 1$은 이 순서대로 등차수열을 이루지는 않는다.

한편, b_{k-1}, b_k, $b_{k+1} + 1$

이 주어진 순서로 등차수열을 이루기 때문에

$1 \leq n \leq k$인 n에 대하여 $b_n = 0.03(n-1)$이라 할 수 있다.

따라서 $b_n < 1$, $b_n < 2$, $b_n < 3$, $\cdots$을 만족시키는 가장 큰 자연수 n의 값이 k이다.

$2 \leq k \leq 50$이므로 $0.03n - 0.03 < 1$에서

$$n < \frac{103}{3}$$

$\therefore k = 34$

[랑데뷰팁]-확인

$k = 33$일 때, $a_{33} = 10^{\frac{3 \times 33 + 297}{100}} = 10^{\frac{396}{100}}$,

$\log 10^{\frac{396}{100}} = 3.96$

$\therefore b_{33} = 0.96$

$k = 34$일 때, $a_{34} = 10^{\frac{3 \times 34 + 297}{100}} = 10^{\frac{399}{100}}$,

$\log 10^{\frac{399}{100}} = 3.99$

$\therefore b_{34} = 0.99$

$k = 35$일 때, $a_{35} = 10^{\frac{3 \times 35 + 297}{100}} = 10^{\frac{402}{100}}$,

$\log 10^{\frac{399}{100}} = 4.02$

$\therefore b_{35} = 0.02$

으로

b_{33}, b_{34}, $b_{35} + 1$은 0.96, 0.99, 1.02로 등차수열을 이룬다.

---

605 정답 13

$a_1 = x$, 공차를 d라 두고 표를 만들면 다음과 같다.

n	a_n	b_n의 식	b_n의 값
1	x	b_1	x
2	$x+d$	$b_2 = b_1 + a_2$	$2x+d$
3	$x+2d$	$b_3 = b_2 - a_3$	$x-d$
4	$x+3d$	$b_4 = b_3 + a_4$	$2x+2d$
5	$x+4d$	$b_5 = b_4 + a_5$	$3x+6d$
6	$x+5d$	$b_6 = b_5 - a_6$	$2x+d$
7	$x+6d$	$b_7 = b_6 + a_7$	$3x+7d$
8	$x+7d$	$b_8 = b_7 + a_8$	$4x+14d$

| 9 | $x+8d$ | $b_9 = b_8 - a_9$ | $3x+6d$ |
| 10 | $x+9d$ | $b_{10} = b_9 + a_{10}$ | $4x+15d$ |

$b_{10} = a_{10}$에서 $4x+15d = x+9d$에서 $3x = -6d$이다.

따라서 $x = -2d$

$$\frac{b_8}{b_{10}} = \frac{-8d+14d}{-8d+15d} = \frac{6d}{7d} = \frac{6}{7}$$

$\therefore$ $p=7, q=6$이다

$\therefore$ $p+q=13$

606 정답 7

$a_1 = x$, 공차를 d라 두고 표를 만들면 다음과 같다.

n	a_n	b_n의 식	b_n의 값
1	x	b_1	$2x$
2	$x+d$	$b_2 = b_1 - a_3$	$x-2d$
3	$x+2d$	$b_3 = b_2 + 2a_3$	$3x+2d$
4	$x+3d$	$b_4 = b_3 + a_3$	$4x+4d$
5	$x+4d$	$b_5 = b_4 - a_6$	$3x-d$
6	$x+5d$	$b_6 = b_5 + 2a_6$	$5x+9d$
7	$x+6d$	$b_7 = b_6 + a_6$	$6x+14d$
8	$x+7d$	$b_8 = b_7 - a_9$	$5x+6d$
9	$x+8d$	$b_9 = b_8 + 2a_9$	$7x+22d$
10	$x+9d$	$b_{10} = b_9 + a_9$	$8x+30d$

$b_{10} = a_{10}$에서 $8x+30d = x+9d$에서 $7x = -21d$이다.

따라서 $x = -3d$

$$\frac{b_9}{b_{10}} = \frac{-31d+22d}{-24d+30d} = \frac{d}{6d} = \frac{1}{6}$$

$\therefore$ $p=6, q=1$이다

$\therefore$ $p+q=7$

랑데뷰★수학

기출과 변형

●

수학 I

랭데뷰세미나

저자의
수업노하우가 담겨있는
고교수학의 심화개념서

★ 2022 개정교육과정 반영

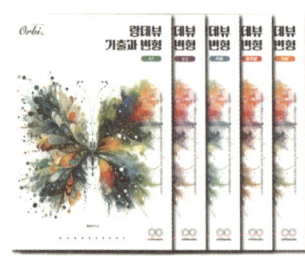

랭데뷰 기출과 변형 (총 5권)
최신 개정판

- 1~4등급 추천(권당 약 400~600여 문항)

Level 1 - 평가원 기출의 쉬운 문제 난이도
Level 2 - 준킬러 이하의 기출+기출변형
Level 3 - 킬러난이도의 기출+기출변형

모든 기출문제 학습 후 효율적인 복습
재수생, 반수생에게 효율적

〈랭데뷰N제 시리즈〉

라이트N제 (총 3권)

- 2~5등급 추천

수능 8번~13번 난이도로 구성

총 30회분의 시험지 타입
- 회차별 공통 5문항, 선택 각 2문항
  총 11문항으로 구성

독학용 일일학습지
또는 과제용으로 적합

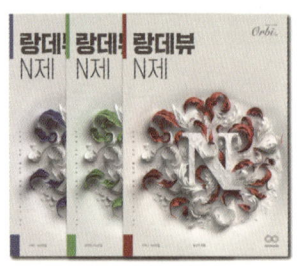

랭데뷰N제 쉬사준킬 최신 개정판

- 1~4등급 추천(권당 약 240문항)

쉬운4점~준킬러 문항 학습에 특화
실전개념 및 스킬 등이 포함된
문제와 해설로 구성

기출문제 학습 후 독학용
또는 학원교재로 적합

랭데뷰N제 킬러극킬 최신 개정판

- 1~2등급 추천(권당 약 120문항)

준킬러~킬러 문항 학습에 특화
실전개념 및 스킬 등이 포함된
문제와 해설로 구성

모의고사 1등급 또는 1등급 컷에
근접한 2등급학생의 독학용

〈랭데뷰 모의고사 시리즈〉 1~4등급 추천

랭데뷰 폴포 수학1,2

- 1~3등급 추천(권당 약 120문항)

공통영역 수1,2에서 출제되는
4점 유형 정리

과목당 엄선된 6가지 테마로 구성
테마별 고퀄리티 20문항

독학용 또는 학원교재로 적합

최신 개정판
싱크로율 99% 모의고사

싱크로율 99%의 변형문제로 구성되어
평가원 모의고사를 두 번 학습하는 효과

랭데뷰☆수학모의고사 시즌1~2

매년 8월에 출간되는 봉투모의고사

실전력을 높이기 위한
100분 풀타임 모의고사 연습에 적합

랭데뷰 시리즈는 **전국 서점** 및 **인터넷서점**에서 구입이 가능합니다.

[랑데뷰 기출과 변형 2026]은
기출문제와 그 문제들의 유사 변형 문제로 구성된 문제집으로 가장 효과적인 기출문제 공부 방법을 제시한다.

기출문제는 수학I, 수학II, 확률과통계, 미적분은 평가원 기출문제들로만 구성하였고 기하는 교육청 기출문제도 포함되어 있다. 문항의 출처는 모두 기재되어 있다.
3점 문항의 기출문제는 역대 평가원에서 출제한 대부분의 문제를 탑재하였고 4점 문항의 기출문제는 대부분 2010년 이후 출제한 최신 경향의 문제들로 구성하였다.

변형 문제는 4점짜리인 Level2와 Level3의 변형 문제들은 기출문제 바로 옆에 배치되어 있다. 3점짜리 변형 문제들은 유형별로 정리된 Level1문제들로 출처가 표시 되어 있지 않다.

난이도 레벨을 3단계로 구성하였다.
Level1 ⇒
① 3점 위주의 기출문제와 변형 문제들이 있다.
② 기출 문제들이 유형별로 정리되어 나타나고 출처가 표시 되지 않은 변형 문제들이 기출문제 다음 배치되어 있다.
③ 수능에서 출제하는 문제 유형을 파악할 수 있고 쉬운 문제들로 개념을 제대로 알고 있는지 확인할 수 있다.

Level2 ⇒
① 킬러급 난이도를 제외한 4점짜리 기출문제와 변형 문제들이 있다.
② 유형별로 정리되어 있지 않고 각 단원별로 기출 순서대로 문제들이 배치되어 있다.

Level3 ⇒
① 킬러급 난이도의 기출문제와 변형 문제들이 있다.
② 유형별로 정리되어 있지 않고 각 단원별로 기출 순서대로 문제들이 배치되어 있다.
③ 수학II와 미적분의 Level3 문제들은 기출 킬러 문제 다음 숫자만 바꾸거나 문제에 내포된 여러 개념 중 주요 아이디어만 포함되는 난이도 낮은 쌍둥이 문제가 배치된 뒤 변형 문제가 배치된다. 쌍둥이 문제는 정답만 문제 밑에 바로 표기되며 풀이는 제시되지 않는다. 쌍둥이 문제가 풀리지 않으면 해당 기출문제를 제대로 이해하지 못한 것이니 기출문제를 다시 풀어보고 쌍둥이 문제의 답을 구한 뒤 변형 문제로 넘어가야 한다.

조급해하지 말고 자신을 믿고 나아가세요. 길은 있습니다. [휴민고등수학 김상호T]

출제자의 목소리에 귀를 기울이면, 길이 보입니다. [이호진고등수학 이호진T]

부딪혀 보세요. 아직 오지 않은 미래를 겁낼 필요 없어요. [평촌다수인수학학원 도정영T]

괜찮아, 틀리면서 배우는거야 [반포파인만고등관 김경민T]

해뜨기전이 가장 어둡잖아. 조금만 힘내자! [한정아수학학원 한정아T]

하기 싫어도 해라. 감정은 사라지고, 결과는 남는다. [떠매수학 박수혁T]

Step by step! 한 계단씩 밟아 나가다 보면 그 끝에 도달할 수 있습니다. [가나수학전문학원 황보성호T]

너의 死活걸고. 수능수학 잘해보자. 반드시 해낸다. [오정화대입전문학원 오정화T]

넓은 하늘로의 비상을 꿈꾸며 [장선생수학학원 장세완T]

괜찮아 잘 될 거야~ 너에겐 눈부신 미래가 있어!!! [수지 수학대가 김영식T]

진인사대천명(盡人事待天命) : 큰 일을 앞두고 사람이 할 수 있는 일을 다한 후에 하늘에 결과를 맡기고 기다린다. [수학만영어도학원 최수영T]

자신의 능력을 믿어야 한다. 그리고 끝까지 굳세게 밀고 나아가라. [오라클 수학교습소 김 수T]

그래 넌 할 수 있어! 네 꿈은 이루어 질거야! 끝까지 널 믿어! 너를 응원해! [수학공부의장 이덕훈T]

Do It Yourself [강동희수학 강동희T]

인내는 성공의 반이다 인내는 어떠한 괴로움에도 듣는 명약이다 [MQ멘토수학 최현정T]

계속 하다보면 익숙해지고 익숙해지면 쉬워집니다. [혁신청람수학 안형진T]

남을 도울 능력을 갖추게 되면 나를 도울 수 있는 사람을 만나게 된다. [최성훈수학학원 최성훈T]

지금 잠을 자면 꿈을 꾸지만 지금 공부 하면 꿈을 이룬다. [이미지매쓰학원 정일권T]

1등급을 만드는 특별한 습관 랑데뷰수학으로 만들어 드립니다. [이지훈수학 이지훈T]

지나간 성적은 바꿀 수 없지만 미래의 성적은 너의 선택으로 바꿀 수 있다. 그렇다면 지금부터 열심히 해야 되는 이유가 충분하지 않은가? [칼수학학원 강민구T]

작은 물방울이 큰바위를 뚫을수 있듯이 집중된 노력은 수학을 꿰뚫을수 있다. [제우스수학 김진성T]

자신과 타협하지 않는 한 해가 되길 바랍니다. [답길학원 서태욱T]

무슨 일이든 할 수 있다고 생각하는 사람이 해내는 법이다. [대전오엠수학 오세준T]

부족한 2% 채우려 애쓰지 말자. 랑데뷰와 함께라면 저절로 채워질 것이다. [김이김학원 이정배T]

네가 원하는 꿈과 목표를 위해 최선을 다 해봐! 너를 응원하고 있는 사람이 꼭 있다는 걸 잊지 말고~
[매천필즈수학원 백상민T]

'새는 날아서 어디로 가게 될지 몰라도 나는 법을 배운다'는 말처럼 지금의 배움이 앞으로의 여러분들 날개를 펼치는 힘이 되길 바랍니다. [가나수학전문학원 이소영T]

꿈을향한 도전! 마지막까지 최선을... [서영만학원 서영만T]

앞으로 펼쳐질 너의 찬란한 이십대를 기대하며 응원해. 이 시기를 잘 이겨내길 [굿티쳐강남학원 배용제T]

괜찮아 잘 될 거야! 너에겐 눈부신 미래가 있어!! 그대는 슈퍼스타!!! [수지 수학대가 김영식T]

"최고의 성과를 이루기 위해서는 최악의 상황에서도 최선을 다해야 한다!!"[샤인수학학원 필재T]

다른 사람과 비교하지 않고 스스로 과정에 충실하며 최선을 다하시면 언젠가는 목표에 도달한 자신을 발견하게 될겁니다. [오직 예수 최병길T]

기출과 변형
•
수학 I

목차

기출과 변형
•
수학 I

1

지수 로그 함수

지수 로그 함수
Level 1

유형 1 | 거듭제곱근의 뜻과 성질

출제유형 | 거듭제곱근의 뜻과 성질을 이용하는 문제가 출제된다.

출제유형잡기 | 거듭제곱근의 뜻과 성질을 이용하는 문제를 해결한다.

(1) 실수 a와 2 이상의 자연수 n에 대하여 $x^n = a$를 만족시키는 실수 x, 즉 a의 n제곱근 중 실수인 것은 다음과 같다.

① n이 짝수인 경우
- $a > 0$일 때 : $\sqrt[n]{a}$, $-\sqrt[n]{a}$로 2개다.
- $a = 0$일 때 : 0으로 1개다.
- $a < 0$일 때 : 없다.

② n이 홀수인 경우
$\sqrt[n]{a}$로 1개뿐이다.

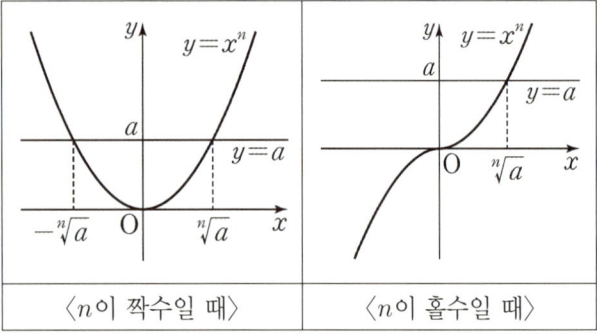

⟨n이 짝수일 때⟩	⟨n이 홀수일 때⟩

(2) $a > 0$, $b > 0$이고 m, n이 2 이상의 자연수일 때,

① $\sqrt[n]{a}\,\sqrt[n]{b} = \sqrt[n]{ab}$

② $\dfrac{\sqrt[n]{a}}{\sqrt[n]{b}} = \sqrt[n]{\dfrac{a}{b}}$

③ $(\sqrt[n]{a})^m = \sqrt[n]{a^m}$

④ $\sqrt[m]{\sqrt[n]{a}} = \sqrt[mn]{a}$

⑤ $\sqrt[np]{a^{mp}} = \sqrt[n]{a^m}$ (단, p는 자연수)

001
2021학년도 6월 모평

자연수 n이 $2 \le n \le 11$일 때, $-n^2 + 9n - 18$의 n제곱근 중에서 음의 실수가 존재하도록 하는 모든 n의 값의 합은?

① 31   ② 33   ③ 35   ④ 37   ⑤ 39

002

$\sqrt{25} + \sqrt{\sqrt{81}} + \sqrt{\sqrt{\sqrt{256}}}$ 의 값을 구하시오.

003

-25의 세제곱근 중 실수인 것의 개수를 a, $\sqrt{23}$ 의 네제곱근 중 실수인 것의 개수를 b라 할 때, $a+b$의 값을 구하시오.

004

4의 네제곱근 중 양의 실수인 것을 a, k의 여섯 제곱근 중 양의 실수인 것을 b, 7의 세제곱근 중 실수인 것을 c라 하자. $a < b < c$가 성립하도록 하는 자연수 k의 개수는?

① 35   ② 40   ③ 45   ④ 50   ⑤ 55

출제유형 | 거듭제곱근을 지수가 유리수인 꼴로 나타내는 문제, 지수법칙을 이용하여 식의 값을 계산하는 문제가 출제된다.

출제유형잡기 | 지수법칙을 이용하여 문제를 해결한다.

(1) 0 또는 음의 정수인 지수
$a \neq 0$이고 n이 양의 정수일 때,
$$a^0 = 1, \quad a^{-n} = \frac{1}{a^n}$$

(2) 유리수인 지수
$a > 0$이고 m은 정수, n은 2이상의 자연수일 때
① $a^{\frac{1}{n}} = \sqrt[n]{a}$ 　　　② $a^{\frac{m}{n}} = \sqrt[n]{a^m}$

(3) 지수법칙의 확장
$a > 0$, $b > 0$이고 x, y가 실수일 때
① $a^x \times a^y = a^{x+y}$ 　② $a^x \div a^y = a^{x-y}$
③ $(a^x)^y = a^{xy}$ 　　　④ $(ab)^x = a^x b^x$

005 　　　　　　　　　　　2023학년도 11월 수능

$\left(\dfrac{4}{2^{\sqrt{2}}}\right)^{2+\sqrt{2}}$ 의 값은?

① $\dfrac{1}{4}$ 　② $\dfrac{1}{2}$ 　③ 1 　④ 2 　⑤ 4

006 　　　　　　　　　　　2021학년도 9월 모평

$\sqrt[3]{2} \times 2^{\frac{2}{3}}$ 의 값은?

① 1 　② 2 　③ 4 　④ 8 　⑤ 16

007

$\left(\sqrt{2\sqrt[3]{4}}\right)^3$ 보다 큰 자연수 중 가장 작은 것은?

① 4 ② 6 ③ 8 ④ 10 ⑤ 12

009

세 양수 a, b, c에 대하여 $a^6 = 3$, $b^5 = 7$, $c^2 = 11$ 일 때, $(abc)^n$ 이 자연수가 되는 최소의 자연수 n 의 값을 구하시오.

008

$1 \le m \le 3$, $1 \le n \le 8$인 두 자연수 m, n에 대하여 $\sqrt[3]{n^m}$ 이 자연수가 되도록 하는 순서쌍 (m, n)의 개수는?

① 6 ② 8 ③ 10 ④ 12 ⑤ 14

010

$\sqrt[3]{125} \times 27^{\frac{1}{3}} \times \sqrt[5]{32}$ 의 값은?

① 10 ② 15 ③ 25 ④ 30 ⑤ 40

011

$\left(\dfrac{2^{\sqrt{5}}}{4}\right)^{\sqrt{5}+2}$ 의 값은?

① $\dfrac{1}{4}$ ② $\dfrac{1}{2}$ ③ $\dfrac{\sqrt{2}}{2}$ ④ $\sqrt{2}$ ⑤ 2

출제유형 | 거듭제곱근의 성질과 지수법칙을 이용하여 식의 값을 구하거나 거듭제곱근의 대소 관계를 구하는 문제가 출제된다.

출제유형잡기 | 주어진 식의 값을 구할 때에는 거듭제곱근의 성질과 지수법칙을 이용하여 조건식의 주어진 식의 값을 구할 수 있는 꼴로 나타낸다.
또한 거듭제곱근의 대소 관계를 구할 때에는 다음을 이용하여 문제를 해결한다.
(1) 밑을 같게 할 수 있을 때에는 밑을 같게 하여 지수를 비교한다.
(2) 밑을 같게 할 수 없을 때에는 지수를 유리수로 고친 후 유리수 지수의 분모를 통분하여 비교한다.

012   2010학년도 6월 모평

실수 a 가 $\dfrac{2^a + 2^{-a}}{2^a - 2^{-a}} = -2$ 를 만족시킬 때, $4^a + 4^{-a}$ 의 값은?

① $\dfrac{5}{2}$ ② $\dfrac{10}{3}$ ③ $\dfrac{17}{4}$ ④ $\dfrac{26}{5}$ ⑤ $\dfrac{37}{6}$

013   2010학년도 9월 모평

양의 실수 전체의 집합에서 연산 *을

$$a * b = a^b b^{-\frac{a}{2}}$$

으로 정의하자. $(2*4)*x = 8x^{-2}$일 때, x의 값은?

① $\dfrac{1}{2}$ ② $\dfrac{3}{4}$ ③ 1 ④ $\dfrac{5}{4}$ ⑤ $\dfrac{3}{2}$

014

실수 x에 대하여 $3^{\frac{x}{2}}=2$일 때, $2^{\frac{4}{x}}$의 값은?

① 2　　② 3　　③ 9　　④ 16　　⑤ 27

016

이차방정식 $x^2-6x+3=0$의 두 근을 α, β라 할 때, $\left(\sqrt[3]{2^\alpha}-\dfrac{3}{\sqrt[3]{2^\beta}}\right)\left(\sqrt[3]{2^\beta}+\dfrac{2}{\sqrt[3]{2^\alpha}}\right)$의 값은?

① $\dfrac{3}{2}$　　② 2　　③ $\dfrac{5}{2}$　　④ 3　　⑤ $\dfrac{7}{2}$

015

두 실수 x, y에 대하여 $3^x+2^{-y}=4$, $27^x+8^{-y}=48$가 성립할 때, 9^x+4^{-y}의 값은?

① $\dfrac{37}{3}$　　② $\dfrac{38}{3}$　　③ 13　　④ $\dfrac{40}{3}$　　⑤ $\dfrac{41}{3}$

017

두 실수 x, y가

$$(x+y)^{-2}=\frac{1}{9},\ x^{-1}+y^{-1}=-\frac{3}{4}$$

을 만족할 때, x^3+y^3의 값은? (단, $x\neq 0$, $y\neq 0$, $x+y>0$)

① 26　　② 63　　③ 124　　④ 215　　⑤ 342

018

$x^{\frac{1}{3}} + x^{-\frac{1}{3}} = \sqrt{3}$ 일 때,

$(5 - x^{\frac{2}{3}})(5 - x^{-\frac{2}{3}}) + (x^{\frac{1}{3}} - x^{-\frac{1}{3}})^2$ 의 값을 구하시오.

019

$(\sqrt{\sqrt[3]{2} \sqrt[4]{8}})^n$ 이 자연수가 되도록 하는 자연수 n의 최솟값을 구하시오.

020

$18^a = 9$, $9^b = 2$일 때, $2^{a(1+b)}$의 값을 구하시오.
(단, a, b는 실수이다.)

021

두 양수 a, b에 대하여 $2^a = 3^b$, $3ab - 3a - b = 0$일 때, $16^a \times \left(\frac{1}{3}\right)^b$의 값은?

① $\frac{1}{54}$ ② $\frac{1}{27}$ ③ $\frac{1}{3}$ ④ 27   ⑤ 54

022

두 실수 a, b가 $3^{a-1}=5$, $15^{2b}=7$를 만족시킬 때, $7^{\frac{1}{ab}}$의 값을 구하시오.

023

$a<100<b$인 두 자연수 a, b가 $a=\sqrt[4]{b^3}$을 만족시킬 때, $a+b$의 값을 구하시오.

024

실수 a에 대하여 $4^a=5$일 때, $\dfrac{2^{a+1}-2^{-a}}{2^{a+1}+2^{-a}}$의 값은?

① $\dfrac{9}{11}$ ② $\dfrac{4}{5}$ ③ $\dfrac{7}{9}$ ④ $\dfrac{3}{4}$ ⑤ $\dfrac{3}{5}$

025

$x=\dfrac{1}{2}(3^{\frac{1}{3}}-3^{-\frac{1}{3}})$일 때, $(x+\sqrt{1+x^2})^6$의 값을 구하시오.

026

두 양수 a, b에 대하여 $3^a = 2^b$, $2ab - 2a - b = 0$일 때, $81^a \times \left(\dfrac{1}{4}\right)^b$의 값은?

① $\dfrac{1}{54}$ ② $\dfrac{1}{27}$ ③ $\dfrac{1}{3}$ ④ 9 ⑤ 12

출제유형 | 로그의 뜻과 로그의 성질을 이용하여 주어진 식의 값을 구하는 문제가 출제된다.

출제유형잡기 | 로그의 뜻과 성질을 이용하는 문제를 해결한다.

(1) $a > 0$, $a \neq 1$이고 $b > 0$일 때,
$a^x = b \Leftrightarrow x = \log_a b$

(2) $\log_a b$가 정의되도록 하는 밑 a와 진수 b의 조건은 $a > 0$, $a \neq 1$이고 $b > 0$이다.

(3) 로그의 성질
$a > 0$, $a \neq 1$이고 $x > 0$, $y > 0$일 때
① $\log_a a = 1$, $\log_a 1 = 0$

② $\log_a xy = \log_a x + \log_a y$

③ $\log_a \dfrac{x}{y} = \log_a x - \log_a y$

④ $\log_a x^k = k \log_a x$

---

027   2022학년도 11월 대수능

$\log_2 120 - \dfrac{1}{\log_{15} 2}$ 의 값을 구하시오.

---

028   2021학년도 9월 모평

1보다 큰 세 실수 a, b, c 가

$$\log_a b = \frac{\log_b c}{2} = \frac{\log_c a}{4}$$

를 만족시킬 때, $\log_a b + \log_b c + \log_c a$의 값은?

① $\dfrac{7}{2}$ ② 4 ③ $\dfrac{9}{2}$ ④ 5 ⑤ $\dfrac{11}{2}$

029

양수 a에 대하여 $a^{\frac{1}{2}} = 8$일 때, $\log_2 a$의 값을 구하시오.

031

두 실수 a, b가 $3^{a+b} = 4$, $2^{a-b} = 5$를 만족할 때, $3^{a^2-b^2}$의 값을 구하시오.

030

좌표평면 위의 두 점 $(1, \log_2 5)$, $(2, \log_2 10)$을 지나는 직선의 기울기는?

① 1   ② 2   ③ 3   ④ 4   ⑤ 5

032

모든 실수 x에 대하여 $\log_{a-1}(x^2 - 2ax + 2a + 8)$가 정의되도록 하는 정수 a의 값은?

① 3   ② 6   ③ 9   ④ 12   ⑤ 15

033

자연수 n에 대하여 등식 $\log_2 l + \log_2 m = n$을 만족시키는 두 자연수 $l,\ m$의 순서쌍 $(l,\ m)$의 개수를 a_n이라 하자. $a_{10} - a_2$의 값은?

① 8　　　② 9　　　③ 10　　　④ 11　　　⑤ 12

034

함수 $f(x) = \log_2\{x^2 - 2(k-1)x + k+5\}$가 모든 실수 x에 대하여 정의되기 위한 정수 k의 개수는?

① 2　　　② 3　　　③ 4　　　④ 5　　　⑤ 6

035

$\log_2 12$의 정수부분을 a, 소수부분을 b라 할 때, $2^a \times 4^b$의 값을 구하시오.

036

$A = \left(1 + \dfrac{1}{2}\right)\left(1 + \dfrac{1}{2^2}\right) \cdots \left(1 + \dfrac{1}{2^{16}}\right)\left(1 + \dfrac{1}{2^{32}}\right)$일 때, $\log_2 \dfrac{1}{2-A}$의 값을 구하시오.

$a = \log_3(\sqrt{2}+1)$, $b = \log_3(\sqrt{2}-1)$일 때, $9^a + \dfrac{1}{9^b}$의

값은?

① $2+3\sqrt{2}$ ② $3+2\sqrt{2}$ ③ $4+4\sqrt{2}$
④ $5+4\sqrt{2}$ ⑤ $6+4\sqrt{2}$

유형 5 로그의 여러 가지 성질

출제유형 | 로그의 여러 가지 성질을 이용하여 주어진 식의 값을 구하는 문제가 출제된다.

출제유형잡기 | 로그의 밑의 변환 공식을 포함한 여러 가지 성질을 이용하여 문제를 해결한다.

$a > 0$, $a \neq 1$이고 $b > 0$일 때

① $\log_a b = \dfrac{\log_c b}{\log_c a}$ (단, $c > 0$, $c \neq 1$)

② $\log_a b = \dfrac{1}{\log_b a}$ (단, $b \neq 1$)

③ $\log_a b \times \log_b a = 1$ (단, $b \neq 1$)

④ $\log_a b \times \log_b c = \log_a c$ (단, $b \neq 1$, $c > 0$)

038 2025학년도 11월 수능

두 실수 $a = 2\log \dfrac{1}{\sqrt{10}} + \log_2 20$, $b = \log 2$에 대하여 $a \times b$의 값은?

① 1 ② 2 ③ 3 ④ 4 ⑤ 5

039 2025학년도 9월 모평

$a > 2$인 상수 a에 대하여 두 수 $\log_2 a$, $\log_a 8$의 합과 곱이 각각 4, k일 때, $a + k$의 값은?

① 11 ② 12 ③ 13 ④ 14 ⑤ 15

040 2024학년도 9월 평가원

두 실수 a, b가

$$3a + 2b = \log_3 32, \quad ab = \log_9 2$$

를 만족시킬 때, $\dfrac{1}{3a} + \dfrac{1}{2b}$의 값은?

① $\dfrac{5}{12}$ ② $\dfrac{5}{6}$ ③ $\dfrac{5}{4}$ ④ $\dfrac{5}{3}$ ⑤ $\dfrac{25}{12}$

042 2020학년도 6월 모평

$\log_2 5 = a$, $\log_5 3 = b$일 때, $\log_5 12$를 a, b로 옳게 나타낸 것은?

① $\dfrac{1}{a} + b$ ② $\dfrac{2}{a} + b$ ③ $\dfrac{1}{a} + 2b$

④ $a + \dfrac{1}{b}$ ⑤ $2a + \dfrac{1}{b}$

041 2021학년도 6월 모평

두 양수 a, b에 대하여 좌표평면 위의 두 점 $(2, \log_4 a)$, $(3, \log_2 b)$를 지나는 직선이 원점을 지날 때, $\log_a b$의 값은? (단, $a \neq 1$)

① $\dfrac{1}{4}$ ② $\dfrac{1}{2}$ ③ $\dfrac{3}{4}$ ④ 1 ⑤ $\dfrac{5}{4}$

043 2018학년도 9월 모평

두 실수 a, b가

$$ab = \log_3 5, \quad b - a = \log_2 5$$

를 만족시킬 때, $\dfrac{1}{a} - \dfrac{1}{b}$의 값은?

① $\log_5 2$ ② $\log_3 2$ ③ $\log_3 5$

④ $\log_2 3$ ⑤ $\log_2 5$

044

$1 < a < b$ 인 두 실수 a, b 에 대하여

$\dfrac{3a}{\log_a b} = \dfrac{b}{2\log_b a} = \dfrac{3a+b}{3}$ 가 성립할 때, $10\log_a b$ 의

값을 구하시오.

045

$\left(3^{-\frac{1}{2}}\right)^4 \times 3^{\log_3 4}$ 의 값은?

① $\dfrac{5}{9}$ ② $\dfrac{4}{9}$ ③ $\dfrac{1}{3}$ ④ $\dfrac{2}{9}$ ⑤ $\dfrac{1}{9}$

046

양수 a 에 대하여 $a^{\frac{1}{4}} = 3$ 일 때, $\log_3 a$ 의 값을 구하시오.

047

$\dfrac{1}{\log_4 54} + \dfrac{3}{\log_9 54}$ 의 값은?

① 1   ② 2   ③ 3   ④ 4   ⑤ 5

048

$5^{\log_3 6} \times \left(\dfrac{1}{5}\right)^{\log_3 2}$ 의 값은?

① 1 ② 2 ③ 3 ④ 4 ⑤ 5

049

$(2+1)(2^2+1)(2^4+1)(2^8+1)\cdots\left(2^{2^{2018}}+1\right)=2^a-1$ 을 만족하는 정수 a에 대하여 $\log_2 a$의 값은?

① 2018 ② 2019 ③ 2020
④ 2^{2019} ⑤ $\log_2\left(2^{2019}-1\right)$

050

함수 $f(x)=\log_{x+1}(x+2)$에 대하여
$f(1)f(2)f(3)\cdots f(n)<6$을 만족시키는 자연수 n의 최댓값을 구하시오.

051

이차방정식 $x^2-5x+5=0$의 두 근을 $\log a$, $\log b$라 할 때, $\log_a b + \log_b a$의 값을 구하시오.

052

1이 아닌 두 양수 x, y가 $\log_x 54 = 4$, $\log_{24} y = \dfrac{1}{4}$을 만족시킬 때, $\log_{xy} 216$의 값은?

① 2 ② $\dfrac{7}{3}$ ③ $\dfrac{8}{3}$ ④ 3 ⑤ $\dfrac{10}{3}$

053

이차방정식 $x^2 - 4x + k = 0$이 서로 다른 두 실근 α, β를 가질 때, $\log_{(\alpha+\beta)} \beta + \dfrac{1}{\log_\alpha (\alpha+\beta)} = \dfrac{1}{4}$가 성립하도록 하는 양수 k의 값은? (단, $a \neq 1$)

① $\sqrt[4]{2}$ ② $\sqrt{2}$ ③ 2 ④ 4 ⑤ 8

출제유형 | 상용로그를 이용하여 주어진 식의 값을

구하는 문제가 출제된다.

출제유형잡기 | 상용로그의 뜻을 이해하여 주어진 식의
값을 직접 구하거나, 상용로그를 이용할 수 있도록
변형한다.

054 　　　　　　　　　　2008학년도 6월 모평

$1 \leq \log n < 3$ 인 자연수 n에 대하여 $\log_2 n$이 정수가
되도록 하는 n의 개수는?

① 3　　② 4　　③ 5　　④ 6　　⑤ 7

055 　　　　　　　　　　2004학년도 11월 수능

$\log_2 7$의 정수부분을 a, 소수부분을 b라 할 때,
$3^a + 2^b$의 값을 k라 할 때, $4k$의 값을 구하시오.(단,
$0 \leq b < 1$이다.)

056

$\log_2 a$ 의 정수부분은 4 가 되고 $\log_3 a$ 의 정수부분은 3 이 되는 자연수 a 의 최댓값을 구하시오.

057

$\log 2.3 = a$ 라 할 때, 다음 중 $\log 2300$의 값과 같은 것은?

① $2a$ ② $2+a$ ③ $3+a$
④ $100+a$ ⑤ $100a$

058

두 자연수 a, b $(a > b)$에 대하여 다음이 성립한다.

$$\log\left(1+\frac{1}{a}\right)+\log\left(1+\frac{1}{a+1}\right)+\cdots+\log\left(1+\frac{1}{a+b}\right)$$
$$=\log\left(\frac{b}{4}\right)$$

이때, ab의 최솟값을 구하시오.

059

네 양수 a, b, c, k가 다음 조건을 만족시킬 때, k의 값을 구하시오.

(가) $k^a = 2^b = 5^c$
(나) $\log a = \log(bc) - \log(b+3c)$

출제유형 | 지수함수의 성질과 그 그래프의 특징을
이해하고 있는지를 묻는 문제가 출제된다.

출제유형잡기 | 지수함수의 밑의 범위에 따른 지수함수의
증가와 감소, 지수함수의 그래프의 점근선, 평행이동과
대칭이동을 이해하여 문제를 해결한다.

060   2021학년도 9월 모평

곡선 $y = 2^{ax+b}$과 직선 $y = x$가 서로 다른 두 점 A,
B에서 만날 때, 두 점 A, B에서 x축에 내린 수선의
발을 각각 C, D라 하자. $\overline{AB} = 6\sqrt{2}$이고 사각형
ACDB의 넓이가 30일 때, $a + b$의 값은?

① $\dfrac{1}{6}$ ② $\dfrac{1}{3}$ ③ $\dfrac{1}{2}$ ④ $\dfrac{2}{3}$ ⑤ $\dfrac{5}{6}$

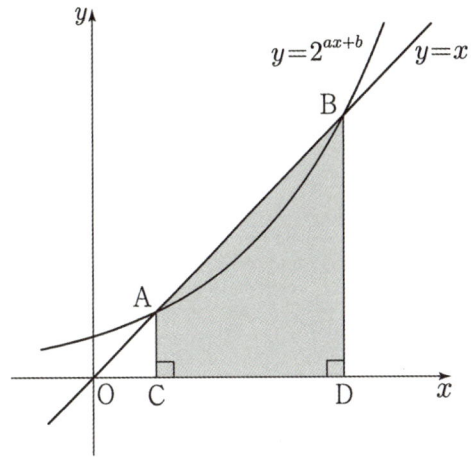

061   2019학년도 9월 모평

함수 $f(x) = -2^{4-3x} + k$의 그래프가 제2사분면을
지나지 않도록 하는 자연수 k의 최댓값은?

① 10 ② 12 ③ 14 ④ 16 ⑤ 18

062
2005학년도 6월 모평

함수 $y = 5^{2x}$ 의 그래프를 x 축의 방향으로 m 만큼, y 축의 방향으로 n 만큼 평행이동시켰더니 함수 $y = 25 \cdot 5^{2x} + 2$ 의 그래프가 되었다. $m + n$ 의 값은?

① 2   ② 1   ③ 0   ④ -1 ⑤ -2

063
2007학년도 6월 모평

함수 $y = 2^x$ 의 그래프를 x 축의 방향으로 m 만큼, y 축의 방향으로 n 만큼 평행이동시킨 그래프가 두 점 $(-1, 1)$, $(0, 5)$를 지날 때, $m^2 + n^2$ 의 값을 구하시오.

064
2008학년도 11월 수능

지수함수 $f(x) = a^{x-m}$ 의 그래프와 그 역함수의 그래프가 두 점에서 만나고, 두 교점의 x 좌표가 1과 3일 때, $a + m$ 의 값은?

① $2 - \sqrt{3}$ ② 2 ③ $1 + \sqrt{3}$

④ 3 ⑤ $2 + \sqrt{3}$

065
2008학년도 11월 수능

함수 $f(x) = 2^x$ 의 그래프를 x 축 방향으로 m 만큼, y 축 방향으로 n 만큼 평행이동시키면 함수 $y = g(x)$ 의 그래프가 되고, 이 평행이동에 의하여 점 $\mathrm{A}(1, f(1))$이 점 $\mathrm{A}'(3, g(3))$으로 이동된다. 함수 $y = g(x)$ 의 그래프가 점 $(0, 1)$을 지날 때, $m + n$ 의 값은?

① $\dfrac{11}{4}$ ② 3 ③ $\dfrac{13}{4}$ ④ $\dfrac{7}{2}$ ⑤ $\dfrac{15}{4}$

066

두 곡선 $y = 3^{x+m}$, $y = 3^{-x}$이 y축과 만나는 점을 각각 A, B라고 하자. $\overline{AB} = 8$일 때, m의 값은?

① 2   ② 4   ③ 6   ④ 8   ⑤ 10

067

함수 $f(x) = 2^{-x}$에 대하여

$$f(2a)f(b) = 4, \ f(a-b) = 2$$

일 때, $2^{3a} + 2^{3b}$의 값은 $\dfrac{q}{p}$이다. $p+q$의 값을 구하시오. (단, p, q는 서로소인 자연수이다.)

068

좌표평면에서 지수함수 $y = a^x$의 그래프를 y축에 대하여 대칭이동 시킨 후, x축의 방향으로 3만큼, y축의 방향으로 2만큼 평행이동시킨 그래프가 점 (1, 4)를 지난다. 양수 a의 값은?

① $\sqrt{2}$ ② 2   ③ $2\sqrt{2}$ ④ 4   ⑤ $4\sqrt{2}$

069

두 곡선 $y = 4^x$ 과 $y = 2^x$ 이 직선 $y = 7$ 과 만나는 점을 각각 P 와 Q 라고 할 때, 선분 PQ 의 길이는?

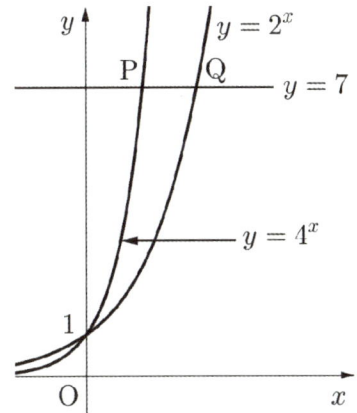

① $\dfrac{1}{2}\log_2 7$ ② $\dfrac{1}{2}\log_2 7 - 1$ ③ $\dfrac{1}{2}\log_2 7 + 1$

④ $\log_2 7 - 1$ ⑤ $\log_2 7 - 2$

070

그림과 같이 함수 $y = 8^x$의 그래프가 두 직선 $y = a$, $y = b$와 만나는 점을 각각 A, B라 하고, 함수 $y = 4^x$의 그래프가 두 직선 $y = a$, $y = b$와 만나는 점을 각각 C, D라 하자. 점 B에서 직선 $y = a$에 내린 수선의 발을 E, 점 C에서 직선 $y = b$에 내린 수선의 발을 F라 하자. 삼각형 AEB의 넓이가 20일 때, 삼각형 CDF의 넓이는? (단, $a > b > 1$이다.)

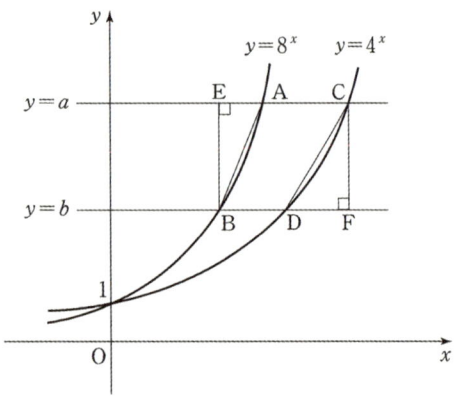

① 26   ② 28   ③ 30   ④ 32   ⑤ 34

071

지수함수 $f(x) = 3^{-x}$에 대하여

$$a_1 = f(2), \quad a_{n+1} = f(a_n) \quad (n = 1, 2, 3)$$

일 때, a_2, a_3, a_4의 대소 관계를 옳게 나타낸 것은?

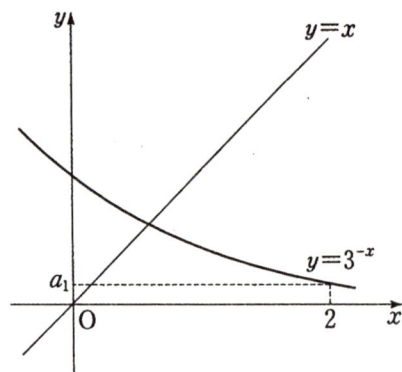

① $a_2 < a_3 < a_4$ ② $a_4 < a_3 < a_2$
③ $a_2 < a_4 < a_3$ ④ $a_3 < a_2 < a_4$
⑤ $a_3 < a_4 < a_2$

072

두 함수 $y = 2^x$, $y = -\left(\dfrac{1}{2}\right)^x + k$의 그래프가 서로 다른 두 점 A, B에서 만난다. 선분 AB의 중점의 좌표가 $\left(0, \dfrac{5}{4}\right)$일 때, 상수 k의 값은?

① $\dfrac{1}{2}$ ② 1   ③ $\dfrac{3}{2}$ ④ 2   ⑤ $\dfrac{5}{2}$

073

두 지수함수 $f(x) = a^{bx-1}$, $g(x) = a^{1-bx}$이 다음 조건을 만족시킨다.

(가) 함수 $y = f(x)$의 그래프와 함수 $y = g(x)$의 그래프는 직선 $x = 2$에 대하여 대칭이다.

(나) $f(4) + g(4) = \dfrac{5}{2}$

두 상수 a, b의 합 $a + b$의 값은? (단, $0 < a < 1$)

① 1   ② $\dfrac{9}{8}$ ③ $\dfrac{5}{4}$ ④ $\dfrac{11}{8}$ ⑤ $\dfrac{3}{2}$

074

두 실수 a, b에 대하여 곡선 $y = a \times 3^x$이 두 점 $(1,\ 9)$, $(2,\ b)$를 지날 때, $a+b$의 값을 구하시오.

075

함수 $f(x) = \left(\dfrac{1}{2}\right)^{x-1} - 6$에 대하여 곡선 $y = |f(x)|$와 직선 $y = k$가 서로 다른 두 점에서 만나도록 하는 모든 자연수 k의 값의 합을 구하시오.

076

그림과 같이 $k > 1$인 상수 k에 대하여 점 $\mathrm{P}(0,\ k)$을 지나고 x축에 평행한 직선이 두 함수 $y = 2^x$, $y = a^x$ $(1 < a < 2)$의 그래프와 만나는 점을 각각 A, B라 할 때, $\overline{\mathrm{AB}} = 4$이다. 삼각형 OPB의 넓이가 삼각형 OPA의 넓이의 2배일 때, $a^2 + k^2$의 값을 구하시오. (단, O는 원점이다.)

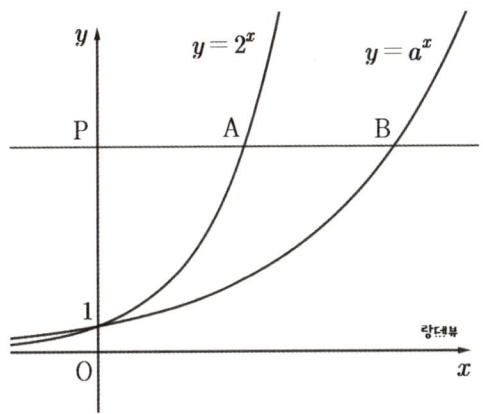

077

그림과 같이 두 곡선 $y = a^x$, $y = b^x$ $(1 < a < b)$와 직선 $x = 1$이 만나는 점을 A_1, B_1이라 하고, 직선 $x = 2$가 만나는 점을 A_2, B_2라 하자. 선분 $\mathrm{A}_1\mathrm{B}_1$의 중점의 좌표는 $(1,\ 2)$이고 $\overline{\mathrm{A}_1\mathrm{B}_1} = 1$일 때, $\overline{\mathrm{A}_2\mathrm{B}_2}$의 값은?

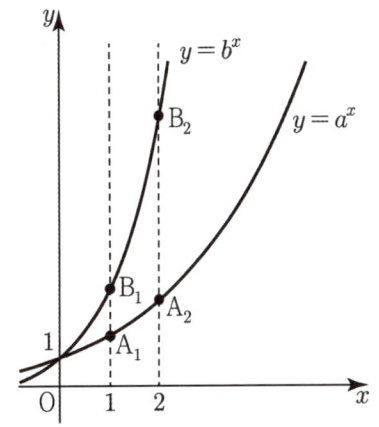

① 4　② $3\sqrt{2}$　③ 5　④ $4\sqrt{2}$　⑤ 6

078

그림과 같이 두 곡선 $y = 2^x$, $y = 2^{-x}$가 만나는 점을 A라 하고, 직선 $y = k\,(k > 1)$이 두 곡선과 만나는 점을 각각 B, C라 하자. 삼각형 ABC의 무게중심의 좌표가 $(0,\ 3)$일 때, 삼각형 ABC의 넓이는?

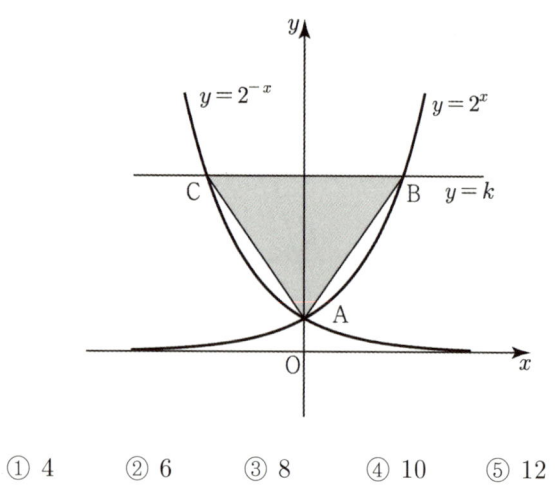

① 4   ② 6   ③ 8   ④ 10   ⑤ 12

079

함수 $y = 3^{x+a} + b$의 그래프는 점 $(0, 10)$을 지나고, 치역이 $\{y \,|\, y > 1\}$일 때, $a + b$의 값을 구하시오. (단, a, b는 상수이다.)

080

그림과 같이 함수 $y = \left(\dfrac{3}{2}\right)^x$의 그래프 위의 두 점을 각각 한 꼭짓점으로 하는 두 직사각형 A, B가 있다. 직사각형 A의 가로의 길이가 4일 때, 직사각형 A의 넓이가 직사각형 B의 넓이의 4배가 된다고 한다. 이때, 직사각형 B의 가로의 길이는? (단, 두 직사각형의 한 변은 x축 위에 놓여 있고, 한 꼭짓점을 공유한다.)

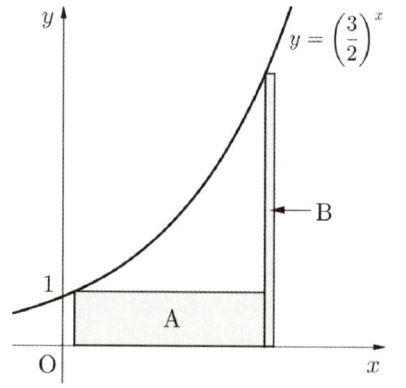

① $\dfrac{4}{9}$ ② $\dfrac{4}{27}$ ③ $\dfrac{8}{27}$ ④ $\dfrac{8}{81}$ ⑤ $\dfrac{16}{81}$

081

두 곡선 $y = a^{x+3}$, $y = a^x + b$가 직선 $2x + y - 5 = 0$과 각각 한 점에서 만나고, 이 두 점 사이의 거리가 실수 a의 값에 관계없이 $3\sqrt{5}$로 일정할 때, 상수 b의 값은? (단, $a > 0$, $b < 0$)

① -6 ② -5 ③ -4 ④ -3 ⑤ -2

082

그림과 같이 함수 $y = a^x$ $(a > 1)$의 그래프 위의 서로 다른 두 점 A,B가 다음 조건을 만족시킨다.

(가) 선분 AB의 중점 M은 y축 위에 있다.
(나) 두 직선 OA, OB는 서로 수직이다.

선분 AB의 길이가 $\dfrac{5}{2}$일 때, a의 값은? (단, O는 원점이다.)

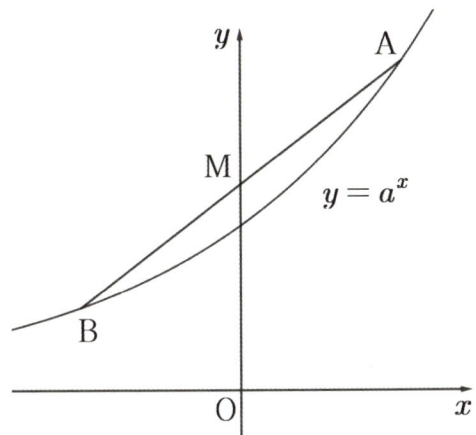

① $\dfrac{3}{2}$ ② $\dfrac{5}{3}$ ③ $\dfrac{11}{6}$ ④ 2 ⑤ $\dfrac{13}{6}$

유형 8 지수함수의 활용

출제유형 | 지수에 포함된 방정식, 부등식의 해를 구하는 문제가 출제된다.

출제유형잡기 | 지수에 미지수가 포함된 방정식, 부등식의 해를 구할 때는 다음과 같은 성질을 이용하여 해결한다.

(1) $a > 0$, $a \neq 1$일 때, $a^{f(x)} = a^{g(x)} \Leftrightarrow f(x) = g(x)$

(2) $a > 1$일 때, $a^{f(x)} < a^{g(x)} \Leftrightarrow f(x) < g(x)$

(3) $0 < a < 1$일 때, $a^{f(x)} < a^{g(x)} \Leftrightarrow f(x) > g(x)$

083　　　　　　　　　　　　2024학년도 11월 수능

방정식 $3^{x-8} = \left(\dfrac{1}{27}\right)^x$ 을 만족시키는 실수 x의 값을 구하시오.

084　　　　　　　　　　　　2024학년도 6월 평가원

부등식 $2^{x-6} \leq \left(\dfrac{1}{4}\right)^x$ 을 만족시키는 모든 자연수 x의 값의 합을 구하시오.

085

부등식 $\left(\dfrac{1}{9}\right)^x < 3^{21-4x}$ 을 만족시키는 자연수 x의 개수는?

① 6   ② 7   ③ 8   ④ 9   ⑤ 10

086

부등식 $\dfrac{27}{9^x} \geq 3^{x-9}$ 을 만족시키는 모든 자연수 x 의 개수는?

① 1   ② 2   ③ 3   ④ 4   ⑤ 5

087

지수부등식 $2^{x^2} < 4 \times 2^x$ 의 해가 $\alpha < x < \beta$ 일 때, $\alpha + \beta$ 의 값은?

① 1   ② 2   ③ 3   ④ 4   ⑤ 5

088

지수방정식 $9^x - 3^{x+2} + 8 = 0$ 의 두 근을 α, β 라 할 때, $3^{2\alpha} + 3^{2\beta}$ 의 값을 구하시오.

089

방정식 $4^x - 7 \times 2^x + 12 = 0$ 의 두 근을 α, β라 할 때, $2^{2\alpha} + 2^{2\beta}$ 의 값을 구하시오.

091

방정식 $2^x + 2^{5-x} = 33$ 의 모든 실근의 합은?

① 4   ② 5   ③ 6   ④ 7   ⑤ 8

090

x 에 관한 방정식 $a^{2x} - a^x = 2\,(a > 0,\ a \neq 1)$의 해가 $\dfrac{1}{7}$이 되도록 하는 상수 a 의 값을 구하시오.

092

연립방정식

$$\begin{cases} 3 \times 2^x - 2 \times 3^y = 6 \\ 2^{x-2} - 3^{y-1} = -1 \end{cases}$$

의 해를 $x = \alpha$, $y = \beta$라 할 때, $\alpha^2 + \beta^2$의 값을 구하시오.

093

부등식 $\left(\dfrac{1}{2}\right)^{x-5} \geq 4$ 를 만족시키는 모든 자연수 x의 값의 합을 구하시오.

095

지수부등식 $\left(\dfrac{1}{3}\right)^{2x-1} < 3 \cdot \sqrt[3]{9} < \left(\dfrac{1}{9}\right)^{x-2}$ 을 만족시키는 정수 x 의 개수는?

① 1   ② 2   ③ 3   ④ 4   ⑤ 5

094

부등식 $a^m < a^n < b^n < b^m$ 을 만족시키는 양수 a, b와 자연수 m, n에 대하여 옳은 것은?

① $a < 1 < b$, $m > n$ ② $a < 1 < b$, $m < n$
③ $a < b < 1$, $m < n$ ④ $1 < a < b$, $m > n$
⑤ $1 < a < b$, $m < n$

096

부등식 $5^{2x-7} \leq \left(\dfrac{1}{5}\right)^{x-2}$ 을 만족시키는 자연수 x의 개수를 구하시오.

097

x에 대한 방정식 $4^x - a \times 2^x + a + 3 = 0$이 서로 다른 두 실근을 갖도록 하는 실수 a의 값의 범위는?

① $a > -6$

② $a < -2$ 또는 $a > 6$

③ $a > 0$

④ $-3 < a < -2$

⑤ $a > 6$

098

그림과 같이 좌표평면에서 곡선 $y = a^x$ 위의 점 A를 지나고 x축에 평행한 직선이 곡선 $y = b^x$와 만나는 점을 B, 점 B를 지나고 y축에 평행한 직선이 곡선 $y = a^x$와 만나는 점을 C라 하자. $\overline{AB} = \overline{BC} = 2$일 때, $a^2 + b^4$의 값은? (단, $1 < b < a$, 점 A의 y좌표는 2이다.)

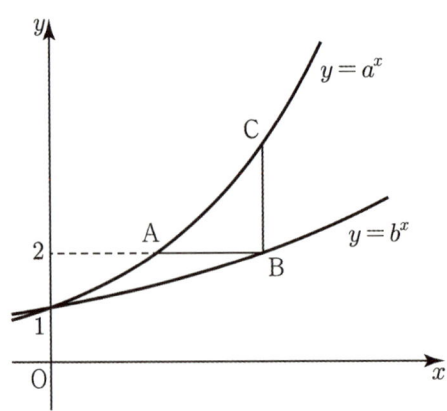

① 4   ② $3\sqrt{2}$ ③ $2\sqrt{5}$ ④ $\sqrt{22}$ ⑤ $2\sqrt{6}$

유형 9 로그함수와 그 그래프

출제유형 | 로그함수의 성질과 그 그래프의 특징을 이해하고 있는지를 묻는 문제가 출제된다.

출제유형잡기 | 로그함수의 밑의 범위에 따른 로그함수의 증가와 감소, 로그함수의 그래프의 점근선, 평행이동과 대칭이동의 성질을 이해하여 문제를 해결한다.

099 2024학년도 6월 평가원

상수 a $(a > 2)$에 대하여 함수 $y = \log_2 (x - a)$의 그래프의 점근선이 두 곡선 $y = \log_2 \dfrac{x}{4}$, $y = \log_{\frac{1}{2}} x$와 만나는 점을 각각 A, B라 하자. $\overline{AB} = 4$일 때, a의 값은?

① 4   ② 6   ③ 8   ④ 10   ⑤ 12

100 2021학년도 12월 수능

$\dfrac{1}{4} < a < 1$인 실수 a에 대하여 직선 $y = 1$이 두 곡선 $y = \log_a x$, $y = \log_{4a} x$와 만나는 점을 각각 A, B라 하고, 직선 $y = -1$이 두 곡선 $y = \log_a x$, $y = \log_{4a} x$와 만나는 점을 각각 C, D라 하자. 보기에서 옳은 것만을 있는 대로 고른 것은?

─── | 보기 | ───

ㄱ. 선분 AB를 $1 : 4$로 외분하는 점의 좌표는 $(0,\ 1)$이다.

ㄴ. 사각형 ABCD가 직사각형이면 $a = \dfrac{1}{2}$이다.

ㄷ. $\overline{AB} < \overline{CD}$이면 $\dfrac{1}{2} < a < 1$이다.

① ㄱ   ② ㄷ   ③ ㄱ, ㄴ

④ ㄴ, ㄷ   ⑤ ㄱ, ㄴ, ㄷ

곡선 $y = \log_2 (x+5)$ 의 점근선이 직선 $x = k$ 이다.
k^2 의 값을 구하시오.(단, k 는 상수이다.)

함수 $y = \log (10 - x^2)$ 의 정의역을 A,
함수 $y = \log (\log x)$ 의 정의역을 B 라 할 때, $A \cap B$ 의
원소 중 정수의 개수는?

① 1   ② 2   ③ 3   ④ 4   ⑤ 5

곡선 $y = \log_2 (ax+b)$ 가 점 $(-1, 0)$ 과 점 $(0, 2)$ 를
지날 때, 두 상수 a, b 의 합 $a+b$ 의 값은?

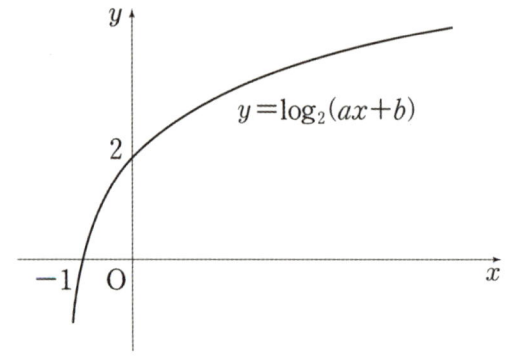

① 5   ② 7   ③ 9   ④ 11   ⑤ 13

함수 $f(x) = 1 + 3\log_2 x$ 에 대하여 함수 $g(x)$ 가
$(g \circ f)(x) = x$ 를 만족시킬 때, $g(13)$ 의 값을
구하시오.

105

함수 $y = \log_2 \dfrac{2}{x-1}$ 의 그래프의 개형으로 알맞은 것은?

①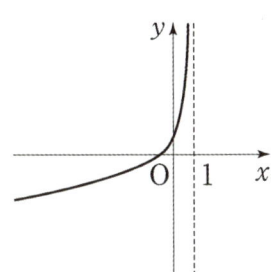

②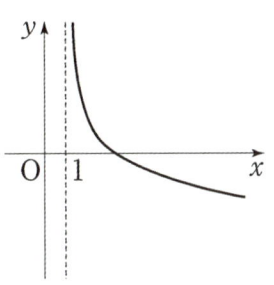

③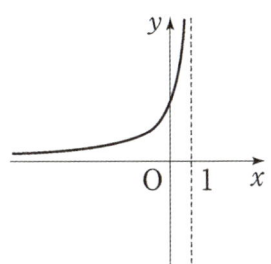

④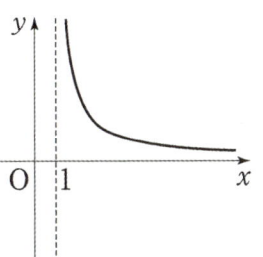

⑤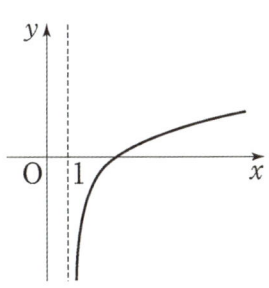

106

함수 $f(x) = \begin{cases} \log_{\frac{1}{2}} x & (0 < x < 1) \\ \log_4 x & (x \geq 1) \end{cases}$

에 대하여 $f(x) = 4$ 를 만족하는 모든 실수 x 의 곱을 구하시오.

107

함수 $y = 2^x + 2$의 그래프를 x축의 방향으로 m만큼 평행이동한 그래프가 함수 $y = \log_2 8x$의 그래프를 x축의 방향으로 2만큼 평행이동한 그래프와 직선 $y = x$에 대하여 대칭일 때, 상수 m의 값은?

① 1 ② 2 ③ 3 ④ 4 ⑤ 5

곡선 $y = 2^x - 1$ 위의 점 $A(2, 3)$을 지나고 기울기가 -1인 직선이 곡선 $y = \log_2(x+1)$과 만나는 점을 B라 하자. 두 점 A, B에서 x축에 내린 수선의 발을 각각 C, D라 할 때, 사각형 $ACDB$의 넓이는?

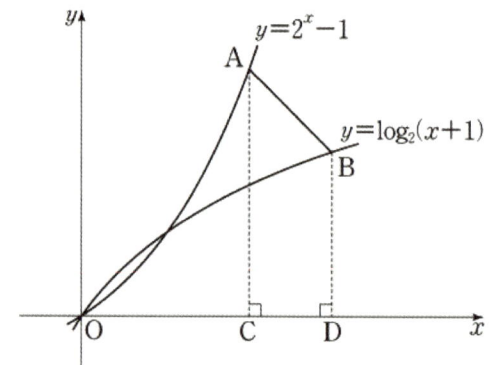

① $\dfrac{5}{2}$ ② $\dfrac{11}{4}$ ③ 3 ④ $\dfrac{13}{4}$ ⑤ $\dfrac{7}{2}$

자연수 n에 대하여 $f(n) = 2^n - \log_2 n$이라 할 때, 보기에서 옳은 것을 모두 고른 것은?

─── | 보기 | ───

ㄱ. $f(2) = 3$

ㄴ. $f(8) = -f(\log_2 8)$

ㄷ. $f(2^n) + n = \{f(2^{n-1}) + n - 1\}^2$

① ㄱ   ② ㄴ   ③ ㄱ, ㄴ

④ ㄱ, ㄷ   ⑤ ㄴ, ㄷ

그림과 같이 함수 $y = \log_2 x$의 그래프 위의 한 점 A_1에서 y축에 평행한 직선을 그어 직선 $y = x$와 만나는 점을 B_1이라 하고, 점 B_1에서 x축에 평행한 직선을 그어 이 그래프와 만나는 점을 A_2라 하자. 이와 같은 과정을 반복하여 점 A_2로부터 점 B_2와 점 A_3을, 점 A_3으로부터 점 B_3와 점 A_4를 얻는다. 네 점 A_1, A_2, A_3, A_4의 x좌표를 차례로 a, b, c, d라 하자.

네 점 $(c, 0)$, $(d, 0)$, $(d, \log_2 d)$, $(c, \log_2 c)$를 꼭짓점으로 하는 사각형의 넓이를 함수 $f(x) = 2^x$을 이용하여 a, b로 나타낸 것과 같은 것은?

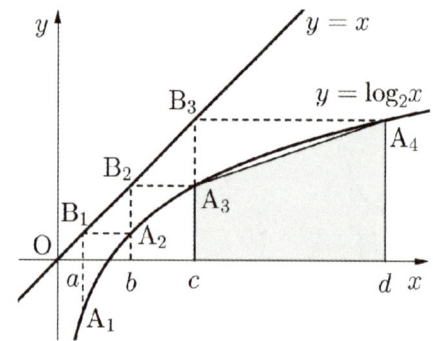

① $\dfrac{1}{2}\{f(b) + f(a)\}\{(f \circ f)(b) - (f \circ f)(a)\}$

② $\dfrac{1}{2}\{f(b) - f(a)\}\{(f \circ f)(b) + (f \circ f)(a)\}$

③ $\{f(b) + f(a)\}\{(f \circ f)(b) + (f \circ f)(a)\}$

④ $\{f(b) + f(a)\}\{(f \circ f)(b) - (f \circ f)(a)\}$

⑤ $\{f(b) - f(a)\}\{(f \circ f)(b) + (f \circ f)(a)\}$

그림과 같이 두 곡선

$y = 3^{x+1} - 2$, $y = \log_2(x+1) - 1$ 이 y 축과 만나는

점을 각각 A, B 라 하자. 점 A 를 지나고 x 축에 평행한

직선이 곡선 $y = \log_2(x+1) - 1$ 과 만나는 점을 C, 점

B 를 지나고 x 축에 평행한 직선이 곡선

$y = 3^{x+1} - 2$ 와 만나는 점을 D 라 할 때, 사각형

ADBC 의 넓이는?

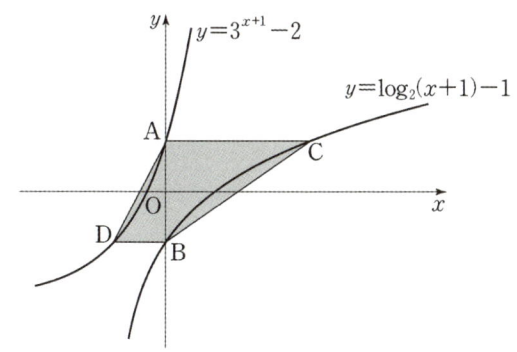

① 3   ② $\dfrac{13}{4}$ ③ $\dfrac{7}{2}$ ④ $\dfrac{15}{4}$ ⑤ 4

좌표평면에서 꼭짓점의 좌표가 O $(0, 0)$, A $(2^n, 0)$,

B $(2^n, 2^n)$, C $(0, 2^n)$ 인 정사각형 OABC 와 두 곡선

$y = 2^x$, $y = \log_2 x$ 에 대하여 다음 물음에 답하시오.

(단, n 은 자연수이다.)

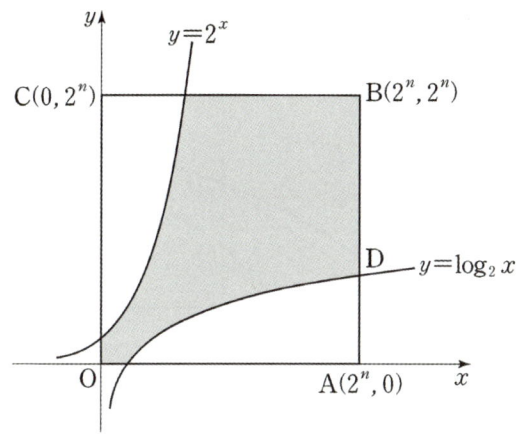

선분 AB 가 곡선 $y = \log_2 x$ 와 만나는 점을 D 라 하자.

선분 AD 를 $2 : 3$ 으로 내분하는 점을 지나고 y 축에

수직인 직선이 곡선 $y = \log_2 x$ 와 만나는 점을 E, 점

E 를 지나고 x 축에 수직인 직선이 곡선 $y = 2^x$ 과

만나는 점을 F 라 하자. 점 F 의 y 좌표가 16 일 때, 직선

DF 의 기울기는?

① $-\dfrac{13}{28}$ ② $-\dfrac{25}{56}$ ③ $-\dfrac{3}{7}$

④ $-\dfrac{23}{56}$ ⑤ $-\dfrac{11}{28}$

113

그림과 같이 두 함수 $y = \log_2 x$, $y = \log_2(x-2)$의 그래프가 x축과 만나는 점을 각각 A, B라 하자. 직선 $x = k \ (k > 0)$이 두 함수 $y = \log_2 x$, $y = \log_2(x-2)$의 그래프와 만나는 점을 각각 P, Q라 하고, x축과 만나는 점을 R이라 하자. 점 Q가 선분 PR의 중점일 때, 사각형 ABQP의 넓이는?

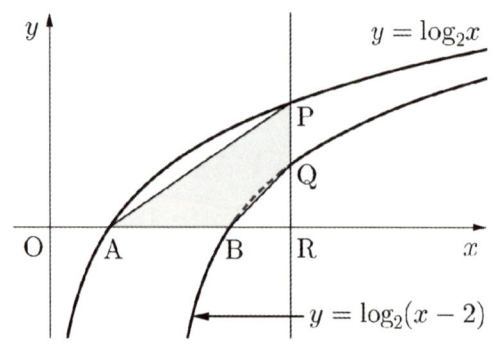

① $\dfrac{3}{2}$ ② 2 ③ $\dfrac{5}{2}$ ④ 3 ⑤ $\dfrac{7}{2}$

114

함수 $y = \log_{\frac{1}{2}}(2-x)+1$의 그래프의 점근선과 직선 $y = x+4$이 만나는 점의 좌표가 (a, b)일 때, $a+b$의 값은?

① 2 ② 4 ③ 6 ④ 8 ⑤ 10

115

곡선 $y = \log_2(x+4)$의 점근선과 곡선 $y = 2^{-x}+3$의 교점의 y좌표는?

① 13 ② 16 ③ 19 ④ 22 ⑤ 25

116

함수 $f(x) = -\log_2(8-x)+k$의 그래프가 제4사분면을 지나지 않도록 하는 k의 최솟값은?

① 5 ② 4 ③ 3 ④ 2 ⑤ 1

117

함수 $y = -\log_2(x+a)+2$ 의 그래프의 점근선의
방정식이 $x=3$ 이고 이 그래프가 점 $(4, k)$를 지날 때,
$a+k$의 값은? (단, a는 상수이다.)

① -3 ② -2 ③ -1 ④ 0 ⑤ 1

118

함수 $y = \log_2 x$의 그래프 위의 두 점 A, B 가 있다. 두
점 A, B 에서 x축으로 내린 수선의 발을 각각 A_1,
B_1이라 하고 y축으로 내린 수선의 발을 각각 A_2, B_2라
하자. 점 A_1, B_1의 좌표를 각각 $(a, 0)$, $(b, 0)$이라 한다.
$\overline{A_2B_2} = 3$일 때, $\dfrac{b}{a}$의 값을 구하시오.

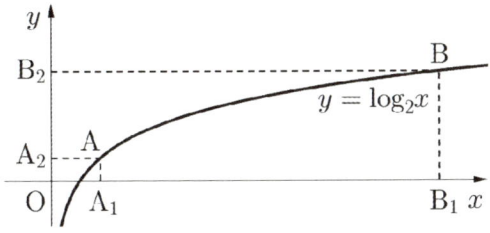

119

그림과 같이 좌표평면에서 세 직선 $x=a$, $x=2$, $x=b$
$(0 < a < 2 < b)$가 x축과 만나는 점을 각각 A, B, C 라
하고 곡선 $y = \log_p x\,(p>1)$과 만나는 점을 각각 P,
Q, R 라 하자. $\overline{AP} + \overline{BQ} = \overline{CR}$ 일 때, $a + \dfrac{4}{b}$의
최솟값은?

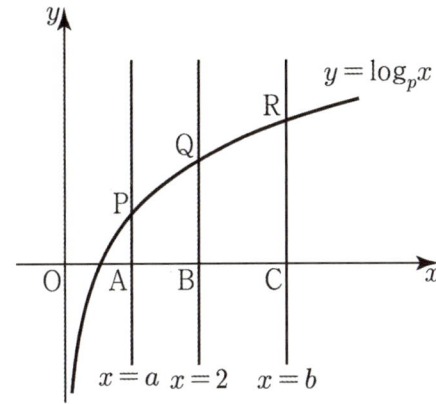

① $2\sqrt{2}$ ② 3 ③ $\sqrt{10}$ ④ $2\sqrt{3}$ ⑤ 4

출제유형 | 로그의 진수에 미지수가 포함된 방정식, 부등식의 해를 구하는 문제가 출제된다.

출제유형잡기 | 로그의 진수에 미지수가 포함된 방정식, 부등식의 해를 구할 때는 다음과 같은 성질을 이용하여 문제를 해결한다.

(1) $a > 0$, $a \neq 1$일 때,

$\log_a f(x) = \log_a g(x)$

$\quad\quad \Leftrightarrow f(x) = g(x)$, $f(x) > 0$, $g(x) > 0$

(2) $a > 1$일 때, $\log_a f(x) < \log_a g(x)$

$\quad\quad \Leftrightarrow 0 < f(x) < g(x)$

(3) $0 < a < 1$일 때, $\log_a f(x) < \log_a g(x)$

$\quad\quad \Leftrightarrow f(x) > g(x) > 0$

120   2024학년도 9월 평가원 16

방정식 $\log_2(x-1) = \log_4(13+2x)$를 만족시키는 실수 x의 값을 구하시오.

121   2023학년도 9월 모평

$\log_3(x-4) = \log_9(x+2)$를 만족시키는 실수 x의 값을 구하시오.

122

2021학년도 9월 모평

방정식 $\log_2 x = 1 + \log_4(2x - 3)$을 만족시키는 모든
실수 x의 값의 곱을 구하시오.

123

2019학년도 9월 모평

방정식

$$2\log_4(5x + 1) = 1$$

의 실근을 α 라 할 때, $\log_5 \dfrac{1}{\alpha}$ 의 값을 구하시오.

124

2006학년도 6월 모평

방정식 $\log_4(\log_2 x) = 1$을 만족시키는 x 의 값을
구하시오.

125

2008학년도 9월 모평

$\log_3(x - 3) + \log_3(x + 1) < 1 + \log_3 4$의 해가
$a < x < b$ 일 때, ab 의 값을 구하시오.

126

2011학년도 11월 수능

로그방정식 $\log_3(x-4)=\log_9(5x+4)$의 근을 α라 할 때, α의 값을 구하시오.

128

2014학년도 9월 모평

방정식 $(\log_3 x)^2 - 6\log_3 \sqrt{x} + 2 = 0$ 의 서로 다른 두 실근을 α, β 라 할 때, $\alpha\beta$ 의 값을 구하시오.

127

2016학년도 9월 모평

로그방정식 $\log_2(4+x)+\log_2(4-x)=3$ 을 만족시키는 모든 실수 x의 값의 곱은?

① -10　② -8　③ -6　④ -4　⑤ -2

129

2014학년도 6월 모평

방정식 $x^{\log_2 x} = 8x^2$의 두 실근을 α, β라 할 때, $\alpha\beta$의 값을 구하시오.

130

2006학년도 6월 모평

부등식 $\log_3(x-1) < 2$ 를 만족시키는 정수 x 의 개수는?

① 2   ② 5   ③ 8   ④ 11   ⑤ 14

131

2008학년도 9월 모평

$\log_{\frac{1}{3}}(x-3) + \log_{\frac{1}{3}}(x+1) < -1 + \log_{\frac{1}{3}} 4$ 의 해가 $a < x$ 일 때, $3a$ 의 값을 구하시오.

132

2005학년도 11월 수능

연립부등식

$$\begin{cases} \log_3 |x-3| < 4 \\ \log_2 x + \log_2 (x-2) \geq 3 \end{cases}$$

을 만족시키는 정수 x 의 개수를 구하시오.

133

2007학년도 6월 모평

연립부등식

$$\begin{cases} 2^{x+3} > 4 \\ 2\log(x+3) < \log(5x+15) \end{cases}$$

를 만족시키는 정수 x 의 개수는?

① 2   ② 4   ③ 6   ④ 8   ⑤ 10

134

부등식 $|a - \log_2 x| \leq 1$을 만족시키는 x의 최댓값과 최솟값의 차가 18일 때, 2^a의 값은?

① 10　　② 12　　③ 14　　④ 16　　⑤ 18

135

로그부등식 $\log_2(x^2 + x - 2) < \log_2(-2x + 2)$ 의 해가 $\alpha < x < \beta$일 때, $\alpha\beta$의 값은?

① 2　　② 4　　③ 6　　④ 8　　⑤ 10

136

부등식

$$2\log_2|x-1| \leq 1 - \log_2 \frac{1}{2}$$

을 만족시키는 모든 정수 x의 개수는?

① 2　　② 4　　③ 6　　④ 8　　⑤ 10

137

x에 대한 로그부등식

$$\log_5(x-1) \leq \log_5\left(\frac{1}{2}x + k\right)$$

를 만족시키는 모든 정수 x의 개수가 3일 때, 자연수 k의 값은?

① 1　　② 2　　③ 3　　④ 4　　⑤ 5

138

이차함수 $y = f(x)$의 그래프와 직선 $y = x - 1$이 그림과 같을 때, 부등식

$$\log_3 f(x) + \log_{\frac{1}{3}} (x - 1) \leq 0$$

을 만족시키는 모든 자연수 x의 값의 합을 구하시오.
(단, $f(0) = f(7) = 0$, $f(4) = 3$)

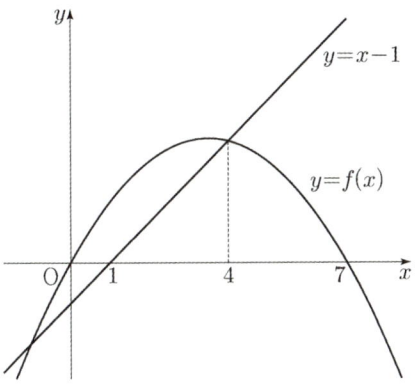

139

방정식

$$3\log_8 (6x - 1) = 1$$

의 실근을 α 라 할 때, $\log_2 \dfrac{1}{\alpha}$ 의 값을 구하시오.

140

부등식 $\log_2 (\log_2 x) \leq 1$을 만족하는 정수 x의 값의 합을 구하시오.

141

방정식 $2^{\log x} \times x^{\log 2} - 2^{\log x} - x^{\log 2} - 8 = 0$의 해를 구하시오.

142

방정식 $(\log_3 x)^2 - 3\log_3 x - 18 = 0$의 두 근을 각각 α, β라 하자. 이때 $\alpha\beta$의 값은?

① 4 　 ② 6 　 ③ 9 　 ④ 27 　 ⑤ 81

143

부등식 $\log(x+2) + \log(x-5) \leq \log(14-x)$를 만족시키는 모든 정수 x의 개수를 구하시오.

144

모든 실수 x에 대하여 부등식
$x^2 + 2x\log_2 a + 4\log_2 a > 0$이 성립하도록 하는 자연수 a의 개수는?

① 12 　 ② 13 　 ③ 14 　 ④ 15 　 ⑤ 16

145

부등식

$$2\log_2 |x-1| \leq \log_2 (5+x)$$

를 만족시키는 정수 x의 개수를 구하시오.

146

이차함수 $y = f(x)$의 그래프와 직선 $y = -x + 8$이
그림과 같을 때, 부등식

$$\log_2 f(x) + \log_{\frac{1}{2}}(8 - x) \geq 0$$

을 만족시키는 모든 자연수 x의 값의 합을 구하시오. (단,
$f(0) = f(2) = 0$, $f(4) = 4$)

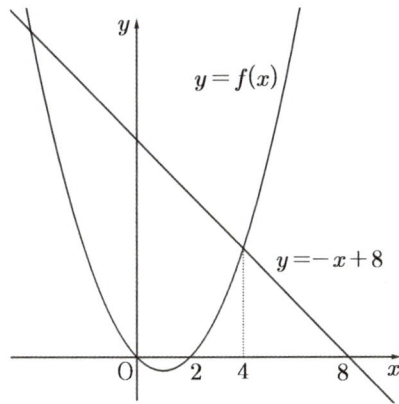

지수함수와 로그함수의 관계

출제유형 | 지수함수의 그래프와 로그함수의 그래프의 관계를 활용하는 문제가 출제된다.

출제유형잡기 | 지수함수의 그래프와 로그함수의 그래프의 관계와 지수, 로그 성질을 이용하여 문제를 해결한다.

147 　　　　　　　　　　2009학년도 9월 모평

두 함수 $f(x)=2^{x-2}+1$, $g(x)=\log_2(x-1)+2$ 에 대하여 보기에서 옳은 것만을 있는 대로 고른 것은?

------ | 보기 | ------

ㄱ. $f^{-1}(5)\cdot\{g(5)+1\}=20$ 이다.
ㄴ. $y=f(x)$의 그래프와 $y=g(x)$의 그래프는 직선 $y=x$에 대하여 대칭이다.
ㄷ. $y=f(x)$의 그래프와 $y=g(x)$의 그래프는 만나지 않는다.

① ㄴ　　　　　② ㄷ　　　　　③ ㄱ, ㄴ
④ ㄴ, ㄷ　　　　⑤ ㄱ, ㄴ, ㄷ

148 　　　　　　　　　　2011학년도 6월 모평

세 함수 $f(x)=2^x$, $g(x)=x^2$, $h(x)=\log_2 x$에 대하여 $(f\circ g)(2)+(g\circ h)(2)$의 값은?

① 17　　② 19　　③ 21　　④ 23　　⑤ 25

149

2011학년도 6월 모평

1보다 큰 양수 a에 대하여 두 곡선 $y = a^{-x-2}$ 과 $y = \log_a(x-2)$가 직선 $y = 1$과 만나는 두 점을 각각 A, B 라 하자. $\overline{AB} = 8$ 일 때, a의 값은?

① 2   ② 4   ③ 6   ④ 8   ⑤ 10

150

좌표평면에서 곡선 $y = \log_a x$ 을 직선 $y = x$ 에 대하여 대칭이동한 곡선이 점 $(2, 3)$ 을 지날 때, 양수 a 의 값은?

① $\sqrt{3}$ ② $\log_2 3$ ③ $\sqrt[4]{3}$
④ $\sqrt[3]{2}$ ⑤ $\log_3 2$

151

두 함수 $y = \log_2 \dfrac{k}{x}$, $y = 2^{2-x}$의 그래프가 직선 $y = x$에 대하여 대칭일 때, 상수 k의 값은?

① 1   ② 2   ③ 3   ④ 4   ⑤ 5

152

함수 $f(x) = \log_3 x$와 그 역함수 $g(x)$에 대하여

$$g(1) = f(a) + f(b) - f(c)$$

가 성립할 때, $\dfrac{ab}{c}$의 값을 구하시오.(단, a, b, c는 양수이다.)

153

함수 $y = 2^x - n$의 그래프를 x축의 방향으로 m만큼
평행이동한 그래프가 함수 $y = \log_2 16x$의 그래프를
x축의 방향으로 -3만큼 평행이동한 그래프와 직선
$y = x$에 대하여 대칭일 때, $m + n$의 값은? (단, m, n은
자연수이다.)

① 9   ② 8   ③ 7   ④ 6   ⑤ 5

154

함수 $y = 2^x$ 의 그래프를 x 축의 방향으로 m 만큼
평행이동한 그래프를 나타내는 함수를 $y = f(x)$ 라 하자.
함수 $y = f(x)$의 그래프와 그 역함수의 그래프의 교점 중
한 점의 x 좌표가 16일 때, 실수 m 의 값은?

① 12   ② 13   ③ 14   ④ 15   ⑤ 16

유형
12

지수함수와 로그함수의 최댓값과 최솟값

출제유형 | 지수함수와 로그함수의 증가와 감소를 이해하여 주어진 구간에서 지수함수 또는 로그함수의 최댓값과 최솟값을 구하는 문제가 출제된다.

출제유형잡기 | 밑의 범위에 따른 지수함수와 로그함수의 증가와 감소를 이해하여 주어진 구간에서 지수함수 또는 로그함수의 최댓값과 최솟값을 구하는 문제를 해결한다.

155   2021학년도 6월 모평

닫힌구간 $[-1, 3]$에서 함수 $f(x) = 2^{|x|}$의 최댓값과 최솟값의 합은?

① 5   ② 7   ③ 9   ④ 11   ⑤ 13

156   2021학년도 6월 모평

함수

$$f(x) = 2\log_{\frac{1}{2}}(x+k)$$

가 닫힌구간 $[0, 12]$에서 최댓값 -4, 최솟값 m을 갖는다. $k+m$의 값은? (단, k는 상수이다.)

① -1 ② -2 ③ -3 ④ -4 ⑤ -5

157

함수 $y = 3 + \log_3 (x^2 - 4x + 31)$의 최솟값은?

① 4   ② 5   ③ 6   ④ 7   ⑤ 8

159

$0 < a < 1$인 실수 a에 대하여 함수 $f(x) = a^x$은 닫힌 구간 $[-2, 1]$에서 최솟값 $\frac{5}{6}$, 최댓값 M을 갖는다. $a \times M$의 값은?

① $\frac{2}{5}$ ② $\frac{3}{5}$ ③ $\frac{4}{5}$ ④ 1   ⑤ $\frac{6}{5}$

158

정의역이 $\{x \mid -1 \le x \le 3\}$인 두 지수함수 $f(x) = 4^x$, $g(x) = \left(\frac{1}{2}\right)^x$에 대하여 $f(x)$의 최댓값을 M, $g(x)$의 최솟값을 m이라 할 때, Mm의 값은?

① 8   ② 6   ③ 4   ④ 2   ⑤ 1

160

닫힌 구간 $[-1, 3]$에서 두 함수

$$f(x) = 2^x, \quad g(x) = \left(\frac{1}{2}\right)^{2x}$$

의 최댓값을 각각 a, b라 하자. ab의 값을 구하시오.

161

$0 \le x \le 2$에서 함수 $f(x) = 4^x - 2^{x+2} + a$ 의 최솟값이 1일 때, 함수 $f(x)$의 최댓값을 구하시오.

162

두 함수 $f(x) = \log_{\frac{1}{2}} \dfrac{2}{x}$, $g(x) = x^2 - 2x + 9$에 대하여 $(f \circ g)(x)$의 최솟값을 구하면?

① 1   ② 2   ③ 3   ④ 4   ⑤ 5

163

$0 < a < 1$ 인 실수 a 에 대하여 함수 $f(x) = \log_a x$ 은 닫힌구간 $[2, 8]$ 에서 최솟값 -3, 최댓값 M 을 갖는다. $a - M$ 의 값은?

① $\dfrac{3}{2}$ ② 1   ③ $\dfrac{1}{2}$ ④ 0   ⑤ $-\dfrac{1}{2}$

출제유형 | 지수함수 또는 로그함수를 활용하여 주어진 식이나 문자의 값을 구하거나 지수함수 또는 로그함수가 포함된 실생활과 관련된 문제가 출제된다.

출제유형잡기 | 지수에 미지수가 포함된 방정식, 부등식 또는 로그의 진수에 미지수가 포함된 방정식, 부등식의 해를 구하여 지수함수 또는 로그함수가 포함된 실생활과 관련된 문제를 해결한다.

164
2016학년도 11월 수능

어느 금융상품에 초기자산 W_0을 투자하고 t년이 지난 시점에서의 기대자산 W가 다음과 같이 주어진다고 한다.

$$W = \frac{W_0}{2} 10^{at} (1 + 10^{at}) \text{ (단, } W_0 > 0, t \geq 0 \text{이고,}$$

a는 상수이다.)

이 금융상품에 초기자산 w_0을 투자하고 15년이 지난 시점에서의 기대자산은 초기자산의 3배이다. 이 금융상품에 초기자산 w_0을 투자하고 30년이 지난 시점에서의 기대자산이 초기자산의 k배일 때, 실수 k의 값은? (단, $w_0 > 0$)

① 9 ② 10 ③ 11 ④ 12 ⑤ 13

165
2015학년도 11월 수능

디지털 사진을 압축할 때 원본 사진과 압축한 사진의 다른 정도를 나타내는 지표인 최대 신호 대 잡음비를 P, 원본 사진과 압축한 사진의 평균제곱오차를 E라 하면 다음과 같은 관계식이 성립한다고 한다.

$$P = 20 \log 225 - 10 \log E \ (E > 0)$$

두 원본 사진 A, B를 압축했을 때 최대 신호 대 잡음비를 각각 P_A, P_B라 하고, 평균제곱오차를 각각 $E_A(E_A > 0)$, $E_B(E_B > 0)$이라 하자. $E_B = 100E_A$일 때, $P_A - P_B$의 값은?

① 30 ② 25 ③ 20 ④ 15 ⑤ 10

166
2025학년도 11월 수능 20

곡선 $y = \left(\dfrac{1}{5}\right)^{x-3}$ 과 직선 $y = x$ 가 만나는 점의 x좌표를 k라 하자. 실수 전체의 집합에서 정의된 함수 $f(x)$가 다음 조건을 만족시킨다.

$x > k$인 모든 실수 x에 대하여
$f(x) = \left(\dfrac{1}{5}\right)^{x-3}$ 이고 $f(f(x)) = 3x$이다.

$f\left(\dfrac{1}{k^3 \times 5^{3k}}\right)$의 값을 구하시오. [4점]

167
2025학년도 11월 수능 20-변형

곡선 $y = 4 - \log_2(x+2)$과 직선 $y = 2x$가 만나는 점의 x좌표를 k라 하자. 실수 전체의 집합에서 정의된 함수 $f(x)$가 다음 조건을 만족시킨다.

$x > k$인 모든 실수 x에 대하여
$f(x) = 4 - \log_2(x+2)$이고 $f(f(x)) = \dfrac{x}{2}$이다.

$f\left(\dfrac{k}{2} + \log_{16}(k+2)\right)$의 값을 구하시오. [4점]

자연수 n에 대하여 곡선 $y = 2^x$ 위의 두 점 A_n, B_n이 다음 조건을 만족시킨다.

(가) 직선 A_nB_n의 기울기는 3이다.

(나) $\overline{A_nB_n} = n \times \sqrt{10}$

중심이 직선 $y = x$ 위에 있고, 두 점 A_n, B_n을 지나는 원이 곡선 $y = \log_2 x$와 만나는 두 점의 x좌표 중 큰 값을 x_n이라 하자. $x_1 + x_2 + x_3$의 값은? [4점]

① $\dfrac{150}{7}$ ② $\dfrac{155}{7}$ ③ $\dfrac{160}{7}$

④ $\dfrac{165}{7}$ ⑤ $\dfrac{170}{7}$

자연수 n에 대하여 곡선 $y = 2^{-x}$ 와 직선 $y = -3x + k$ $(k > 1)$이 만나는 두 점을 A_n, B_n이라 하자. 실수 t와 양수 r에 대하여 두 점 A_n, B_n을 지나는 원 $(x-t)^2 + (y-t)^2 = r^2$이 곡선 $y = \log_2 \dfrac{1}{x}$와 만나는 점 중 x좌표가 작은 값을 x_n이라 하자. $\overline{A_nB_n} = n \times \sqrt{10}$ 일 때, $x_4 + x_6$의 값은? (단, k는 상수이다.) [4점]

① $\dfrac{36}{35}$ ② $\dfrac{38}{35}$ ③ $\dfrac{8}{7}$ ④ $\dfrac{6}{5}$ ⑤ $\dfrac{44}{35}$

그림과 같이 곡선 $y = 1 - 2^{-x}$ 위의 제1사분면에 있는 점 A를 지나고 y축에 평행한 직선이 곡선 $y = 2^x$과 만나는 점을 B라 하자. 점 A를 지나고 x축에 평행한 직선이 곡선 $y = 2^x$과 만나는 점을 C, 점 C를 지나고 y축에 평행한 직선이 곡선 $y = 1 - 2^{-x}$과 만나는 점을 D라 하자. $\overline{AB} = 2\overline{CD}$ 일 때, 사각형 ABCD 의 넓이는? [4점]

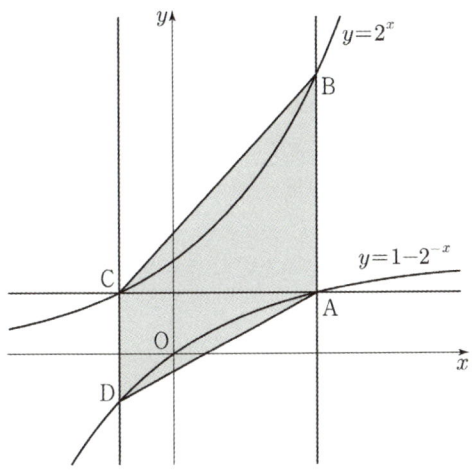

① $\dfrac{5}{2}\log_2 3 - \dfrac{5}{4}$ ② $3\log_2 3 - \dfrac{3}{2}$

③ $\dfrac{7}{2}\log_2 3 - \dfrac{7}{4}$ ④ $4\log_2 3 - 2$

⑤ $\dfrac{9}{2}\log_2 3 - \dfrac{9}{4}$

곡선 $y = 2^{x+a}$ 이 두 곡선 $y = 2^{-x}$, $y = 13 - 2^{x+3}$ 과 만나는 점을 각각 P, Q 라 하자. 두 점 P, Q 를 지나는 직선의 y절편을 R 라 할 때, $\overline{QR} = 2\overline{QP}$ 를 만족시킨다. 곡선 $y = 2^{-x}$ 이 y축과 만나는 점이 A 일 때 삼각형 APQ 의 넓이는? (단, a는 상수이다.) [4점]

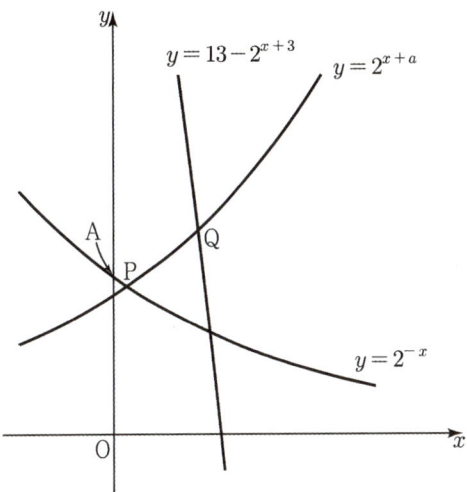

① $\left(1 - \dfrac{\sqrt{6}}{3}\right)\log_2 \dfrac{\sqrt{6}}{4}$ ② $\left(1 - \dfrac{\sqrt{6}}{2}\right)\log_2 \dfrac{\sqrt{6}}{2}$

③ $\left(1 - \dfrac{\sqrt{6}}{3}\right)\log_2 \dfrac{\sqrt{6}}{2}$ ④ $\left(1 - \dfrac{\sqrt{6}}{3}\right)\log_2 \sqrt{6}$

⑤ $\left(1 - \dfrac{\sqrt{6}}{2}\right)\log_2 \sqrt{6}$

172

다음 조건을 만족시키는 모든 자연수 k의 값의 합은? [4점]

$\log_2 \sqrt{-n^2 + 10n + 75} - \log_4 (75 - kn)$의 값이 양수가 되도록 하는 자연수 n의 개수가 12이다.

① 6 ② 7 ③ 8 ④ 9 ⑤ 10

173

다음 조건을 만족시키는 자연수 k의 값의 값은? [4점]

$\log_2 \sqrt{-n + 16} + \log_4 (64 - kn)$의 값이 5보다 작도록 하는 자연수 n의 개수가 10이다.

① 6 ② 7 ③ 8 ④ 9 ⑤ 10

양수 a에 대하여 $x \geq -1$에서 정의된 함수 $f(x)$는

$$f(x) = \begin{cases} -x^2 + 6x & (-1 \leq x < 6) \\ a\log_4(x-5) & (x \geq 6) \end{cases}$$

이다. $t \geq 0$인 실수 t에 대하여 닫힌구간 $[t-1, t+1]$에서의 $f(x)$의 최댓값을 $g(t)$라 하자. 구간 $[0, \infty)$에서 함수 $g(t)$의 최솟값이 5가 되도록 하는 양수 a의 최솟값을 구하시오. [4점]

양수 a에 대하여 $x \geq -2$에서 정의된 함수 $f(x)$는

$$f(x) = \begin{cases} x^2 + 4x & (-2 \leq x \leq 1) \\ a\log_9 x & (x > 1) \end{cases}$$

이다. $t \geq 0$인 실수 t에 대하여 닫힌구간 $[t-1, t+1]$에서 $f(x)$의 최댓값을 $g(t)$라 하자. 구간 $[-1, \infty)$에서 함수 $g(t)$가 연속이 되도록 하는 양수 a의 최솟값을 구하시오. [4점]

176

두 자연수 a, b에 대하여 함수

$$f(x) = \begin{cases} 2^{x+a} + b & (x \leq -8) \\ -3^{x-3} + 8 & (x > -8) \end{cases}$$

이 다음 조건을 만족시킬 때, $a+b$의 값은? [4점]

집합 $\{f(x) | x \leq k\}$의 원소 중 정수인 것의 개수가 2가 되도록 하는 모든 실수 k의 값의 범위는 $3 \leq k < 4$이다.

① 11   ② 13   ③ 15   ④ 17   ⑤ 19

177

두 자연수 a, b에 대하여 함수

$$f(x) = \begin{cases} 2^{x+a} + b & (x < 0) \\ \dfrac{2x+6}{x+1} & (x \geq 0) \end{cases}$$

이 다음 조건을 만족시킬 때, $a+b$의 값은? [4점]

집합 $\{f(x) | x \leq k\}$의 원소 중 정수인 것의 개수가 2가 되도록 하는 모든 실수 k의 값의 범위는 $0 \leq k < 1$이다.

① 5   ② 7   ③ 3   ④ 4   ⑤ 13

두 자연수 a, b에 대하여 함수

178

수직선 위의 두 점 $P(\log_5 3)$, $Q(\log_5 12)$에 대하여 선분 PQ를 $m:(1-m)$으로 내분하는 점의 좌표가 1일 때, 4^m의 값은? (단, m은 $0 < m < 1$인 상수이다.) [4점]

① $\dfrac{7}{6}$　　② $\dfrac{4}{3}$　　③ $\dfrac{3}{2}$　　④ $\dfrac{5}{3}$　　⑤ $\dfrac{11}{6}$

179

수직선 위의 두 점 $P(\log_3 5)$, $Q(\log_3 30)$에 대하여 선분 PQ를 $m:(m-1)$로 외분하는 점의 좌표가 1일 때, 6^m의 값은? (단, m은 $m > 1$인 상수이다.) [4점]

① $\dfrac{7}{6}$　　② $\dfrac{4}{3}$　　③ $\dfrac{3}{5}$　　④ $\dfrac{5}{3}$　　⑤ $\dfrac{11}{5}$

자연수 $m\,(m \geq 2)$에 대하여 m^{12}의 n제곱근 중에서 정수가 존재하도록 하는 2 이상의 자연수 n의 개수를 $f(m)$이라 할 때, $\displaystyle\sum_{m=2}^{9} f(m)$의 값은? [4점]

① 37　　② 42　　③ 47　　④ 52　　⑤ 57

집합 $X = \{-2,\ -1,\ 0,\ 1,\ 2\}$,
집합 $Y = \{2,\ 3,\ 4,\ \cdots,\ 9\}$에 대하여 집합 Z를

$$Z = \{(a,\ b)\,|\,a \in X \text{이고 } b \in Y\}$$

라 하자. 집합 Z의 원소 $(a,\ b)$ 중에서 a의 b제곱근 중 음의 실수가 존재하는 원소의 개수는 m이고, $\sqrt[b]{a}$ 가 실수인 것의 원소의 개수는 n이다. $m+n$의 값은? [4점]

① 42　　② 44　　③ 46　　④ 48　　⑤ 50

182

그림과 같이 곡선 $y=2^x$ 위에 두 점 $P(a,\ 2^a)$, $Q(b,\ 2^b)$가 있다. 직선 PQ의 기울기를 m이라 할 때, 점 P를 지나며 기울기가 $-m$인 직선이 x축, y축과 만나는 점을 각각 A, B라 하고, 점 Q를 지나며 기울기가 $-m$인 직선이 x축과 만나는 점을 C라 하자.

$$\overline{AB}=4\overline{PB},\quad \overline{CQ}=3\overline{AB}$$

일 때, $90\times(a+b)$의 값을 구하시오. (단, $0<a<b$) [4점]

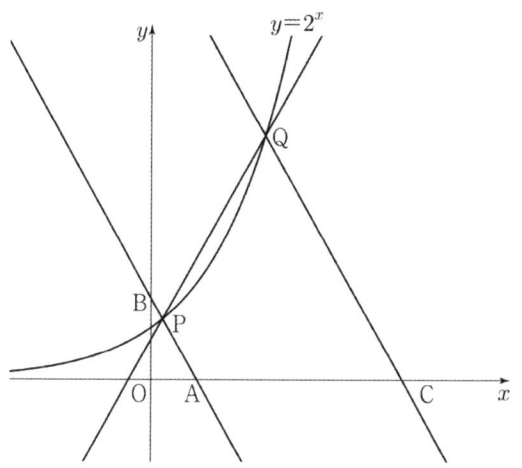

183

그림과 같이 곡선 $y=a^x$ 위의 제1사분면에 있는 점 A를 지나고 $y=-x$에 평행한 직선이 y축과 만나는 점을 B라 하자. 또 곡선 $y=b^x$ 위의 제2사분면에 있는 점 C를 지나고 $y=x$에 평행한 직선이 x축과 만나는 점을 D라 하자. 네 점 A, B, C, D가 다음 조건을 만족시킬 때, $\dfrac{a^4}{b^3}$의 값을 구하시오. (단, O는 원점이고 $0<b<1<a$ 이다.) [4점]

> (가) $2\overline{OB}-\sqrt{2}\left(\overline{AB}+\overline{CD}\right)=1$
>
> (나) 두 점 A, C의 y좌표의 합은 $\dfrac{7}{2}$이다.
>
> (다) $\angle OAB = \angle OCD = \dfrac{\pi}{2}$

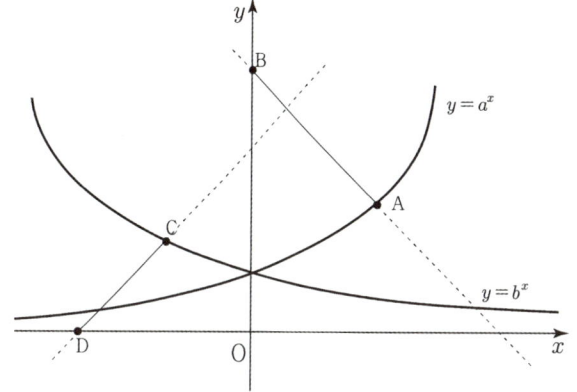

184

함수 $f(x) = -(x-2)^2 + k$에 대하여 다음 조건을 만족시키는 자연수 n의 개수가 2일 때, 상수 k의 값은? [4점]

$\sqrt{3}^{f(n)}$의 네제곱근 중 실수인 것을 모두 곱한 값이 -9이다.

---

① 8　　② 9　　③ 10　　④ 11　　⑤ 12

185

함수 $f(x) = x^2 - 4x + k$에 대하여 다음 조건을 만족시키는 자연수 n의 값이 n_1, n_2 $(n_1 \neq n_2)$일 때, $n_1 + n_2 + k$의 값은? [4점]

$2^{f(\sqrt{n})}$의 여섯제곱근 중 실수인 것을 모두 곱한 값이 -4이다.

---

① 13　　② 15　　③ 17　　④ 19　　⑤ 21

186

자연수 n에 대하여 $4\log_{64}\left(\dfrac{3}{4n+16}\right)$의 값이 정수가

되도록 하는 1000 이하의 모든 n의 값의 합을 구하시오.
[4점]

187

자연수 k에 대하여 $2\log_{27}\left(\dfrac{2}{3k+18}\right)$의 값이 정수가

되도록 하는 모든 k의 값을 작은것부터 차례대로 나타낸

수열을 $\{a_n\}$이라 하자. $\log_3(a_{20}-a_{19})-\log_3 52$의 값을

구하시오. [4점]

두 곡선 $y = 16^x$, $y = 2^x$과 한 점 A $(64,\ 2^{64})$이 있다. 점 A를 지나며 x축과 평행한 직선이 곡선 $y = 16^x$과 만나는 점을 P_1이라 하고, 점 P_1을 지나며 y축과 평행한 직선이 곡선 $y = 2^x$과 만나는 점을 Q_1이라 하자. 점 Q_1을 지나며 x축과 평행한 직선이 $y = 16^x$과 만나는 점을 P_2라 하고, 점 P_2를 지나며 y축과 평행한 직선이 곡선 $y = 2^x$와 만나는 점을 Q_2라 하자. 이와 같은 과정을 계속하여 n번째 얻은 두 점을 각각 P_n, Q_n이라 하고 점 Q_n의 x좌표를 x_n이라 할 때, $x_n < \dfrac{1}{k}$을 만족시키는 n의 최솟값이 6이 되도록 하는 자연수 k의 개수는? [4점]

① 48　　② 51　　③ 54　　④ 57　　⑤ 60

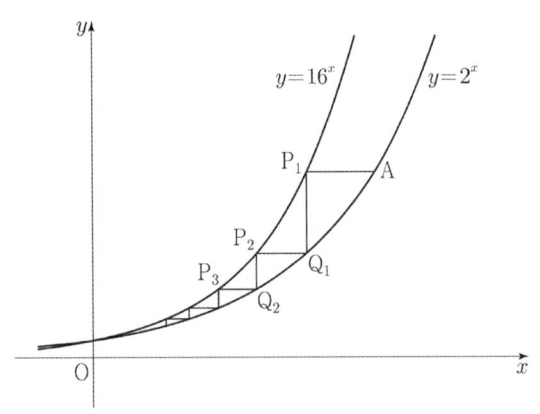

양수 $a\ (a > 1)$에 대하여 두 곡선 $y = a^{3x}$, $y = a^x$과 한 점 A $(243,\ a^{243})$이 있다. 점 A를 지나며 x축과 평행한 직선이 곡선 $y = a^{3x}$과 만나는 점을 P_1이라 하고, 점 P_1을 지나며 y축과 평행한 직선이 곡선 $y = a^x$과 만나는 점을 Q_1이라 하자. 점 Q_1을 지나며 x축과 평행한 직선이 $y = a^{3x}$과 만나는 점을 P_2라 하고, 점 P_2를 지나며 y축과 평행한 직선이 곡선 $y = a^x$와 만나는 점을 Q_2라 하자. 이와 같은 과정을 계속하여 n번째 얻은 두 점을 각각 P_n, Q_n이라 하고 점 Q_n의 x좌표를 x_n이라 할 때, $x_n > \dfrac{1}{k}$을 만족시키는 n의 최댓값이 7이 되도록 하는 자연수 k의 개수는? [4점]

① 6　　② 18　　③ 54　　④ 81　　⑤ 243

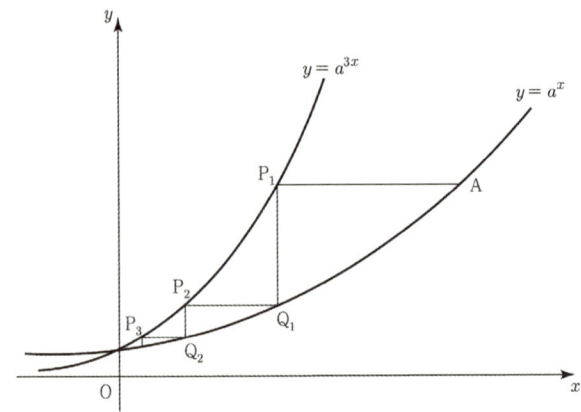

190

직선 $y = 2x + k$가 두 함수

$$y = \left(\frac{2}{3}\right)^{x+3} + 1, \quad y = \left(\frac{2}{3}\right)^{x+1} + \frac{8}{3}$$

의 그래프와 만나는 점을 각각 P, Q라 하자. $\overline{PQ} = \sqrt{5}$일 때, 상수 k의 값은? [4점]

① $\frac{31}{6}$ ② $\frac{16}{3}$ ③ $\frac{11}{2}$ ④ $\frac{17}{3}$ ⑤ $\frac{35}{6}$

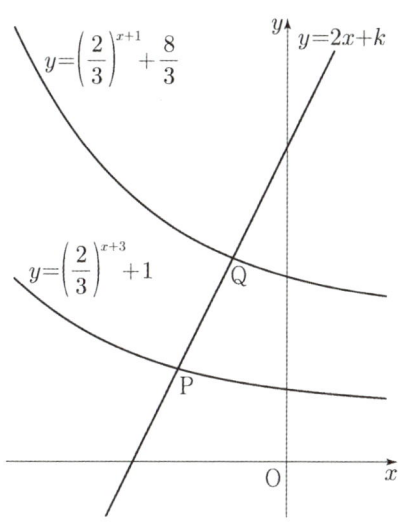

191

그림과 같이 두 함수 $f(x) = k \times 2^x$, $g(x) = 4^x$과 양수 m에 대하여 직선 $y = -x + m$과 두 곡선 $y = f(x)$, $y = g(x)$가 만나는 점을 각각 A, B라 하자. $\overline{AB} = 4\sqrt{2}$일 때, k의 최솟값을 구하시오. [4점]

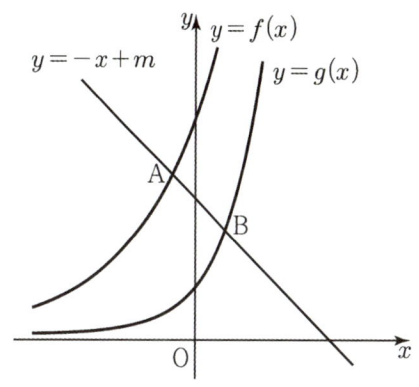

192

두 상수 a, b $(1 < a < b)$에 대하여 좌표평면 위의 두 점 $(a,\ \log_2 a)$, $(b,\ \log_2 b)$를 지나는 직선의 y절편과 두 점 $(a,\ \log_4 a)$, $(b,\ \log_4 b)$를 지나는 직선의 y절편이 같다. 함수 $f(x) = a^{bx} + b^{ax}$에 대하여 $f(1) = 40$일 때, $f(2)$의 값은? [4점]

① 760   ② 800   ③ 840   ④ 880   ⑤ 920

193

두 지수함수 $f(x) = a^{2x}$, $g(x) = a^x$ $(a > 1)$가 있다. 두 상수 b, c $(1 < b < c)$에 대하여 직선 $y = b$가 두 곡선 $y = f(x)$, $y = g(x)$와 만나는 점을 각각 A, B라 하고 직선 $y = c$가 두 곡선 $y = f(x)$, $y = g(x)$와 만나는 점을 각각 C, D라 하자. 네 점 A, B, C, D를 직선 $y = x$에 대칭이동한 점을 각각 A′, B′, C′, D′라 할 때, 두 직선 A′C′와 B′D′의 교점은 y축 위에 있다. $b^c + c^b = 10$일 때, $\dfrac{f(b^c)}{g(c^b)} = 10$이다. a^{10}의 값은? [4점]

① 20   ② 40   ③ 60   ④ 80   ⑤ 100

194

$n \geq 2$인 자연수 n에 대하여 두 곡선

$$y = \log_n x, \quad y = -\log_n (x+3) + 1$$

이 만나는 점의 x좌표가 1보다 크고 2보다 작도록 하는 모든 n의 값의 합은? [4점]

① 30 ② 35 ③ 40 ④ 45 ⑤ 50

195

$n > 1$인 자연수 n에 대하여 두 곡선

$$y = n^x, \quad y = n^{1-x} - 2$$

이 만나는 점의 y좌표가 2보다 크고 3보다 작도록 하는 n의 개수는? [4점]

① 15 ② 12 ③ 9 ④ 6 ⑤ 3

실수 전체의 집합에서 정의된 함수 $f(x)$가 구간 $(0,\ 1]$에서

$$f(x)=\begin{cases} 3 & (0 < x < 1) \\ 1 & (x = 1) \end{cases}$$

이고, 모든 실수 x에 대하여 $f(x+1)=f(x)$를 만족시킨다. $\displaystyle\sum_{k=1}^{20}\dfrac{k\times f(\sqrt{k})}{3}$의 값은? [4점]

① 150   ② 160   ③ 170   ④ 180   ⑤ 190

실수 전체의 집합에서 정의된 함수 $f(x)$가 구간 $(0,\ 1]$에서

$$f(x)=\begin{cases} \dfrac{1}{2} & (0 < x < 1) \\ 1 & (x = 1) \end{cases}$$

이고 모든 실수 x에 대하여 $f(x)=f(x+1)$를 만족시킨다. $\displaystyle\sum_{k=2}^{32}2kf(\log_2 k)$의 값은? [4점]

① 586   ② 587   ③ 588   ④ 589   ⑤ 590

다음 조건을 만족시키는 최고차항의 계수가 1인 이차함수 $f(x)$가 존재하도록 하는 모든 자연수 n의 값의 합을 구하시오. [4점]

(가) x에 대한 방정식 $(x^n - 64)f(x) = 0$은 서로 다른 두 실근을 갖고, 각각의 실근은 중근이다.

(나) 함수 $f(x)$의 최솟값은 음의 정수이다.

다음 조건을 만족시키는 최고차항의 계수가 1인 삼차함수 $f(x)$가 존재하도록 하는 모든 자연수 n의 개수를 구하시오. [4점]

(가) x에 대한 방정식 $(x^n - 81)f(x) = 0$은 절댓값이 같은 서로 다른 두 실근을 갖고, 각각의 실근은 중근 또는 삼중근이다.

(나) $f(0)$은 음의 정수이다.

네 양수 a, b, c, k가 다음 조건을 만족시킬 때, k^2의 값을 구하시오. [4점]

> (가) $3^a = 5^b = k^c$
> (나) $\log c = \log(2ab) - \log(2a+b)$

네 양수 a, b, c, k가 다음 조건을 만족시킬 때, k의 값을 구하시오. [4점]

> (가) $k^a = 2^b = 5^c$
> (나) $\log a = \log(bc) - \log(b+3c)$

202

이차함수 $y = f(x)$의 그래프와 직선 $y = x - 1$이 그림과 같을 때, 부등식

$$\log_3 f(x) + \log_{\frac{1}{3}}(x-1) \leq 0$$

을 만족시키는 모든 자연수 x의 값의 합을 구하시오. (단, $f(0) = f(7) = 0$, $f(4) = 3$) [4점]

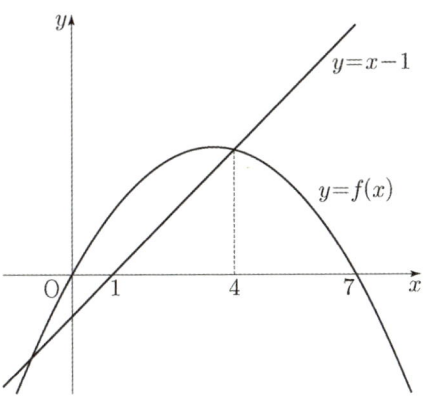

203

이차함수 $y = f(x)$의 그래프와 직선 $y = -x + 8$이 그림과 같을 때, 부등식

$$\log_2 f(x) + \log_{\frac{1}{2}}(8-x) \geq 0$$

을 만족시키는 모든 자연수 x의 값의 합을 구하시오. (단, $f(0) = f(2) = 0$, $f(4) = 4$) [4점]

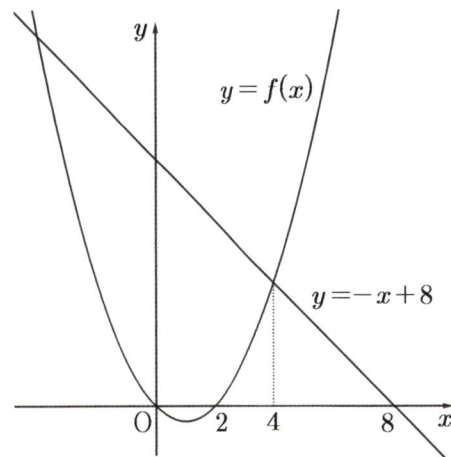

204

지수함수 $y = a^x$ $(a > 1)$의 그래프와 직선 $y = \sqrt{3}$ 이 만나는 점을 A 라 하자. 점 B$(4, 0)$에 대하여 직선 OA 와 직선 AB 가 서로 수직이 되도록 하는 모든 a의 값의 곱은? (단, O 는 원점이다.) [4점]

① $3^{\frac{1}{3}}$ ② $3^{\frac{2}{3}}$ ③ 3 ④ $3^{\frac{4}{3}}$ ⑤ $3^{\frac{5}{3}}$

205

로그함수 $y = \log_a x$ $(a > 1)$의 그래프와 직선 $x = 2$이 만나는 점을 A 라 하자. 점 B$(0, 5)$에 대하여 직선 OA 와 직선 AB 가 서로 수직이 되도록 하는 모든 a의 값의 곱은? (단, O 는 원점이다.) [4점]

① $2^{\frac{1}{2}}$ ② $2^{\frac{3}{4}}$ ③ 2 ④ $2^{\frac{5}{4}}$ ⑤ $2^{\frac{3}{2}}$

206

자연수 n 에 대하여 부등식

$4^k - (2^n + 4^n)2^k + 8^n \leq 1$ 을 만족시키는 모든 자연수

k 의 합을 a_n 이라 하자. $\displaystyle\sum_{n=1}^{20} \frac{1}{a_n} = \frac{q}{p}$ 일 때, $p+q$ 의

값을 구하시오. (단, p 와 q 는 서로소인 자연수이다.)

[4점]

207

자연수 n 에 대하여 부등식

$9^k - 3^{n+k} - 3^{3n+k} + 81^n - 1 \leq 0$ 을 만족시키는 모든

자연수 k 를 원소로 갖는 집합을 A 라 하자. 집합 A 의

원소의 개수를 a_n 이라 할 때, $\displaystyle\sum_{n=10}^{20} a_n$ 의 값은? [4점]

① 337 ② 339 ③ 341 ④ 343 ⑤ 345

자연수 n 에 대하여 부등식

$9^k - 3^{n+k} - 3^{3n+k} + 81^n - 1 \leq 0$ 을 만족시키는 모든

208

그림과 같이 함수 $y=2^x$ 의 그래프 위의 한 점 A를 지나고 x 축에 평행한 직선이 함수 $y=15 \cdot 2^{-x}$ 의 그래프와 만나는 점을 B 라 하자. 점 A의 x 좌표를 a 라 할 때, $1 < \overline{\mathrm{AB}} < 100$ 을 만족시키는 2 이상의 자연수 a 의 개수는? [4점]

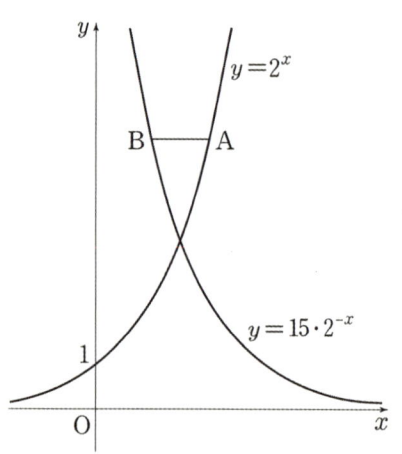

① 40   ② 43   ③ 46   ④ 49   ⑤ 52

209

그림과 같이 함수 $y=\log_2 x$ 의 그래프 위의 한 점 A를 지나고 y축에 평행한 직선이 함수 $y=\log_2\left(\dfrac{19}{x}\right)$의 그래프와 만나는 점을 B 라 하자. 점 A의 x좌표를 a 라 할 때, $1 < \overline{\mathrm{AB}} < 5$을 만족시키는 2 이상의 자연수 a 의 개수는? [4점]

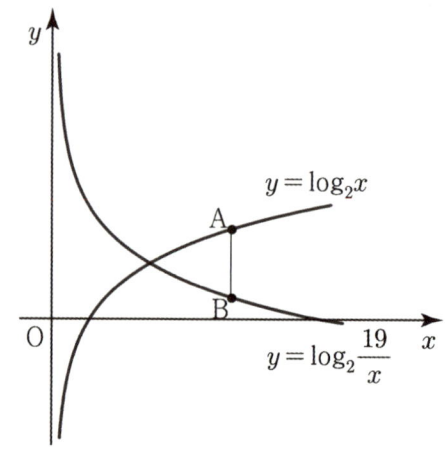

① 18   ② 19   ③ 20   ④ 21   ⑤ 22

방정식

$$4^x + 4^{-x} + a(2^x - 2^{-x}) + 7 = 0$$

이 실근을 갖기 위한 양수 a 의 최솟값을 m 이라 할 때, m^2 의 값을 구하시오. [4점]

$p + q = 4$을 만족시키는 실수 p와 자연수 q에 대하여 방정식

$$a^{2x} + a^{-2x} + p(a^x + a^{-x}) + q = 0$$

이 서로 다른 두 실근을 갖기 위한 q의 최솟값은? (단, $a > 0$) [4점]

① 9   ② 10   ③ 11   ④ 12   ⑤ 13

함수 $y = \log_2 4x$의 그래프 위의 두 점 A, B와 함수 $y = \log_2 x$의 그래프 위의 점 C에 대하여, 선분 AC가 y축에 평행하고 삼각형 ABC가 정삼각형일 때, 점 B의 좌표는 (p, q)이다. $p^2 \times 2^q$의 값은? [4점]

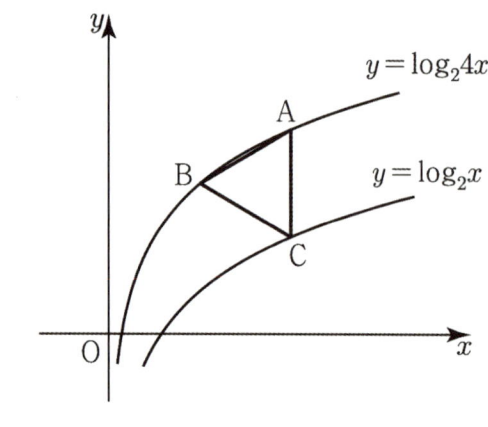

① $6\sqrt{3}$ ② $9\sqrt{3}$ ③ $12\sqrt{3}$
④ $15\sqrt{3}$ ⑤ $18\sqrt{3}$

그림과 같이 함수 $y = 2^{x+2}$의 그래프 위의 두 점 A, C와 함수 $y = 2^x$의 그래프 위의 점 B에 대하여, 선분 AB가 x축에 평행하고 삼각형 ABC가 정삼각형일 때, 점 C의 좌표는 (a, b)이다. $2^a \times b$의 값은? (단, (A의 x좌표) $<$ (C의 x좌표)) [4점]

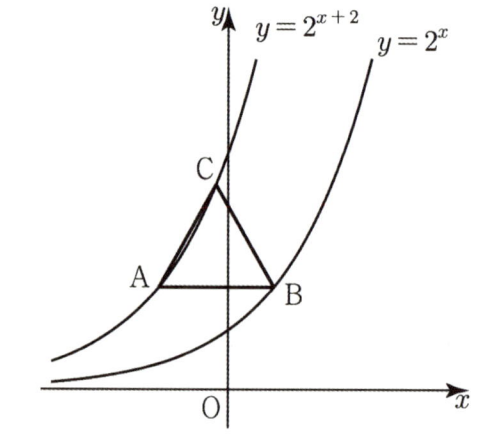

① $\sqrt{3}$ ② 2   ③ $\sqrt{6}$ ④ 3   ⑤ $2\sqrt{3}$

Level 3

지수 로그 함수

214

실수 t에 대하여 두 곡선 $y = t - \log_2 x$와 $y = 2^{x-t}$이 만나는 점의 x좌표를 $f(t)$라 하자.
〈보기〉의 각 명제에 대하여 다음 규칙에 따라 A, B, C의 값을 정할 때, $A + B + C$의 값을 구하시오. (단, $A + B + C \neq 0$) [4점]

- 명제 ㄱ이 참이면 $A = 100$, 거짓이면 $A = 0$이다.
- 명제 ㄴ이 참이면 $B = 10$, 거짓이면 $B = 0$이다.
- 명제 ㄷ이 참이면 $C = 1$, 거짓이면 $C = 0$이다.

─── | 보기 | ───

ㄱ. $f(1) = 1$이고 $f(2) = 2$이다.
ㄴ. 실수 t의 값이 증가하면 $f(t)$의 값도 증가한다.
ㄷ. 모든 양의 실수 t에 대하여 $f(t) \geq t$이다.

215

실수 t에 대하여 두 곡선 $y = 2^x - t$와 $y = \log_2(t - x)$가 만나는 점의 x좌표를 $f(t)$라 하자. 〈보기〉의 각 명제에 대하여 다음 규칙에 따라 A, B, C의 값을 정할 때, $A + B + C$의 값을 구하시오. [4점]

- 명제 ㄱ이 참이면 $A = 100$, 거짓이면 $A = 0$이다.
- 명제 ㄴ이 참이면 $B = 10$, 거짓이면 $B = 0$이다.
- 명제 ㄷ이 참이면 $C = 1$, 거짓이면 $C = 0$이다.

─── | 보기 | ───

ㄱ. $f(1) + f(2) = 1$이다.
ㄴ. 실수 t의 값이 증가하면 $f(t)$의 값도 증가한다.
ㄷ. 부등식 $t - f(t) < 1$의 해는 $1 < t < 2$이다.

자연수 n에 대하여 함수 $f(x)$를

$$f(x) = \begin{cases} |3^{x+2} - n| & (x < 0) \\ |\log_2(x+4) - n| & (x \geq 0) \end{cases}$$

이라 하자. 실수 t에 대하여 x에 대한 방정식 $f(x) = t$의 서로 다른 실근의 개수를 $g(t)$라 할 때, 함수 $g(t)$의 최댓값이 4가 되도록 하는 모든 자연수 n의 값의 합을 구하시오. [4점]

자연수 a $(0 < a < 32)$에 대하여 함수 $f(x)$가

$$f(x) = \begin{cases} |a - 2^{x+5}| & (x < 0) \\ |2^{5-x} - a| & (x \geq 0) \end{cases}$$

일 때, 곡선 $y = f(x)$와 직선 $y = n$이 만나는 교점의 개수를 $\alpha(n)$이라 하자. $\alpha(n) = 2$을 만족시키는 자연수 n의 개수가 2이상이고 6이하가 되도록 하는 a의 값의 합을 구하시오. [4점]

218

$a > 1$인 실수 a에 대하여 직선 $y = -x + 4$가 두 곡선

$$y = a^{x-1}, \quad y = \log_a(x-1)$$

과 만나는 점을 각각 A, B라 하고, 곡선 $y = a^{x-1}$이 y축과 만나는 점을 C라 하자. $\overline{AB} = 2\sqrt{2}$일 때, 삼각형 ABC의 넓이는 S이다. $50 \times S$의 값을 구하시오. [4점]

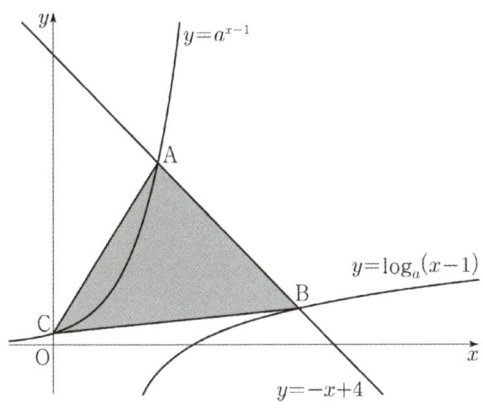

219

$a > 1$인 실수 a에 대하여 직선 $y = -x + 6$가 두 곡선

$$y = a^x, \quad y = \log_a(x-1) - 1$$

과 만나는 점을 각각 A, B라 하고, 곡선 $y = a^x$이 y축과 만나는 점을 C, $y = \log_a(x-1) - 1$이 x축과 만나는 점을 D라 하자. 두 선분 AD와 BC의 교점을 P라 할 때, 삼각형 PAC의 넓이를 S_1, 삼각형 PBD의 넓이를 S_2라 하자. $\overline{AB} = 3\sqrt{2}$일 때, $S_1 - S_2$의 값을 구하시오. [4점]

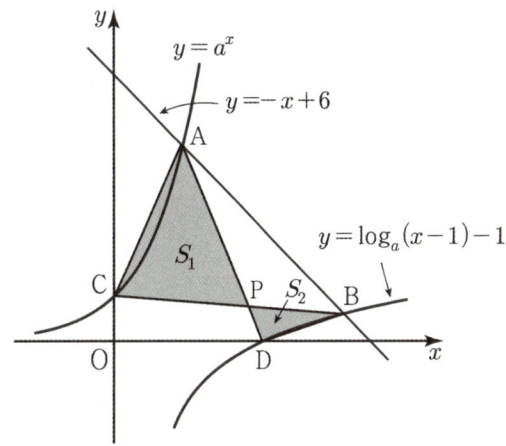

220

두 곡선 $y = 2^x$과 $y = -2x^2 + 2$가 만나는 두 점을 (x_1, y_1), (x_2, y_2)라 하자. $x_1 < x_2$일 때, 보기에서 옳은 것만을 있는 대로 고른 것은? [4점]

─── | 보기 | ───

ㄱ. $x_2 > \dfrac{1}{2}$

ㄴ. $y_2 - y_1 < x_2 - x_1$

ㄷ. $\dfrac{\sqrt{2}}{2} < y_1 y_2 < 1$

① ㄱ   ② ㄱ, ㄴ   ③ ㄱ, ㄷ
④ ㄴ, ㄷ   ⑤ ㄱ, ㄴ, ㄷ

221

두 곡선 $y = \log_2(x+1)$과 $y = 2(x-1)^2$가 만나는 두 점을 (x_1, y_1), (x_2, y_2)라 하자. $x_1 < x_2$일 때, 보기에서 옳은 것만을 있는 대로 고른 것은? [4점]
(단, $\sqrt{2} \fallingdotseq 1.4$)

─── | 보기 | ───

ㄱ. $x_1 < \dfrac{1}{2}$

ㄴ. $y_2 - y_1 > x_2 - x_1$

ㄷ. $3 < x_1 x_2 + x_1 + x_2 < \dfrac{7}{2}$

① ㄱ   ② ㄴ   ③ ㄷ
④ ㄱ, ㄷ   ⑤ ㄱ, ㄴ, ㄷ

222

자연수 a, b 에 대하여 곡선 $y = a^{x+1}$ 과 곡선 $y = b^x$ 이 직선 $x = t$ $(t \geq 1)$ 와 만나는 점을 각각 P, Q 라 하자. 다음 조건을 만족시키는 a, b 의 모든 순서쌍 (a, b) 의 개수를 구하시오. 예를 들어, $a = 4$, $b = 5$ 는 다음 조건을 만족시킨다. [4점]

(가) $2 \leq a \leq 10$, $2 \leq b \leq 10$
(나) $t \geq 1$ 인 어떤 실수 t 에 대하여 $\overline{PQ} \leq 10$ 이다.

223

10이하의 두 자연수 a, b 에 대하여 곡선 $y = \log_a x - 1$ 과 곡선 $y = \log_b x$ 이 직선 $y = t$ $(t \geq 1)$ 와 만나는 점을 각각 A, B 라 하자. $\overline{AB} \leq 20$ 을 만족시키는 실수 t 가 존재하도록 하는 a, b 의 모든 순서쌍 (a, b) 의 개수를 구하시오. (단, $a \neq 1$, $b \neq 1$) [4점]

224

다음 조건을 만족시키는 20 이하의 모든 자연수 n 의 값의 합을 구하시오. [4점]

> $\log_2 (na - a^2)$ 과 $\log_2 (nb - b^2)$ 은 같은 자연수이고 $0 < b - a \leq \dfrac{n}{2}$ 인 두 실수 a, b 가 존재한다.

225

다음 조건을 만족시키는 10이하의 모든 자연수 n 의 값의 합을 구하시오. [4점] [수학II 연계]

> $\log_3 (na^2 - a^3)$ 과 $\log_3 (nb^2 - b^3)$ 은 같은 자연수이고 $0 < b - a \leq \dfrac{\sqrt{3}}{3} n$ 인 두 양수 a, b 가 존재한다.

2

삼각 함수

삼각 함수
Level 1

유형 1 **부채꼴의 호의 길이와 넓이**

출제유형 | 호도법을 이용하여 부채꼴의 호의 길이와 넓이를 구하는 문제가 출제된다.

출제유형잡기 | 부채꼴의 반지름의 길이 r와 중심각의 크기 θ를 알 때, 부채꼴의 호의 길이 l과 넓이 S를 구하는 다음과 같은 공식을 이용하여 문제를 해결한다.
① $l = r\theta$
② $S = \dfrac{1}{2}r^2\theta = \dfrac{1}{2}rl$

226

반지름의 길이가 6이고 중심각의 크기가 θ(라디안)인 부채꼴의 넓이가 72일 때, θ의 값을 구하시오.

227

반지름의 길이가 2, 중심각의 크기가 $\dfrac{\pi}{2}$인 부채꼴의 호의 길이는?

① $\dfrac{\pi}{4}$ ② $\dfrac{\pi}{2}$ ③ $\dfrac{3}{4}\pi$ ④ π ⑤ $\dfrac{5}{4}\pi$

228

각 θ를 나타내는 동경과 각 5θ를 나타내는 동경이 직선 $y = 2x$에 대하여 대칭일 때, $\tan 3\theta$의 값을 구하시오. (단, $0 < \theta < 2\pi$)

229

다음 그림과 같이 지름 $\overline{AB}$의 길이가 4인 원 O가 있다. 호 PB의 길이가 3일 때, $\angle PAB$의 크기는?

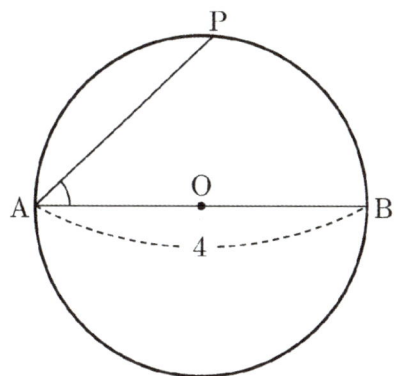

① $\dfrac{\pi}{6}$ ② $\dfrac{1}{2}$ ③ $\dfrac{\pi}{3}$ ④ $\dfrac{3}{2}$ ⑤ $\dfrac{3}{4}$

230

그림과 같은 직원뿔의 옆넓이가 밑넓이의 3배이고, 꼭짓점을 V, 밑면의 중심을 O라 하자. 밑면인 원 위의 한 점 A에 대하여 $\angle AVO = \theta$라 할 때, $\sin\theta$의 값은?

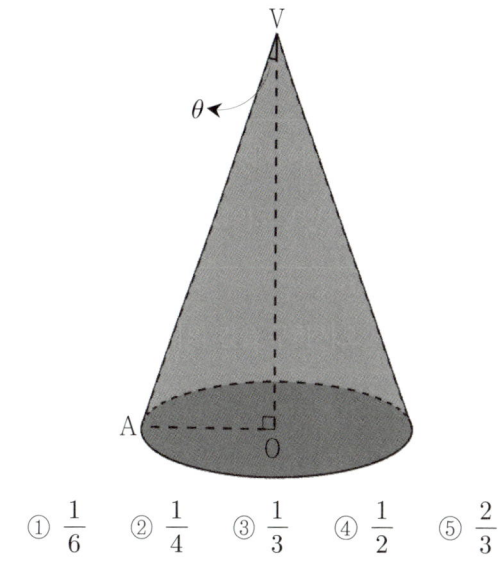

① $\dfrac{1}{6}$ ② $\dfrac{1}{4}$ ③ $\dfrac{1}{3}$ ④ $\dfrac{1}{2}$ ⑤ $\dfrac{2}{3}$

삼각함수의 정의와 삼각함수 사이의 관계

출제유형 | 삼각함수의 정의와 삼각함수 사이의 관계를 이용하여 식의 값을 구하는 문제가 출제된다.

출제유형잡기 | 다음과 같은 삼각함수 사이의 관계를 이용하여 삼각함수의 값을 구하는 문제를 해결한다.

(1) $\tan \theta = \dfrac{\sin \theta}{\cos \theta}$

(2) $\sin^2 \theta + \cos^2 \theta = 1$

231   2025학년도 11월 수능

$\cos\left(\dfrac{\pi}{2}+\theta\right)=-\dfrac{1}{5}$ 일 때, $\dfrac{\sin \theta}{1-\cos^2 \theta}$ 의 값은?

① -5 ② $-\sqrt{5}$ ③ 0 ④ $\sqrt{5}$ ⑤ 5

232   2025학년도 9월 모평

$\dfrac{\pi}{2}<\theta<\pi$ 인 θ에 대하여 $\cos(\pi+\theta)=\dfrac{2\sqrt{5}}{5}$ 일 때, $\sin\theta+\cos\theta$의 값은?

① $-\dfrac{2\sqrt{5}}{5}$ ② $-\dfrac{\sqrt{5}}{5}$ ③ 0

④ $\dfrac{\sqrt{5}}{5}$ ⑤ $\dfrac{2\sqrt{5}}{5}$

$\pi < \theta < \dfrac{3}{2}\pi$인 θ에 대하여 $\sin\left(\theta - \dfrac{\pi}{2}\right) = \dfrac{3}{5}$일 때, $\sin\theta$의 값은?

① $-\dfrac{4}{5}$　② $-\dfrac{3}{5}$　③ $\dfrac{3}{5}$　④ $\dfrac{3}{4}$　⑤ $\dfrac{4}{5}$

$\dfrac{3}{2}\pi < \theta < 2\pi$인 θ에 대하여 $\cos\theta = \dfrac{\sqrt{6}}{3}$일 때, $\tan\theta$의 값은?

① $-\sqrt{2}$　　② $-\dfrac{\sqrt{2}}{2}$　　③ 0

④ $\dfrac{\sqrt{2}}{2}$　　⑤ $\sqrt{2}$

$\cos\theta < 0$이고 $\sin(-\theta) = \dfrac{1}{7}\cos\theta$일 때, $\sin\theta$의 값은?

① $-\dfrac{3\sqrt{2}}{10}$　　② $-\dfrac{\sqrt{2}}{10}$　　③ 0

④ $\dfrac{\sqrt{2}}{10}$　　⑤ $\dfrac{3\sqrt{2}}{10}$

$\dfrac{3}{2}\pi < \theta < 2\pi$인 θ에 대하여 $\sin(-\theta) = \dfrac{1}{3}$일 때, $\tan\theta$의 값은?

① $-\dfrac{\sqrt{2}}{2}$　　② $-\dfrac{\sqrt{2}}{4}$　　③ $-\dfrac{1}{4}$

④ $\dfrac{1}{4}$　　⑤ $\dfrac{\sqrt{2}}{4}$

237

$\tan\theta < 0$이고 $\cos\left(\dfrac{\pi}{2}+\theta\right)=\dfrac{\sqrt{5}}{5}$ 일 때, $\cos\theta$의

값은?

① $-\dfrac{2\sqrt{5}}{5}$ ② $-\dfrac{\sqrt{5}}{5}$ ③ 0

④ $\dfrac{\sqrt{5}}{5}$ ⑤ $\dfrac{2\sqrt{5}}{5}$

238

$\sin(\pi-\theta)=\dfrac{5}{13}$ 이고 $\cos\theta < 0$일 때, $\tan\theta$의 값은?

① $-\dfrac{12}{13}$ ② $-\dfrac{5}{12}$ ③ 0 ④ $\dfrac{5}{12}$ ⑤ $\dfrac{12}{13}$

239

$\dfrac{3}{2}\pi < \theta < 2\pi$인 θ에 대하여 $\cos^2\theta=\dfrac{9}{25}$일 때,

$\sin^2\theta+\cos\theta$의 값은?

① $\dfrac{7}{5}$ ② 1 ③ $\dfrac{31}{25}$ ④ $\dfrac{6}{5}$ ⑤ $\dfrac{29}{25}$

240

$\pi < \theta < \dfrac{3}{2}\pi$ 인 θ에 대하여 $\tan\theta-\dfrac{6}{\tan\theta}=1$일 때,

$\sin\theta+\cos\theta$의 값은?

① $-\dfrac{2\sqrt{10}}{5}$ ② $-\dfrac{\sqrt{10}}{5}$ ③ 0

④ $\dfrac{\sqrt{10}}{5}$ ⑤ $\dfrac{2\sqrt{10}}{5}$

241

$\frac{\pi}{2} < \theta < \pi$인 θ에 대하여 $\frac{\sin\theta}{1-\sin\theta} - \frac{\sin\theta}{1+\sin\theta} = 4$일 때, $\cos\theta$의 값은?

① $-\frac{\sqrt{3}}{3}$ ② $-\frac{1}{3}$ ③ 0

④ $\frac{1}{3}$ ⑤ $\frac{\sqrt{3}}{3}$

242

$\pi < \theta < \frac{3}{2}\pi$인 θ에 대하여 $\tan\theta = \frac{12}{5}$일 때, $\sin\theta + \cos\theta$의 값은?

① $-\frac{17}{13}$ ② $-\frac{7}{13}$ ③ 0

④ $\frac{7}{13}$ ⑤ $\frac{17}{13}$

243

$\cos^2\left(\frac{\pi}{6}\right) + \tan^2\left(\frac{2\pi}{3}\right)$의 값은?

① $\frac{3}{2}$ ② $\frac{9}{4}$ ③ 3 ④ $\frac{15}{4}$ ⑤ $\frac{9}{2}$

244

이차방정식 $x^2 - 2\sqrt{3}x + 2 = 0$ 의 두 근을 $\alpha, \beta\ (\alpha > \beta)$라고 할 때, $\tan\theta = \frac{\alpha - \beta}{\alpha + \beta}$를 만족하는 θ는? (단, $-\frac{\pi}{2} < \theta < \frac{\pi}{2}$)

① $\frac{\pi}{6}$ ② $\frac{\pi}{4}$ ③ $\frac{\pi}{3}$ ④ $-\frac{\pi}{4}$ ⑤ $-\frac{\pi}{3}$

245

$0 < \theta < \dfrac{\pi}{2}$일 때, $\log(\sin\theta) - \log(\cos\theta) = \dfrac{1}{2}\log 3$
을 만족시키는 θ의 값은?

① $\dfrac{1}{6}\pi$ ② $\dfrac{1}{4}\pi$ ③ $\dfrac{2}{7}\pi$ ④ $\dfrac{1}{3}\pi$ ⑤ $\dfrac{2}{5}\pi$

247

$\sin\theta + \cos\theta = \dfrac{1}{3}$일 때, $\dfrac{1}{\cos\theta}\left(\tan\theta + \dfrac{1}{\tan^2\theta}\right)$의
값은?

① $\dfrac{45}{16}$ ② $\dfrac{43}{16}$ ③ $\dfrac{41}{16}$ ④ $\dfrac{39}{16}$ ⑤ $\dfrac{37}{16}$

246

직선 $y = x$에 대하여 대칭인 두 직선 $y = ax$, $y = bx$가
이루는 각이 $30°$일 때, $3(a^2 + b^2)$의 값을 구하시오.

248

a, b는 양수이고 $\alpha + \beta + \gamma = \pi$이다.
$a^2 + b^2 = 3ab\cos\gamma$일 때,
$9\sin^2(\pi + \alpha + \beta) + 9\cos\gamma$의 최댓값을 구하시오.

249

그림과 같이 ∠C = 90°인 직각삼각형 ABC에서 $\overline{AC} = 4$, $\tan B = \dfrac{2}{3}$ 이고 변 BC의 중점이 D일 때, 선분 AD의 길이는?

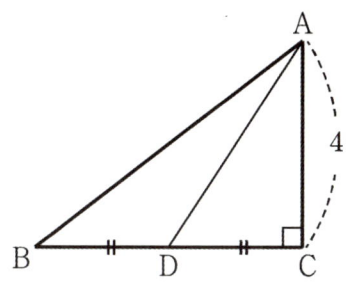

① 5   ② $\dfrac{11}{2}$ ③ 6   ④ $\dfrac{13}{2}$ ⑤ 7

250

$\sin\theta + \cos\theta = 1$일 때, $\sin^3\theta + \cos^3\theta$의 값은?

① $\dfrac{1}{2}$ ② 1   ③ $-\dfrac{1}{2}$ ④ -1 ⑤ 2

251

이차방정식 $4x^2 - kx + 1 = 0$의 두 근이 $\sin\theta$, $\cos\theta$일 때, 양수 k의 값은?

① 4   ② $2\sqrt{5}$ ③ $2\sqrt{6}$ ④ 5   ⑤ $2\sqrt{7}$

252

$\sin\theta = \dfrac{4}{5}$일 때, $\dfrac{1+\cos\theta}{1-\cos\theta} \times \dfrac{1}{\tan\theta}$의 값을 구하시오.

(단, $0 < \theta < \dfrac{\pi}{2}$이다.)

253

이차방정식 $6x^2 - 3x - a = 0$의 두 근이 $\sin\theta$, $\cos\theta$일 때, a의 값은? (단, a는 상수이다.)

① $\dfrac{9}{4}$　　　　② 2　　　　③ $\dfrac{7}{4}$

④ $\dfrac{3}{2}$　　　　⑤ $\dfrac{5}{4}$

254

그림과 같이 $\angle$ A가 직각인 직각삼각형 ABC에서 $\overline{\mathrm{AB}} = 5$, $\overline{\mathrm{AC}} = 12$ 꼭짓점 A에서 빗변에 내린 수선의 발을 D라 하자. $\angle\mathrm{BAD} = x$, $\angle\mathrm{CAD} = y$일 때, $\sin x + \sin y = \dfrac{q}{p}$이다. $p + q$의 값을 구하시오. (단, p, q는 서로소인 자연수이다.)

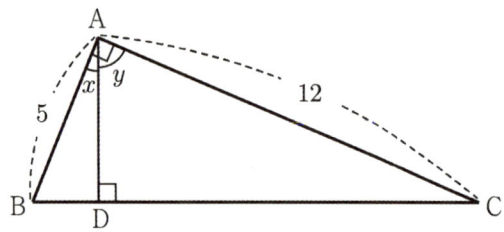

255

$0 < \theta < 2\pi$일 때, 좌표평면에서 각 θ를 나타내는 동경이 원 $x^2 + y^2 = 4$와 만나는 점을 P라 하자. 점 P에서 이 원에 접하는 접선과 점 $\mathrm{A}(0, -3)$사이의 거리가 $\dfrac{7}{2}$보다 크게 되도록 하는 θ의 값의 범위는 $\alpha < \theta < \beta$이다. $\dfrac{\beta}{\alpha}$의 값은?

① 4　　② 5　　③ 6　　④ 7　　⑤ 8

출제유형 | 삼각함수 $y = \sin x$, $y = \cos x$, $y = \tan x$ 의 그래프의 성질을 이용하여 조건을 만족시키는 상수의 값이나 삼각함수의 값을 구하는 문제가 출제된다.

출제유형잡기 | 삼각함수의 그래프에서 삼각함수의 값, 주기, 최댓값과 최솟값, 그래프가 지나는 점을 이용하여 조건을 만족시키는 상수의 값이나 삼각함수의 값을 구하는 문제를 해결한다.

---

256 2024학년도 11월 수능

함수 $f(x) = \sin\left(\dfrac{\pi}{4}x\right)$ 라 할 때, $0 < x < 16$ 에서 부등식

$$f(2+x)f(2-x) < \frac{1}{4}$$

을 만족시키는 모든 자연수 x의 값의 합을 구하시오.

---

257 2024학년도 6월 평가원

두 자연수 a, b에 대하여 함수

$$f(x) = a\sin bx + 8 - a$$

가 다음 조건을 만족시킬 때, $a + b$의 값을 구하시오.

> (가) 모든 실수 x에 대하여 $f(x) \geq 0$이다.
> (나) $0 \leq x < 2\pi$일 때, x에 대한 방정식 $f(x) = 0$의 서로 다른 실근의 개수는 4이다.

닫힌구간 $[0, \pi]$에서 정의된 함수 $f(x) = -\sin 2x$가 $x = a$에서 최댓값을 갖고 $x = b$에서 최솟값을 갖는다. 곡선 $y = f(x)$ 위의 두 점 $(a, f(a))$, $(b, f(b))$를 지나는 직선의 기울기는?

① $\dfrac{1}{\pi}$ ② $\dfrac{2}{\pi}$ ③ $\dfrac{3}{\pi}$ ④ $\dfrac{4}{\pi}$ ⑤ $\dfrac{5}{\pi}$

$0 \le x \le 2\pi$ 일 때, 두 함수 $y = \sin 2x$ 와 $y = \cos 3x$ 의 그래프의 교점의 개수를 구하시오.

다음은 $f(x) = \sin(ax + b)$ 의 그래프이다.

이때, $f(0)$의 값은? (단, $a > 0$)

① $-\dfrac{1}{2}$ ② $-\dfrac{\sqrt{2}}{2}$ ③ $-\dfrac{\sqrt{3}}{2}$

④ $-\dfrac{\sqrt{2}}{4}$ ⑤ $-\dfrac{\sqrt{3}}{4}$

261

다음 그래프는 어떤 사람이 정상적인 상태에 있을 때
시각에 따라 호흡기에 유입되는 공기의 흡입률(리터/초)을
나타낸 것이다. 숨을 들이쉬기 시작하여 t 초일 때
호흡기에 유입되는 공기의 흡입률을 y 라 하면, 함수
$y = a \sin bt$ (a, b 는 양수)로 나타낼 수 있다. 이때,
y 의 값은 숨을 들이쉴 때는 양수, 내쉴 때는 음수가 된다.

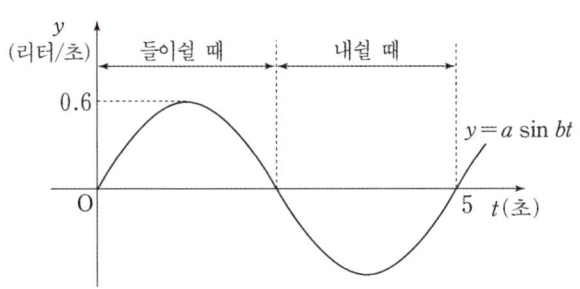

이 함수의 주기가 5 초이고, 최대 흡입율이
0.6 (리터/초)일 때, 숨을 들이쉬기 시작한 시각으로부터
처음으로 흡입율이 -0.3 (리터/초)이 되는 데 걸리는
시간은?

① $\dfrac{35}{12}$ 초 ② $\dfrac{37}{12}$ 초 ③ $\dfrac{30}{11}$ 초

④ $\dfrac{31}{11}$ 초 ⑤ $\dfrac{35}{31}$ 초

262

좌표평면에서 곡선 $y = 3\cos\left(\dfrac{\pi}{2}x\right)$ $(0 \le x \le 4)$ 위의 점
중 y좌표가 정수인 점의 개수를 구하시오.

263

함수 $y = 2\cos^2 x + \sin x$의 그래프와 함수
$y = -\sin x + a$의 그래프가 만나도록 하는 실수 a의
최댓값을 M, 최솟값을 m이라 할 때 $2(M-m)$의 값을
구하시오.

유형 4 삼각함수의 최댓값과 최솟값

출제유형 | 삼각함수의 정의, 삼각함수 사이의 관계 그리고 삼각함수의 성질을 이용하여 삼각함수를 포함한 함수의 최댓값과 최솟값을 구하는 문제가 출제된다.

출제유형잡기 | 삼각함수의 정의와 삼각함수 사이의 관계 그리고 삼각함수의 성질을 이용하여 삼각함수를 포함한 함수의 최댓값과 최솟값을 구하는 문제를 해결한다.

264

$0 \leq x \leq \pi$에서 함수 $f(x) = \sin^2 x - 2\cos x - 1$의 최댓값과 최솟값의 합은?

① -2 ② $-\dfrac{5}{2}$ ③ -3 ④ $-\dfrac{10}{3}$ ⑤ $-\dfrac{15}{4}$

265

함수 $y = -3\sin(2x + 3) + 2$의 최댓값을 M, 주기를 p라 할 때, $M \times p$의 값은?

① 2π ② 3π ③ 4π ④ 5π ⑤ 6π

266

함수 $y = |2 - 3\cos x| + 1$ 의 최댓값과 최솟값의 곱을 구하시오.

267

$0 \le x \le \pi$에서 함수 $f(x) = \cos^2 x - 2\sin x - 1$의 최댓값과 최솟값의 합은?

① -2 ② $-\dfrac{5}{2}$ ③ -3

④ $-\dfrac{10}{3}$ ⑤ $-\dfrac{15}{4}$

268

$-\dfrac{\pi}{3} \le x \le \dfrac{2}{3}\pi$에서 정의된 함수

$$f(x) = k\cos\left(x + \dfrac{\pi}{3}\right) + 2$$

가 $x = \alpha$에서 최솟값 -4를 가질 때, $k \times \alpha$의 최댓값과 최솟값의 값은? (단, k는 상수이다.)

① π ② 2π ③ 4π ④ 6π ⑤ 8π

269

함수 $f(x) = -4\sin 2ax + a$의 최댓값이 5일 때, 함수 $f(x)$의 주기는? (단, a는 상수이다)

① $\dfrac{\pi}{4}$ ② $\dfrac{\pi}{2}$ ③ π

④ 2π ⑤ 4π

유형 5 삼각함수의 성질

출제유형 | 삼각함수의 정의와 삼각함수 사이의 관계, 그리고 삼각함수의 성질을 이용하여 삼각함수의 값을 구하는 문제가 출제된다.

출제유형잡기 | 다음과 같은 삼각함수의 성질을 이용하여 삼각함수의 값을 구하는 문제를 해결한다.

(1) $-x$의 삼각함수

$\sin(-x) = -\sin x, \quad \cos(-x) = \cos x$

$\tan(-x) = -\tan x$

(2) $\pi \pm x$의 삼각함수

$\sin(\pi + x) = -\sin x, \quad \sin(\pi - x) = \sin x$

$\cos(\pi + x) = -\cos x, \quad \cos(\pi - x) = -\cos x$

$\tan(\pi + x) = \tan x, \quad \tan(\pi - x) = -\tan x$

(3) $\dfrac{\pi}{2} \pm x$의 삼각함수

$\sin\left(\dfrac{\pi}{2} + x\right) = \cos x, \quad \sin\left(\dfrac{\pi}{2} - x\right) = \cos x$

$\cos\left(\dfrac{\pi}{2} + x\right) = -\sin x, \quad \cos\left(\dfrac{\pi}{2} - x\right) = \sin x$

$\tan\left(\dfrac{\pi}{2} + x\right) = -\dfrac{1}{\tan x}, \quad \tan\left(\dfrac{\pi}{2} - x\right) = \dfrac{1}{\tan x}$

270   2001학년도 11월 수능

그림과 같이 직사각형 ABCD 가 중심이 원점이고 반지름의 길이가 1인 원에 내접해 있다. x축과 선분 OA 가 이루는 각을 θ라 할 때, $\cos(\pi - \theta)$ 와 같은 것은? (단, $0 < \theta < \dfrac{\pi}{4}$)

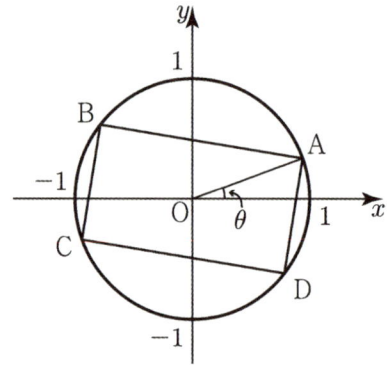

① A의 x좌표 ② B의 y좌표 ③ C의 x좌표

④ C의 y좌표 ⑤ D의 x좌표

271

$0 < x < \dfrac{\pi}{2}$ 에서 두 함수 $y = \sqrt{3}\sin x$, $y = \tan x$의 그래프가 만나는 점의 y좌표는?

① 1 ② $\sqrt{2}$ ③ $\dfrac{\sqrt{5}}{2}$ ④ $\dfrac{\sqrt{6}}{2}$ ⑤ $\sqrt{3}$

출제유형 | 삼각함수의 그래프와 삼각함수의 성질을 이용하여 삼각함수를 포함한 방정식과 부등식의 해를 구하는 문제가 출제된다.

출제유형잡기 | 주어진 범위에서
함수 $y = \sin x\,(y = \cos x)$의 그래프와 직선 $y = k$를 그린 다음, 삼각함수의 그래프와 직선이 만나는 점이나 위치 관계를 이용하여 삼각함수를 포함한 방정식과 부등식의 해를 구하는 문제를 해결한다.

272 2020학년도 11월 수능

$0 < x < 2\pi$일 때, 방정식 $4\cos^2 x - 1 = 0$과 부등식 $\sin x \cos x < 0$을 동시에 만족시키는 모든 x의 값의 합은?

① 2π　② $\dfrac{7}{3}\pi$　③ $\dfrac{8}{3}\pi$　④ 3π　⑤ $\dfrac{10}{3}\pi$

273 2019학년도 11월 수능

$0 \leq \theta < 2\pi$ 일 때, x에 대한 이차방정식

$$6x^2 + (4\cos\theta)x + \sin\theta = 0$$

이 실근을 갖지 않도록 하는 모든 θ의 값의 범위는 $\alpha < \theta < \beta$ 이다. $3\alpha + \beta$의 값은?

① $\dfrac{5}{6}\pi$　② π　③ $\dfrac{7}{6}\pi$　④ $\dfrac{4}{3}\pi$　⑤ $\dfrac{3}{2}\pi$

274

$4\cos^2 x + 4\sin x = 5$ 일 때, $\sin x$ 의 값은?

① $\dfrac{1}{\sqrt{2}}$　　② $\dfrac{1}{2}$　　③ 1

④ $-\dfrac{1}{2}$　　⑤ $-\dfrac{1}{\sqrt{2}}$

275

부등식 $\cos^2\theta - 3\cos\theta - a + 9 \geq 0$ 이 모든 θ 에 대하여 항상 성립하는 실수 a의 범위는?

① $-1 \leq a \leq 9$　② $a \geq 0$　　③ $a \geq 5$

④ $a \leq 7$　　⑤ $a \leq 9$

276

$0 \leq x < 2\pi$ 일 때, 방정식

$$2\sin^2 x + 3\cos x = 3$$

의 모든 해의 합은?

① $\dfrac{\pi}{2}$　② π　③ $\dfrac{3\pi}{2}$　④ 2π　⑤ $\dfrac{5\pi}{2}$

277

$0 < x < 2\pi$ 일 때, 방정식 $\cos^2 x - \sin x = 1$의 모든 실근의 합은 $\dfrac{q}{p}\pi$이다. $p+q$의 값을 구하시오. (단, p, q는 서로소인 자연수이다.)

278

$0 \le x \le \pi$ 일 때, 방정식

$$1 + \sqrt{2}\, \sin 2x = 0$$

의 모든 해의 합은?

① π　　② $\dfrac{5\pi}{4}$　　③ $\dfrac{3\pi}{2}$　　④ $\dfrac{7\pi}{4}$　　⑤ 2π

280

실수 k에 대하여 함수

$$f(x) = \cos^2\left(x - \dfrac{3}{4}\pi\right) - \cos\left(x - \dfrac{\pi}{4}\right) + k$$

의 최댓값은 3, 최솟값은 m이다. $k + m$의 값은?

① 2　　② $\dfrac{9}{4}$　　③ $\dfrac{5}{2}$　　④ $\dfrac{11}{4}$　　⑤ 3

279

$0 \le x \le 2\pi$ 일 때, 방정식

$$\cos^2 x = \sin^2 x - \sin x$$

의 모든 해의 합은?

① 2π　　② $\dfrac{5}{2}\pi$　　③ 3π　　④ $\dfrac{7}{2}\pi$　　⑤ 4π

281

$0 \le x \le 8\pi$ 일 때, 방정식 $4\sin\dfrac{1}{2}x = 1$ 의 모든 해의 합은?

① $\dfrac{9}{2}\pi$　　② 7π　　③ $\dfrac{15}{2}\pi$　　④ 10π　　⑤ 12π

282

$0 \leq x \leq 2\pi$ 일 때, 방정식

$$\cos^2 x = 2\sin^2 x - 2\sin x$$

의 모든 해의 합은?

① 2π ② $\dfrac{5}{2}\pi$ ③ 3π ④ $\dfrac{7}{2}\pi$ ⑤ 4π

283

$0 \leq x \leq \pi$ 일 때, 방정식

$$1 + 2\cos 2x = 0$$

의 모든 해의 합은?

① $\dfrac{1}{3}\pi$ ② $\dfrac{2}{3}\pi$ ③ $\dfrac{5}{6}\pi$ ④ π ⑤ $\dfrac{7}{6}\pi$

284

$0 \leq x \leq 2\pi$ 에서

방정식 $6\sin x \cos x + 3\sin x = 4\cos x + 2$ 의 모든 실근의 합은?

① π ② $\dfrac{3}{2}\pi$ ③ 2π ④ $\dfrac{5}{2}\pi$ ⑤ 3π

285

$0 \leq x \leq \pi$ 일 때, 방정식
$(\sin x + \cos x)^2 = \sqrt{2}\cos x + 1$ 의 모든 실근의 합은?

① $\dfrac{3}{2}\pi$ ② 2π ③ $\dfrac{5}{2}\pi$ ④ 3π ⑤ $\dfrac{7}{2}\pi$

286

$0 \le x \le 2\pi$ 에서 방정식 $\cos^2 x + \cos x = \sin^2 x$ 의 모든 실근의 합은 $a\pi$ 이다. a 의 값을 구하시오. (단, a 는 자연수이다.)

287

$0 \le \theta < 2\pi$ 일 때, x 에 대한 이차방정식

$$x^2 + (2\cos\theta)x + \sin\theta + 1 = 0$$

이 실근을 갖지 않도록 하는 θ 의 값의 범위는 $\alpha < \theta < \beta$ 이다. $\beta - \alpha$ 의 값은?

① $\dfrac{\pi}{3}$　　② $\dfrac{\pi}{2}$　　③ $\dfrac{2}{3}\pi$　　④ π　　⑤ $\dfrac{4}{3}\pi$

288

열린구간 $(0, \pi)$ 에서 부등식

$$(3^x - 9)\left(\sin x - \frac{1}{2}\right) < 0$$

의 해가 상수 a, b, c, d 에 대하여 $a < x < b$ 또는 $c < x < d$ 일 때, $\dfrac{ab}{d-c}$ 의 값을 구하시오.

(단, $b < c$)

289

$0 < x < 2\pi$ 일 때, 방정식 $4\cos^2 x - 3 = 0$ 과 부등식 $\tan x < 0$ 을 동시에 만족시키는 모든 x 의 값의 합은?

① 2π　　② $\dfrac{7}{3}\pi$　　③ $\dfrac{8}{3}\pi$　　④ 3π　　⑤ $\dfrac{10}{3}\pi$

290

그림과 같이 이차함수 $y = f(x)$의 그래프가 x축과 두 점 $(-2, 0)$, $(1, 0)$에서 만난다. $0 \leq x \leq 2\pi$일 때, 방정식 $f\left(\cos x + \dfrac{1}{2}\right) = 0$의 모든 해의 합은?

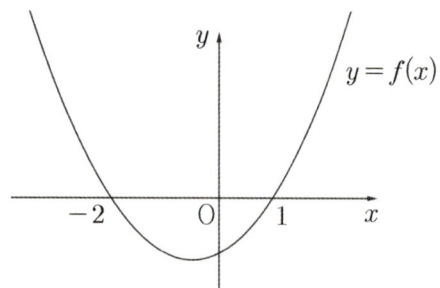

① π ② 2π ③ 3π ④ 4π ⑤ 5π

291

x에 대한 방정식

$$a \sin x + b \cos 5x = 1$$

의 해의 집합을 S라 하자. $\dfrac{\pi}{6} \in S$, $\dfrac{\pi}{3} \in S$ 일 때, $a + b$의 값은? (단, a, b는 상수이다.)

① $-\sqrt{3}$ ② -1 ③ $\sqrt{3} - 1$

④ 1 ⑤ $2\sqrt{3} - 2$

292

x에 대한 방정식 $4 \sin x + \cos^2 x + 1 = a$가 실근을 갖도록 하는 정수 a의 개수를 구하시오.

293

방정식

$$5 \sin\left(x + \frac{\pi}{6}\right) - \frac{7}{24} = 2$$

의 모든 실근의 합은? (단, $0 \leq x \leq 2\pi$이다.)

① 2π ② $\dfrac{7}{3}\pi$ ③ $\dfrac{8}{3}\pi$ ④ 3π ⑤ $\dfrac{10}{3}\pi$

유형 7 사인법칙

출제유형 | 삼각함수의 성질과 사인법칙을 이용하여 삼각형의 변의 길이나 각의 크기를 구하는 문제가 출제된다.

출제유형잡기 | 삼각함수의 성질, 삼각형과 원의 성질 그리고 사인법칙을 이용하여 삼각형의 변의 길이나 각의 크기를 구하는 문제를 해결한다.

294 2021학년도 6월 모평

반지름의 길이가 15인 원에 내접하는 삼각형 ABC 에서 $\sin B = \dfrac{7}{10}$ 일 때, 선분 AC 의 길이를 구하시오.

295 2021학년도 9월 모평

$\overline{AB} = 8$ 이고 $\angle A = 45°$, $\angle B = 15°$ 인 삼각형 ABC 에서 선분 BC 의 길이는?

① $2\sqrt{6}$ ② $\dfrac{7\sqrt{6}}{3}$ ③ $\dfrac{8\sqrt{6}}{3}$

④ $3\sqrt{6}$ ⑤ $\dfrac{10\sqrt{6}}{3}$

296

삼각형 ABC에서 $A = 105°$, $B = 30°$이고, $\overline{AC} = 2$일 때, $\overline{AB}^2$의 값을 구하시오.

297

반지름의 길이가 2인 원에 내접하는 삼각형 ABC가 $\sin A + \sin B + \sin C = \dfrac{3}{2}$을 만족시킬 때, 삼각형 ABC의 둘레의 길이를 구하시오.

298

예각삼각형 ABC에서 $\overline{AB} = \sqrt{6}$, $\overline{AC} = 3$이고 삼각형 ABC의 외접원의 넓이가 3π일 때, $\angle A$의 크기는?

① $15°$ ② $30°$ ③ $45°$ ④ $60°$ ⑤ $75°$

299

반지름의 길이가 2인 원의 둘레 위의 세 점 A, B, C에 대하여 $\overarc{AB} : \overarc{BC} : \overarc{CA} = 3 : 4 : 5$라 할 때, $\triangle ABC$의 세 변 중에서 길이가 가장 짧은 변의 길이는?

① 1 ② $\sqrt{2}$ ③ $\sqrt{3}$ ④ 2 ⑤ $2\sqrt{2}$

300

삼각형 ABC가 다음 조건을 만족시킬 때, 선분 BC의 길이를 구하시오.

(가) $\sin A \times \sin(B+C) = \dfrac{1}{9}$

(나) 반지름의 길이가 3인 원에 내접한다.

301

그림과 같이 한 원에 내접하는 두 삼각형 ABC, ABD에서 $\overline{AB} = \sqrt{2}$, $\angle ABD = 45°$, $\angle BCA = 30°$일 때, 선분 AD의 길이를 구하시오.

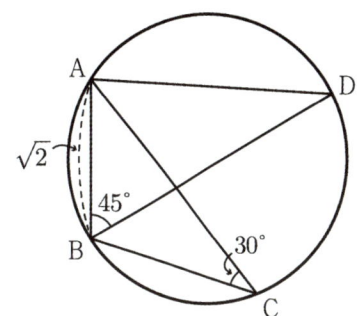

출제유형 | 삼각함수의 성질과 코사인법칙을 이용하여 삼각형의 변의 길이나 각의 크기를 구하는 문제가 출제된다.

출제유형잡기 | 삼각함수의 성질, 삼각형과 원의 성질 그리고 코사인법칙을 이용하여 삼각형의 변의 길이나 각의 크기를 구하는 문제를 해결한다.

302   2021학년도 9월 모평

$\overline{AB} = 6$, $\overline{AC} = 10$인 삼각형 ABC가 있다. 선분 AC 위에 점 D를 $\overline{AB} = \overline{AD}$가 되도록 잡는다. $\overline{BD} = \sqrt{15}$일 때, 선분 BC의 길이를 k라 하자. k^2의 값을 구하시오.

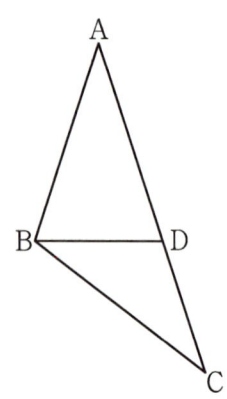

303   1998학년도 11월 수능

삼각형 ABC에서 $b = 8$, $c = 7$, $\angle A = 120°$일 때, a의 값을 구하시오.

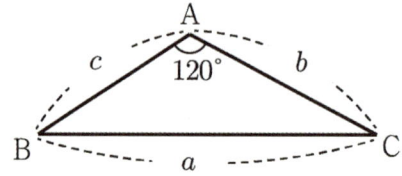

304

A 지점에서 공을 치기 시작하여 B 지점에 이르게 하는 골프 경기가 있다. 한 방송사에서 이 골프 경기를 중계방송 하기위하여 출발점인 A 지점과 $\overline{AC} = 240\,\text{m}$, $\overline{BC} = 60\,\text{m}$ 인 C 지점에 각각 카메라를 설치하였다. 한 선수가 A 지점에서 친 공이 D 지점에 떨어졌을 때, A 와 C 지점에서 바라본 각이 $\angle CAD = \angle ACD = 30°$ 이었다. $\angle BCD = 30°$ 일 때 D 지점에서 B 지점까지의 직선거리는?

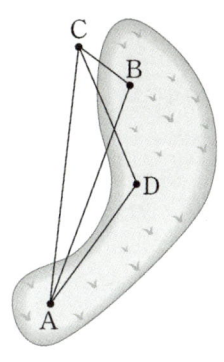

① $18\sqrt{21}\,\text{m}$ ② $20\sqrt{21}\,\text{m}$ ③ $22\sqrt{21}\,\text{m}$
④ $24\sqrt{21}\,\text{m}$ ⑤ $26\sqrt{21}\,\text{m}$

305

예각삼각형 ABC에서 $\overline{AB} = 2$, $\overline{BC} = \sqrt{5}$, $\sin B = \dfrac{2}{\sqrt{5}}$ 일 때, 선분 AC 의 길이는?

① $\sqrt{5}$ ② $\sqrt{7}$ ③ $2\sqrt{2}$ ④ 3 ⑤ $\sqrt{10}$

306

삼각형 ABC가 $a \sin\left(\dfrac{\pi}{2} - A\right) = c \sin\left(\dfrac{\pi}{2} - C\right)$ 를 만족시킬 때, 삼각형 ABC는 어떤 삼각형인가? (단, $\overline{BC} = a$, $\overline{CA} = b$, $\overline{AB} = c$)

① $\angle A = \dfrac{\pi}{2}$ 인 직각삼각형

② $\angle B = \dfrac{\pi}{2}$ 인 직각삼각형

③ $b = c$ 인 이등변삼각형

④ $a = c$ 인 이등변삼각형

⑤ $a = c$ 인 이등변삼각형 또는 $\angle B = \dfrac{\pi}{2}$ 인 직각삼각형

출제유형 | 삼각함수의 성질과 사인법칙, 코사인법칙을 이용하여 삼각형의 변의 길이나 각의 크기를 구하는 문제가 출제된다.

출제유형잡기 | 삼각함수의 성질, 삼각형과 원의 성질 그리고 사인법칙과 코사인법칙을 이용하여 삼각형의 변의 길이나 각의 크기를 구하는 문제를 해결한다.

307   2000학년도 11월 수능

$\triangle ABC$에서 $6\sin A = 2\sqrt{3}\sin B = 3\sin C$가 성립할 때, $\angle A$의 크기는?

① $15°$ ② $30°$ ③ $45°$ ④ $60°$ ⑤ $90°$

308

$\sin A : \sin B : \sin C = 1 : 3 : \sqrt{5}$인 삼각형 ABC가 있다. 삼각형 ABC의 외접원의 넓이가 9π일 때, 선분 AB의 길이는?

① $\sqrt{7}$ ② $2\sqrt{2}$ ③ 3 ④ $\sqrt{10}$ ⑤ $\sqrt{11}$

309

삼각형 ABC에서

$\sin A : \sin B : \sin C = 3 : 2 : 4$일 때,

$\cos A = \dfrac{q}{p}$이다. $p+q$의 값을 구하시오.

(단, p와 q는 서로소인 자연수이다.)

310

삼각형 ABC에서

$$5\sin A = 15\sin B = 6\sin(A+B)$$

일 때, $\cos A + \cos B = \dfrac{q}{p}$이다. $p+q$의 값을 구하시오.

(단 p와 q는 서로소인 자연수이다.)

311

삼각형 ABC에서

$$\overline{AB} \times \overline{AC} = 2, \ \cos A = \frac{1}{4}$$

이고 삼각형 ABC의 외접원의 넓이가 $\dfrac{16}{15}\pi$일 때,

삼각형 ABC의 둘레의 길이는?

① 4
② $\dfrac{9}{2}$
③ 5

④ $\dfrac{11}{2}$
⑤ 6

유형 10 삼각형의 넓이

출제유형 | 삼각함수의 성질 사인법칙과 코사인법칙을 이용하여 삼각형의 넓이를 구하는 문제가 출제된다.

출제유형잡기 | 삼각함수의 성질, 삼각형과 원의 성질 그리고 사인법칙과 코사인법칙을 이용하여 삼각형의 넓이를 구하는 문제를 해결한다.

312
2004학년도 9월 모평

그림과 같이 도형 ABCDE 에서
$\angle ACB = \angle ACD = 60°$,
$\overline{AC} = 3$, $\overline{BC} = \overline{CD} = 4$, $\overline{DE} = 5$, $\overline{AE} = 6$ 이다.
이 도형 ABCDE 의 넓이는 $p\sqrt{3} + q$이다. $p + q$의 값을 구하시오.(단, p, q는 자연수이다.)

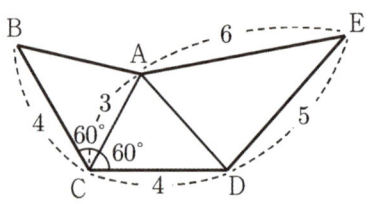

313

그림과 같이 닮음비가 $1 : \alpha$인 두 삼각형이 있다. 오른쪽 삼각형의 한 변의 길이를 20% 줄이고, 나머지 한 변의 길이를 30% 늘여서 새로운 삼각형을 만들었다. 이 새로운 삼각형의 넓이는 기존의 왼쪽 삼각형의 넓이와 같을 때, α의 값은?

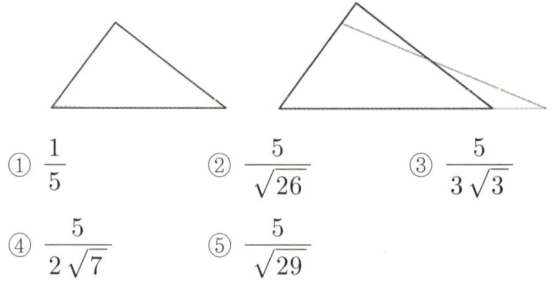

① $\dfrac{1}{5}$ ② $\dfrac{5}{\sqrt{26}}$ ③ $\dfrac{5}{3\sqrt{3}}$

④ $\dfrac{5}{2\sqrt{7}}$ ⑤ $\dfrac{5}{\sqrt{29}}$

314

넓이가 $10\sqrt{3}$ 인 삼각형 ABC가 반지름의 길이가 5인 원에 내접할 때, $\sin A \times \sin B \times \sin C$ 의 값은 k 이다. $100k^2$ 의 값을 구하시오.

315

$\overline{AB}=4$, $\overline{AC}=6$ 인 삼각형 ABC에서 $\angle A$ 의 이등분선이 변 BC와 만나는 점을 D라 하고 $\angle A = 2\theta$ 라 하자. $\dfrac{\sin 2\theta}{\sin \theta} = \dfrac{4}{3}$ 일 때, 선분 AD의 길이는?

① $\dfrac{16}{5}$ ② $\dfrac{17}{5}$ ③ $\dfrac{18}{5}$ ④ $\dfrac{19}{5}$ ⑤ 4

316

$\overline{AB}=3$, $\overline{BC}=5$ 이고 $\cos(\angle BAC)=\dfrac{5}{9}$ 인 삼각형 ABC의 넓이를 S 라 하자. S^2 의 값을 구하시오.

317

삼각형 ABC에서 $\overline{AB}=2$, $\overline{BC}=6$ 이고 $\sin(C+A)=\dfrac{1}{3}$ 일 때, 삼각형 ABC의 넓이를 구하시오.

318

그림과 같이 $\overline{BC}=12$, $\overline{AC}=8$, $\angle ACB=60°$ 인 삼각형 ABC에 대하여 선분 BC 위의 점 P가 $\overline{AP}=\overline{BP}$ 를 만족할 때, 삼각형 ACP의 넓이는?

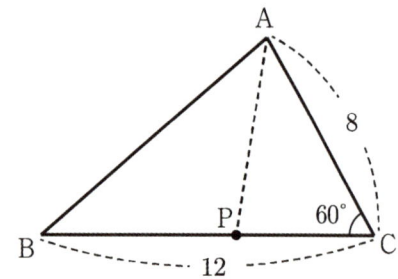

① $4\sqrt{3}$ ② $6\sqrt{3}$ ③ $8\sqrt{3}$

④ $10\sqrt{3}$ ⑤ $12\sqrt{3}$

319

2025학년도 11월 수능 10

닫힌구간 $[0,\ 2\pi]$에서 정의된 함수

$f(x)=a\cos bx+3$이 $x=\dfrac{\pi}{3}$에서 최댓값 13을 갖도록

하는 두 자연수 $a,\ b$의 순서쌍 $(a,\ b)$에 대하여 $a+b$의
최솟값은? [4점]

① 12　　② 14　　③ 16　　④ 18　　⑤ 20

320

2025학년도 11월 수능 10-변형

닫힌구간 $[0,\ 2\pi]$에서 정의된 함수

$f(x)=a\cos bx+4$가 $x=\dfrac{\pi}{6}$에서 최댓값 9을 갖도록

하는 0이 아닌 두 정수 $a,\ b$의 순서쌍 $(a,\ b)$에 대하여
$|a\times b|$의 최솟값은? [4점]

① 15　　② 30　　③ 45　　④ 60　　⑤ 75

321

그림과 같이 삼각형 ABC에서 선분 AB 위에 $\overline{AD} : \overline{DB} = 3 : 2$인 점 D를 잡고, 점 A를 중심으로 하고 점 D를 지나는 원을 O, 원 O와 선분 AC가 만나는 점을 E라 하자. $\sin A : \sin C = 8 : 5$이고, 삼각형 ADE와 삼각형 ABC의 넓이의 비가 9 : 35이다. 삼각형 ABC의 외접원의 반지름의 길이가 7일 때, 원 O 위의 점 P에 대하여 삼각형 PBC의 넓이의 최댓값은? (단, $\overline{AB} < \overline{AC}$) [4점]

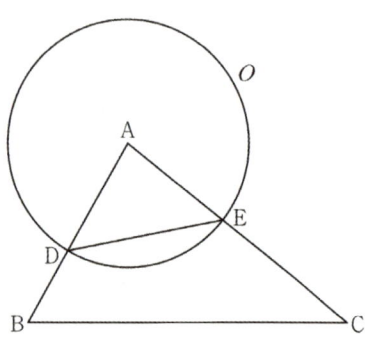

① $18 + 15\sqrt{3}$ ② $24 + 20\sqrt{3}$
③ $30 + 25\sqrt{3}$ ④ $36 + 30\sqrt{3}$
⑤ $42 + 35\sqrt{3}$

322

그림과 같이 삼각형 ABC에서 선분 AB 위에 $\overline{AD} : \overline{BD} = 2 : 3$인 점 D를 잡고, 점 A를 중심으로 하고 점 D를 지나는 원 O가 선분 AC가 만나는 점을 E라 하자. 삼각형 ABC의 넓이가 삼각형 ADE의 넓이의 5배이고 $\angle ACD = \angle BCD$이다. 꼭짓점 A에서 선분 BC에 내린 수선의 발을 H라 할 때, $\overline{AH} = 15\sqrt{7}$이다. 원 O의 넓이는? [4점]

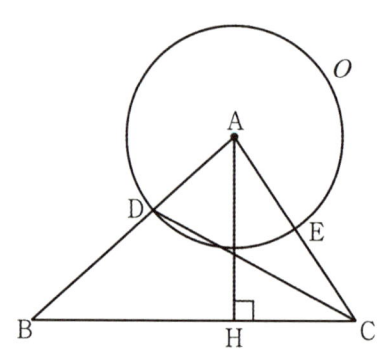

① 121π ② 144π ③ 169π ④ 196π ⑤ 256π

$\angle A > \dfrac{\pi}{2}$ 인 삼각형 ABC의 꼭짓점 A에서 선분 BC에 내린 수선의 발을 H라 하자.

$$\overline{AB} : \overline{AC} = \sqrt{2} : 1, \quad \overline{AH} = 2$$

이고, 삼각형 ABC의 외접원의 넓이가 50π일 때, 선분 BH의 길이는? [4점]

① 6   ② $\dfrac{25}{4}$ ③ $\dfrac{13}{2}$ ④ $\dfrac{27}{4}$ ⑤ 7

$\angle A = \dfrac{2\pi}{3}$ 인 삼각형 ABC에서 $\angle BAC$을 이등분하는 직선이 선분 BC와 만나는 점을 D라 하자.

$$\overline{BD} : \overline{CD} = 1 : 2, \quad \overline{AD} = 2$$

일 때, 삼각형 ABC의 외접원의 넓이는? [4점]

① 21π ② 22π ③ 23π ④ 24π ⑤ 25π

닫힌구간 $[0,\ 2\pi]$에서 정의된 함수

$$f(x) = \begin{cases} \sin x - 1 & (0 \le x < \pi) \\ -\sqrt{2}\sin x - 1 & (\pi \le x \le 2\pi) \end{cases}$$

가 있다. $0 \le t \le 2\pi$인 실수 t에 대하여 x에 대한 방정식 $f(x) = f(t)$의 서로 다른 실근의 개수가 3이 되도록 하는 모든 t의 값의 합은 $\dfrac{q}{p}\pi$이다. $p+q$의 값을 구하시오.(단, p와 q는 서로소인 자연수이다.) [4점]

상수 $a\ (a > 1)$에 대하여 닫힌구간 $[0,\ 2\pi]$에서 정의된 함수

$$f(x) = \begin{cases} \sin 2x + 1 & \left(0 \le x < \dfrac{\pi}{2}\right) \\ -a\cos x + 1 & \left(\dfrac{\pi}{2} \le x < \dfrac{3\pi}{2}\right) \\ -\sin 2x + 1 & \left(\dfrac{3\pi}{2} \le x \le 2\pi\right) \end{cases}$$

가 있다. $0 \le t \le 2\pi$인 실수 t에 대하여 x에 대한 방정식 $f(x) = f(t)$의 서로 다른 실근의 개수가 4가 되도록 하는 모든 t의 값의 합은? [4점]

① 7π ② $\dfrac{15\pi}{2}$ ③ 8π ④ $\dfrac{17\pi}{2}$ ⑤ 9π

다음 조건을 만족시키는 삼각형 ABC의 외접원의 넓이가 9π일 때, 삼각형 ABC의 넓이는? [4점]

> (가) $3\sin A = 2\sin B$
> (나) $\cos B = \cos C$

① $\dfrac{32}{9}\sqrt{2}$ ② $\dfrac{40}{9}\sqrt{2}$ ③ $\dfrac{16}{3}\sqrt{2}$

④ $\dfrac{56}{9}\sqrt{2}$ ⑤ $\dfrac{64}{9}\sqrt{2}$

다음 조건을 만족시키는 삼각형 ABC의 외접원의 넓이가 $\dfrac{9\pi}{2}$일 때, 삼각형 ABC의 넓이는? [4점]

> (가) $\cos C = \dfrac{7}{9}$
> (나) $\sin A = \sin B$

① $\dfrac{8\sqrt{2}}{3}$ ② $\dfrac{26\sqrt{2}}{9}$ ③ $\dfrac{28\sqrt{2}}{9}$

④ $\dfrac{10\sqrt{2}}{3}$ ⑤ $\dfrac{32\sqrt{2}}{9}$

다음 조건을 만족시키는 삼각형 ABC의 외접원의 넓이가

5 이하의 두 자연수 a, b에 대하여 열린구간 $(0,\ 2\pi)$에서 정의된 함수 $y = a\sin x + b$의 그래프가 직선 $x = \pi$와 만나는 점의 집합을 A라 하고, 두 직선 $y = 1$, $y = 3$과 만나는 점의 집합을 각각 B, C라 하자. $n(A \cup B \cup C) = 3$이 되도록 하는 a, b의 순서쌍 $(a,\ b)$에 대하여 $a + b$의 최댓값을 M, 최솟값을 m이라 할 때, $M \times m$의 값을 구하시오. [4점]

5이하의 두 자연수 a, b에 대하여 열린구간 $(0, 2\pi)$에서 정의된 함수 $y = |a\sin x - b|$의 그래프가 직선 $y = 1$, $y = 3$과 만나는 집합을 각각 A, B라 하자. $n(A \cup B) = 2k - 1$이 되도록 하는 순서쌍 (a, b)의 순서쌍의 개수를 구하시오. (단, k는 자연수이다.) [4점]

그림과 같이

$\overline{AB} = 3$, $\overline{BC} = \sqrt{13}$, $\overline{AD} \times \overline{CD} = 9$, $\angle BAC = \dfrac{\pi}{3}$

인 사각형 ABCD가 있다. 삼각형 ABC의 넓이를 S_1,

삼각형 ACD의 넓이를 S_2라 하고, 삼각형 ACD의

외접원의 반지름의 길이를 R이라 하자. $S_2 = \dfrac{5}{6} S_1$일 때,

$\dfrac{R}{\sin(\angle ADC)}$ 의 값은? [4점]

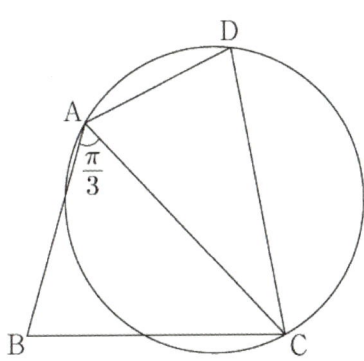

① $\dfrac{54}{25}$ ② $\dfrac{117}{50}$ ③ $\dfrac{63}{25}$ ④ $\dfrac{27}{10}$ ⑤ $\dfrac{72}{25}$

그림과 같이

$\overline{AB} = 6$, $\overline{BC} = 4\sqrt{3}$, $\angle ABC = \dfrac{\pi}{6}$, $\dfrac{\overline{CD}}{\overline{AD}} = \sqrt{3}$

인 사각형 ABCD가 있다. 삼각형 ABC의 넓이를 S_1,

삼각형 ACD의 넓이를 S_2라 하고 삼각형 ACD의

외접원의 반지름을 R이라 하자. $S_1 = 4S_2$일 때,

$\dfrac{\sin(\angle CAD)}{R}$ 의 값은? (단, $\overline{AC} > \overline{AD}$) [4점]

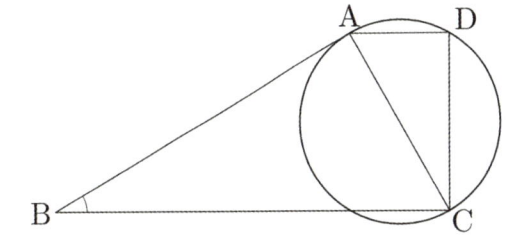

① $\dfrac{1}{2}$ ② 1 ③ $\dfrac{3}{2}$ ④ 2 ⑤ $\dfrac{5}{2}$

333

그림과 같이

$\overline{BC} = 3$, $\overline{CD} = 2$, $\cos(\angle BCD) = -\dfrac{1}{3}$,

$\angle DAB > \dfrac{\pi}{2}$

인 사각형 ABCD에서 두 삼각형 ABC와 ACD는 모두 예각삼각형이다. 선분 AC를 1 : 2로 내분하는 점 E에 대하여 선분 AE를 지름으로 하는 원이 두 선분 AB, AD와 만나는 점 중 A가 아닌 점을 각각 P_1, P_2라 하고, 선분 CE를 지름으로 하는 원이 두 선분 BC, CD와 만나는 점 중 C가 아닌 점을 각각 Q_1, Q_2라 하자.

$\overline{P_1P_2} : \overline{Q_1Q_2} = 3 : 5\sqrt{2}$ 이고 삼각형 ABD의 넓이가 2일 때, $\overline{AB} + \overline{AD}$의 값은? (단, $\overline{AB} > \overline{AD}$) [4점]

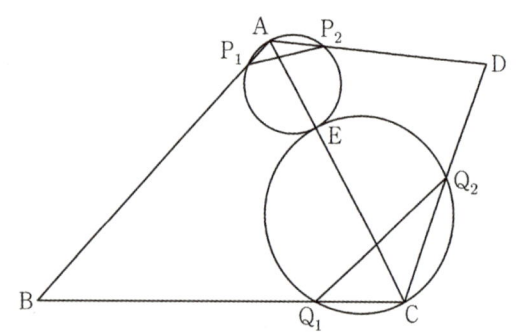

① $\sqrt{21}$ ② $\sqrt{22}$ ③ $\sqrt{23}$ ④ $2\sqrt{6}$ ⑤ 5

334

그림과 같이 $\overline{BC} = 4$, $\overline{CD} = 6$, $\cos(\angle BCD) = -\dfrac{1}{3}$,

$\angle DAB > \dfrac{\pi}{2}$인 사각형 ABCD에수 두 삼각형 ABC와 ACD는 모두 예각삼각형이다. 선분 AC를 1 : 2로 내분하는 점 E에 대하여 선분 AE를 지름으로 하는 원이 두 선분 AB, AD와 만나는 점 중 A가 아닌 점을 각각 P_1, P_2라 하고, 선분 CE를 지름으로 하는 원이 두 선분 BC, CD와 만나는 점 중 C가 아닌 점을 각각 Q_1, Q_2라 하자. $\overline{AB} + \overline{AD} = 2\sqrt{21}$ 이고 삼각형 ABD의 넓이가 8일 때, $\left(\dfrac{\overline{P_1P_2}}{\overline{Q_1Q_2}}\right)^2 = \dfrac{q}{p}$에서 $p+q$의 값은? (단, p와 q는 서로소인 자연수이다.) [4점]

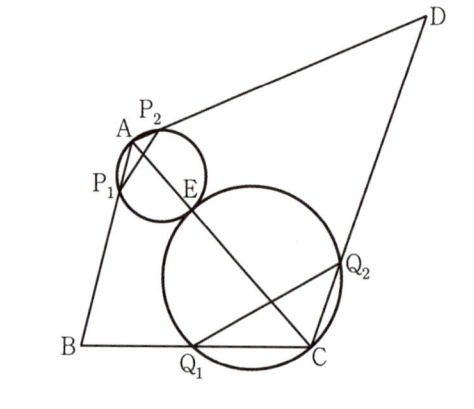

① 56 ② 57 ③ 58 ④ 59 ⑤ 60

$0 \le x \le 2\pi$일 때, 부등식

$$\cos x \le \sin \frac{\pi}{7}$$

를 만족시키는 모든 x의 값의 범위는 $\alpha \le x \le \beta$이다. $\beta - \alpha$의 값은? [4점]

① $\dfrac{8}{7}\pi$ ② $\dfrac{17}{14}\pi$ ③ $\dfrac{9}{7}\pi$ ④ $\dfrac{19}{14}\pi$ ⑤ $\dfrac{10}{7}\pi$

$0 \le x \le 2\pi$일 때, 부등식

$$\sin x \ge \cos \frac{\pi}{5}$$

를 만족시키는 모든 x의 값의 범위는 $\alpha \le x \le \beta$이다. $\beta - \alpha$의 값은? [4점]

① $\dfrac{\pi}{10}$ ② $\dfrac{1}{5}\pi$ ③ $\dfrac{3}{10}\pi$ ④ $\dfrac{2}{5}\pi$ ⑤ $\dfrac{1}{2}\pi$

그림과 같이

$\overline{AB} = 2$, $\overline{AD} = 1$, $\angle DAB = \dfrac{2}{3}\pi$, $\angle BCD = \dfrac{3}{4}\pi$

인 사각형 ABCD가 있다. 삼각형 BCD의 외접원의 반지름의 길이를 R_1, 삼각형 ABD의 외접원의 반지름의 길이를 R_2라 하자.

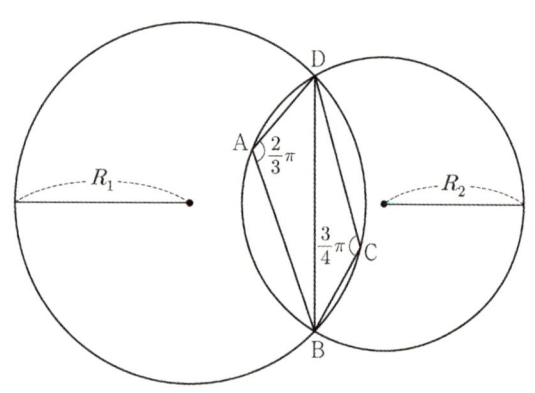

다음은 $R_1 \times R_2$의 값을 구하는 과정이다.

삼각형 BCD에서 사인법칙에 의하여

$$R_1 = \dfrac{\sqrt{2}}{2} \times \overline{BD}$$

이고, 삼각형 ABD에서 사인법칙에 의하여

$$R_2 = \boxed{} \times \overline{BD}$$

이다. 삼각형 ABD에서 코사인법칙에 의하여

$$\overline{BD}^2 = 2^2 + 1^2 - \left(\boxed{} \right)$$

이므로

$$R_1 \times R_2 = \boxed{}$$

이다.

위의 (가), (나), (다)에 알맞은 수를 각각 p, q, r이라 할 때, $9 \times (p \times q \times r)^2$의 값을 구하시오. [4점]

$\overline{AB} = 3$, $\overline{BC} = 4$, $\overline{CA} = 6$인 삼각형 ABC에서 변 AC 위에 점 D를 $\overline{AD} = 2$가 되도록 잡는다. 두 삼각형 ABD, BCD의 외접원의 넓이를 각각 S_1, S_2라 할 때, $9 \times \dfrac{S_2}{S_1}$의 값을 구하시오. [4점]

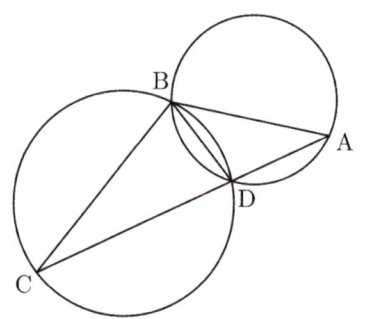

339

그림과 같이 사각형 ABCD가 한 원에 내접하고
$\overline{AB} = 5$, $\overline{AC} = 3\sqrt{5}$, $\overline{AD} = 7$, $\angle BAC = \angle CAD$
일 때, 이 원의 반지름의 길이는? [4점]

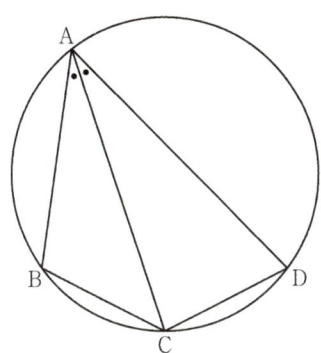

① $\dfrac{5\sqrt{2}}{2}$　　② $\dfrac{8\sqrt{5}}{5}$　　③ $\dfrac{5\sqrt{5}}{3}$

④ $\dfrac{8\sqrt{2}}{3}$　　⑤ $\dfrac{9\sqrt{3}}{4}$

340

그림과 같이 $\overline{AB} = 6$, $\angle C = 120°$인 삼각형 ABC에서
선분 AB위의 점 E에 대하여 직선 CE는 $\angle ACB$를
이등분한다. 직선 CE가 삼각형 ABC의 외접원과 만나는
점 중 C가 아닌 점을 D라 할 때, $\overline{CA} : \overline{CD} = 1 : 3$이
성립한다. 삼각형 AEC의 넓이를 S, 삼각형 BDE의
넓이를 T라 할 때, $T - S$의 값은? [4점]

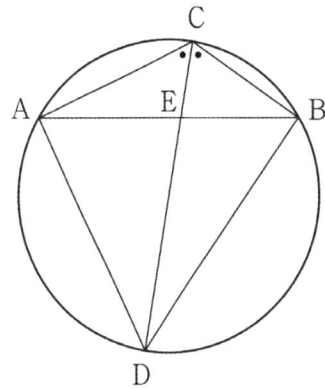

① $\dfrac{34}{7}\sqrt{3}$　　② $5\sqrt{3}$　　③ $\dfrac{36}{7}\sqrt{3}$

④ $\dfrac{37}{7}\sqrt{3}$　　⑤ $\dfrac{38}{7}\sqrt{3}$

함수

$$f(x) = a - \sqrt{3}\tan 2x$$

가 닫힌구간 $\left[-\dfrac{\pi}{6}, \ b\right]$ 에서 최댓값 7, 최솟값 3을 가질 때, $a \times b$ 의 값은? (단, a, b는 상수이다.) [4점]

① $\dfrac{\pi}{2}$ ② $\dfrac{5\pi}{12}$ ③ $\dfrac{\pi}{3}$ ④ $\dfrac{\pi}{4}$ ⑤ $\dfrac{\pi}{6}$

함수

$$f(x) = \begin{cases} a - \sqrt{2}\cos\dfrac{\pi x}{3} & (x \leq b) \\ 6 - \tan\dfrac{\pi x}{9} & (x > b) \end{cases}$$

가 $x < \dfrac{9}{2}$ 에서 연속이고 구간 $\left[0, \ \dfrac{9}{2}\right)$ 에서 최댓값 5를 가질 때, $a \times b$ 의 값은?

(단, a, b는 유리수이고 $0 < b < \dfrac{9}{2}$ 이다.)

① 9   ② $\dfrac{9}{2}$ ③ 10   ④ $\dfrac{21}{2}$ ⑤ 12

343

그림과 같이 선분 AB를 지름으로 하는 반원의 호 AB 위에 두 점 C, D가 있다. 선분 AB의 중점 O에 대하여 두 선분 AD, CO가 점 E에서 만나고,

$$\overline{CE} = 4, \ \overline{ED} = 3\sqrt{2}, \ \angle CEA = \frac{3}{4}\pi$$

이다. $\overline{AC} \times \overline{CD}$ 의 값은? [4점]

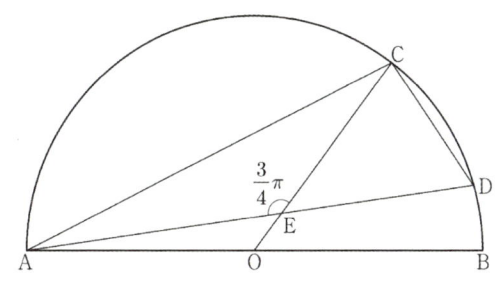

① $6\sqrt{10}$ ② $10\sqrt{5}$ ③ $16\sqrt{2}$ ④ $12\sqrt{5}$ ⑤ $20\sqrt{2}$

344

그림과 같이 선분 AB를 지름으로 하는 반원의 호 AB 위에 두 점 C, D가 있다. 선분 AB의 중점 O에 대하여 두 선분 AD, CO가 점 E에서 만나고,

$$\overline{CE} = 3, \ \overline{ED} = 4, \ \angle CEA = \frac{2}{3}\pi$$

이다. 선분 AC의 길이는? [4점]

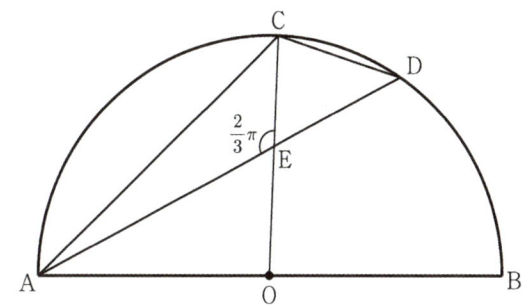

① $\sqrt{39}$ ② $\dfrac{3\sqrt{39}}{2}$ ③ $2\sqrt{39}$

④ $\dfrac{5\sqrt{39}}{2}$ ⑤ $3\sqrt{39}$

345

닫힌구간 $[0, 12]$에서 정의된 두 함수

$$f(x) = \cos\frac{\pi x}{6}, \quad g(x) = -3\cos\frac{\pi x}{6} - 1$$

이 있다. 곡선 $y = f(x)$와 직선 $y = k$가 만나는 두 점의 x좌표를 α_1, α_2라 할 때, $|\alpha_1 - \alpha_2| = 8$이다. 곡선 $y = g(x)$와 직선 $y = k$가 만나는 두 점의 x좌표를 β_1, β_2라 할 때, $|\beta_1 - \beta_2|$의 값은? (단, k는 $-1 < k < 1$인 상수이다.) [4점]

① 3   ② $\dfrac{7}{2}$ ③ 4   ④ $\dfrac{9}{2}$ ⑤ 5

346

닫힌구간 $\left[0, \dfrac{9}{2}\right]$에서 정의된 두 함수

$$f(x) = \tan\frac{\pi}{3}x, \quad g(x) = -4\cos\frac{2\pi}{3}x + 3\sqrt{3}$$

이 있다. 곡선 $y = f(x)$와 직선 $y = k$가 만나는 두 점의 x좌표를 α_1, α_2라 할 때, $\alpha_1 + \alpha_2 = 5$이다. 곡선 $y = g(x)$와 직선 $y = k$가 만나는 세 점의 x좌표를 β_1, β_2, β_3라 할 때, $\beta_1 + \beta_2 + \beta_3$의 값은? [4점]

① 6   ② $\dfrac{25}{4}$ ③ $\dfrac{13}{2}$ ④ $\dfrac{27}{4}$ ⑤ 7

347

그림과 같이 $\overline{AB}=3$, $\overline{BC}=2$, $\overline{AC}>3$이고 $\cos(\angle BAC)=\dfrac{7}{8}$인 삼각형 ABC가 있다. 선분 AC의 중점을 M, 삼각형 ABC의 외접원이 직선 BM과 만나는 점 중 B가 아닌 점을 D라 할 때, 선분 MD의 길이는? [4점]

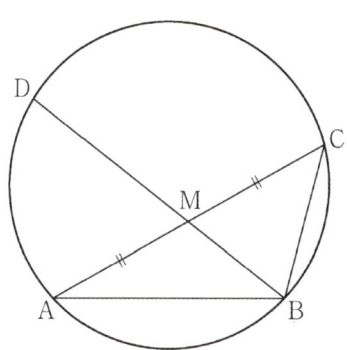

① $\dfrac{3\sqrt{10}}{5}$ ② $\dfrac{7\sqrt{10}}{10}$ ③ $\dfrac{4\sqrt{10}}{5}$

④ $\dfrac{9\sqrt{10}}{10}$ ⑤ $\sqrt{10}$

348

그림과 같이 $\overline{AB}=3$, $\overline{AC}=2$이고 $\cos(\angle BAC)=-\dfrac{1}{4}$인 삼각형 ABC가 있다. $\angle BAC$의 이등분선이 선분 AC와 만나는 점을 D, 삼각형 ABC의 외접원과 만나는 점을 E라 할 때, 선분 DE의 길이는? [4점]

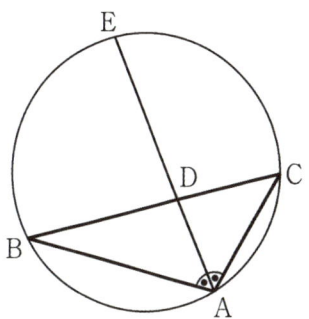

① $\dfrac{16\sqrt{6}}{15}$ ② $\sqrt{6}$ ③ $\dfrac{14\sqrt{6}}{15}$

④ $\dfrac{13\sqrt{6}}{15}$ ⑤ $\dfrac{4\sqrt{6}}{5}$

양수 a에 대하여 집합 $\left\{x \mid -\dfrac{a}{2} < x \le a, \ x \ne \dfrac{a}{2}\right\}$에서 정의된 함수

$$f(x) = \tan\dfrac{\pi x}{a}$$

가 있다. 그림과 같이 함수 $y = f(x)$의 그래프 위의 세 점 O, A, B를 지나는 직선이 있다. 점 A를 지나고 x축에 평행한 직선이 함수 $y = f(x)$의 그래프와 만나는 점 중 A가 아닌 점을 C라 하자. 삼각형 ABC가 정삼각형일 때, 삼각형 ABC의 넓이는? (O는 원점이다.) [4점]

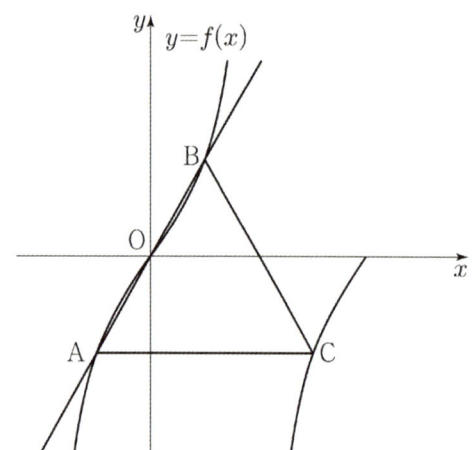

① $\dfrac{3\sqrt{3}}{2}$ ② $\dfrac{17\sqrt{3}}{12}$ ③ $\dfrac{4\sqrt{3}}{3}$

④ $\dfrac{5\sqrt{3}}{4}$ ⑤ $\dfrac{7\sqrt{3}}{6}$

양수 a에 대하여 함수 $f(x) = \tan\dfrac{\pi x}{a}$

$\left(-\dfrac{a}{2} < x < \dfrac{a}{2}, \dfrac{a}{2} < x < \dfrac{3}{2}a\right)$가 있다. 그림과 같이 직선 $y = x$가 함수 $y = f(x)$와 만나는 세 점을 x좌표가 작은 순으로 B, O, A라 하자. 점 A를 지나고 x축에 평행한 직선이 $y = f(x)$의 그래프와 만나는 점 중 A가 아닌 점을 C라 하고 점 B를 지나고 x축에 평행한 직선이 함수 $y = f(x)$와 만나는 점 중 B가 아닌 점을 D라 하자. 직선 AD의 기울기를 m, 직선 BC의 기울기를 n이라 할 때, 두 실수 m, n은 방정식 $x^2 + bx - 1 = 0$의 두 근이다. b의 값은? (단, O는 원점이고 b는 상수이다.) [4점]

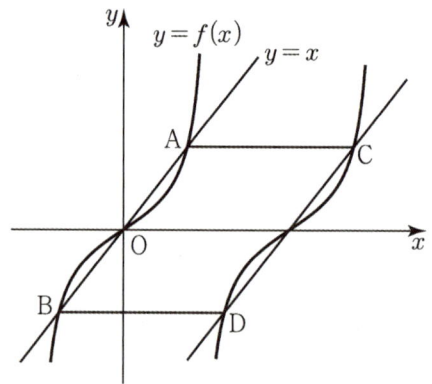

① 1   ② $\dfrac{3}{2}$ ③ 2   ④ $\dfrac{5}{2}$ ⑤ 3

351

두 양수 a, b에 대하여 곡선 $y = a\sin b\pi x$ $\left(0 \leq x \leq \dfrac{3}{b}\right)$이 직선 $y = a$와 만나는 서로 다른 두 점을 A, B라 하자. 삼각형 OAB의 넓이가 5이고 직선 OA의 기울기와 직선 OB의 기울기의 곱이 $\dfrac{5}{4}$일 때, $a + b$의 값은? (단, O는 원점이다.) [4점]

① 1   ② 2   ③ 3   ④ 4   ⑤ 5

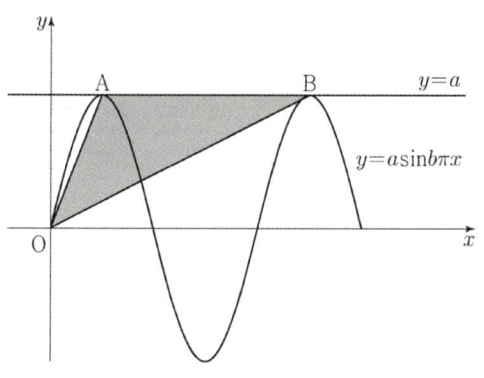

352

두 양수 a, b에 대하여 함수

$$f(x) = a\cos bx + a \quad \left(0 \leq x \leq \dfrac{2\pi}{b}\right)$$

의 그래프가 x축과 만나는 점을 A, $y = 2a$와 만나는 두 점을 B, C라 하자. 삼각형 ABC의 넓이가 16이고 두 직선 AB와 AC의 기울기 곱이 -1일 때, $a + b$의 값은? [4점]

① $2 + \dfrac{\pi}{4}$ ② $2 + \dfrac{\pi}{2}$ ③ $3 + \dfrac{\pi}{4}$

④ $3 + \dfrac{\pi}{6}$ ⑤ $3 + \dfrac{\pi}{8}$

두 양수 a, b에 대하여 곡선 $y = a\sin b\pi x$

두 양수 a, b에 대하여 함수

353

반지름의 길이가 $2\sqrt{7}$ 인 원에 내접하고 $\angle A = \dfrac{\pi}{3}$ 인 삼각형 ABC 가 있다. 점 A 를 포함하지 않는 호 BC 위의 점 D 에 대하여 $\sin(\angle BCD) = \dfrac{2\sqrt{7}}{7}$ 일 때, $\overline{BD} + \overline{CD}$ 의 값은? [4점]

① $\dfrac{19}{2}$ ② 10 ③ $\dfrac{21}{2}$ ④ 11 ⑤ $\dfrac{23}{2}$

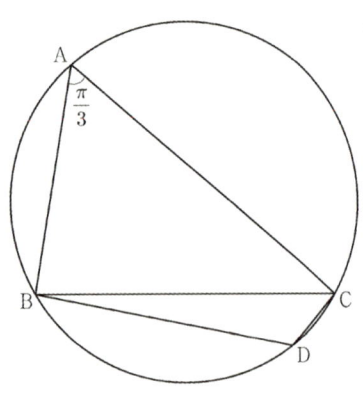

354

그림과 같이 $\overline{AB} = 1$, $\overline{BC} = 2$, $\overline{AD} = 3$ 이고 $\angle A + \angle C = \pi$ 인 사각형 ABCD 에서 삼각형 ABD 의 넓이가 $\sqrt{2}$ 일 때, 선분 CD 의 길이는? $\left(\text{단, } 0 < \angle BAD < \dfrac{\pi}{2}\right)$ [4점]

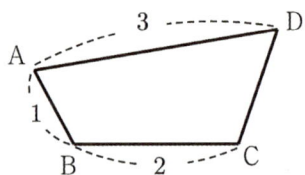

① $\dfrac{1}{3}\left(\sqrt{10}-1\right)$ ② $\dfrac{2}{3}\left(\sqrt{10}-1\right)$ ③ $\sqrt{10}-1$

④ $\dfrac{4}{3}\left(\sqrt{10}-1\right)$ ⑤ $\dfrac{5}{3}\left(\sqrt{10}-1\right)$

355

그림과 같이 $\overline{AB} = 4$, $\overline{AC} = 5$이고

$\cos(\angle BAC) = \dfrac{1}{8}$인 삼각형 ABC가 있다. 선분 AC

위의 점 D와 선분 BC 위의 점 E에 대하여
$$\angle BAC = \angle BDA = \angle BED$$
일 때, 선분 DE의 길이는? [4점]

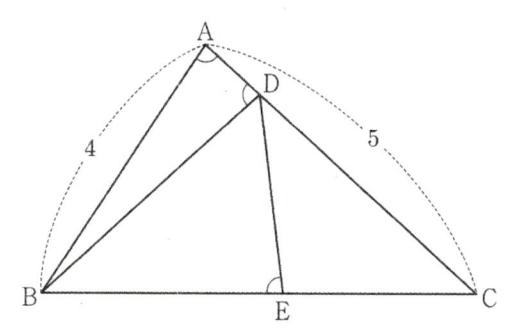

① $\dfrac{7}{3}$ ② $\dfrac{5}{2}$ ③ $\dfrac{8}{3}$

④ $\dfrac{17}{6}$ ⑤ 3

356

그림과 같이 $\overline{AB} = 4$, $\overline{BC} = 6$이고

$\cos(\angle ABC) = \dfrac{9}{16}$인 삼각형 ABC가 있다. 선분

BC 위의 점 D와 삼각형 ABC 외부의 점 E에 대하여
$$\angle BAD = \angle BDA = \angle EAC = \angle ACE$$
일 때, 삼각형 ADC의 넓이를 S_1, 삼각형 EAC의

넓이를 S_2라 하자. $S_1 + S_2$의 값은? [4점]

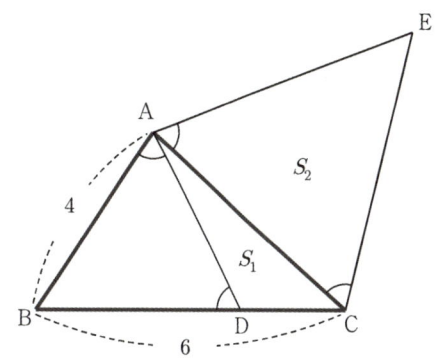

① $\dfrac{40}{\sqrt{7}}$ ② $\dfrac{41}{\sqrt{7}}$ ③ $\dfrac{42}{\sqrt{7}}$

④ $\dfrac{43}{\sqrt{7}}$ ⑤ $\dfrac{44}{\sqrt{7}}$

357 2021학년도 12월 수능 나형 28번

$\angle A = \dfrac{\pi}{3}$ 이고 $\overline{AB} : \overline{AC} = 3 : 1$ 인 삼각형 ABC 가

있다. 삼각형 ABC의 외접원의 반지름의 길이가 7 일 때,

선분 AC 의 길이를 k라 하자. k^2의 값을 구하시오.

[4점]

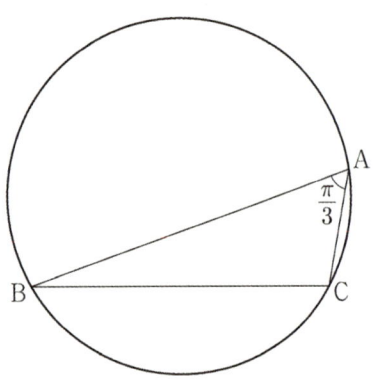

358 2021학년도 12월 수능 나형 28번-변형

그림과 같이 선분 AB를 지름으로 하는 원 C 가 있다. 원

위의 두 점 C, D에 대하여 $\angle ADC = \dfrac{\pi}{6}$,

$\overline{CD} : \overline{DB} = 1 : 2$이 성립한다. $\overline{AB} = 14$일 때, 선분

DC의 길이를 k라 하자. k^2의 값을 구하시오. [4점]

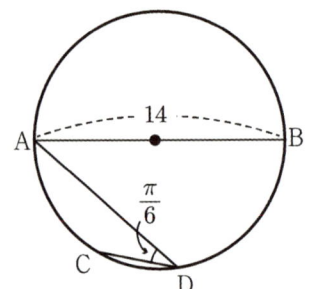

359

$0 \leq \theta < 2\pi$일 때, x에 대한 이차방정식

$$x^2 - (2\sin\theta)x - 3\cos^2\theta - 5\sin\theta + 5 = 0$$

이 실근을 갖도록 하는 θ의 최솟값과 최댓값을 각각 α, β라 하자. $4\beta - 2\alpha$의 값은? [4점]

① 3π ② 4π ③ 5π ④ 6π ⑤ 7π

360

$0 \leq \theta < 2\pi$일 때, x에 대한 삼차방정식

$$x^3 - (2\cos\theta + 1)x^2 - (3\sin^2\theta + 3\cos\theta - 5)x$$
$$+ 3\sin^2\theta + 5\cos\theta - 5 = 0$$

이 오직 하나의 실근을 갖도록 하는 θ의 범위가
$\alpha < \theta < \beta$일 때, $3\alpha + 6\beta$의 값은? (단, 중근은 한 개의 근이 아니다.) [4점]

① 9π ② 10π ③ 11π ④ 12π ⑤ 13π

위의 (가), (다)에 알맞은 식을 각각 $f(k)$, $g(k)$라 하고, (나)에 알맞은 수를 p라 할 때, $f(p) \times g(p)$의 값은 [4점]

① $\dfrac{169}{27}$ ② $\dfrac{56}{9}$ ③ $\dfrac{167}{27}$ ④ $\dfrac{166}{27}$ ⑤ $\dfrac{55}{9}$

361

2022학년도 11월 수능 15번

두 점 O_1, O_2를 각각 중심으로 하고 반지름의 길이가 $\overline{O_1O_2}$인 두 원 C_1, C_2가 있다. 그림과 같이 원 C_1 위의 서로 다른 세 점 A, B, C와 원 C_2 위의 점 D가 주어져 있고, 세 점 A, O_1, O_2와 세 점 C, O_2, D가 각각 한 직선 위에 있다. 이때 $\angle BO_1A = \theta_1$, $\angle O_2O_1A = \theta_2$ $\angle O_1O_2D = \theta_3$이라 하자.

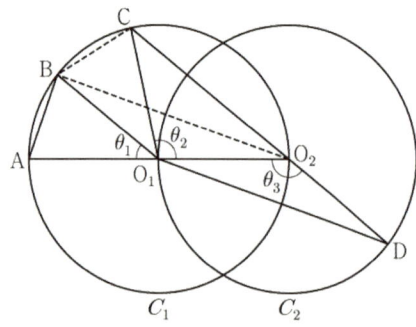

다음은 $\overline{AB} : \overline{O_1D} = 1 : 2\sqrt{2}$이고 $\theta_3 = \theta_1 + \theta_2$일 때, 선분 AB와 선분 CD의 길이비를 구하는 과정이다.

$\angle CO_2O_1 + \angle O_1O_2D = \pi$이므로

$\theta_3 = \dfrac{\pi}{2} + \dfrac{\theta_2}{2}$이고 $\theta_3 = \theta_1 + \theta_2$에서

$2\theta_1 + \theta_2 = \pi$이므로 $\angle CO_1B = \theta_1$이다. 이 때

$\angle O_2O_1B = \theta_1 + \theta_2 = \theta_3$이므로 삼각형 O_1O_2B와

삼각형 O_1O_2D는 합동이다.

$\overline{AB} = k$라 할 때

$\overline{BO_2} = \overline{O_1D} = 2\sqrt{2}k$이므로 $\overline{AO_2} =$ (가)이고,

$\angle BO_2A = \dfrac{\theta_1}{2}$이므로 $\cos\dfrac{\theta_1}{2} =$ (나) 이다.

삼각형 O_2BC에서

$\overline{BC} = k$, $\overline{BO_2} = 2\sqrt{2}k$, $\angle CO_2B = \dfrac{\theta_1}{2}$ 이므로

코사인법칙에 의하여 $\overline{O_2C} =$ (다)이다.

$\overline{CD} = \overline{O_2D} + \overline{O_2C} = \overline{O_1O_2} + \overline{O_2C}$

이므로 $\overline{AB} : \overline{CD} = k : \left(\dfrac{(가)}{2} + (다) \right)$ 이다.

그림과 같이 길이가 4인 선분 AB를 지름으로 하는 원 C_1에 대하여 원 C_1의 중심을 O라 하고 선분 OB의 중점을 M이라 하자. 점 B를 중심으로 하고 점 O를 지나는 원 C_2에 대하여 원 C_2위의 $\angle APO = \theta$인 점 P, 직선 PM이 원 C_2와 만나는 점 중 P가 아닌 점을 Q라 하자. 다음은 $\sin\theta = \dfrac{3}{4}$일 때 선분 AQ를 구하는 과정이다.

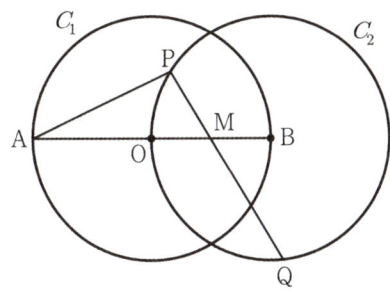

직선 OB가 원 C_2와 만나는 O가 아닌 점을 D라 하자. $\overline{AD} = 6$, $\overline{AM} = 3$이므로 $\overline{MB} = 1$, $\overline{MD} = 3$이다. 그림과 같이 점 B를 원점 $(0, 0)$으로 하는 좌표평면에서 원 C_2는 중심이 $(0, 0)$이고 반지름의 길이가 2인 원이다.

$$C_2 : x^2 + y^2 = 4$$

점 A$(-4, 0)$, M$(-1, 0)$이므로 원 C_2 위의 점 P(a, b)에서 $\overline{PA} : \overline{PM} = 2 : 1$이다. $\overline{OA} : \overline{OM} = 2 : 1$이므로 $\overline{PA} : \overline{PM} = \overline{OA} : \overline{OM}$ 즉, 직선 OP는 $\angle$APM의 이등분선이다.

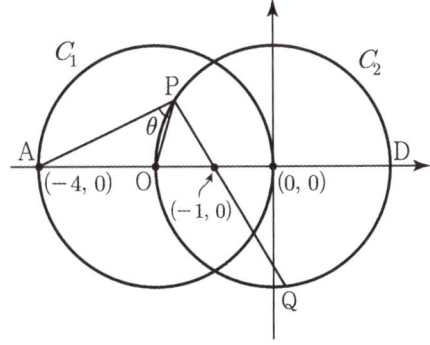

원 C_2에서 사인법칙에 의해 $\overline{OQ} = $ ⬚(가)

원 C_2에서 원주각의 성질에 의해

$\angle AOQ = $ ⬚(나) $\times \pi + \theta$

삼각형 AOQ에서 $\overline{OA} = 2$이므로 코사인법칙에 의해

$\overline{AQ} = $ ⬚(다)

위의 (가), (나), (다)에 알맞은 수를 각각 p, q, r라 할 때, $\dfrac{p + r^2}{q}$의 값은? [4점]

① 40 ② 50 ③ 60 ④ 70 ⑤ 80

$-1 \le t \le 1$인 실수 t에 대하여 x에 대한 방정식

$$\left(\sin \frac{\pi x}{2} - t\right)\left(\cos \frac{\pi x}{2} - t\right) = 0$$

의 실근 중에서 집합 $\{x \mid 0 \le x < 4\}$에 속하는 가장 작은 값을 $\alpha(t)$, 가장 큰 값을 $\beta(t)$라 하자. 〈보기〉에서 옳은 것만을 있는 대로 고른 것은? [4점]

┌─── | 보기 | ───────────────────────┐

ㄱ. $-1 \le t < 0$인 모든 실수 t에 대하여
    $\alpha(t) + \beta(t) = 5$이다.

ㄴ. $\{t \mid \beta(t) - \alpha(t) = \beta(0) - \alpha(0)\}$
    $= \left\{t \;\middle|\; 0 \le t \le \dfrac{\sqrt{2}}{2}\right\}$

ㄷ. $\alpha(t_1) = \alpha(t_2)$인 두 실수 t_1, t_2에 대하여
    $t_2 - t_1 = \dfrac{1}{2}$이면 $t_1 \times t_2 = \dfrac{1}{3}$이다.

└────────────────────────────────┘

① ㄱ   ② ㄱ, ㄴ   ③ ㄱ, ㄷ
④ ㄴ, ㄷ   ⑤ ㄱ, ㄴ, ㄷ

$-1 \le t \le 1$인 실수 t에 대하여 x에 대한 방정식

$$\left(\sin \frac{\pi x}{4} - t\right)\left(\cos \frac{\pi x}{4} - t\right) = 0$$

의 실근 중에서 집합 $\{x \mid 0 \le x < 8\}$에 속하는 값을 작은 것부터 크기순으로 나열하면 $\alpha_1(t)$, $\alpha_2(t)$, $\cdots$, $\alpha_n(t)$이다. 〈보기〉에서 옳은 것만을 있는 대로 고른 것은? [4점]

┌─── | 보기 | ───────────────────────┐

ㄱ. $0 \le t \le \dfrac{\sqrt{2}}{2}$일 때, $\alpha_n(t) - \alpha_1(t) = 6$이다.

ㄴ. $\alpha_n(t_1) = \alpha_n(t_2)$인 두 실수 t_1, t_2에 대하여
    $t_2 - t_1 = \dfrac{5}{4}$이면 $t_1 \times t_2 = -\dfrac{9}{16}$이다.

ㄷ. $\displaystyle\int_{-\frac{\sqrt{2}}{2}}^{0} \{\alpha_n(t) - \alpha_1(t)\}dt$
    $+ \displaystyle\int_{-\frac{\sqrt{2}}{2}}^{0} \{\alpha_2(t) - \alpha_{n-1}(t)\}dt = 2\sqrt{2}$

└────────────────────────────────┘

① ㄱ   ② ㄱ, ㄴ   ③ ㄱ, ㄷ
④ ㄴ, ㄷ   ⑤ ㄱ, ㄴ, ㄷ

그림과 같이 한 평면 위에 있는 두 삼각형 ABC, ACD의 외심을 각각 O, O′이라 하고 $\angle ABC = \alpha$, $\angle ADC = \beta$라 할 때,

$$\frac{\sin\beta}{\sin\alpha} = \frac{3}{2}, \quad \cos(\alpha+\beta) = \frac{1}{3}, \quad \overline{OO'} = 1$$

이 성립한다. 삼각형 ABC의 외접원의 넓이가 $\frac{q}{p}\pi$일 때, $p+q$의 값을 구하시오. (단, p와 q는 서로소인 자연수이다.) [4점]

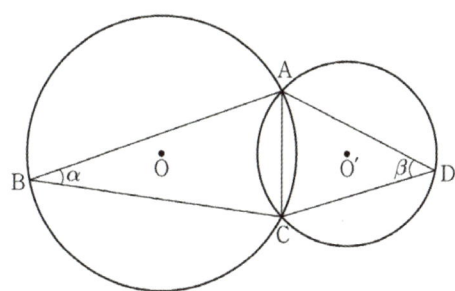

그림과 같이 한 평면 위에 있는 삼각형 ABF의 외심을 O_1, 사각형 FBCE의 외접원의 중심을 O_2, 삼각형 ECD의 외심을 O_3라 하고 $\angle FAB = \angle FDB = \alpha$, $\angle FEB = \beta$, $\angle EBC = \gamma$라 할 때,

$$\frac{\sin\beta}{\sin\alpha} = \frac{\sin\alpha}{\sin\gamma} = \frac{3}{2},$$

$$\cos(\alpha+\beta) = \frac{1}{3}, \quad \overline{O_1O_2} = \sqrt{17}$$

이 성립한다. 삼각형 ABF의 외접원의 넓이와 삼각형 ECD의 외접원의 넓이의 합이 $\frac{q}{p}\pi$일 때, $p+q$의 값을 구하시오. (단, 세 점 B, C, D와 세 점 D, E, F는 한 직선 위에 있고 p와 q는 서로소인 자연수이다.) [4점]

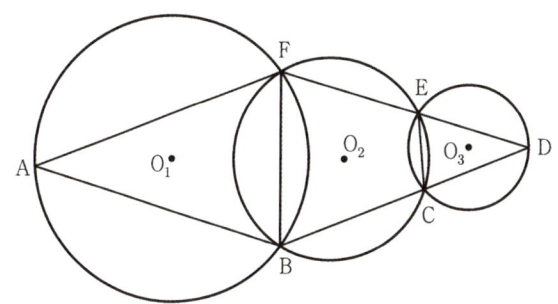

367 2021학년도 9월 모평 가형 21번

닫힌구간 $[-2\pi, 2\pi]$에서 정의된 두 함수

$$f(x)= \sin kx + 2, \ g(x)= 3\cos 12x$$

에 대하여 다음 조건을 만족시키는 자연수 k의 개수는? [4점]

실수 a가 두 곡선 $y=f(x)$, $y=g(x)$의 교점의 y좌표이면
$$\{x \mid f(x)=a\} \subset \{x \mid g(x)=a\}$$
이다.

---

① 3   ② 4   ③ 5   ④ 6   ⑤ 7

---

368 2021학년도 9월 모평 가형 21번-변형

세 함수

$$f(x)= \sin\left(kx - \frac{1}{2}k\right) - 1,$$
$$g(x)= 2\cos(24x - 12),$$
$$h(x)= \cos\left(mx - \frac{1}{2}m\right) + 1$$

에 대하여 다음 조건을 만족시키는 100이하의 두 자연수 k와 m의 합 $k + m$의 최댓값과 최솟값의 합은? [4점]

(가) 실수 a가 두 곡선 $y=f(x)$, $y=g(x)$의 교점의 y좌표이면
$$\{x \mid f(x)=a\} \subset \{x \mid g(x)=a\}$$이다.

(나) 실수 b가 두 곡선 $y=g(x)$, $y=h(x)$의 교점의 y좌표이면
$$\{x \mid g(x)=b\} \subset \{x \mid h(x)=b\}$$이다.

---

① 113   ② 123   ③ 133   ④ 143   ⑤ 153

3

수열

수열
Level 1

유형 1 등차수열의 뜻과 일반항

출제유형 | 등차수열의 일반항을 이용하여 공차 또는 특정한 항을 구하는 문제가 출제된다.

출제유형잡기 | 주어진 조건을 만족시키는 등차수열의 첫째항 a와 공차 d를 구할 때는 등차수열의 일반항이

$$a_n = a + (n-1)d \quad (n = 1, \ 2, \ 3, \cdots)$$

임을 이용한다. 특히 서로 다른 두 항 a_m과 a_n 사이에 $a_m - a_n = (m-n)d$이 성립함을 이용하면 편리할 수 있다.

---

369 2023학년도 9월 모평

등차수열 $\{a_n\}$에 대하여

$$a_1 = 2a_5, \ a_8 + a_{12} = -6$$

일 때, a_2의 값은?

① 17 ② 19 ③ 21 ④ 23 ⑤ 25

---

370 2022학년도 11월 대수능

등차수열 $\{a_n\}$에 대하여

$$a_2 = 6, \ a_4 + a_6 = 36$$

일 때, a_{10}의 값은?

① 30 ② 32 ③ 34 ④ 36 ⑤ 38

371

공차가 -3인 등차수열 $\{a_n\}$에 대하여

$$a_3 a_7 = 64, \quad a_8 > 0$$

일 때, a_2의 값은?

① 17 ② 18 ③ 19 ④ 20 ⑤ 21

373

등차수열 $\{a_n\}$에 대하여

$$a_1 = -15, \ |a_3| - a_4 = 0$$

일 때, a_7의 값은?

① 21 ② 23 ③ 25 ④ 27 ⑤ 29

372

등차수열 $\{a_n\}$에 대하여

$$a_1 = a_3 + 8, \ 2a_4 - 3a_6 = 3$$

일 때, $a_k < 0$을 만족시키는 자연수 k의 최솟값은?

① 8 ② 10 ③ 12 ④ 14 ⑤ 16

374

첫째항이 -1인 등차수열 $\{a_n\}$에 대하여

$$a_{12} - a_8 = 12$$

일 때, a_6의 값은?

① 10 ② 11 ③ 12 ④ 13 ⑤ 14

375

첫째항과 공차가 같은 등차수열 $\{a_n\}$이

$$a_3 + a_7 + a_{11} = 42$$

를 만족시킬 때, a_{40}의 값을 구하시오.

376

등차수열 $\{a_n\}$은 공차가 2이고 제8항이 -2이다. 수열 $\{b_n\}$이 모든 자연수 n에 대하여 $b_n = 2a_{2n} - a_n$을 만족시킬 때, $b_n > 0$을 만족시키는 자연수 n의 최솟값을 구하시오.

377

공차가 첫째항의 2배인 등차수열 $\{a_n\}$이

$$a_3 + a_7 = 90$$

를 만족시킬 때, a_4의 값은?

① 55   ② 50   ③ 45   ④ 40   ⑤ 35

378

등차수열 $\{a_n\}$에 대하여

$$a_2 - a_6 = 12, \quad a_1 + a_5 = 12$$

일 때, $a_k > 0$을 만족시키는 자연수 k의 최댓값을 구하시오.

출제유형 | 주어진 조건에서 등차수열의 합을 구하거나 등차수열의 합을 이용하여 첫째항, 공차, 특정한 항의 값을 구하는 문제가 출제된다.

출제유형잡기 | 주어진 조건에서 첫째항 또는 공차를 구하고 등차수열의 합의 공식을 이용하여 문제를 해결한다.

등차수열 $\{a_n\}$에서 첫째항부터 제n항까지의 합을 S_n이라 하면

(1) 첫째항이 a, 제n항(끝항)이 l일 때,

$$S_n = \frac{n(a+l)}{2}$$

(2) 첫째항이 a, 공차가 d일 때,

$$S_n = \frac{n\{2a+(n-1)d\}}{2}$$

379
2022학년도 6월 모평

첫째항이 2인 등차수열 $\{a_n\}$이 첫째항부터 제n항까지의 합을 S_n이라 하자.

$$a_6 = 2(S_3 - S_2)$$

일 때, S_{10}의 값은?

① 100   ② 110   ③ 120   ④ 130   ⑤ 140

380
2011학년도 6월 모평

1과 2사이에 n개의 수를 넣어 만든 등차수열

$$1,\ a_1,\ a_2,\ \cdots,\ a_n,\ 2$$

의 합이 24일 때, n의 값은?

① 11   ② 12   ③ 13   ④ 14   ⑤ 15

381

공차가 양수인 등차수열 $\{a_n\}$ 에 대하여 이차방정식
$x^2 - 14x + 24 = 0$ 의 두 근이 a_3, a_8 이다.
$a_3 + a_4 + \cdots + a_8$ 의 값은?

① 40　　② 42　　③ 44　　④ 46　　⑤ 48

383

등차수열 $\{a_n\}$ 이

$$a_5 + a_{13} = 3a_9 ,$$

$$a_1 + a_2 + \cdots + a_{17} + a_{18} = \frac{9}{2}$$

를 만족시킬 때, a_{13}의 값은?

① 2　　② 1　　③ 0　　④ -1　　⑤ -2

382

등차수열 a_n 에서 $a_1 = 6$, $a_{10} = -12$ 일 때,
$|a_1| + |a_2| + |a_3| + \ldots + |a_{20}|$ 의 값은?

① 280　　② 284　　③ 288　　④ 292　　⑤ 296

384

등차수열 $\{a_n\}$ 에 대하여

$$a_{11} = 31, \quad a_{15} + a_{17} + a_{19} + \cdots + a_{37} = 12$$

일 때, a_1의 값을 구하시오.

385

공차가 0아닌 등차수열 $\{a_n\}$의 첫째항부터 제n항까지의 합을 S_n이라 하자.

$$S_9 = 108, \ a_5{}^2 + a_6{}^2 = a_7{}^2 + a_8{}^2$$

일 때, a_4의 값을 구하시오.

386

등차수열 a_n이 다음 두 조건을 만족할 때, m의 값을 구하시오.

(가) $a_1 + a_3 + a_5 + \cdots + a_{2m+1} = 90$

(나) $a_2 + a_4 + a_6 + \cdots + a_{2m} = 80$

출제유형 | 등비수열의 일반항을 이용하여 공비나 특정한 항을 구하는 문제가 출제된다.

출제유형잡기 | 주어진 조건에서 첫째항 a와 공비 r를 구할 때에는 등비수열의 일반항이

$$a_n = ar^{n-1} \ (n = 1, \ 2, \ 3, \ \cdots)$$

임을 이용한다. 특히, 서로 다른 두 항 a_m과 a_n 사이에

$\dfrac{a_m}{a_n} = r^{m-n} \ (a \neq 0, \ r \neq 0, \ m \neq n)$이 성립함을

이용하면 편리할 수 있다.

387　　　　　　　　　　2025학년도 11월 수능

첫째항과 공비가 모두 양수 k인 등비수열 $\{a_n\}$이

$$\frac{a_4}{a_2} + \frac{a_2}{a_1} = 30$$

을 만족시킬 때, k의 값은?

① 1　　　② 2　　　③ 3　　　④ 4　　　⑤ 5

388　　　　　　　　　　2025학년도 6월 모평

$a_1 a_2 < 0$인 등비수열 $\{a_n\}$에 대하여

$$a_6 = 16, \ 2a_8 - 3a_7 = 32$$

일 때, $a_9 + a_{11}$의 값은?

① $-\dfrac{5}{2}$　② $-\dfrac{3}{2}$　③ $-\dfrac{1}{2}$　④ $\dfrac{1}{2}$　⑤ $\dfrac{3}{2}$

389

등비수열 $\{a_n\}$의 첫째항부터 제n항까지의 합을 S_n이라 하자.

$$S_4 - S_2 = 3a_4, \quad a_5 = \frac{3}{4}$$

일 때, $a_1 + a_2$의 값은?

① 27   ② 24   ③ 21   ④ 18   ⑤ 15

390

모든 항이 양수인 등비수열 $\{a_n\}$에 대하여

$$\frac{a_3 a_8}{a_6} = 12, \quad a_5 + a_7 = 36$$

일 때, a_{11}의 값은?

① 72   ② 78   ③ 84   ④ 90   ⑤ 96

391

공비가 양수인 등비수열 $\{a_n\}$이

$$a_2 + a_4 = 30, \quad a_4 + a_6 = \frac{15}{2}$$

를 만족시킬 때, a_1의 값은?

① 48   ② 56   ③ 64   ④ 72   ⑤ 80

392

모든 항이 양수인 등비수열 $\{a_n\}$에 대하여

$$a_1 = \frac{1}{4}, \quad a_2 + a_3 = \frac{3}{2}$$

일 때, $a_6 + a_7$의 값은?

① 16   ② 20   ③ 24   ④ 28   ⑤ 32

393

2022학년도 6월 모평

모든 항이 양수인 등비수열 $\{a_n\}$에 대하여

$$a_2 = 36, \quad a_7 = \frac{1}{3}a_5$$

일 때, a_6의 값을 구하시오.

395

2020학년도 11월 수능

모든 항이 양수인 등비수열 $\{a_n\}$에 대하여

$$\frac{a_{16}}{a_{14}} + \frac{a_8}{a_7} = 12$$

일 때, $\dfrac{a_3}{a_1} + \dfrac{a_6}{a_3}$의 값을 구하시오.

394

2022학년도 9월 모평

등비수열 $\{a_n\}$에 대하여

$$a_1 = 2, \quad a_2 a_4 = 36$$

일 때, $\dfrac{a_7}{a_3}$의 값은?

① 1　　② $\sqrt{3}$　　③ 3　　④ $3\sqrt{3}$　　⑤ 9

396

2005학년도 6월 모평

x축 위의 점 $\mathrm{A}(2, 0)$을 지나고 x축에 수직인 직선이 세 함수

$$y = 8^x, \quad y = a^x, \quad y = \log_2 x$$

의 그래프와 만나는 점을 각각 P, Q, R라 하자. $\overline{\mathrm{AP}}$, $\overline{\mathrm{AQ}}$, $\overline{\mathrm{AR}}$가 차례로 등비수열을 이룰 때, a^4의 값을 구하시오. (단, $2 < a < 8$)

397

공비가 r이고 $a_2 = 1$인 등비수열 $\{a_n\}$에서 첫째항부터 제 10 항까지의 곱을 $\omega = a_1 a_2 a_3 \bullet \cdots \bullet a_{10}$이라 할 때, $\log_r \omega$의 값을 구하시오.

(단, $r > 0$이고 $r \neq 1$이다.)

398

모든 항이 양수인 등비수열 $\{a_n\}$에 대하여

$$\frac{a_{16}}{a_{14}} + \frac{a_8}{a_7} = 30$$

일 때, $\dfrac{a_{11}}{a_{10}} + \dfrac{a_{22}}{a_{20}}$의 값을 구하시오.

399

모든 항이 양수인 등비수열 $\{a_n\}$에 대하여

$$\frac{a_{12}}{a_9} + \frac{a_9}{a_6} = \frac{a_7}{8a_8}$$

일 때, $\dfrac{a_{16}}{a_{21}}$의 값을 구하시오.

400

공비가 실수인 등비수열 $\{a_n\}$에 대하여
$a_1 + a_2 + a_3 = 6$, $a_4 + a_5 + a_6 = 48$이 성립할 때,
$a_2 + a_4 + a_6$의 값을 구하면?

① 24　　② 28　　③ 32　　④ 36　　⑤ 40

401

2과 8사이에 다섯 개의 양수 a_1, a_2, a_3, a_4, a_5를 넣어 만든 수열

$$2,\ a_1,\ a_2,\ a_3,\ a_4,\ a_5,\ 8$$

가 이 순서대로 등비수열을 이룰 때,
$\sqrt{a_1 \times a_2 \times a_3 \times a_4 \times a_5}$ 의 값을 구하시오.

402

첫째항이 0이 아니고, 공비가 유리수인 등비수열 $\{a_n\}$ 에 대하여

$$2a_5 - 4a_6 - 3a_8 + 6a_9 = 0$$

일 때, 공비는?

① $\dfrac{1}{9}$　　② $\dfrac{1}{4}$　　③ $\dfrac{1}{3}$　　④ $\dfrac{1}{2}$　　⑤ $\dfrac{2}{3}$

출제유형 | 등비수열의 연속하는 몇 개의 항의 합을 구하거나 등비수열의 합을 이용하여 공비나 특정한 항을 구하는 문제가 자주 출제된다.

출제유형잡기 | 주어진 조건에서 첫째항과 공비를 구하고 등비수열의 합의 공식을 이용하여 문제를 해결한다. 첫째항이 a, 공비가 r인 등비수열 $\{a_n\}$의 첫째항부터 제n항까지의 합을 S_n이라 할 때, 다음을 이용한다.

(1) $r = 1$ 일 때, $S_n = na$

(2) $r \neq 1$ 일 때, $S_n = \dfrac{a(1-r^n)}{1-r} = \dfrac{a(r^n-1)}{r-1}$

403   2021학년도 6월 모평

등비수열 $\{a_n\}$의 첫째항부터 제 n항 까지의 합을 S_n이라 하자.

$$a_1 = 1, \quad \frac{S_6}{S_3} = 2a_4 - 7$$

일 때, a_7의 값을 구하시오.

404   2019학년도 11월 수능

첫째항이 7인 등비수열 $\{a_n\}$의 첫째항부터 제 n항까지의 합을 S_n이라 하자.

$$\frac{S_9 - S_5}{S_6 - S_2} = 3$$

일 때, a_7의 값을 구하시오.

405

등비수열 $\{a_n\}$에 대하여

$$a_3 = 4(a_2 - a_1), \; a_1 + a_2 + \cdots + a_6 = 15$$

일 때, $a_1 + a_3 + a_5$의 값은?

① 3   ② 4   ③ 5   ④ 6   ⑤ 7

406

일반항이 $a_n = 2^{1-n}$인 수열 $\{a_n\}$에 대하여 첫째항부터 제n항까지의 합을 S_n이라 할 때, 보기에서 옳은 것을 모두 고르면?

| 보기 |

ㄱ. 수열 $\{\log a_n\}$은 등차수열이다.

ㄴ. 수열 $\{S_n + a_n\}$은 등비수열이다.

ㄷ. $S_n = \dfrac{1}{2}a_{n+1} + 2$가 성립한다.

---

① ㄱ   ② ㄷ   ③ ㄱ, ㄴ

④ ㄴ, ㄷ   ⑤ ㄱ, ㄴ, ㄷ

407

첫째항이 1인 등비수열 $\{a_n\}$의 첫째항부터 제 n항까지의 합을 S_n이라 하자.

$$\frac{S_{20} - S_{15}}{S_{10} - S_5} = 5$$

일 때, a_{21}의 값을 구하시오.

408

공비가 양수인 등비수열 $\{a_n\}$의 첫째항부터 제 n항까지의 합을 S_n이라 하자.

$$\frac{S_{12} - S_8}{S_8 - S_4} = 16$$

일 때, $\dfrac{a_{20}}{a_{17}}$의 값을 구하시오.

409

첫째항이 2이고 공비가 3인 등비수열 $\{a_n\}$의 첫째항부터 제10항까지의 합은?

① 2×3^8
② 3^9
③ $3^9 - 1$
④ 2×3^{10}
⑤ $3^{10} - 1$

410

공비가 2인 등비수열 $\{a_n\}$의 첫째항부터 제n항까지의 합을 S_n이라 하자. $S_8 = 51$일 때, a_3의 값은?

① $\dfrac{4}{5}$
② $\dfrac{2}{5}$
③ $\dfrac{1}{5}$
④ $\dfrac{1}{10}$
⑤ $\dfrac{1}{20}$

411

함수 $f(x) = -98 + x + x^2 + x^3 + \cdots + x^{100}$에 대하여 합성함수 $(f \circ f)(x)$에서 상수항을 포함한 모든 계수의 합은?

① $2^{100} - 98$
② $2^{100} - 100$
③ $2^{101} - 100$
④ $2^{102} - 98$
⑤ $2^{102} - 100$

유형 5 등차중항과 등비중항

출제유형 | 3개 이상의 수가 등차수열 또는 등비수열을 이루는 조건이 주어진 문제가 출제된다.

출제유형잡기 | 3개 이상의 수가 등차수열 또는 등비수열을 이루는 조건이 주어진 문제에서는 등차중항 또는 등비중항의 성질을 이용하여 문제를 해결한다.
(1) 세 수 a, b, c가 순서대로 등차수열을 이루면 $2b = a + c$가 성립한다.
(2) 0이 아닌 세 수 a, b, c가 순서대로 등비수열을 이루면 $b^2 = ac$가 성립한다.

412   2020학년도 6월 모평

자연수 n에 대하여 x에 대한 이차방정식

$$x^2 - nx + 4(n-4) = 0$$

이 서로 다른 두 실근 α, β $(\alpha < \beta)$를 갖고, 세 수 1, α, β가 이 순서대로 등차수열을 이룰 때, n의 값은?

① 5   ② 8   ③ 11   ④ 14   ⑤ 17

413   2009학년도 11월 수능

네 수 1, a, b, c는 이 순서대로 공비가 r인 등비수열을 이루고 $\log_8 c = \log_a b$를 만족시킨다. 공비 r의 값은? (단, $r > 1$)

① 2   ② $\dfrac{5}{2}$ ③ 3   ④ $\dfrac{7}{2}$ ⑤ 4

414

세 수 a, $a+b$, $2a-b$ 는 이 순서대로 등차수열을 이루고, 세 수 1, $a-1$, $3b+1$ 은 이 순서대로 공비가 양수인 등비수열을 이룬다. a^2+b^2 의 값을 구하시오.

415

공차가 0이 아닌 등차수열 $\{a_n\}$의 세 항 a_2, a_4, a_9 가 이 순서대로 공비 r인 등비수열을 이룰 때, $2r$의 값은?

① 3　　　② 5　　　③ 7　　　④ 9　　　⑤ 11

416

공차가 4인 등차수열 $\{a_n\}$에 대하여 세 항 a_3, a_k, a_{15}은 이 순서대로 등차수열을 이루고, 세 항 a_1, a_2, a_k는 이 순서대로 등비수열을 이룬다. $k \times a_1$의 값은?

① 6　　　② 8　　　③ 10　　　④ 12　　　⑤ 14

417

두 자연수 a, b에 대하여 세 수 2, a, b가 이 순서로 등차수열을 이루고, 세 수 4, $2a$, $a+2b$ 가 이 순서로 등비수열을 이룰 때, $a \times b$의 값은?

① 24　　　② 20　　　③ 16　　　④ 12　　　⑤ 8

418

그림과 같이 $\overline{AB}=14$인 평행사변형 ABCD가 있다. 이 도형을 대각선 BD를 접는 선으로 하여 접어서 생기는 삼각형 EBC의 넓이가 평행사변형 ABCD의 넓이의 $\frac{1}{7}$이고, $\overline{CE}$, $\overline{EB}$, $\overline{BD}$의 길이가 이 순서대로 등차수열을 이룰 때, 삼각형 BDE의 넓이는?

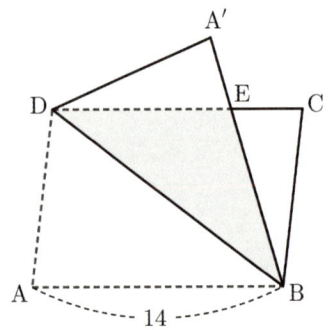

① 48　　② 50　　③ 52　　④ 54　　⑤ 56

유형 6 수열의 합과 일반항 사이의 관계

출제유형 | 수열의 합과 일반항 사이의 관계를 이용하여 일반항을 구하거나 특정한 항의 값을 구하는 문제가 출제된다.

출제유형잡기 | 수열 $\{a_n\}$의 첫째항부터 제n항까지의 합을 S_n이라 할 때, 수열의 합과 일반항 사이의 관계를 이용하여 문제를 해결한다.
수열의 합과 일반항 사이의 관계는 다음과 같다.

$$a_1 = S_1$$

$$a_n = S_n - S_{n-1} \,(\text{단}, \ n \geq 2)$$

419   2005학년도 6월 모평

수열 $\{a_n\}$의 첫째항부터 제n항까지의 합 S_n이 $S_n = 2n^2 - 3n$일 때, a_{10}의 값을 구하시오.

420   2007학년도 6월 모평

수열 a_n의 첫째항부터 제n항까지의 합 S_n이 $S_n = n^2 - 3n$일 때, a_{100}의 값을 구하시오.

421

수열 $\{a_n\}$의 첫째항부터 제 n항까지의 합 S_n이
$S_n = 2^n - 1$일 때, a_9의 값을 구하시오.

422

수열 $\{a_n\}$의 첫째항부터 제 n항까지의 합 S_n이
$S_n = n^2 + 2^n$일 때, $a_1 + a_5$의 값은?

① 26　　② 28　　③ 30　　④ 32　　⑤ 34

423

수열 $\{a_n\}$의 첫째항부터 제n항까지의 합 S_n이
$S_n = n^2 - 10n$일 때, $a_n < 0$을 만족시키는 자연수 n의
개수는?

① 5　　② 6　　③ 7　　④ 8　　⑤ 9

424

수열 $\{a_n\}$의 첫째항부터 제n항까지의 합 S_n이
$S_n = \dfrac{n}{n+1}$일 때, a_4의 값은?

① $\dfrac{1}{22}$　　② $\dfrac{1}{20}$　　③ $\dfrac{1}{18}$　　④ $\dfrac{1}{16}$　　⑤ $\dfrac{1}{14}$

425

수열 $\{a_n\}$의 첫째항부터 제n항까지의 합을 S_n이라 하자. $S_n = 2n^2 + kn + 1$이고 $a_1 + a_2 = 15$일 때, $a_1 + a_{10}$의 값을 구하시오.(단, k는 상수이다.)

426

수열 $\{a_n\}$의 첫째항부터 제 n항까지의 합 S_n을 $S_n = 2 \times 3^n + a$라 하자. 이 수열 $\{a_n\}$이 첫째항부터 공비가 r인 등비수열을 이룰 때, 두 상수 a와 r의 곱 $a \times r$의 값은?

① -6 ② -2 ③ 1 ④ 2 ⑤ 6

427

수열 $\{a_n\}$의 첫째항부터 제n항까지의 합을 S_n이라 하면

$$S_1 = 2, \ S_{n+1} = 2S_n - 1 \ (n = 1, 2, 3, \cdots)$$

가 성립할 때, a_7의 값은?

① 16 ② 32 ③ 64 ④ 128 ⑤ 256

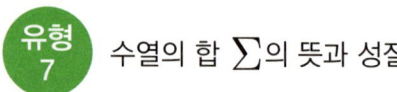

유형 7 수열의 합 $\sum$ 의 뜻과 성질

출제유형 | 합의 기호 $\sum$ 의 뜻과 성질을 이용하여 여러 가지 수열의 합을 구하거나 특정한 항의 값을 구하는 문제가 출제된다.

출제유형잡기 | 수열 $\{a_n\}$ 에서 합의 기호 $\sum$ 를 포함하는 문제는 다음을 이용하여 해결한다.

(1) $\sum$ 의 뜻

① $a_1 + a_2 + a_3 + \cdots + a_n = \displaystyle\sum_{k=1}^{n} a_k$

② $a_m + a_{m+1} + a_{m+2} + \cdots + a_n = \displaystyle\sum_{k=m}^{n} a_k$

(단, $m \leq n$)

③ $\displaystyle\sum_{k=m}^{n} a_k = \sum_{k=1}^{n} a_k - \sum_{k=1}^{m-1} a_k$ (단, $2 \leq m \leq n$)

(2) $\sum$ 의 기본 성질
  임의의 두 수열 $\{a_n\}$, $\{b_n\}$ 에 대하여

① $\displaystyle\sum_{k=1}^{n} (a_k + b_k) = \sum_{k=1}^{n} a_k + \sum_{k=1}^{n} b_k$

② $\displaystyle\sum_{k=1}^{n} (a_k - b_k) = \sum_{k=1}^{n} a_k - \sum_{k=1}^{n} b_k$

③ $\displaystyle\sum_{k=1}^{n} ca_k = c \sum_{k=1}^{n} a_k$ (단, c 는 상수)

④ $\displaystyle\sum_{k=1}^{n} c = cn$ (단, c 는 상수)

428   2025학년도 11월 수능

수열 $\{a_n\}$ 이 모든 자연수 n 에 대하여

$$a_n + a_{n+4} = 12$$

를 만족시킬 때, $\displaystyle\sum_{n=1}^{16} a_n$ 의 값을 구하시오.

429   2025학년도 9월 모평

수열 $\{a_n\}$ 에 대하여

$$\sum_{k=1}^{10} ka_k = 36, \quad \sum_{k=1}^{9} ka_{k+1} = 7$$

일 때, $\displaystyle\sum_{k=1}^{10} a_k$ 의 값을 구하시오.

430

수열 $\{a_n\}$에 대하여 $\displaystyle\sum_{k=1}^{10}(2a_k+3)=60$일 때, $\displaystyle\sum_{k=1}^{10}a_k$의 값은?

① 10 　② 15 　③ 20 　④ 25 　⑤ 30

431

두 수열 $\{a_n\}$, $\{b_n\}$에 대하여

$$\sum_{k=1}^{10}(2a_k-b_k)=34, \quad \sum_{k=1}^{10}a_k=10$$

일 때, $\displaystyle\sum_{k=1}^{10}(a_k-b_k)$의 값을 구하시오.

432

두 수열 $\{a_n\}$, $\{b_n\}$에 대하여

$$\sum_{k=1}^{10}a_k = \sum_{k=1}^{10}(2b_k-1), \quad \sum_{k=1}^{10}(3a_k+b_k)=33$$

일 때, $\displaystyle\sum_{k=1}^{10}b_k$의 값을 구하시오.

433

두 수열 $\{a_n\}$, $\{b_n\}$에 대하여

$$\sum_{k=1}^{5}(3a_k+5)=55, \quad \sum_{k=1}^{5}(a_k+b_k)=32$$

일 때, $\displaystyle\sum_{k=1}^{5}b_k$의 값을 구하시오.

434

수열 $\{a_n\}$에 대하여

$$\sum_{k=1}^{10} a_k - \sum_{k=1}^{7} \frac{a_k}{2} = 56,$$

$$\sum_{k=1}^{10} 2a_k - \sum_{k=1}^{8} a_k = 100$$

일 때, a_8의 값을 구하시오.

435

두 수열 $\{a_n\}$, $\{b_n\}$에 대하여

$$\sum_{k=1}^{10} (a_k + 2b_k) = 45, \quad \sum_{k=1}^{10} (a_k - b_k) = 3$$

일 때, $\sum_{k=1}^{10} \left(b_k - \frac{1}{2} \right)$의 값을 구하시오.

436

두 수열 $\{a_n\}$, $\{b_n\}$에 대하여

$$\sum_{k=1}^{5} a_k = 8, \quad \sum_{k=1}^{5} b_k = 9$$

일 때, $\sum_{k=1}^{5} (2a_k - b_k + 4)$의 값은?

① 19 ② 21 ③ 23 ④ 25 ⑤ 27

437

공비가 양수인 등비수열 $\{a_n\}$에 대하여

$$a_1 = 2, \quad \frac{a_5}{a_3} = 9$$

일 때, $\sum_{k=1}^{4} a_k$의 값을 구하시오.

438

수열 $\{a_n\}$에 대하여

$$\sum_{k=1}^{10} a_k = 3 , \quad \sum_{k=1}^{10} a_k^2 = 7$$

일 때, $\displaystyle\sum_{k=1}^{10} \left(2a_k^2 - a_k\right)$ 의 값은?

① 8   ② 9   ③ 10   ④ 11   ⑤ 12

440

수열 $\{a_n\}$에 대하여

$$\sum_{k=1}^{10} \left(a_k + 1\right)^2 = 28, \quad \sum_{k=1}^{10} a_k\left(a_k + 1\right) = 16$$

일 때, $\displaystyle\sum_{k=1}^{10} \left(a_k\right)^2$ 의 값을 구하시오.

439

등차수열 $\{a_n\}$이 $\displaystyle\sum_{k=1}^{n} a_{2k-1} = 3n^2 + n$을 만족시킬 때, a_8의 값은?

① 16   ② 19   ③ 22   ④ 25   ⑤ 28

441

수열 $\{a_n\}$이

$$\sum_{k=1}^{7} a_k = \sum_{k=1}^{6} \left(a_k + 1\right)$$

을 만족시킬 때, a_7의 값은?

① 6   ② 7   ③ 8   ④ 9   ⑤ 10

442

두 수열 $\{a_n\}$, $\{b_n\}$이 모든 자연수 n에 대하여
$a_n + b_n = 10$을 만족시킨다.

$\sum_{k=1}^{10} (a_k + 2b_k) = 160$일 때, $\sum_{k=1}^{10} b_k$의 값은?

① 60 　　② 70 　　③ 80 　　④ 90 　　⑤ 100

443

수열 $\{a_n\}$이 $n \geq 2$인 자연수 n에 대하여

$\sum_{k=2}^{n} \log_2 \left(\frac{2^{a_k}(k+1)}{k-1} \right) = 2\log_2 n$을 만족시킬 때,

$\sum_{k=2}^{63} a_k = \log_2 \alpha - \beta$이다. $\alpha + \beta$의 최솟값을 구하시오.

(단, α, β는 자연수이다.) [4점]

444

$\sum_{k=1}^{100} \sin \frac{k}{3}\pi$의 값은?

① $-\dfrac{3}{2}$ 　　② $-\dfrac{\sqrt{3}}{2}$ 　　③ 0

④ $\dfrac{\sqrt{3}}{2}$ 　　⑤ $\dfrac{3}{2}$

445

$\sum_{i=1}^{100} \tan \frac{i}{3}\pi$의 값은?

① $-\dfrac{3}{2}$ 　　② $-\dfrac{\sqrt{3}}{2}$ 　　③ 0

④ $\dfrac{\sqrt{3}}{2}$ 　　⑤ $\sqrt{3}$

446

수열 $\{a_n\}$에 대하여 $\displaystyle\sum_{k=1}^{10}(a_k+1)=20$,

$\displaystyle\sum_{k=1}^{10}(a_k+2)^2=120$일 때, $\displaystyle\sum_{k=1}^{10}(a_k)^2$의 값은?

① 40 　② 30 　③ 20 　④ 10 　⑤ 0

447

수열 $\{a_n\}$에 대하여

$$\sum_{k=1}^{10}(2a_k+1)^2=42, \quad \sum_{k=1}^{10}a_k(a_k-1)=12$$

일 때, $\displaystyle\sum_{k=1}^{10}(a_k)^2$의 값은?

① 10 　② 20 　③ -10 　④ -20 　⑤ 0

448

두 수열 $\{a_n\}$, $\{b_n\}$이 모든 자연수 n에 대하여

$a_n+2b_n=10$을 만족시킨다. $\displaystyle\sum_{k=1}^{10}(a_k+6b_k)=180$

일 때, $\displaystyle\sum_{k=1}^{10}b_k$의 값은?

① 10 　② 15 　③ 20 　④ 25 　⑤ 30

출제유형 | 자연수의 거듭제곱의 합을 나타내는 공식을 이용하여 식의 값을 구하는 문제가 출제된다.

출제유형잡기 | 합의 기호 $\sum$의 성질과 자연수의 거듭제곱의 합을 나타내는 공식을 이용하여 문제를 해결한다.

(1) $\displaystyle\sum_{k=1}^{n} k = \dfrac{n(n+1)}{2}$

(2) $\displaystyle\sum_{k=1}^{n} k^2 = \dfrac{n(n+1)(2n+1)}{6}$

(3) $\displaystyle\sum_{k=1}^{n} k^3 = \left\{\dfrac{n(n+1)}{2}\right\}^2$

(4) $\displaystyle\sum_{k=1}^{n} k(k+1) = \dfrac{n(n+1)(n+2)}{3}$

(5) $\displaystyle\sum_{k=1}^{n} k(k+1)(k+2) = \dfrac{n(n+1)(n+2)(n+3)}{4}$

449 2025학년도 6월 모평

$\displaystyle\sum_{k=1}^{9} (ak^2 - 10k) = 120$일 때, 상수 a의 값을 구하시오.

450 2023학년도 6월 모평

$\displaystyle\sum_{k=1}^{10} (4k + a) = 250$일 때, 상수 a의 값을 구하시오.

451

2021학년도 12월 수능

첫째항이 3인 등차수열 $\{a_n\}$에 대하여 $\sum_{k=1}^{5} a_k = 55$일

때, $\sum_{k=1}^{5} k(a_k - 3)$의 값을 구하시오.

452

2021학년도 9월 모평

n이 자연수일 때, x에 대한 이차방정식
$(n^2 + 6n + 5)x^2 - (n+5)x - 1 = 0$의 두 근의 합을

a_n이라 하자. $\sum_{k=1}^{10} \dfrac{1}{a_k}$의 값은?

① 65　　② 70　　③ 75　　④ 80　　⑤ 85

453

2020학년도 11월 수능

자연수 n에 대하여 다항식 $2x^2 - 3x + 1$을 $x - n$으로
나누었을 때의 나머지를 a_n이라 할 때,

$\sum_{n=1}^{7} (a_n - n^2 + n)$의 값을 구하시오.

454

2015학년도 6월 모평

수열 $\{a_n\}$에 대하여

$$\sum_{k=1}^{n} a_k = n^2 - n \quad (n \geq 1)$$

일 때, $\sum_{k=1}^{10} k a_{4k+1}$의 값은?

① 2960　　　② 3000　　　③ 3040

④ 3080　　　⑤ 3120

455

함수 $f(x) = \dfrac{1}{2}x + 2$ 에 대하여 $\displaystyle\sum_{k=1}^{15} f(2k)$ 의 값을 구하시오.

456

자연수 n에 대하여 다항식 $3x^2 - x + 4$을 $x - n$ 으로 나누었을 때의 나머지를 a_n이라 할 때,

$\displaystyle\sum_{n=1}^{8} \left(a_n - 2n^2 - 3n\right)$의 값을 구하시오.

457

자연수 n에 대하여 좌표평면에서 직선 $x = n$이 곡선 $y = x^2$과 만나는 점을 A_n, 직선 $x = n$이 직선 $y = -x$와 만나는 점을 B_n이라 할 때, $\displaystyle\sum_{n=1}^{10} \overline{A_n B_n}$의 값은?

① 360   ② 380   ③ 400   ④ 420   ⑤ 440

유형 9 여러 가지 수열의 합

출제유형 | 수열의 일반항(다항식이 아닌 유리식 또는 무리식 꼴)을 소거되는 꼴로 변형하여 수열의 합을 구하는 문제가 출제된다.

출제유형잡기 | 수열의 일반항(다항식이 아닌 유리식 또는 무리식 꼴)을 소거되는 꼴로 변형할 때에는 다음을 이용하여 문제를 해결한다.

(1) 일반항이 다항식이 아닌 유리식 꼴이고 분모가 서로 다른 두 일차식의 곱이면 다음과 같이 변형하여 문제를 해결한다.

① $\displaystyle\sum_{k=1}^{n} \frac{1}{k(k+a)} = \frac{1}{a}\sum_{k=1}^{n}\left(\frac{1}{k}-\frac{1}{k+a}\right)$ (단, $a \neq 0$)

② $\displaystyle\sum_{k=1}^{n} \frac{1}{(k+a)(k+b)} = \frac{1}{b-a}\sum_{k=1}^{n}\left(\frac{1}{k+a}-\frac{1}{k+b}\right)$
(단, $a \neq b$)

(2) 일반항의 분모가 근호를 포함하는 두 식의 합이면 다음과 같이 변형하여 문제를 해결한다.

① $\displaystyle\sum_{k=1}^{n} \frac{1}{\sqrt{k+a}+\sqrt{k}} = \frac{1}{a}\sum_{k=1}^{n}\left(\sqrt{k+a}-\sqrt{k}\right)$

(단, $a \neq 0$)

② $\displaystyle\sum_{k=1}^{n} \frac{1}{\sqrt{k+a}+\sqrt{k+b}}$

$= \dfrac{1}{a-b}\displaystyle\sum_{k=1}^{n}\left(\sqrt{k+a}-\sqrt{k+b}\right)$

(단, $a \neq b$)

③ $\displaystyle\sum_{k=1}^{n} \frac{1}{k\sqrt{k+a}+(k+a)\sqrt{k}}$

$= \dfrac{1}{a}\displaystyle\sum_{k=1}^{n}\left(\frac{1}{\sqrt{k}}-\frac{1}{\sqrt{k+a}}\right)$

458
2023학년도 11월 수능

모든 항이 양수이고 첫째항과 공차가 같은 등차수열 $\{a_n\}$이

$$\sum_{k=1}^{15} \frac{1}{\sqrt{a_k} + \sqrt{a_{k+1}}} = 2$$

를 만족시킬 때, a_4의 값은?

① 6 ② 7 ③ 8 ④ 9 ⑤ 10

459
2023학년도 9월 모평

수열 $\{a_n\}$의 첫째항부터 제n항까지의 합을 S_n이라 하자.

$S_n = \dfrac{1}{n(n+1)}$일 때, $\displaystyle\sum_{k=1}^{10}(S_k - a_k)$의 값은?

① $\dfrac{1}{2}$ ② $\dfrac{3}{5}$ ③ $\dfrac{7}{10}$ ④ $\dfrac{4}{5}$ ⑤ $\dfrac{9}{10}$

460

수열 $\{a_n\}$은 $a_1 = -4$이고, 모든 자연수 n에 대하여

$$\sum_{k=1}^{n} \frac{a_{k+1} - a_k}{a_k a_{k+1}} = \frac{1}{n}$$

을 만족시킨다. a_{13}의 값은?

① -9 ② -7 ③ -5 ④ -3 ⑤ -1

461

수열 $\{a_n\}$은 $a_1 = 1$이고, 모든 자연수 n에 대하여

$$\sum_{k=1}^{n} (a_k - a_{k+1}) = -n^2 + n$$

을 만족시킨다. a_{11}의 값은?

① 88 ② 91 ③ 94 ④ 97 ⑤ 100

462

함수 $f(x)$가 $f(10) = 50$, $f(1) = 3$을 만족시킬 때,

$$\sum_{k=1}^{9} f(k+1) - \sum_{k=2}^{10} f(k-1)$$ 의 값을 구하시오.

463

$\sum_{k=1}^{14} \frac{1}{k(k+1)} = \frac{q}{p}$ 일 때, $p+q$ 의 값을 구하시오.

(단, p 와 q 는 서로소인 자연수이다.)

464

첫째항이 2 이고, 각 항이 양수인 수열 $\{a_n\}$ 의
첫째항부터 제 n 항까지의 합을 S_n 이라 하자.

$$\sum_{k=1}^{10} \frac{a_{k+1}}{S_k S_{k+1}} = \frac{1}{3}$$ 일 때, S_{11} 의 값은?

① 6   ② 7   ③ 8   ④ 9   ⑤ 10

465

자연수 n에 대하여 $f(n)$이 다음과 같다.

$$f(n) = \begin{cases} \log_3 n & (n\text{이 홀수}) \\ \log_2 n & (n\text{이 짝수}) \end{cases}$$

수열 $\{a_n\}$이 $a_n = f(6^n) - f(3^n)$일 때,
$\sum_{n=1}^{15} a_n$의 값은?

① $120(\log_2 3 - 1)$ ② $105 \log_3 2$

③ $105 \log_3 2$ ④ $120 \log_2 3$

⑤ $120(\log_3 2 + 1)$

466

$\sum_{k=1}^{n} \dfrac{4}{k(k+1)} = \dfrac{15}{4}$ 일 때, n의 값은?

① 11   ② 12   ③ 13   ④ 14   ⑤ 15

467

수열 $\{a_n\}$ 은 $a_1 = 15$ 이고,

$$\sum_{k=1}^{n} (a_{k+1} - a_k) = 2n + 1 \quad (n \geq 1)$$

을 만족시킨다. a_{10} 의 값은?

① 28   ② 30   ③ 32   ④ 34   ⑤ 36

468

첫째항이 4이고 공차가 1인 등차수열 $\{a_n\}$에 대하여

$$\sum_{k=1}^{12} \frac{1}{\sqrt{a_{k+1}} + \sqrt{a_k}}$$

의 값은?

① 1   ② 2   ③ 3   ④ 4   ⑤ 5

469

등식 $\displaystyle\sum_{k=1}^{n} \frac{2}{k^2+3k+2} = \frac{33}{35}$ 을 만족하는 자연수 n 의 값은?

① 31   ② 33   ③ 35   ④ 37   ⑤ 39

470

$\displaystyle\sum_{k=1}^{60} \frac{1}{\sqrt{2k+1} + \sqrt{2k-1}}$ 의 값은?

① 1   ② 2   ③ 3   ④ 4   ⑤ 5

471

n이 2이상 자연수일 때, x에 대한 삼차방정식

$$x^3 - 3nx^2 + (n^2+2n-1)x - n^3 + n = 0$$

의 세 근을 α_n, β_n, γ_n이라 하자.

$\displaystyle\sum_{n=2}^{9} \frac{60(\alpha_n + \beta_n + \gamma_n)}{\alpha_n \beta_n \gamma_n}$ 의 값을 구하시오.

472

자연수 n에 대하여 $f(n)=n$일 때,

두 점 $A(n, \ 2\log_2\{f(n+1)\})$,

$B(n+2, \ \log_2\{f(n)f(n+2)\})$을 지나는 직선의

기울기를 a_n이라 하자. $\sum_{k=1}^{48} a_k$의 값은?

① $\log_2 \dfrac{3}{5}$ ② $2\log_2 \dfrac{3}{5}$

③ $\log_2 \dfrac{3}{7}$ ④ $\log_2 \dfrac{5}{7}$

⑤ $2\log_2 \dfrac{5}{7}$

473

$\sum_{k=1}^{n} a_k = n^2 - n$일 때, $\sum_{k=1}^{8} a_{2k}$의 값을 구하시오.

474

등차수열 $\{a_n\}$이 모든 자연수 n에 대하여

$$\sum_{k=1}^{2n} a_k = 8n^2 + 6n$$

을 만족시킨다. $\sum_{k=1}^{5} a_{3k}$의 값을 구하시오.

475

수열 $\{a_n\}$이 자연수 n에 대하여 $\sum_{k=1}^{n} a_k = n^2$일 때,

$\sum_{k=1}^{p} \dfrac{1}{a_k a_{k+1}} = \dfrac{31}{63}$을 만족하는 p의 값은? (단, p는

자연수이다.)

① 30   ② 31   ③ 32   ④ 33   ⑤ 34

476

자연수 n에 대하여 $a_n = \log_{2^n} \sqrt[n+1]{2}$ 이라 하자.

$\displaystyle\sum_{k=1}^{99} a_k$ 의 값은?

① $\dfrac{101}{100}$　② $\dfrac{99}{100}$　③ $\dfrac{51}{50}$　④ $\dfrac{49}{50}$　⑤ $\dfrac{26}{25}$

477

$\displaystyle\sum_{n=1}^{10} \dfrac{2}{n^2 + 2n} = \dfrac{q}{p}$ 일 때, $p+q$ 의 값을 구하시오.

(단, p, q 는 서로소인 자연수이다.)

여러 가지 수열의 규칙성 찾기

출제유형 | 주어진 조건을 만족시키는 몇 개의 항을 나열하여 수열의 규칙성을 찾는 문제가 출제된다.

출제유형잡기 | 주어진 조건을 만족시키는 몇 개의 항을 차례로 구하여 수열의 규칙성을 찾아 문제를 해결한다.

478   2022학년도 11월 대수능

첫째항이 1인 수열 $\{a_n\}$이 모든 자연수 n에 대하여

$$a_{n+1} = \begin{cases} 2a_n & (a_n < 7) \\ a_n - 7 & (a_n \geq 7) \end{cases}$$

일 때, $\displaystyle\sum_{k=1}^{8} a_k$의 값은?

① 30   ② 32   ③ 34   ④ 36   ⑤ 38

479   2021학년도 6월 모평

수열 $\{a_n\}$은 $a_1 = 9$, $a_2 = 3$이고, 모든 자연수 n에 대하여

$$a_{n+2} = a_{n+1} - a_n$$

을 만족시킨다. $|a_k| = 3$을 만족시키는 100 이하의 자연수 k의 개수를 구하시오.

480

수열 $\{a_n\}$은 $a_1 = 12$이고, 모든 자연수 n에 대하여

$$a_{n+1} + a_n = (-1)^{n+1} \times n$$

을 만족시킨다. $a_k > a_1$인 자연수 k의 최솟값은?

① 2   ② 4   ③ 6   ④ 8   ⑤ 10

482

수열 $\{a_n\}$은 $a_1 = 1$이고, 모든 자연수 n에 대하여

$$a_{n+1} + (-1)^n \times a_n = 2^n$$

을 만족시킨다. a_5의 값은?

① 1   ② 3   ③ 5   ④ 7   ⑤ 9

481

수열 $\{a_n\}$이 모든 자연수 n에 대하여

$$a_{n+1} + a_n = 3n - 1$$

을 만족시킨다. $a_3 = 4$일 때, $a_1 + a_5$의 값을 구하시오.

483

수열 $\{a_n\}$이 모든 자연수 n에 대하여

$$a_n a_{n+1} = 2n$$

이고 $a_3 = 1$일 때, $a_2 + a_5$의 값은?

① $\dfrac{13}{3}$ ② $\dfrac{16}{3}$ ③ $\dfrac{19}{3}$ ④ $\dfrac{22}{3}$ ⑤ $\dfrac{25}{3}$

484

수열 $\{a_n\}$에서 $a_n = 2^n + (-1)^n$ 일 때,

$a_1 + a_2 + a_3 + \cdots + a_9$ 의 값은?

① $2^{10} - 3$ 　　② $2^{10} - 1$ 　　③ 2^{10}

④ $2^{10} + 1$ 　　⑤ $2^{10} + 3$

485

수열 $\{a_n\}$이 다음 조건을 만족시킨다.

> (가) $a_1 = a_2 + 3$
>
> (나) $a_{n+1} = -2a_n \ (n \geq 1)$

a_9의 값을 구하시오.

486

수열 $\{a_n\}$은 $a_1 = 2$이고, 모든 자연수 n에 대하여

$$a_{n+1} = \begin{cases} \dfrac{a_n}{2 - 3a_n} & (n \text{이 홀수인 경우}) \\[2mm] 1 + a_n & (n \text{이 짝수인 경우}) \end{cases}$$

를 만족시킨다. $\displaystyle\sum_{n=1}^{40} a_n$의 값은?

① 30　　② 35　　③ 40　　④ 45　　⑤ 50

487

자연수 n에 대하여 점 P_n이 원 $x^2 + y^2 = 1$ 위의 점일 때, 점 P_{n+1}을 다음 규칙에 따라 정한다. (단, 점 P_n은 좌표축 위의 점이 아니다.)

(가) 점 P_n이 제1사분면 위의 점이면, 점 P_{n+1}은 점 P_n을 원 위의 호를 따라 시계 반대 방향으로 $\dfrac{\pi}{2}$만큼 이동시킨 점이다.

(나) 점 P_n이 제2사분면 또는 제4사분면 위의 점이면, 점 P_{n+1}은 점 P_n을 x축에 대하여 대칭이동시킨 점이다.

(다) 점 P_n이 제3사분면 위의 점이면, 점 P_{n+1}은 점 P_n을 y축에 대하여 대칭이동시킨 점이다.

점 P_1의 좌표가 $\left(\dfrac{1}{2}, \dfrac{\sqrt{3}}{2}\right)$일 때, 점 P_{2007}의 좌표는?

① $\left(-\dfrac{1}{2}, -\dfrac{\sqrt{3}}{2}\right)$ ② $\left(-\dfrac{\sqrt{3}}{2}, -\dfrac{1}{2}\right)$

③ $\left(\dfrac{1}{2}, -\dfrac{\sqrt{3}}{2}\right)$ ④ $\left(\dfrac{\sqrt{3}}{2}, -\dfrac{1}{2}\right)$

⑤ $\left(\dfrac{1}{2}, \dfrac{\sqrt{3}}{2}\right)$

488

수열 $\{a_n\}$에서 $a_n = 3 + (-1)^n$일 때, 좌표평면 위의 점 P_n을

$$P_n\left(a_n \cos\frac{2n\pi}{3},\ a_n \sin\frac{2n\pi}{3}\right)$$

라 하자. 점 P_{2009}와 같은 점은?

① P_1 ② P_2 ③ P_3 ④ P_4 ⑤ P_5

489

수열 $\{a_n\}$에 대하여 첫째항부터 제 n 항까지의 합을 S_n이라 하자.

$a_1 = 1$, $a_2 = 3$,

$(S_{n+1} - S_{n-1})^2 = 4a_n a_{n+1} + 4$ $(n = 2, 3, 4, \dots)$

일 때, a_{20}의 값은?

(단, $a_1 < a_2 < a_3 < \dots < a_n < \dots$ 이다.)

① 39   ② 43   ③ 47   ④ 51   ⑤ 55

490

수열 $\{a_n\}$에서 $a_1 = 1$, $a_2 = 4$, $a_3 = 10$이고, 수열 $\{a_{n+1} - a_n\}$은 등비수열일 때, a_5의 값을 구하시오.

491

수열 $\{a_n\}$이

$$a_1 = 1$$

$$a_{n+1} = \begin{cases} \dfrac{1}{2} a_n & (a_n \geq 2) \\ \sqrt[3]{2}\, a_n & (a_n < 2) \end{cases}$$

를 만족시킬 때, a_{112}의 값은?

① 1   ② $\sqrt[3]{2}$ ③ $\sqrt{2}$ ④ $\sqrt[3]{4}$ ⑤ 2

492

수열 $\{a_n\}$에 대하여 $a_1 = 2$이고 $a_{n+1} = 2a_n + 2$일 때, a_{10}의 값은?

① 1022   ② 1024   ③ 2021   ④ 2046   ⑤ 2082

493

수열 $\{a_n\}$이

$$\begin{cases} a_1 = 1, \ a_2 = 2 \\ a_{n+2} + a_{n+1} + a_n = 6 \ (n = 1, \ 2, \ 3, \ \cdots) \end{cases}$$

을 만족시킬 때, $\displaystyle\sum_{k=1}^{11} a_k$의 값은?

① 15   ② 18   ③ 21   ④ 24   ⑤ 27

수열 $\{a_n\}$이

$$\begin{cases} a_1 = 2, \ a_2 = 5 \\ a_n = 2a_{n-1} + a_{n-2} \quad (n \geq 3) \end{cases}$$

을 만족시킬 때, a_5의 값은?

① 70　　② 72　　③ 74　　④ 76　　⑤ 78

수열 $\{a_n\}$이

$$\begin{cases} a_1 = 2, \ a_2 = 3 \\ a_n + a_{n+1} + a_{n+2} = n+1 \quad (n = 1, 2, 3, \cdots) \end{cases}$$

을 만족시킬 때, $\displaystyle\sum_{k=1}^{14} a_k$ 의 값은?

① 37　　② 38　　③ 39　　④ 40　　⑤ 41

모든 항이 양수인 수열 $\{a_n\}$ 이 $a_1 = 2$ 이고,

$$\log_2 a_{n+1} = 1 + \log_2 a_n \quad (n \geq 1)$$

을 만족시킨다. $a_1 \times a_2 \times a_3 \times \cdots \times a_8 = 2^k$ 일 때 상수 k 의 값은?

① 36　　② 40　　③ 44　　④ 48　　⑤ 52

수열 $\{a_n\}$은 $a_1 = 2$이고, 모든 자연수 n에 대하여

$$a_{n+1} = \begin{cases} a_n - 1 & (a_n\text{이 짝수인 경우}) \\ a_n + n & (a_n\text{이 홀수인 경우}) \end{cases}$$

를 만족시킨다. a_7의 값은?

① 7　　② 9　　③ 11　　④ 13　　⑤ 15

498

수열 $\{a_n\}$은 $a_1 = 4$이고, 모든 자연수 n에 대하여
$(n+3)a_{n+1} = na_n$을 만족시킬 때, a_5의 값은?

① $\dfrac{1}{35}$ ② $\dfrac{2}{35}$ ③ $\dfrac{3}{35}$ ④ $\dfrac{4}{35}$ ⑤ $\dfrac{1}{7}$

499

두 수열 $\{a_n\}$, $\{b_n\}$은 $a_1 = 2$, $b_2 = 2$이고,

모든 자연수 n에 대하여

$$a_{n+1} = a_n - b_n, \quad b_{n+1} = a_n + b_n$$

을 만족시킨다. $b_4 - a_5$의 값을 구하시오.

500

수열 $\{a_n\}$이 모든 자연수 n에 대하여

$$a_n a_{n+1} = 3n - 1$$

이고 $a_3 = 1$일 때, $a_1 \times a_5$의 값은?

① $\dfrac{9}{20}$ ② $\dfrac{11}{20}$ ③ $\dfrac{13}{20}$ ④ $\dfrac{3}{4}$ ⑤ $\dfrac{17}{20}$

501

수열 $\{a_n\}$은 $a_1 = 4$이고, 다음 조건을 만족시킨다.

> (가) $a_{n+2} = a_n - 3 \ (n = 1, \ 2, \ 3)$
> (나) 모든 자연수 n에 대하여 $a_{n+5} = a_n$ 이다.

$\displaystyle\sum_{k=1}^{102} a_k = 209$일 때, a_2의 값을 구하시오.

502

함수 $f(x)=\log_2 x$에 대하여 $a_1=1$이고 모든 항이 양수인 수열 $\{a_n\}$은 $f^{-1}(a_{n+1})-f^{-1}(a_n)=2$을 만족시킨다. 방정식 $f(x)=a_n$의 해를 b_n이라 할 때, $\sum_{n=1}^{10} b_n$의 값을 구하시오.

504

수열 $\{a_n\}$은 $a_1=2$이고 모든 자연수 n에 대하여

$$a_{n+1}=\begin{cases} \dfrac{a_n}{3-2a_n} & (n\text{이 홀수인 경우}) \\[2mm] 2+a_n & (n\text{이 짝수인 경우}) \end{cases}$$

를 만족시킨다. $\displaystyle\sum_{n=1}^{101} a_n$의 값은?

① 101 ② 40 ③ 20 ④ 10 ⑤ 2

503

수열 $\{a_n\}$은 $a_1=2$이고, 모든 자연수 n에 대하여

$$a_{n+1}=\begin{cases} \dfrac{a_n}{3a_n-2} & (n\text{이 홀수인 경우}) \\[2mm] 2a_n & (n\text{이 짝수인 경우}) \end{cases}$$

를 만족시킨다. $\displaystyle\sum_{n=1}^{64} a_n$의 값을 구하시오.

505

수열 $\{a_n\}$이 $a_1=8$이고

$$a_{n+1}=\frac{n+3}{n+1}a_n\,(n\geq 1)$$

을 만족시킬 때, a_4의 값을 구하시오.

506

수열 $\{a_n\}$이 $a_1 = p$이고, 모든 자연수 n에 대하여

$$a_{n+1} = a_n + (-1)^n \times 2n$$

을 만족시킨다. 수열 $\{a_n\}$의 첫째항부터 제6항까지의 합이 24가 되도록 하는 상수 p의 값을 구하시오.

507

실수 $\sqrt{\dfrac{m+1}{2}}$ 의 정수부분이 n^2이 되는 자연수 m의 개수를 a_n이라 할 때, 수열 $\{a_n\}$에 대하여 보기에서 옳은 것만을 있는 대로 고른 것은?

─── | 보기 | ───

ㄱ. $a_2 = 18$

ㄴ. $a_{n+1} - a_n = k$ (단, k는 상수)

ㄷ. $\displaystyle\sum_{n=1}^{10} a_n = 1560$

① ㄱ ② ㄴ ③ ㄱ, ㄴ
④ ㄱ, ㄷ ⑤ ㄱ, ㄴ, ㄷ

출제유형잡기 | 주어진 명제를 수학적 귀납법으로 증명하는 과정에서 앞과 뒤의 관계를 파악하여 빈칸에 알맞은 수나 식을 구한다.

자연수 n에 대한 명제 $p(n)$이 모든 자연수 n에 대하여 성립함을 증명하려면 다음 두 가지를 보이면 된다.

(i) $n=1$일 때, 명제 $p(n)$이 성립한다.

(ii) $n=k$일 때, 명제 $p(n)$이 성립한다고 가정하면 $n=k+1$일 때도 명제 $p(n)$이 성립한다.

508

수열 $\{a_n\}$ 은 $a_1=1$ 이고

$$a_{n+1}=\sum_{k=1}^{n}2^{n-k}a_k \ \ (n\geq 1)$$

을 만족시킨다. 다음은 일반항 a_n 을 구하는 과정이다.

주어진 식으로부터 $a_2=\boxed{\text{(가)}}$ 이다.

자연수 n 에 대하여

$$a_{n+2}=\sum_{k=1}^{n+1}2^{n+1-k}a_k$$

$$=\sum_{k=1}^{n}2^{n+1-k}a_k+a_{n+1}$$

$$=\boxed{\text{(나)}}\sum_{k=1}^{n}2^{n-k}a_k+a_{n+1}$$

$$=\boxed{\text{(다)}}\,a_{n+1}$$

이다.

따라서 $a_1=1$ 이고, $n\geq 2$ 일 때

$$a_n=\left(\boxed{\text{(다)}}\right)^{n-2}$$ 이다.

위의 (가), (나), (다)에 알맞은 수를 각각 $p,\ q,\ r$ 라 할 때, $p+q+r$ 의 값은?

① 3   ② 4   ③ 5   ④ 6   ⑤ 7

509

수열 $\{a_n\}$ 은 $a_1 = 3$ 이고

$$n\,a_{n+1} - 2n\,a_n + \frac{n+2}{n+1} = 0 \quad (n \geq 1)$$

을 만족시킨다. 다음은 일반항 a_n 이

$$a_n = 2^n + \frac{1}{n} \quad \cdots\cdots \quad (*)$$

임을 수학적 귀납법을 이용하여 증명한 것이다.

ⅰ) $n = 1$ 일 때, (좌변)$= a_1 = 3$,

  (우변)$= 2^1 + \frac{1}{1} = 3$ 이므로 $(*)$ 이 성립한다.

ⅱ) $n = k$ 일 때 $(*)$ 이 성립한다고 가정하면

  $a_k = 2^k + \frac{1}{k}$ 이므로

  $$k\,a_{k+1} = 2k\,a_k - \frac{k+2}{k+1}$$
  $$= \boxed{\text{(가)}} - \frac{k+2}{k+1}$$
  $$= k\,2^{k+1} + \boxed{\text{(나)}}$$

  이다. 따라서 $a_{k+1} = 2^{k+1} + \frac{1}{k+1}$ 이므로

  $n = k+1$ 일 때도 $(*)$ 이 성립한다.

ⅰ), ⅱ)에 의하여 모든 자연수 n 에 대하여

  $a_n = 2^n + \frac{1}{n}$ 이다.

위의 (가), (나)에 알맞은 식을 각각 $f(k)$, $g(k)$ 라 할 때, $f(3) \times g(4)$ 의 값은?

① 32 ② 34 ③ 36 ④ 38 ⑤ 40

510

다음은 수열 $\{a_n\}$ 이

$a_1 = 1$,

$a_{n+1} = 2a_n + \dfrac{2^n}{n(n+1)} \quad (n = 1, 2, 3, \cdots) \cdots (*)$

을 만족시킬 때 일반항 a_n 을 구하는 과정이다.

$\dfrac{1}{n(n+1)} = \dfrac{1}{n} - \dfrac{1}{n+1}$ 이므로 $(*)$ 로부터

$$a_{n+1} + \frac{2^n}{n+1} = 2\left(a_n + \boxed{\text{(가)}}\right) \quad (n \geq 1)$$

가 성립한다. $b_n = a_n + \boxed{\text{(가)}}$ 라 하면

  $b_n = \boxed{\text{(나)}}$

이다. 따라서

  $a_n = \boxed{\text{(다)}}$ 이다.

위의 (가), (나), (다)에 알맞은 식을 각각 $f(n)$, $g(n)$, $h(n)$ 이라 할 때, $f(4) + g(4) + h(4)$의 값은?

① 30 ② 32 ③ 34 ④ 36 ⑤ 38

수열
Level
2

511

$a_1 = 2$인 수열 $\{a_n\}$과 $b_1 = 2$인 등차수열 $\{b_n\}$이 모든 자연수 n에 대하여

$$\sum_{k=1}^{n} \frac{a_k}{b_{k+1}} = \frac{1}{2}n^2$$

을 만족시킬 때, $\displaystyle\sum_{k=1}^{5} a_k$의 값은? [4점]

① 120   ② 125   ③ 130   ④ 135   ⑤ 140

512

$a_1 = 1$인 수열 $\{a_n\}$과 $b_1 = 1$인 등차수열 $\{b_n\}$이 모든 자연수 n에 대하여

$$\sum_{k=1}^{n} \frac{a_k}{b_k b_{k+1}} = \frac{n}{n+2}$$

을 만족시킬 때, $\displaystyle\sum_{n=1}^{10} \frac{4}{a_n(n+1)(n+2)}$의 값은? [4점]

① $\dfrac{10}{21}$ ② $\dfrac{5}{7}$ ③ $\dfrac{20}{21}$ ④ $\dfrac{25}{21}$ ⑤ $\dfrac{10}{7}$

수열 $\{a_n\}$은 등차수열이고, 수열 $\{b_n\}$은 모든 자연수 n에 대하여

$$b_n = \sum_{k=1}^{n} (-1)^{k+1} a_k$$

를 만족시킨다. $b_2 = -2$, $b_3 + b_7 = 0$일 때, 수열 $\{b_n\}$의 첫째항부터 제9항까지의 합은? [4점]

① -22 ② -20 ③ -18 ④ -16 ⑤ -14

공비가 1이 아닌 양수인 등비수열 $\{a_n\}$과 수열 $\{b_n\}$은 모든 자연수 n에 대하여

$$b_n = \sum_{k=1}^{n} (-1)^{k} \log_2 a_k$$

를 만족시킨다. $b_2 = 2$, $b_3 + b_4 = 6$일 때, b_9의 값은? [4점]

① -12 ② -10 ③ -8 ④ -6 ⑤ -4

공차가 0이 아닌 등차수열 $\{a_n\}$에 대하여

$$|a_6| = a_8, \quad \sum_{k=1}^{5} \frac{1}{a_k a_{k+1}} = \frac{5}{96}$$

일 때, $\sum_{k=1}^{15} a_k$의 값은? [4점]

① 60　　② 65　　③ 70　　④ 75　　⑤ 80

공차가 0이 아닌 등차수열 $\{a_n\}$이

$$a_2 + |a_6| = 0, \quad \sum_{n=1}^{14} (a_{n+1} - |a_n|) = 3$$

을 만족시킬 때, a_{10}의 값은? [4점]

① 8　　② 9　　③ 10　　④ 11　　⑤ 12

517

수열 $\{a_n\}$이 모든 자연수 n에 대하여

$$\sum_{k=1}^{n} \frac{1}{(2k-1)a_k} = n^2 + 2n$$

을 만족시킬 때, $\displaystyle\sum_{n=1}^{10} a_n$의 값은? [4점]

① $\dfrac{10}{21}$ ② $\dfrac{4}{7}$ ③ $\dfrac{2}{3}$ ④ $\dfrac{16}{21}$ ⑤ $\dfrac{6}{7}$

518

수열 $\{a_n\}$이 모든 자연수 n에 대하여

$$\sum_{k=1}^{n} (k+2)a_k = \frac{1}{n+1}$$

을 만족시킬 때, $\displaystyle\sum_{n=1}^{8} a_n$의 값은? [4점]

① $\dfrac{7}{90}$ ② $\dfrac{4}{45}$ ③ $\dfrac{1}{10}$ ④ $\dfrac{11}{90}$ ⑤ $\dfrac{2}{15}$

수열 $\{a_n\}$이 모든 자연수 n에 대하여

$a_2 = -4$이고 공차가 0이 아닌 등차수열 $\{a_n\}$에 대하여 수열 $\{b_n\}$을 $b_n = a_n + a_{n+1}$ $(n \geq 1)$이라 하고, 두 집합 A, B를

$A = \{a_1,\ a_2,\ a_3,\ a_4,\ a_5\}$, $B = \{b_1,\ b_2,\ b_3,\ b_4,\ b_5\}$

라 하자. $n(A \cap B) = 3$이 되도록 하는 모든 수열 $\{a_n\}$에 대하여 a_{20}의 값의 합은? [4점]

① 30   ② 34   ③ 38   ④ 42   ⑤ 46

$a_2 = 2$이고 공비가 $r(r < 0)$인 등비수열 $\{a_n\}$에 대하여 수열 $\{b_n\}$을 $b_n = a_n a_{n+1} a_{n+2} (n \geq 1)$이라 하고, 두 집합 A, B를

$A = \{a_1,\ a_2,\ a_3,\ a_4,\ a_5\}$, $B = \{b_1,\ b_2,\ b_3,\ b_4,\ b_5\}$

라 하자. $n(A \cap B) = 2$가 되도록 하는 모든 수열 $\{a_n\}$에 대하여 $r^n = \dfrac{1}{4}$을 만족하는 모든 n의 값의 합은? [4점]

① 14   ② 16   ③ 18   ④ 20   ⑤ 22

521

첫째항이 자연수인 수열 $\{a_n\}$이 모든 자연수 n에 대하여

$$a_{n+1} = \begin{cases} a_n + 1 & (a_n\text{이 홀수인 경우}) \\ \dfrac{1}{2}a_n & (a_n\text{이 짝수인 경우}) \end{cases}$$

를 만족시킬 때, $a_2 + a_4 = 40$이 되도록 하는 모든 a_1의 값의 합은? [4점]

① 172   ② 175   ③ 178   ④ 181   ⑤ 184

522

첫째항이 자연수인 수열 $\{a_n\}$이 모든 자연수 n에 대하여

$$a_{n+1} = \begin{cases} a_n + 3 & (a_n\text{이 홀수인 경우}) \\ \dfrac{1}{2}a_n + 2 & (a_n\text{이 짝수인 경우}) \end{cases}$$

를 만족시킬 때, $a_3 + a_4 = 50$이 되도록 하는 모든 a_1의 값의 합은? [4점]

① 111   ② 138   ③ 202   ④ 227   ⑤ 240

첫째항이 자연수인 수열 $\{a_n\}$이 모든 자연수 n에 대하여

첫째항이 자연수인 수열 $\{a_n\}$이 모든 자연수 n에 대하여

모든 항이 자연수인 등차수열 $\{a_n\}$의 첫째항부터
제n항까지의 합을 S_n이라 하자. a_7이 13의 배수이고

$$\sum_{k=1}^{7} S_k = 644$$일 때, a_2의 값을 구하시오. [4점]

모든 항이 자연수인 등차수열 $\{a_n\}$의 첫째항부터
제n항까지의 합을 S_n이라 하자. a_6이 11의 배수이고

$$\sum_{k=1}^{6} S_k = 322$$일 때, $a_1 + a_5$의 값을 구하시오. [4점]

모든 항이 자연수인 등차수열 $\{a_n\}$의 첫째항부터

525

공차가 3인 등차수열 $\{a_n\}$이 다음 조건을 만족시킬 때, a_{10}의 값은? [4점]

> (가) $a_5 \times a_7 < 0$
>
> (나) $\displaystyle\sum_{k=1}^{6} |a_{k+6}| = 6 + \sum_{k=1}^{6} |a_{2k}|$

① $\dfrac{21}{2}$ ② 11 ③ $\dfrac{23}{2}$ ④ 12 ⑤ $\dfrac{25}{2}$

526

공차가 -3인 등차수열 $\{a_n\}$이 다음 조건을 만족시킬 때, a_1의 값은? [4점]

> (가) $a_6 \times a_9 < 0$
>
> (나) $\displaystyle\sum_{k=1}^{5} |a_{3k-2}| - \sum_{k=1}^{5} |a_{k+8}| = 12$

① 26 ② 25 ③ 23 ④ 22 ⑤ 21

527

수열 $\{a_n\}$이 다음 조건을 만족시킨다.

> (가) $|a_1| = 2$
>
> (나) 모든 자연수 n에 대하여 $|a_{n+1}| = 2|a_n|$ 이다.
>
> (다) $\displaystyle\sum_{n=1}^{10} a_n = -14$

$a_1 + a_3 + a_5 + a_7 + a_9$ 의 값을 구하시오. [4점]

528

수열 $\{a_n\}$이 다음 조건을 만족시킨다.

> (가) $|a_1| = 2048$
>
> (나) 모든 자연수 n에 대하여 $2|a_{n+1}| = |a_n|$ 이다.
>
> (다) $\displaystyle\sum_{n=1}^{11} a_n = -26$

$a_3 + a_6 + a_9$의 값을 구하시오. [4점]

529

첫째항이 -45이고 공차가 d인 등차수열 $\{a_n\}$이 다음 조건을 만족시키도록 하는 모든 자연수 d의 값의 합은? [4점]

> (가) $|a_m| = |a_{m+3}|$인 자연수 m이 존재한다.
>
> (나) 모든 자연수 n에 대하여 $\displaystyle\sum_{k=1}^{n} a_k > -100$이다.

① 44   ② 48   ③ 52   ④ 56   ⑤ 60

530

첫째항 63이고 공차가 d인 등차수열 $\{a_n\}$에 대하여 $|a_m| = |a_{m+4}|$인 자연수 m이 존재하도록 하는 모든 정수 d의 값의 합은? [4점]

① -39 ② -41 ③ -43 ④ -45 ⑤ -47

531

첫째항이 1 인 등차수열 $\{a_n\}$ 이 있다. 모든 자연수 n 에 대하여

$$S_n = \sum_{k=1}^{n} a_k, \quad T_n = \sum_{k=1}^{n} (-1)^k a_k$$

라 하자. $\dfrac{S_{10}}{T_{10}} = 6$ 일 때, T_{37} 의 값은? [4점]

① 7   ② 9   ③ 11   ④ 13   ⑤ 15

532

등차수열 $\{a_n\}$에 대하여 S_n과 T_n을

$$S_n = \sum_{k=1}^{n} a_k, \quad T_n = \sum_{k=1}^{n} (-1)^k a_k$$

라 하자. $S_8 = 8\,T_8$, $S_9 - T_9 = 90$일 때, 등차수열 $\{a_n\}$의 첫째항과 공차의 합은? [4점]

① -3 ② -1 ③ 1 ④ 3 ⑤ 5

533

다음 조건을 만족시키는 모든 수열 $\{a_n\}$ 에 대하여 a_1 의 최솟값을 m 이라 하자.

(가) 수열 $\{a_n\}$ 의 모든 항은 정수이다.

(나) 모든 자연수 n 에 대하여
$a_{2n} = a_3 \times a_n + 1, \ \ a_{2n+1} = 2a_n - a_2$ 이다.

$a_1 = m$ 인 수열 $\{a_n\}$ 에 대하여 a_9 의 값은? [4점]

① -53 ② -51 ③ -49 ④ -47 ⑤ -45

534

수열 $\{a_n\}$ 은 $a_1 = 6$ 이고, 모든 자연수 n 에 대하여

$$\begin{cases} a_{2n} = a_n - 2 \\ a_{2n+1} = 3a_n - 2 \end{cases}$$

을 만족시킨다.
집합 $A = \{a_n \mid n$ 은 100 이하의 자연수$\}$ 의 원소의 값 중 최댓값과 최솟값의 합을 S 라 할 때, $\dfrac{S}{2}$ 의 값을 구하시오. [4점]

수열 $\{a_n\}$이 모든 자연수 n에 대하여

$$a_{n+1} = \begin{cases} \dfrac{1}{a_n} & (n\text{이 홀수인 경우}) \\[2mm] 8a_n & (n\text{이 짝수인 경우}) \end{cases}$$

이고, $a_{12} = \dfrac{1}{2}$일 때, $a_1 + a_4$의 값은? [4점]

① $\dfrac{3}{4}$ ② $\dfrac{9}{4}$ ③ $\dfrac{5}{2}$ ④ $\dfrac{17}{4}$ ⑤ $\dfrac{9}{2}$

수열 $\{a_n\}$이 모든 자연수 n에 대하여

$$a_{n+1} = \begin{cases} \dfrac{a_n - 2}{2} & (a_n\text{이 짝수}) \\[2mm] 2a_n + 2 & (a_n\text{이 홀수}) \end{cases}$$

이고, $a_5 = 4$일 때, a_1의 값으로 가능한 모든 값의 합은? [4점]

① 118   ② 120   ③ 122   ④ 124   ⑤ 126

537

첫째항이 50이고 공차가 −4인 등차수열의 첫째항부터 제n항까지의 합을 S_n이라 할 때, $\displaystyle\sum_{k=m}^{m+4} S_k$의 값이 최대가 되도록 하는 자연수 m의 값은? [4점]

① 8   ② 9   ③ 10   ④ 11   ⑤ 12

538

수열 a_n에서 $a_1 = -20$, $a_{n+1} = a_n + 2$ 이다.

$S_n = \displaystyle\sum_{k=1}^{n} a_k$일 때, $\displaystyle\sum_{k=m}^{m+5} S_k$ 값이 최소가 되는 m의 값을 a, $a_k = 0$을 만족하는 k의 값을 b라고 하자. $a+b$의 값은? [4점]

① 15   ② 16   ③ 17   ④ 18   ⑤ 19

수열 $\{a_n\}$은 $a_1 = 1$이고, 모든 자연수 n에 대하여

$$\begin{cases} a_{3n-1} = 2a_n + 1 \\ a_{3n} = -a_n + 2 \\ a_{3n+1} = a_n + 1 \end{cases}$$

을 만족시킨다. $a_{11} + a_{12} + a_{13}$의 값은? [4점]

① 6　　② 7　　③ 8　　④ 9　　⑤ 10

수열 $\{a_n\}$은 $a_1 = 2$이고, 모든 자연수 n에 대하여

$$\begin{cases} a_{3n-1} = 3a_n - 1 \\ a_{3n} = -a_n + 1 \\ a_{3n+1} = 2a_n - 1 \end{cases}$$

을 만족시킨다. $a_{14} + a_{15} + a_{16}$의 값은? [4점]

① 55　　② 56　　③ 57　　④ 58　　⑤ 59

541   2021학년도 6월 모평 나형 28번

수열 $\{a_n\}$이 모든 자연수 n에 대하여

$$\sum_{k=1}^{n} \frac{4k-3}{a_k} = 2n^2 + 7n$$

을 만족시킨다. $a_5 \times a_7 \times a_9 = \dfrac{q}{p}$일 때, $p+q$의 값을 구하시오. (단, p와 q는 서로소인 자연수이다.) [4점]

542   2021학년도 6월 모평 나형 28번–변형

수열 $\{a_n\}$이 모든 자연수 n에 대하여

$$a_{n+1} = (4n+5)a_n,$$

$$\sum_{k=1}^{n} \log_2 \{2^{a_k}(4k-3)\} = \log_2 a_{n+1}$$

을 만족시킨다. $2^{a_5 + a_7 + a_9} = \dfrac{q}{p}$일 때, $q-p$의 값을 구하시오. (단, p와 q는 서로소인 자연수이다.) [4점]

543 2021학년도 6월 모평 가형 26번

공차가 2인 등차수열 $\{a_n\}$의 첫째항부터 제n항까지의 합을 S_n이라 하자. $S_k = -16$, $S_{k+2} = -12$를 만족시키는 자연수 k에 대하여 a_{2k}의 값을 구하시오. [4점]

544 2021학년도 6월 모평 가형 26번-변형

공차가 -2인 등차수열 $\{a_n\}$의 첫째항부터 제n항까지의 합을 S_n이라 하자. $S_k = 36$, $S_{2k+1} = -13$를 만족시키는 자연수 k에 대하여 $|a_{2k}|$의 값을 구하시오. [4점]

545

자연수 n의 양의 약수의 개수를 $f(n)$이라 하고, 36의 모든 양의 약수를 a_1, a_2, a_3, $\cdots$, a_9라 하자.

$\displaystyle\sum_{k=1}^{9}\left\{(-1)^{f(a_k)}\times\log a_k\right\}$의 값은? [4점]

① $\log 2 + \log 3$
② $2\log 2 + \log 3$
③ $\log 2 + 2\log 3$
④ $2\log 2 + 2\log 3$
⑤ $3\log 2 + 2\log 3$

546

자연수 n의 양의 약수의 개수를 $f(n)$이라 하고, 24의 모든 양의 약수를 a_1, a_2, a_3, $\cdots$, a_8라 하자.

$\displaystyle\sum_{k=1}^{8}\left\{(-1)^{f(a_k)}\times\log a_k\right\}$의 값은? [4점]

① $\log 2 + \log 3$
② $2\log 2 + \log 3$
③ $3\log 2 + 5\log 3$
④ $5\log 2 + 2\log 3$
⑤ $8\log 2 + 4\log 3$

547

n이 자연수일 때, x에 대한 이차방정식

$$x^2 - (2n-1)x + n(n-1) = 0$$

의 두 근을 α_n, β_n이라 하자.

$\displaystyle\sum_{n=1}^{81} \dfrac{1}{\sqrt{\alpha_n} + \sqrt{\beta_n}}$ 의 값을 구하시오. [4점]

548

n이 2이상 자연수일 때, x에 대한 삼차방정식

$$x^3 - 3nx^2 + (n^2 + 2n - 1)x - n^3 + n = 0$$

의 세 근을 α_n, β_n, γ_n이라 하자.

$\displaystyle\sum_{n=2}^{9} \dfrac{60(\alpha_n + \beta_n + \gamma_n)}{\alpha_n \beta_n \gamma_n}$ 의 값을 구하시오. [4점]

549

첫째항이 2이고 공비가 정수인 등비수열 $\{a_n\}$과 자연수 m이 다음 조건을 만족시킬 때, a_m의 값을 구하시오. [4점]

> (가) $4 < a_2 + a_3 \leq 12$
>
> (나) $\displaystyle\sum_{k=1}^{m} a_k = 122$

550

0이 아닌 정수 r에 대하여 첫째항이 $\dfrac{1}{r}$이고 공비가 r인 등비수열 $\{a_n\}$과 자연수 m이 다음 조건을 만족시킬 때, a_m의 값은? [4점]

> (가) $2 < a_3 + a_4 \leq 6$
>
> (나) $\displaystyle\sum_{k=1}^{m} r a_k = 127$

① 8 ② 16 ③ 32 ④ 64 ⑤ 128

551

수열 $\{a_n\}$에 대하여

$$\sum_{k=1}^{10}(a_k+1)^2=28, \quad \sum_{k=1}^{10}a_k(a_k+1)=16$$

일 때, $\displaystyle\sum_{k=1}^{10}(a_k)^2$의 값을 구하시오. [4점]

552

수열 $\{a_n\}$에 대하여

$$\sum_{k=1}^{10}(2a_k+1)^2=42, \quad \sum_{k=1}^{10}a_k(a_k-1)=12$$

일 때, $\displaystyle\sum_{k=1}^{10}(a_k)^2$의 값을 구하시오. [4점]

수열 $\{a_n\}$에 대하여

일 때, $\displaystyle\sum_{k=1}^{10}$

553

2018학년도 9월 모평 19번

두 수열 $\{a_n\}$, $\{b_n\}$은 $a_1 = a_2 = 1$, $b_1 = k$이고, 모든 자연수 n에 대하여

$$a_{n+2} = (a_{n+1})^2 - (a_n)^2, \qquad b_{n+1} = a_n - b_n + n$$

을 만족시킨다. $b_{20} = 14$일 때, k의 값은? [4점]

① -3　　② -1　　③ 1　　④ 3　　⑤ 5

554

2018학년도 9월 모평 19번-변형

두 수열 $\{a_n\}$, $\{b_n\}$은 $a_1 = 1$, $b_1 = k$이고, 모든 자연수 n에 대하여

$$a_{n+1} = \frac{a_n + 3}{3a_n - 1}, \ b_{n+1} = a_n - b_n + n$$

을 만족시킨다. $b_{19} = 36$일 때, b_{100}의 값은? [4점]

① -8　　② 8　　③ -16　　④ 16　　⑤ 20

555

자연수 n에 대하여 곡선 $y = \dfrac{3}{x}$ $(x > 0)$ 위의 점

$\left(n, \dfrac{3}{n}\right)$과 두 점 $(n-1,\ 0)$, $(n+1,\ 0)$을 세 꼭짓점

으로 하는 삼각형의 넓이를 a_n이라 할 때,

$\displaystyle\sum_{n=1}^{10} \dfrac{9}{a_n a_{n+1}}$의 값은? [4점]

① 410 ② 420 ③ 430 ④ 440 ⑤ 450

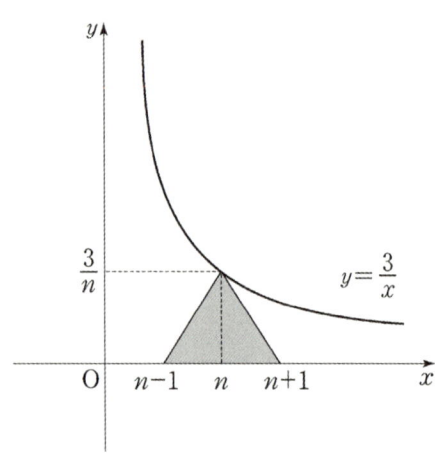

556

자연수 n에 대하여 곡선 $y = \sqrt{x}$ 위의 점 $\left(n,\ \sqrt{n}\right)$ 두

점 $(n-1,\ 0)$, $(n+1,\ 0)$을 세 꼭짓점으로 하는

삼각형의 넓이를 a_n이라 할 때, $\displaystyle\sum_{n=1}^{80} \dfrac{1}{a_n + a_{n+1}}$의 값을

구하시오. [4점]

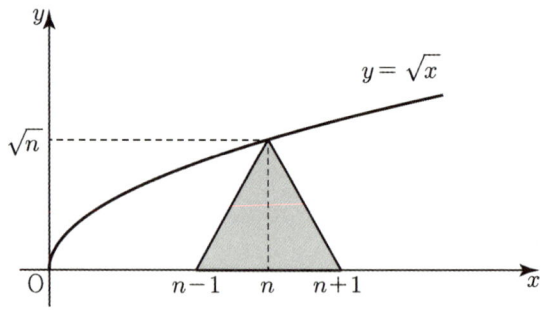

557

첫째항이 a인 수열 $\{a_n\}$은 모든 자연수 n에 대하여

$$a_{n+1} = \begin{cases} a_n + (-1)^n \times 2 & (n\text{이 }3\text{의 배수가 아닌 경우}) \\ a_n + 1 & (n\text{이 }3\text{의 배수인 경우}) \end{cases}$$

를 만족시킨다. $a_{15} = 43$일 때, a의 값은? [4점]

① 35   ② 36   ③ 37   ④ 38   ⑤ 39

558

첫째항이 자연수인 수열 $\{a_n\}$이

$$a_{n+1} = \begin{cases} \dfrac{3a_n + 1}{2} & (a_n\text{이 홀수}) \\ \dfrac{a_n}{2} & (a_n\text{이 짝수}) \end{cases} \quad (n = 1,\ 2,\ 3,\ \cdots)$$

으로 정의된다. 옳은 것만을 보기에서 있는 대로 고른 것은? [4점]

| 보기 |

ㄱ. $a_1 = 3$이면 $a_{2018} = 1$이다.

ㄴ. $a_1 = 8k+1$이면 $a_1 < a_4$이다.
   (단, $k = 0,\ 1,\ 2,\ \cdots$)

ㄷ. $a_2 = 3$이면 $a_1 > a_2$이다.

---

① ㄱ   ② ㄷ   ③ ㄱ, ㄴ
④ ㄴ, ㄷ   ⑤ ㄱ, ㄴ, ㄷ

559

공차가 양수인 등차수열 $\{a_n\}$이 다음 조건을 만족시킬 때, a_2의 값은? [4점]

> (가) $a_6 + a_8 = 0$
> (나) $|a_6| = |a_7| + 3$

① -15 ② -13 ③ -11 ④ -9 ⑤ -7

560

공차가 음수인 등차수열 $\{a_n\}$이 다음 조건을 만족시킬 때, a_3의 값은? [4점]

> (가) $a_7 + a_9 = 0$
> (나) $|a_9| = |a_8| + 4$

① 28 ② 24 ③ 20 ④ 16 ⑤ 12

수열 $\{a_n\}$이 모든 자연수 n에 대하여

$$\sum_{k=1}^{n} a_k = \log \frac{(n+1)(n+2)}{2}$$

를 만족시킨다. $\sum_{k=1}^{20} a_{2k} = p$라 할 때, 10^p의 값을 구하시오. [4점]

수열 $\{a_n\}$이 모든 자연수 n에 대하여

$$\sum_{k=1}^{n} a_k = {}_{n+1}C_2$$

를 만족시킨다. $\sum_{n=1}^{20} \frac{2}{a_{2n}a_{2n+2}} = \frac{q}{p}$라 할 때, $p+q$의 값을 구하시오. (단, p와 q는 서로소인 자연수이다.) [4점]

수열 $\{a_n\}$이 모든 자연수 n에 대하여

수열 $\{a_n\}$이 모든 자연수 n에 대하여

$$\sum_{k=1}^{n} a_k = {}_{n+1}C_2$$

수열 $\{a_n\}$ 은 $a_1 = 7$이고, 다음 조건을 만족시킨다.

> (가) $a_{n+2} = a_n - 4$ ($n = 1, \ 2, \ 3, \ 4$)
>
> (나) 모든 자연수 n에 대하여 $a_{n+6} = a_n$ 이다.

$\displaystyle\sum_{k=1}^{50} a_k = 258$ 일 때, a_2의 값을 구하시오. [4점]

수열 $\{a_n\}$ 은 $a_1 = 4$이고, 다음 조건을 만족시킨다.

> (가) $a_{n+2} = a_n - 3$ ($n = 1, \ 2, \ 3$)
>
> (나) 모든 자연수 n에 대하여 $a_{n+5} = a_n$ 이다.

$\displaystyle\sum_{k=1}^{102} a_k = 209$일 때, a_2의 값은? [4점]

① 2   ② 3   ③ 4   ④ 5   ⑤ 6

565

2025학년도 11월 수능 22

모든 항이 정수이고 다음 조건을 만족시키는 모든 수열 $\{a_n\}$에 대하여 $|a_1|$의 값의 합을 구하시오. [4점]

(가) 모든 자연수 n에 대하여

$$a_{n+1} = \begin{cases} a_n - 3 & (|a_n|\text{이 홀수인 경우}) \\ \dfrac{1}{2}a_n & (a_n = 0 \text{ 또는 } |a_n|\text{이 짝수인} \end{cases}$$

이다.

(나) $|a_m| = |a_{m+2}|$인 자연수 m의 최솟값은 3이다.

566

2025학년도 11월 수능 22-변형

모든 항이 자연수이고 다음 조건을 만족시키는 모든 수열 $\{a_n\}$에 대하여 모든 a_1의 값의 합을 구하시오. [4점]

(가) 모든 자연수 n에 대하여

$$a_{n+1} = \begin{cases} a_n + 5 & (a_n\text{이 홀수인 경우}) \\ \dfrac{a_n}{2} & (a_n\text{이 짝수인 경우}) \end{cases}$$

이다.

(나) a_1은 홀수이고 $a_m = a_{m+2}$인 자연수 m의 최솟값은 5이다.

양수 k에 대하여 $a_1 = k$인 수열 $\{a_n\}$이 다음 조건을 만족시킨다.

(가) $a_2 \times a_3 < 0$

(나) 모든 자연수 n에 대하여
$$\left(a_{n+1} - a_n + \frac{2}{3}k\right)(a_{n+1} + ka_n) = 0$$이다.

$a_5 = 0$이 되도록 하는 서로 다른 모든 양수 k에 대하여 k^2의 값의 합을 구하시오. [4점]

수열 $\{a_n\}$이 모든 자연수 n에 대하여

$$a_{n+1} = \begin{cases} a_n + (-1)^n n + a_1 & (a_n < a_1) \\ a_n + (-1)^n n - a_1 & (a_n \geq a_1) \end{cases}$$

이다.

$a_7 = 18$이 되도록 하는 모든 a_1의 값의 합을 구하시오. [4점]

수열 $\{a_n\}$은

$$a_2 = -a_1$$

이고, $n \geq 2$인 모든 자연수 n에 대하여

a_{n+1}
$$= \begin{cases} a_n - \sqrt{n} \times a_{\sqrt{n}} & (\sqrt{n} \text{이 자연수이고 } a_n > 0 \text{인 경우}) \\ a_n + 1 & (\text{그 외의 경우}) \end{cases}$$

를 만족시킨다. $a_{15} = 1$이 되도록 하는 모든 a_1의 값의 곱을 구하시오. [4점]

수열 $\{a_n\}$은 $a_1 + a_2 = 5$ 이고, 자연수 k와 $n \geq 2$인 모든 자연수 n 에 대하여

$$a_{n+1} = \begin{cases} a_n - \dfrac{n}{4} a_{\frac{n}{4}} & (n = 4k \text{이고 } a_n > 0 \text{인 경우}) \\ a_n + 2 & (\text{그 이외의 경우}) \end{cases}$$

를 만족시킨다. $a_{11} = 1$이 되도록 하는 모든 a_1의 값들의 합을 구하시오. [4점]

수열 $\{a_n\}$은

수열 $\{a_n\}$은 $a_1 + a_2 = 5$ 이고, 자연수 k와 $n \geq 2$인 모든 자연수 n 에 대하여

571

첫째항이 자연수인 수열 $\{a_n\}$ 이 모든 자연수 n 에 대하여

$$a_{n+1} = \begin{cases} 2^{a_n} & (a_n \text{이 홀수인 경우}) \\ \dfrac{1}{2}a_n & (a_n \text{이 짝수인 경우}) \end{cases}$$

를 만족시킬 때, $a_6 + a_7 = 3$ 이 되도록 하는 모든 a_1 의 값의 합은? [4점]

① 139   ② 146   ③ 153   ④ 160   ⑤ 167

572

모든 항이 자연수인 수열 $\{a_n\}$이 모든 자연수 n에 대하여

$$a_{n+1} = \begin{cases} \dfrac{a_n + (-1)^{n+1} 3}{2} & (a_n \text{이 홀수인 경우}) \\ \dfrac{3}{2}a_n - 1 & (a_n \text{이 짝수인 경우}) \end{cases}$$

를 만족시킬 때, $a_5 + a_6 = 9$이 되도록 하는 모든 a_1의 값의 합은? [4점]

① 300   ② 303   ③ 306   ④ 309   ⑤ 312

573

자연수 k에 대하여 다음 조건을 만족시키는 수열 $\{a_n\}$이 있다.

> $a_1 = k$이고, 모든 자연수 n에 대하여
> $$a_{n+1} = \begin{cases} a_n + 2n - k & (a_n \le 0) \\ a_n - 2n - k & (a_n > 0) \end{cases}$$
> 이다.

$a_3 \times a_4 \times a_5 \times a_6 < 0$이 되도록 하는 모든 k의 값의 합은? [4점]

① 10   ② 14   ③ 18   ④ 22   ⑤ 26

574

자연수 k에 대하여 다음 조건을 만족시키는 수열 $\{a_n\}$이 있다. $a_1 = k$이고 모든 자연수 n에 대하여

$$(a_{n+1} - a_n)^2 + 2k(a_{n+1} - a_n) + k^2 - 4n^2 = 0$$

을 만족하는 수열 $\{a_n\}$이 있다. $a_1 = |a_3|$를 만족할 때 $\sum\limits_{n=1}^{20}(a_{n+1} - a_n)$의 값은? [4점]

① 360   ② 370   ③ 370   ④ 370   ⑤ 370

575

모든 항이 자연수이고 다음 조건을 만족시키는 모든 수열 $\{a_n\}$에 대하여 a_9의 최댓값과 최솟값을 각각 M, m이라 할 때, $M+m$의 값은? [4점]

(가) $a_7 = 40$

(나) 모든 자연수 n에 대하여
$$a_{n+2} = \begin{cases} a_{n+1} + a_n & (a_{n+1} \text{이 } 3\text{의 배수가 아닌 경우}) \\ \dfrac{1}{3} a_{n+1} & (a_{n+1} \text{이 } 3\text{의 배수인 경우}) \end{cases}$$
이다.

① 216   ② 218   ③ 220   ④ 222   ⑤ 224

576

모든 항이 음이 아닌 정수인 수열 a_n이 자연수 n에 대하여 다음 조건을 만족시킨다.

(가) $a_1 = 0$

(나) $a_p = 1$ (단. p는 소수)

(다) $a_{n \times m} = n a_m + m a_n$ (m, n은 임의의 자연수)

$a_n = n$을 만족하는 자연수 n의 최댓값과 최솟값을 A, B라 할 때, $A+B$을 구하면? (단, n은 $n \leq 100$인 자연수) [4점]

① 7   ② 25   ③ 31   ④ 59   ⑤ 63

수열 $\{a_n\}$이 다음 조건을 만족시킨다.

(가) 모든 자연수 k에 대하여 $a_{4k} = r^k$이다.
　　(단, r는 $0 < |r| < 1$인 상수이다.)

(나) $a_1 < 0$이고, 모든 자연수 n에 대하여
$$a_{n+1} = \begin{cases} a_n + 3 & (|a_n| < 5) \\ -\dfrac{1}{2}a_n & (|a_n| \geq 5) \end{cases}$$
이다.

$|a_m| \geq 5$를 만족시키는 100이하의 자연수 m의 개수를 p라 할 때, $p + a_1$의 값은? [4점]

① 8　　② 10　　③ 12　　④ 14　　⑤ 16

수열 $\{a_n\}$이 다음 조건을 만족시킨다.

(가) 모든 자연수 k에 대하여 $a_{4k+1} = r^k$이다.
　　(단, r는 $0 < |r| < 1$인 상수이다.)

(나) $a_{n+1} = \begin{cases} a_n - 2 & (|a_n| < 3) \\ -\dfrac{1}{2}a_n & (|a_n| \geq 3) \end{cases}$

$a_1 \times a_{10}$의 최댓값을 M, 최솟값을 m이라 할 때, $\dfrac{M}{m}$의 값은? [4점]

① -15　② -12　③ -9　④ $-\dfrac{1}{9}$　⑤ $-\dfrac{1}{12}$

579

자연수 k에 대하여 다음 조건을 만족시키는 수열 $\{a_n\}$이 있다.

$$a_1 = 0 \text{이고,}$$

$$a_{n+1} = \begin{cases} a_n + \dfrac{1}{k+1} & (a_n \leq 0) \\ a_n - \dfrac{1}{k} & (a_n > 0) \end{cases}$$

$a_{22} = 0$이 되도록 하는 모든 k의 값의 합은? [4점]

① 12   ② 14   ③ 16   ④ 18   ⑤ 20

580

자연수 k에 대하여 다음 조건을 만족시키는 수열 $\{a_n\}$이 있다. $a_1 = 0$이고 모든 자연수 n에 대하여

$$a_{n+1} = \begin{cases} a_n + \dfrac{1}{(k+1)(k+2)} & (a_n \leq 0) \\ a_n - \dfrac{1}{k(k+1)} & (a_n > 0) \end{cases}$$

$a_{41} = 0$이 되도록 하는 모든 k의 값의 합은? [4점]

① 30   ② 32   ③ 34   ④ 36   ⑤ 40

581

수열 $\{a_n\}$은 $|a_1| \leq 1$이고, 모든 자연수 n에 대하여

$$a_{n+1} = \begin{cases} -2a_n - 2 & \left(-1 \leq a_n < -\dfrac{1}{2}\right) \\ 2a_n & \left(-\dfrac{1}{2} \leq a_n \leq \dfrac{1}{2}\right) \\ -2a_n + 2 & \left(\dfrac{1}{2} < a_n \leq 1\right) \end{cases}$$

을 만족시킨다. $a_5 + a_6 = 0$이고 $\displaystyle\sum_{k=1}^{5} a_k > 0$이 되도록 하는 모든 a_1의 값의 합은? [4점]

① $\dfrac{9}{2}$ ② 5 ③ $\dfrac{11}{2}$ ④ 6 ⑤ $\dfrac{13}{2}$

582

수열 $\{a_n\}$은 $|a_1| \leq 1$이고, 모든 자연수 n에 대하여

$$a_{n+1} = \begin{cases} 1 - 4^{1 + a_n} & \left(-1 \leq a_n < -\dfrac{1}{2}\right) \\ 1 - 4^{-a_n} & \left(-\dfrac{1}{2} \leq a_n < 0\right) \\ 4^{a_n} - 1 & \left(0 \leq a_n < \dfrac{1}{2}\right) \\ 4^{1 - a_n} - 1 & \left(\dfrac{1}{2} \leq a_n \leq 1\right) \end{cases}$$

을 만족시킨다. $a_4 + a_5 = 0$이 되도록 하는 모든 a_1의 값을 크기가 작은 순으로 차례대로 나타내면 $b_1, b_2, \cdots, b_k$이다. $k + \displaystyle\sum_{p=1}^{k} b_p$의 값은? [4점]

① $\dfrac{15}{2}$ ② 8 ③ $\dfrac{17}{2}$ ④ 9 ⑤ $\dfrac{19}{2}$

583

다음 조건을 만족시키는 모든 수열 $\{a_n\}$에 대하여

$\sum\limits_{k=1}^{100} a_k$의 최댓값과 최솟값을 각각 M, m이라 할 때,

$M-m$의 값은? [4점]

(가) $a_5 = 5$

(나) 모든 자연수 n에 대하여

$$a_{n+1} = \begin{cases} a_n - 6 & (a_n \geq 0) \\ -2a_n + 3 & (a_n < 0) \end{cases}$$

이다.

---

① 64   ② 68   ③ 72   ④ 76   ⑤ 80

584

다음 조건을 만족시키는 모든 항이 자연수인 수열 $\{a_n\}$에

대하여 $\sum\limits_{k=1}^{100} a_k$의 값을 크기가 작은 순으로 S_1, S_2, S_3,

$\cdots$, S_{m-1}, S_m 이라 할 때, $S_{m-1} - S_2$의 값은? (단,

m은 자연수이다.) [4점]

(가) $a_5 = 2$

(나) 수열 $\{a_n\}$이

$$a_{n+1} = \begin{cases} \dfrac{3a_n+1}{2} & (a_n \text{이 홀수}) \\ \dfrac{a_n}{2} & (a_n \text{이 짝수}) \end{cases}$$

$(n=1,\ 2,\ 3,\ \cdots)$ 이다.

---

① 12   ② 16   ③ 20   ④ 24   ⑤ 28

585

수열 $\{a_n\}$은 $0 < a_1 < 1$이고, 모든 자연수 n에 대하여 다음 조건을 만족시킨다.

> (가) $a_{2n} = a_2 \times a_n + 1$
> (나) $a_{2n+1} = a_2 \times a_n - 2$

$a_8 - a_{15} = 63$일 때, $\dfrac{a_8}{a_1}$의 값은? [4점]

① 91   ② 92   ③ 93   ④ 94   ⑤ 95

586

수열 $\{a_n\}$은 $a_2 \neq 0$이고, 모든 자연수 n에 대하여 다음 조건을 만족시킨다.

> (가) $a_{3n} = a_2 \times a_n + 1$
> (나) $a_{3n+1} = a_2 \times a_n + 2$
> (다) $a_{3n+2} = a_2 \times a_n + 3$

$a_8 = a_{11} = a_{12}$일 때, $\dfrac{a_{35}}{a_1}$의 값은? [4점]

① 30   ② 31   ③ 32   ④ 33   ⑤ 34

587

수열 $\{a_n\}$은 모든 자연수 n에 대하여

$$a_{n+2} = \begin{cases} 2a_n + a_{n+1} & (a_n \le a_{n+1}) \\ a_n + a_{n+1} & (a_n > a_{n+1}) \end{cases}$$

을 만족시킨다.

$a_3 = 2$, $a_6 = 19$가 되도록 하는 모든 a_1의 값의 합은?
[4점]

① $-\dfrac{1}{2}$　② $-\dfrac{1}{4}$　③ 0　④ $\dfrac{1}{4}$　⑤ $\dfrac{1}{2}$

588

수열 $\{a_n\}$은 모든 자연수 n에 대하여

$$a_{n+2} = \begin{cases} a_n + 2a_{n+1} & (a_n \le a_{n+1}) \\ \dfrac{1}{2}a_n + a_{n+1} & (a_n > a_{n+1}) \end{cases}$$

을 만족시킨다.

$a_3 = 1$, $a_6 = 17$이 되도록 하는 모든 a_1의 값의 합은?
[4점]

① -8　② -7　③ -1　④ 1　⑤ 7

수열 $\{a_n\}$의 일반항은

$$a_n = \log_2 \sqrt{\frac{2(n+1)}{n+2}}$$

이다. $\displaystyle\sum_{k=1}^{m} a_k$의 값이 100이하의 자연수가 되도록 하는 모든 자연수 m의 값의 합은? [4점]

① 150   ② 154   ③ 158   ④ 162   ⑤ 166

수열 $\{a_n\}$의 일반항은

$$a_n = \frac{n^2 + n - 1}{(n+1)!}$$

이다. 수열 $\{b_n\}$은

$$b_n = n! \sum_{k=1}^{n} a_k$$

으로 정의되고 수열 $\{c_n\}$은

$$c_n = n! - \frac{1}{2} b_n$$

으로 정의된다. $\displaystyle\sum_{k=1}^{m} \log_2 \sqrt{\frac{1}{c_k}}$ 의 값이 300이하의 자연수가 되도록 하는 모든 자연수 m의 값의 합은? (단, $0! = 1$) [4점]

① 162   ② 296   ③ 408   ④ 562   ⑤ 672

591

첫째항이 양수이고 공차가 -1보다 작은 등차수열 $\{a_n\}$에 대하여 수열 $\{b_n\}$은 다음과 같다.

$$b_n = \begin{cases} a_{n+1} - \dfrac{n}{2} & (a_n \geq 0) \\[2mm] a_n + \dfrac{n}{2} & (a_n < 0) \end{cases}$$

수열 $\{b_n\}$의 첫째항부터 제 n항까지의 합을 S_n이라 할 때, 수열 $\{b_n\}$은 다음 조건을 만족시킨다.

(가) $b_5 < b_6$

(나) $S_5 = S_9 = 0$

$S_n \leq -70$을 만족시키는 자연수 n의 최솟값은? [4점]

① 13　② 15　③ 17　④ 19　⑤ 21

592

첫째항이 양수이고 공비가 $r \left(0 < r < \dfrac{1}{2}\right)$인 등비수열 $\{a_n\}$에 대하여 수열 $\{b_n\}$은 다음과 같다.

$$b_n = \begin{cases} \dfrac{a_{n+1}}{2^n} & (a_n \geq 1) \\[2mm] 2^{n-1} a_n & (a_n < 1) \end{cases}$$

수열 $\{b_n\}$은 다음 조건을 만족시킨다.

(가) $b_6 < b_7$

(나) $\dfrac{b_5 \times b_8}{b_6 \times b_9} = 9$

$\displaystyle\sum_{k=1}^{4} b_k b_{11-k} = 340$일 때, a_1의 값은? [4점]

① 64　② 144　③ 243　④ 512　⑤ 729

593

수열 $\{a_n\}$이 모든 자연수 n에 대하여 다음 조건을 만족시킨다.

(가) $a_{2n} = a_n - 1$

(나) $a_{2n+1} = 2a_n + 1$

$a_{20} = 1$일 때, $\displaystyle\sum_{n=1}^{63} a_n$의 값은? [4점]

① 704   ② 712   ③ 720   ④ 728   ⑤ 736

594

수열 $\{a_n\}$이 모든 자연수 n에 대하여 다음 조건을 만족시킨다.

(가) $a_{4n-2} + a_{4n} = a_n - 3$

(나) $a_{4n-1} + a_{4n+1} = a_n + 3$

$\displaystyle\sum_{n=1}^{341} a_n = 93$일 때, a_1의 값을 구하시오. [4점]

첫째항이 자연수이고 공차가 음의 정수인 등차수열 $\{a_n\}$과 첫째항이 자연수이고 공비가 음의 정수인 등비수열 $\{b_n\}$이 다음 조건을 만족시킬 때, $a_7 + b_7$의 값을 구하시오. [4점]

(가) $\displaystyle\sum_{n=1}^{5} (a_n + b_n) = 27$

(나) $\displaystyle\sum_{n=1}^{5} (a_n + |b_n|) = 67$

(다) $\displaystyle\sum_{n=1}^{5} (|a_n| + |b_n|) = 81$

첫째항이 음의 정수이고 공차가 자연수인 등차수열 $\{a_n\}$과 첫째항이 자연수이고 공비가 음의 정수인 등비수열 $\{b_n\}$이 다음 조건을 만족시킬 때, $a_7 + b_7$의 값을 구하시오. [4점]

(가) $\displaystyle\sum_{n=1}^{5} (a_n + b_n) = 43$

(나) $\displaystyle\sum_{n=1}^{5} (a_n + |b_n|) = 103$

(다) $\displaystyle\sum_{n=1}^{5} (|a_n| + |b_n|) = 119$

597

좌표평면에서 그림과 같이 길이가 1인 선분이 수직으로 만나도록 연결된 경로가 있다. 이 경로를 따라 원점에서 멀어지도록 움직이는 점 P의 위치를 나타내는 점 A_n을 다음과 같은 규칙으로 정한다.

> (i) A_0은 원점이다.
> (ii) n이 자연수일 때, A_n은 점 A_{n-1}에서 점 P가 경로를 따라 $\dfrac{2n-1}{25}$ 만큼 이동한 위치에 있는 점이다.

예를 들어, 점 A_2와 A_6의 좌표는 각각 $\left(\dfrac{4}{25},\ 0\right)$, $\left(1,\ \dfrac{11}{25}\right)$ 이다. 자연수 n에 대하여 A_n 중 직선 $y = x$ 위에 있는 점을 원점에서 가까운 순서대로 나열할 때, 두 번째 점의 x좌표를 a라 하자. a의 값을 구하시오. [4점]

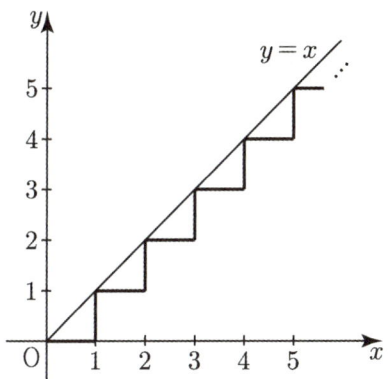

598

좌표평면에서 그림과 같이 길이가 1인 선분이 수직으로 만나도록 연결된 경로가 있다. 이 경로를 따라 원점에서 멀어지도록 움직이는 점 P의 위치를 나타내는 점 A_n을 다음과 같은 규칙으로 정한다.

> (i) A_0은 원점이다.
> (ii) n이 자연수일 때, A_n은 점 A_{n-1}에서 점 P가 경로를 따라 $\dfrac{2n-1}{49}$ 만큼 이동한 위치에 있는 점이다.

예를 들어, 점 A_2와 A_8의 좌표는 각각 $\left(\dfrac{4}{49},\ 0\right)$, $\left(1,\ \dfrac{15}{49}\right)$ 이다. 자연수 n에 대하여 A_n 중 직선 $y = x$ 위에 있는 점을 원점에서 가까운 순서대로 나열할 때, 세 번째 점은 A_m이고 A_m의 x좌표를 a라 하자. $m + a$의 값을 구하시오. [4점]

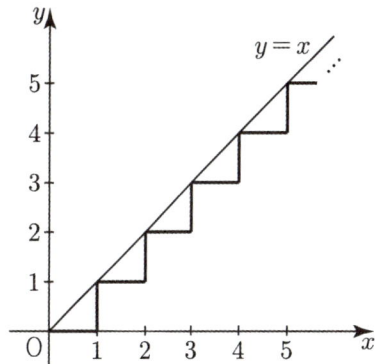

3 보다 큰 자연수 n 에 대하여 $f(n)$ 을 다음 조건을 만족시키는 가장 작은 자연수 a 라 하자.

(가) $a \geq 3$

(나) 두 점 $(2, 0)$, $(a, \log_n a)$ 를 지나는 직선의 기울기는 $\dfrac{1}{2}$ 보다 작거나 같다.

예를 들어 $f(5) = 4$ 이다. $\displaystyle\sum_{n=4}^{30} f(n)$ 의 값을 구하시오.

[4점]

3 보다 큰 자연수 n 에 대하여 $f(n)$ 을 다음 조건을 만족시키는 가장 작은 자연수 a 라 하자.

(가) $a \geq 3$

(나) 두 점 $(-1, 0)$, $(a^2 + 2a, n^{a-2})$ 를 지나는 직선의 기울기는 1보다 크거나 같다.

$\displaystyle\sum_{n=4}^{20} f(n)$ 의 값은? [4점]

① 60   ② 62   ③ 64   ④ 66   ⑤ 68

자연수 n 에 대하여 좌표평면에서 다음 조건을 만족시키는 가장 작은 정사각형의 한 변의 길이를 a_n 이라 하자.

> (가) 정사각형의 각 변은 좌표축에 평행하고, 두 대각선의 교점은 $(n,\ 2^n)$ 이다.
> (나) 정사각형과 그 내부에 있는 점 $(x,\ y)$ 중에서 x 가 자연수이고, $y = 2^x$ 을 만족시키는 점은 3 개뿐이다.

예를 들어 $a_1 = 12$ 이다. $\displaystyle\sum_{k=1}^{7} a_k$ 의 값을 구하시오. [4점]

자연수 n 에 대하여 좌표평면에서 다음 조건을 만족시키는 가장 작은 직사각형의 가로의 길이를 a_n 이라 하자.

> (가) 직사각형의 각 변은 좌표축에 평행하고, 두 대각선의 교점은 $(n,\ \log_2 n)$ 이다.
> (나) 직사각형과 그 내부에 있는 점 $(x,\ y)$ 중에서 y 가 음이 아닌 정수이고, $y = \log_2 x$ 을 만족시키는 점은 3개뿐이다.

예를 들어 $a_1 = 6$ 이다. $\displaystyle\sum_{k=1}^{8} a_{2^{k-1}}$ 의 값을 구하시오. (단, x 축과 평행한 변의 길이가 가로의 길이이다.) [4점]

603

첫째항이 16이고 공비가 $2^{\frac{1}{10}}$인 등비수열 $\{a_n\}$에 대하여 $\log a_n$의 소수부분을 b_n이라 하자.

$$b_1,\ b_2,\ b_3,\ \cdots,\ b_{k-1},\ b_k,\ b_{k+1}+1$$

이 주어진 순서로 등차수열을 이룰 때, k의 값을 구하시오. (단, $\log 2 = 0.301$로 계산한다.) [4점]

604

첫째항이 10^3이고 공비가 $10^{\frac{3}{100}}$인 등비수열 $\{a_n\}$에 대하여 $\log a_n$의 소수부분을 b_n이라 하자. 수열 $\{b_n\}$에서 연속된 세 항 b_{k-1}, b_k, b_{k+1}에 대하여 b_{k-1}, b_k, $b_{k+1}+1$이 주어진 순서로 등차수열을 이룰 때, k의 값을 구하시오. (단, $2 \leq k \leq 50$) [4점]

605

공차가 0이 아닌 등차수열 $\{a_n\}$이 있다.

수열 $\{b_n\}$은 $b_1 = a_1$이고, 2이상의 자연수 n에 대하여

$$b_n = \begin{cases} b_{n-1} + a_n & (n\text{이 } 3\text{의 배수가 아닌 경우}) \\ b_{n-1} - a_n & (n\text{이 } 3\text{의 배수인 경우}) \end{cases}$$

이다. $b_{10} = a_{10}$일 때, $\dfrac{b_8}{b_{10}} = \dfrac{q}{p}$이다. $p+q$의 값을

구하시오. (단, p와 q는 서로소인 자연수이다.) [4점]

606

공차가 0이 아닌 등차수열 $\{a_n\}$이 있다.

$A_k = \{ x \mid x \text{는 } 3\text{으로 나눈 나머지가 } k\text{인 수} \}$인 집합

A_k에 대하여 수열 $\{b_n\}$은 $b_1 = 2a_1$이고, 2이상의

자연수 n에 대하여

$$b_n = \begin{cases} b_{n-1} + a_{n-1} & (n \in A_1) \\ b_{n-1} - a_{n+1} & (n \in A_2) \\ b_{n-1} + 2a_n & (n \in A_0) \end{cases}$$

이다. $b_{10} = a_{10}$일 때, $\dfrac{b_9}{b_{10}} = \dfrac{q}{p}$이다. $p+q$의 값을

구하시오. (단, p와 q는 서로소인 자연수이다.) [4점]